MINGUO JIANZHU GONGCHENG QIKAN HUIBIAN

民國建築工程期刊匯編

15

《民國建築工程期刊匯編》編寫組 編

GUANGXI NORMAL UNIVERSITY PRESS

廣西師範大學出版社

·桂林·

第十五册目录

工程

工程

第十一卷第三號　二十五年六月一日

◆

中國工程師學會發行

7049

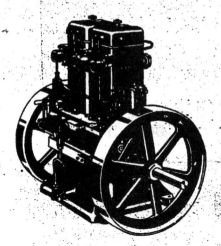
7051

7052

JAQUET

HIGH PRECISION SPEED INDICATOR

捷克氏精確速度計

此圖乃捷克氏最簡單最準確之速
度測驗計（俗稱車頭表）試驗室
及工廠等均可運用

三大特點

一・此表置于任何機器軸上僅須
　　接觸已足測驗

二・將按鈕嵌入卽能自動飛囘起
　　點而開始紀錄六秒鐘後自動
　　定止卽可讀出準確之速度

三・倘須再測第二次無須將表取
　　下僅須隔五秒鐘後再嵌按鈕
　　第二次試驗亦開始矣

捷克氏廠之出品種目繁多均運用最新式之設計而製成各種精確
之速度計茲乃限于篇幅未能詳載倘荷　賜詢或索取樣本敝行當
竭誠答覆

7053

7056

英國「茂偉」連座透平發電機已裝置者
數逾壹百五拾！曷故？

因──價廉

可省廠房建築及底腳費

用汽少而經久耐用

附件不用馬達拖動不受外電感響

開車簡便可省工人

可供給低壓汽爲烘熱之用藉以省煤

及其他種種利益

欲知此種透平發電機之詳細情形請駕臨

安利洋行機器部

總行　上海沙遜房子三樓（電話一一四二〇）

分行　漢口　天津　重慶　香港

7058

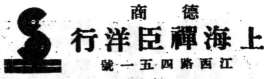

諸聲明由中國工程師學會『工程』介紹

7059

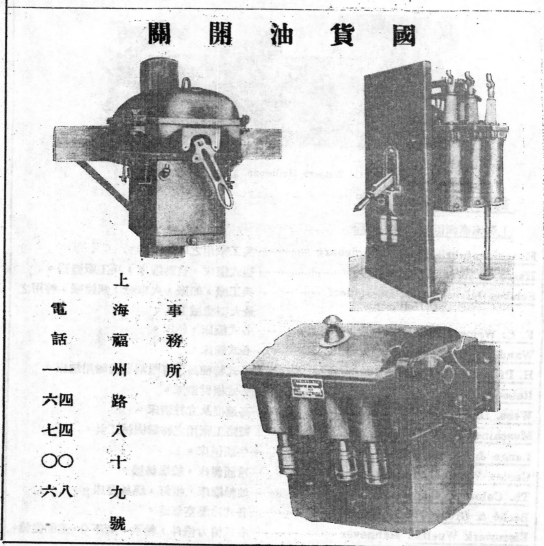

7062

中國工程師學會會刊

編輯：
黃　炎　（土木）
董大酉　（建築）
沈　怡　（市政）
汪胡楨　（水利）
惲震玨　（電氣）
徐宗涑　（化工）

工程

總編輯：胡樹楫

編輯：
蔣易均　（機械）
朱其清　（無線電）
錢昌祚　（飛機）
李　儼　（礦冶）
黃炳奎　（紡織）
宋學勤　（校對）

第十一卷第三號

目錄

中國工程師學會發行

分售處

上海四馬路作者書社
上海四馬路上海雜誌公司
上海徐家滙蘇新書社
南京太平路正中書局南京發行所
南京太平路花牌樓書店
南昌南昌書店

濟南关智街教育圖書社
南昌民德路科學儀器館南昌發行所
太原鐘樓街開仁書店
昆明市四華大街雲鵬書店
廣州永漢北路上海雜誌公司廣州分店

工程雜誌投稿簡章

一　本刊登載之稿，概以中文為限。原稿如係西文，應請譯成中文投寄。

二　投寄之稿，或自撰，或翻譯，其文體，文言白話不拘。

三　投寄之稿，望繕寫清楚，並加新式標點符號，能依本刊行格繕寫者尤佳。如有附圖，必須用黑墨水繪在白紙上

四　投寄譯稿，並請附寄原本。如原本不便附寄，請將原文題目，原著者姓名，出版日期及地點，詳細叙明。

五　稿末請註明姓名，字，住址，以便通信。

六　投寄之稿，不論揭載與否，原稿概不檢還。惟長篇在五千字以上者，如未揭載，得因預先聲明，並附寄郵費，寄還原稿。

七　投寄之稿，俟揭載後，酌酬本刊。其尤有價值之稿，從優議酬。

八　投寄之稿，經揭載後，其著作權為本刊所有。

九　投寄之稿，編輯部得酌量增刪之。但投稿人不願他人增刪者，可於投稿時預先聲明。

十　投寄之稿請寄上海南京路大陸商場542號中國工程師學會轉工程編輯部。

用樞軸之電動機拉動裝置*

薛 邦 邁 譯

　　短距離拉動問題之最新裝置,係用一能在樞軸上轉動之電動機及一皮帶組織而成。在此裝置中,電動機用螺絲釘在二鐵臂上,此鐵臂可爲電動機機架之一部分。每一鐵臂上有一承軸,其中即爲樞軸;樞軸平放在另一鐵架上,另有校準器可以校準皮帶之長度。此電動機全部可自由在樞軸上旋轉,其重量之一部分由樞軸承之,另一部分由皮帶承之。用此種裝置可應用電動機之重量作爲皮帶之拉力。若校準鐵臂之長短,可將電動機離遠樞軸或移近樞軸,由此對於皮帶上之張力有極大之範圍可以選擇。

(一) 用樞軸之電動機拉動裝置之原理

　　應用基本之力學,從電動機之重量,皮帶之速度,及彼此位置之關係可求得皮帶兩邊之張力。

　　反言之,在某一已知拉動裝置之情形下,樞軸應置於電動機旁何處亦爲一不難決定之事,因皮帶兩邊張力之比值須先行決定也。

　　電動機固定及旋轉部分,包

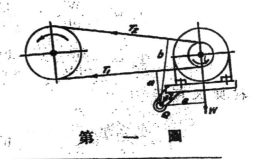

第 一 圖

*原 題:The pivoted motor drive;原 著 者:Robert R.Tatnall; 原 文 載:Mechanical Engineering. May 1935.

括兩鐵臂在內,成一系統,對於任何一水平軸成旋轉平衡,卽此系統中外力對於任何一水平軸之力矩之和等於零。

　　如第一圖,除去風阻力外有四個外力,卽地心吸力 W,皮帶緊邊及鬆邊兩面之張力 T_1 及 T_2,及樞軸之反應力 Z。Z 之大小及方向均爲不知者。W 在電動機全系統之重心,若假定在電動機軸之中心,所發生之錯誤亦極小。

　　皮帶張力之計算　欲求 T_1 及 T_2 之值則必有二個方程式。爲免去不知之 Z,故對於 Q 點求力矩。設 T_1, T_2 及 W 與樞軸之距離爲 a,b 及 e,並以力矩之反時針方向者爲正,則

$$a T_1 + b T_2 - e W = o \tag{1}$$

　　第二個關係爲所傳之負荷與皮帶兩邊之張力差成正比例,卽

$$T_1 - T_2 = k P \tag{2}$$

式中　　P = 所傳之負荷,以馬力計之。

$$k = \frac{33000 \times 12}{N d \pi} = \frac{12600}{N D} = \frac{33000}{皮帶每分鐘速度之呎數}$$

　　N = 電動機之旋轉速度,每分鐘旋轉次數。

　　d = 電動機上皮帶盤之直徑,吋。

　　從方程式(1)及(2)可得皮帶之張力,以電動機重量,負荷,速度及三個距離表之如下:

$$T_1 = \frac{eW}{a+b} + \frac{bkP}{a+b} \tag{3}$$

$$T_2 = \frac{eW}{a+b} - \frac{akP}{a+b} \tag{4}$$

從此又可得

$$T_1 + T_2 = \frac{2eW + (b-a)kP}{a+b} \tag{5}$$

$$T_1 / T_2 = \frac{eW + bkP}{eW - akP} \tag{6}$$

　　載荷之最高限　　設負荷漸增加至 $P = eW / ak$, 則 $eW - akP = o$, 故 $T_2 = o$, 即 $T_1 / T_2 =$ 無限, 此卽理論上負荷之最高限, 如不更變裝置, 決不能超過, 事實上在此點以下已有滑動(slip)發生, 從實驗得實際之限個約爲理論上之百分之七十五。

　　負荷更變時張力之更變　　在方程式(3)中(4)中, 令 $P = 0$, 則 $T_1 = T_2 = eW / (a+b)$, 此卽皮帶兩邊之固定或無負荷時之張力。式中第二項可以更變張力(或增或減), 僅須加 P 馬力之負荷卽得, 是因素 k 中又包括皮帶速度。

　　若 a, b 皆爲正, 速度固定不變, 從式(3)可知在負荷增加時, 皮帶緊邊之張力亦隨之而增加, 而鬆邊反減少。在普通固定中心之拉動中, 此爲常見之事, 向在用樞軸之電動機拉動中, 此事有時遇到, 而非常遇見之事, 因 a 及 b 可爲負荷數也。

　　在(2), (3), (4)及(5)四方程式中, 若 a, b 及 k 爲常數, 則 $T_1, T_2, T_1 + T_2$ 及 $T_1 - T_2$ 皆爲負荷 P 之一次函數。以負荷爲橫軸, 此數個量爲縱軸, 作圖, 則得數個直線, 其斜度等於 P 之係數, 故

$$T_1 \text{ 之斜度} = bk / (a+b),$$

$$T_2 \text{ 之斜度} = -ak / (a+b),$$

$$T_1 + T_2 \text{ 之斜度} = (b-a)k / (a+b),$$

$$T_1 - T_2 \text{ 之斜度} = k$$

　　此數斜度中所包含者僅爲 a, b 及 k。k 常爲正數。本篇中假定其值爲常數, 雖不十分眞確, 但已足適用於此問題。當樞軸在皮帶兩邊之外時, a 及 b 皆爲正數, 當樞軸在皮帶兩邊之間, 則 a, b 兩數中有一爲負數, 由皮帶之下邊爲緊邊抑爲鬆邊而定, 因其對應之力矩之符號改變故也。

　　普通言之, 當樞軸在皮帶之外時, a 及 b 皆爲正,

　　　　T_1 之斜度爲正, T_1 隨負荷而增減,

　　　　T_2 之斜度爲負, T_2 隨負荷而增減,

　　　　若 $b > a$, 即緊邊近樞軸時, $T_1 + T_2$ 之斜度爲正, 若 $b < a$, 即

鬆邊近樞軸時,T_1+T_2之斜度則為負,

若b為負而＜a(T_1在上),T_1及T_2之斜度皆為負。

若a為負而＜b(T_1在下),T_1及T_2之斜度皆為正。

故在某情形下,張力之和,即承軸所受之壓力,可在負荷增加時反減少。

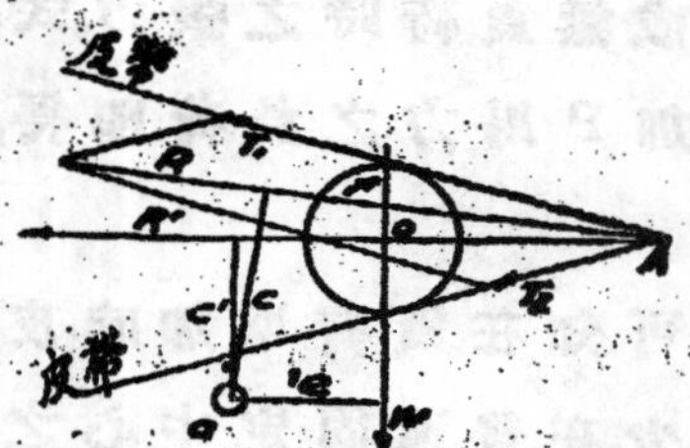

第二圖

此事可用第二圖解釋之。圖中皮帶之張力為T_1及T_2,交於A點,圖中示緊邊在上,因T_1大於T_2,則其合力R必在電動機皮帶盤中心0之上,T_1及T_2對於樞軸Q之力矩可以其合力之力矩代之,其值為RC等於eW,此即電動機重量之力矩,因此時無其他之力矩也。當負荷為零時,合力R'通過O,RC及R'C'皆與固定力矩eW相等而方向相反,故RC＝R' C',因C大於C',故R小於R';換言之,即承軸所受壓力在有負荷時比無負荷時小。

旋轉及固定部分相互之轉距之影響 當皮帶之緊邊在距樞軸較遠之處,減少皮帶張力之影響又可從另一方面討論之。所謂電動機之「轉距反應」(torque reaction)能影響及拉動之狀况,早已有人論及,但仍不能完全了解,故本篇中亦須略加討論。

設想一電動機懸挂如一擺,使其軸在水平線上,先使無皮帶或其他負荷,將電流通過時,則生一初加速度。設此初加速度之方向為同時針方向者,則固定部分之反時針方向之反作用對於懸點(point of suspension)有一向左之力,故此系統中如有外力在懸點向右作用然,其結果使電動機開始右移,於是電動機全體繞懸點有一最初之反時針方向旋轉。此純粹為加速度之影響。在常速度將至時,變位(deflection)減少而回至原狀或零位。

因欲得固定之變位,則須在此電動機全系統上加一固定之外轉距,例如連風扇葉於電動機之軸上。在常速度時可得固定之變位,因風之阻力矩與重量之力矩可平衡故也。

　　現在再討論有皮帶之電動機風扇之轉距,此時用皮帶兩邊張力之差所成之轉距代之,故電動機之轉距之影響有二:一為旋轉部分轉距所生之差,一為其總張力,可歸之於固定部分之反作用,在皮帶緊邊近樞軸時增大,遠時減少。

　　但在求張力之公式時,用馬力及速度表示電動機之轉距,即為式(3),(4)中之P及k,而不計轉距本身,現以張力之變化表之,此變化由轉距而發生,無轉距則不能存在。

　　現再應用力學中之一基本原理,即 D'Alembert 氏原理,從此原理,知一系統在其外力及力矩之和為零時,無論為直動或旋轉均為平衡,換言之,內作用及反作用對於平衡無關係。此種平衡即為式(1),且由此式可計算皮帶之張力。

　　若欲用實驗證明式(3)及(4)真確與否,則可用皮帶試驗器得第三圖各線。在此實驗中,用一25馬力之電動機,量其重,裝在樞軸上,用以拉動一「白龍耐」閘(prony brake)。此閘裝在輪上,能於鐵軌上移動。閘上皮帶整皮帶之張力用一鐵繩連於一量具上測之,所傳之負荷用閘測之,而皮帶之張力之水平分力即鐵繩上

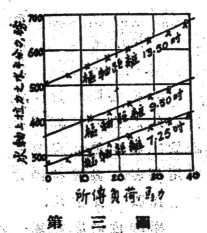

第　三　　圖

拉力。圖中之十字叉表示實驗之結果,圖表示用(2)(3)及(4)三式計算所得之結果。

$$張力之比為 T_1/T_2 = \frac{eW+bkP}{eW-akP} \quad\quad\quad (6)$$

顯然此非P之一次函數,設 $T_1/T_2=y, P=x$,則(6)式變為

$$akxy+bkx-eWy+eW=0$$

此為一短形雙曲線之方程式,其漸近線為與軸平行之直線;

$$x=eW/ak, 及 y=-b/a$$

(二) 用樞軸之電動機拉動裝置之設計

在設計時,最直接有關係者為張力之比。本篇所述者,為:欲得一特別拉動裝置至最滿意之情形,其步驟有二:第一,先定一適當之張力比,此比值以皮帶及皮帶盤間摩擦係數之大小及較小之皮帶盤與皮帶之轉觸角定之;第二,須計算樞軸對於電動機之位置,使由此裝置能得所需之張力比。

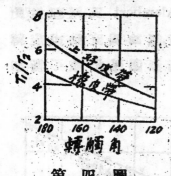

第四圖

張力比之選擇　張力之差 $T_1 - T_2$ 在已知之負荷及皮帶速度時為固定者,故 T_1/T_2 之值最低時,張力之和最大,同時皮帶與皮帶盤間之摩擦亦較大。但此值過大時,有減少皮帶生命或使承軸發熱著火之危險。同時在 T_1/T_2 增加時,T_2 減少,則有滑動之現象。

欲免去此類危險,須選擇一適宜之張力比,使用此比值時可得有效之張力,且極安全。選擇方法,大半以個人之經驗而不依理論,故工程家彼此意見不同。著者依照數年來皮帶試驗之結果,參照用樞軸電動機拉動之報告,以個人之意見作一圖,如第四圖,可作選擇張力比之用。

樞軸位置之計算　現再決定樞軸與電動機之水平距離如何,始能得所須之張力比。此事可由所傳之最大負荷,電動機之重量,皮帶之速度及其拉動之裝置方法定之。

設 e 為樞軸所需之距離,及

　　R = 所用之張力比,

　　W = 電動機之重量,

　　N = 電動機開足後之速度(rated speed),

　　P = 所傳之最大馬力(為應付開始時之特高負荷(peak load)起見,常須加一安全值;在用調整器開動時,乘

1.5 於電動機之最大馬力在直接連於電綫時,乘以 2.5。),

D = 被拉動皮帶盤之直徑,

d = 電動機上皮帶盤之直徑,

r = d/2 = 電動機上皮帶盤之半徑,

h = 電動機軸高出樞軸之數〔可從電動機及其底盤 (base)之尺寸求得〕,

k = 126000/Nd,

m = 皮帶緊邊之斜度,

n = 皮帶鬆邊之斜度,

x = 電動機軸及被拉動之軸之水平距離,

y = 被拉動之軸高出電動機軸之數(若被拉動之軸在下,則爲負。),

c = 軸間之中心距離。

式(6)可寫作

$$R = T_1 / T_2 = \frac{(eW/kP) + b}{(eW/kP) - a} \qquad \text{————(6)}$$

$$Ra + b = (R-1)eW/kP \qquad \text{————(8)}$$

從第五圖得皮帶與樞軸之距離爲

$$\left.\begin{array}{l} a = h\cos m + e\sin m - r \\ b = h\cos n + e\sin n - r \end{array}\right\} \qquad \text{————(9)}$$

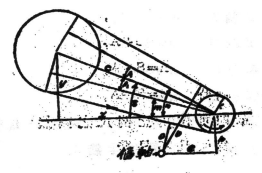

第　五　圖

其中 r 於緊邊近框軸時,爲正值,反之則爲負。

代 a,b 之值入(8)式,即得

$$e(R-1)W/kP = R(h\cos m-r)+Re\sin m+h\cos n+e\sin n+r$$

求 e 之值,得

$$e = \frac{h(R\cos m+\cos n)-(R-1)r}{(R-1)W/kP-R\sin m-\sin n} \quad\quad (10)$$

式(10)爲求 e 之公式,式中各項之符號由下法定之:

當 T_1 近框軸時,r 爲正,T_2 近框軸時爲負。

當框軸高於電動機軸時,h 爲負,如裝在牆上或天花板上時然。

m 及 n 兩角,須從過電動機軸向框軸作之水平線向上量其大小。若皮帶各邊從電動機之皮帶盤向下傾斜,則角皆爲負。在裝在天花板上或垂直拉動時,所有之正弦及餘弦或有爲負值或全爲負值。

m 及 n 兩角之計算

$$A = \text{皮帶兩邊所夾角之半} = \sin^{-1}\frac{D-d}{2c}$$

在 d 大於 D 時爲負值,即「增速」(speed up)拉動裝置。

又　S = 軸間中心線之斜度 $= \tan^{-1} y/x = \sin^{-1} y/c$

在 y 爲負時,S 亦爲負值。

於是在 T_1 近框軸時　　m=S-A,

在 T_2 近框軸時　　m=S+A,

在 T_1 近框軸時　　n=S+A,

在 T_2 近框軸時　　n=S-A。

若求方法簡單,則可作用比例尺之圖,然後量得 m 及 n 兩角之大小,此法較計算爲快,且不易發生錯誤。

張力之計算　既求得 e 之值後,再從式(9)求張力 a 及 b 與框軸之距離,或逕從圖量得,於是從式(3)及(4)可得張力之值。

　　所求得之張力必須滿足下式:

$$T_1 - T_2 = kP$$

及　　　　　　$$T_1/T_2 = 所選 R 之值。$$

此兩式可用以核驗計算之真確與否。

　　〔例〕用下列之尺寸,試計算一裝在地板上之用樞軸之電動機拉動中樞軸之距離:25馬力用調整器之電動機,每分鐘865旋轉,除去底盤重 730 磅,軸高出底11吋,樞軸在底盤之頂面下 $4\frac{9}{16}$ 吋,電動機上之皮帶盤直徑12吋,被拉動之皮帶盤直徑45吋,裝置如第六圖,比例尺為 1 吋等於 1 呎,用上好皮帶。由是各代表文字之值為〔一元尺寸(linear dimension)單位為吋〕。

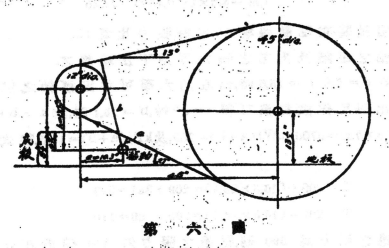

第　六　圖

$$P = 25 \times 1.5 = 37.5$$

$$N = 865$$

$$W = 730$$

$$D = 45$$

$$d = 12$$

$$r = +6(因 T_2 近樞軸,故為正。)$$

$$h = 11 + 4\frac{9}{16} = 15.6$$

c = 48.3（從圖中量出）

於是　　k = 126000/(865×12) = 12.0

　　　　kP = 450

　　　　W/kP = 1.62

　　　　A = sin⁻¹ 33/96.6 = 20 度

從第四圖中用上好皮帶得　R = 4.3

從第六圖用分角器量得 m = −27 度及 n = 13 度,即

　　cos m = 0.890　　　　　sin m = −0.450

　　cos n = 0.973　　　　　sin n = 0.225

代入式(10)得

$$e = \frac{15.6 \times [4.3 \times (0.890) + 0.973] - 3.3 \times 6}{3.3 \times 1.62 - 4.3 \times (-0.450) - 0.225} = \frac{55.0}{7.05} = 7.8$$

放樞軸裝在電動機後 7.8 吋時,張力比為 4.3。

樞軸之距離及皮帶之張力可用下法驗算之。

因在 e = 7.8, h = 15.6 時,如在第六圖可畫出樞軸之位置,第六圖既用比例尺作成,從圖可得 a = 4.2 吋,b = 23.1 吋,故 a + b = 27.3 吋,而 eW = 7.8 × 730 = 5700, eW/(a+b) = 209,及 kP/(a+b) = 16.5,從式(3)及(4)得

　　　　T_1 = 209 + (16.5 × 23.1) = 209 + 381 = 590

　　　　T_2 = 209 − (16.5 × 4.2) = 209 − 69 = 140

緊邊之張力為 590 磅,鬆邊之張力為 140 磅,若在無負荷時皮帶各邊之張力為 209 磅。

試驗算之,則　　$T_1 - T_2$ = 450 = kP

　　　　T_1/T_2 = 4.21,實際上可作為 4.3 = R。

用樞軸之電動機拉動與固定者之比較　短距離之兩個固定中心間之拉動,其拉緊皮帶之最初張力常為不可知者,而為一猜試之工作,即最初拉力已測定時,皮帶在固定負荷時之伸長,在特高負荷時之伸長,以及受高速度離心力時之伸長均可減少發

邊之張力,其結果乃爲發生最大之滑動。在滑動太大時通常補救之方法爲移遠電動機,並加以相當之拉力,使拉動之狀況恢復原狀,此事易於損壞承軸及皮帶。

但在用樞軸之電動機拉動中最初張力爲已知者,且能校準有負荷時之張力。在固定負荷時,皮帶之伸長由對應之中心距離之變更校準之。一新皮帶之伸長不過使底盤之臂下落而已。此事在電動機工作時亦易校準之。

用樞軸之電動機拉動中,在負荷變更時,鬆邊張力之變更因樞軸之位置而異。在T_2及負荷之圖中已知T_2之斜度爲 $-ak/(a+b)$,設拉動裝置係裝在地板上,緊邊在下,若樞軸之中心線在皮帶之下(a爲正),則斜度爲負,即T_2在負荷增時反減少,及負荷增至極限時爲零,若樞軸在皮帶兩邊之間,Q爲負,T_2隨負荷而增減,若樞軸恰在皮帶之下邊上,則 a 爲零,T_2在各種負荷時其值爲一常數。

當皮帶有一處過薄或斷却,皮帶盤有偏心,以及負荷變更太快時,使皮帶之張力驟然更變,此時可見用樞軸之電動機拉動較固定者之優點。因用樞軸者最高之張力可由電動機之振動使其平復也。

結　　論

用樞軸之電動機拉動並不能適合各種環境,此事極易明瞭,因事實上,有許多拉動不能任意更換方式也。從固定者進步至用樞軸,最主要之目的,爲避免過分之滑動。此過分之滑動,常使皮帶過慢,並需危險之皮帶張力。

有時欲得一適當之拉動裝置,電動機之重量須極輕,始能得所需之張力,或有時須極長之樞軸距離,而在實際上不能應用者。所幸者電動機之重量與其速度及馬力成比例,故工業上能應用用樞軸之電動機,若現時電動機重量能減少一半,則用樞軸之電動機拉動裝置必能廣運應用。

　　所謂「頂拉」(top-pull)比「底拉」(bottom-pull)需要較長之框軸距離始能得同樣之張力比,故在用框軸之電動機拉動裝置中,頂拉之裝置較差。

　　裝在天花板之拉動,以及其他框軸高於電動機軸之裝置,較裝在地板上者為差。

　　軸之中心聯線之斜度為一重要因素,第七圖中之曲線示某一設計中之結果。負斜度即指電動機軸在被拉動之軸之上。

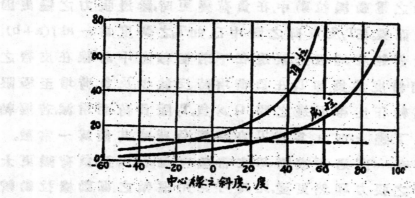

中心線之斜度,度

【十馬力電動機,1750 r.p.m.電動機皮帶盤6吋,
被拉動皮帶盤48吋。中心距離,A=10.8度,
T_1/T_2=5.3,框軸最大距離在此裝匿中$12\frac{1}{4}$吋】

第　七　圖

　　在設計裝置時,下列各項應加以注意:

　　在已定之電動機及皮帶盤直徑時,忌用低皮帶速度。

　　避去極短之中心距離及用高皮帶盤直徑比,因小轉觸角需低張力比也。

　　用上好皮帶,因皮帶張力比係由其磨擦係數決定者也。

　　在可能範圍之內,使緊邊與框軸之距離小,且小於鬆邊者,在已有之裝置上欲求得此情形,可變更電動機之旋轉方向,或移動電動機。此法可應用於任何裝置,無論裝在地板上,牆上或天花板上均可。

　　向上斜度之拉動裝置,工作者不美滿,常可升高電動機,即誤少a之值以核準之。

用樞軸之電動機拉動顯然不能免去缺點,亦不能適合各種環境,但此種裝置有極多優點,工程家在設計時不妨試用,若不適用,則設法加以改良。

樞軸距離之圖解法　下述之圖解法爲Philip G. Rhoads氏所論述者。此法可使本問題簡單化,且有其他便利處。

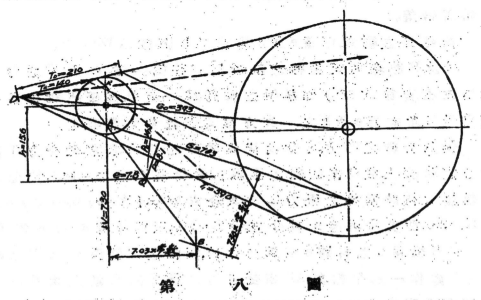

第　　八　　圖

用第六圖之裝置,在最高負荷37.5馬力時,使$T_1/T_2=4.3$,求樞軸距離。其法如下:

(1) 從以前之公式求兩張力。

$$T_1-T_2=\frac{330\ 0\times P}{\text{皮帶速度}}=kP$$

$$T_1/T_2=R$$

解此二方程式得

$$T_2=kP/(R-1),\ T_1=RT_2$$

現$P=37.5$,$k=12.0$,$R=4.3$,故得$T_2=140$,$T_1=590$。

(2) 從皮帶兩邊之交點D,作張力T_1及T_2,如第八圖,用平行四邊形法求其合力,得$G=703$。

（3）作平行於 W 之直線,其距離等於 G 乘某常數,再作 G 之平行線,其距離等於 W 乘某常數,此二常數須相等,其值視情形任意定之。

（4）過上兩線交點 B,及 G 與 W 之交點 A,作直線 AB。

（5）在電動機軸下作一水平線,其距離等於已知之 h,此線與 AB 之交點,即為樞軸 Q 之位置。從第八圖量得 e=7.8,與前計算所得者恰等。

此結果之驗算,可量 e 及 p,若結果真確,則必 We=Gp。

A 及 B 顯然可為樞軸之位置,因在任何一點,W 及 G 之力距相等故也。再從式（10）知樞軸之軌跡為一直線,因在已知之負荷,速度及 R,此式為 e 及 h 之一次方程式,其他皆為常數也。

無負荷時之拉力,可從負荷為零時之合力求之。此合力在兩中心之聯線上。從 Q 作此線之垂線 p_0,量得現在之 p_0=14.5,於是若 T_0 為無負荷時兩邊之張力,G_0 為其合力,則 G_0|W=e|p_0=7.8|14.5 或 G_0=393,沿皮帶兩邊求其分力,得 T_0=210,以前計算所得者為209。

AB 線為 Q 之軌跡;h 值為已知時,樞軸之位置僅須在電動機軸下 h 處作一水平線,與 AB 相交,即可求得。此點在最大負荷時,可得所需之張力比。

用較大之 h,得樞軸之位置近於圖中之 Q,用較小之 h,則近於 A 點,任何位置均可在最大負荷時得所需之張力比,但若 Q 近於 A 時,張力隨負荷之變化,較遠於 A 處時為甚。

實際 Q 之位置,亦有相當之限制,樞軸在 A 點以上之軌跡上,則 e 為負值,其意即為電動機下落時,則近於被拉動之軸因之在無負荷時,皮帶張力為負,故此非拉而為推,換言之,e 之值受底盤之臂之長短之限制。設計又須注意合力 G,使承軸不有過大之負荷。

第八圖中之虛線通過 A 者為一合力,在電動機旋轉方向更換時,為 Q 之軌跡。此時皮帶緊邊在上。

鑽探橋基之研究

邱　勘　保

（一）　總　論

　　(1) 地質鑽探與橋梁建築之關係　橋基上承橋身之死活儎重,必須充分堅固,而後可保橋梁之安全。橋基工程恆極艱距,必須十分撙節,而後可減橋梁之造價。欲求安全而兼經濟之適當橋基,勢非預先明瞭橋下地層之構造及其性質,不能達到目的。是以橋樑無論大小均應於設計前鑽探江底各層地質,如淤泥,沙礫,石卷等之性質及其分佈情形。

　　(2) 鑽探法之類別　鑽探方法甚多,依鑽探之性質及當地地質而異,各有其特長。其最簡單者,為手撬螺旋鑽機,以螺旋鑽頭接合於鐵管下端,然後置於所欲鑽探之地點,用人力撬轉下鑽,並可依情勢之需要在上端任意連接鐵管,每至相當深度,提取質樣一次。此種質樣與其深度,以及鑽探難易之情形,均為工程師估量泥土負重能力之根據。此法簡單而經濟,尤適用於膠土地帶。

　　第二法為洗鑽法,可分為機器洗鑽法與人力洗鑽法二種,前者之效率遠勝於後者,而其消費亦較大數倍。後者所能及之深度較小,至多不過百英尺左右而已。二者之動作及進行步驟,係大同小異。先將大管(即外管)插入應鑽之地點,約四五英尺左右,繼將連接鑽頭之小管(即裏管)插入大管中,如圖（一）,然後用唧水機,將

水由小管上端壓入,從鑽頭衝出,其下泥沙,
被沖刷後,即隨水緣大管壁上昇,至管口噴
出。噴出之物質與其深度以及下鑽之情形,
均爲工程師估計土地負重能力之根據。此
法尤適用於泥砂礫之地層。

　　第三法爲實心鑽探法。此法多用於石
岩地層,其進行步驟,實與洗鑽法大同小異,
惟鑽機之構造,能從石岩鑽取圓柱形實心
體質樣,從鑽頭經裏管空隙間上昇。每隔相
當時間取出之圓柱形實心體,對於各地層
之性質及深度,眞切表現無遺,故工程師據
此,無異目視地下各層之斷面。

　　普通橋樑建築多採用第二第三兩法
合併之洗鑽法,良以河底地質構造,除上層
爲河流之冲積物外,其下多爲沙礫,碎石,膠
土(硬膠土),石岩等依次爲序,故膠土以
上用洗鑽法,則簡易而效彰,膠土以下,勢非
用實心鑽法不爲功。

　　(8)鑽探時應注意之要點　河床之地
層,多爲冰川時代之浮流塊冰之冲積物。其
構造,除上層爲水流所成之泥砂冲積外,要
以沙,碎石,卵石,硬膠土,及沙石混成而硬化之塊石等依次爲層序。
過去時代往往以地下水滲透潛流,地中之石灰質,因而溶解,與碎
石粗砂混合而硬化。如此所結成之硬層,對於鑽頭有莫大之阻力,
故鑽探工作進行時,若遇此種情形,務宜留心考察,勿誤判爲石岩
地層,欲判斷之準確無誤,非引用「間接之證明」不可。所謂「間
接之證明」,即參考前人或過去對於建橋地點附近之地質研究
報告加以整理分析,同時參以地質專家之意見,然後從而判斷。

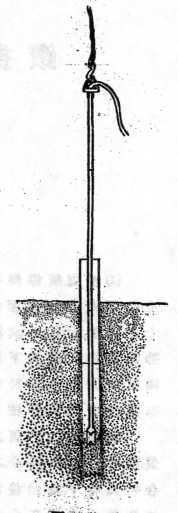

圖(一)

設此種沙礫混凝而成之石塊,發現於河底甚淺之處,則可將鑽頭拔出,在離原孔數尺之處,重新下鑽,若發現該處仍爲礫砂混凝河床,則必須以炸藥破碎之,以便繼續下鑽。

硬石岩地基探現後,仍須下鑽數尺,其目的固在探視石岩層深度是否適合承受橋墩之重量,然同時亦可測驗是否爲石岩抑爲石塊。普通下鑽四英尺或五英尺即足。若該硬層爲泥板岩時,則須下鑽十英尺至十二英尺不等,視其性質而異。

在石灰石岩或砂質石岩地層中,往往有深洞或峭壁,爲在上古地質時期中受地下水之滲透溶解或地面水之沖刷侵蝕而成。在此種地帶進行鑽探,苟不慎重從事,則鑽探之結果難期準確。欲探知陡壁深洞之有無,勢非先考究當地地質構造能否發生此等情形不可。苟有可能,則須於距離原鑽孔數尺之可能地點,再鑽一孔。

每橋墩應有之鑽探孔數及地位,視河床之地質情形而異。重要之巨大橋樑建築物,其下面地質變化甚形複雜者,則每一橋墩地基之四端,各宜鑽探一孔,以資慎重。然在普通橋樑建築,則僅就每一橋墩探鑽一孔已足。至於寬闊之河底,其地質變化甚規則者,則可斟酌情形,以定鑽孔之地位及孔數之多寡,不必就每一橋墩鑽探一孔。若預知外管不能靈行拔出,則最好置鑽孔於橋墩之外邊,以免妨礙打樁工作。

(二)　鑽探機之各部及其功用

(1)機器洗鑽機　機器洗鑽儀約包括唧水機,柴油機及鑽機三部分,其各部連接之關係,參看圖(二)即可一目了然。柴油機之飛輪,一方面轉動唧水機之飛輪,牽動唧水機,壓送水量於裹管,而另一方面牽動鑽機之飛輪,撳轉裹管,使鑽頭下降。至其各部之構造及功用,玆分述如下:

（一）唧水機——洗鑽水量之多寡，及其衝刷力之大小，視此機而定。在岸上進行鑽操時，希以水龍管之加長，或唧水機地位之加高，致因阻力加大，而唧水機之效率亦因之較小。在此種情形之下，惟有另用一手搖唧水機，先唧水於鑽孔處附近之人工池中，然後由唧水機吸送。

（二）柴油機——唧水機之抽取壓送水量，鑽桿之旋轉下鑽，莫不皆賴柴油機之動力。其動力之分配，賅言之，即皮帶與飛輪之連接，觀圖（二）及（三）即可明其大槪。

（三）鑽機——此部可分爲三脚

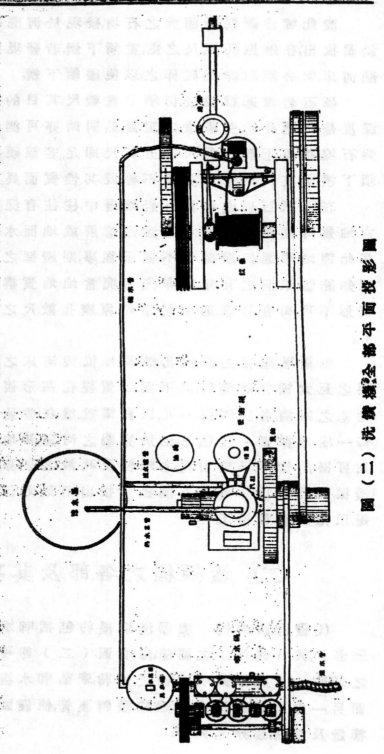

圖（二）洗鑽機全部平面投影圖

架,鑽架,鑽頭及鑽管等四項,茲分述如下：

三腳架——包括飛輪,鐵索,絞車及節制鑽頭下降之鑽盤等

（參閱圖二）。

圖　〈三〉

鑽頭——鑽頭之種類甚多,依其功用可分爲魚尾鑽頭,鋼筒鑽頭及取樣子鑽頭三種。圖(四)爲魚尾鑽頭,以其形似魚尾故名。在沙泥地層用之最爲適宜。某上端兩面之中央,均有圓孔,通於鑽桿空心,以便水之下噴。圖(五)爲曲牙鋼筒鑽頭,適於碎石地帶。圖(六)爲鋼筒鑽頭,僅用於石岩地層。至裝置金鋼石之鋼筒鑽頭,如圖(七)所示,以其價值過昂,且易失落,所費不貲,故普通罕用之。圖(八)爲取樣鑽頭,在沙礫地層,質樣不能隨洗水昇於地面時,則用此種鑽頭在外管內上下夯打,沙礫一經入內,卽不復失落,以其下端有活舌一片,僅能朝裏開啓也。

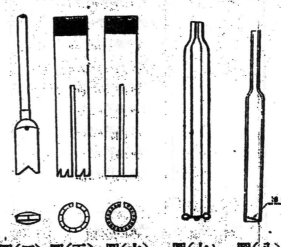

圖(四)　圖(五)　圖(六)　圖(七)　圖(八)

鐵管——裏管之大小與所鑽孔深及柴油機原動力之大小有關。孔深在二百英尺以內者,以用 1 英寸管子爲適宜；在四百英尺以內者則以用 1¼ 英寸管子爲適宜。外管之大小,依鑽頭之大小而異。若鑽頭爲二英寸半者,以用 3 英寸或 3½ 英寸之外管爲佳。3½ 英寸之鑽頭,則須用 4—5 英寸之外管。至管子

之長短,則無一定,視接卸管子時之便利而定。

通常所用洗鑽機之各部及其附件略如表（一）。

表（一）機器鑽探機之各部機件及其附件

類別	名	稱
機械類	柴油機	鐵架
	壓水機	水桶
	鐵筒	水龍帶
	油機座墊	人力較車
	鐵筒較車	人力抽水機
鑽桿及鑽頭	3½"Φ鑽桿	2"Φ鑽頭
	2½"Φ鑽桿	3½"Φ魚尾鑽頭
	2"Φ鑽桿	2½"Φ魚尾鑽頭
	3½"Φ鑽頭	取樣子鑽頭
	2½"Φ鑽頭	
管子	4"Φ長20"-0"	3½"Φ長16"-0"
	4"Φ長10"-6"	3½"Φ長12"-6"
	4"Φ長17"-0"	3½"Φ長10"-0"
	4"Φ長15"-6"	3½"Φ長8"-6"
	4"Φ長4"-0"	3½"Φ長7"-0"
	4"Φ長3"-6"	3½"Φ長5"-6"
	4"Φ長3"-0"	3½"Φ長4"-0"
	4"Φ長2"-0"	3½"Φ長3"-6"
	4"Φ長1"-6"	3½"Φ長2"-6"
接籠	4"Φ大小頭	1¼"Φ接頭
	3½"Φ大小頭	3"Φ大小頭
鉗子	24"管子鉗	6"波練鉗
	10"管子鉗	7"波練鉗
	3"波練鉗	8"波鋼絲鉗
	4"波練鉗	拾子老虎鉗

類　別	名　　　　　　稱	
	壓力鉗	大鉗
	窟鉗	
螺絲板頭	15/16″至7/8″雙頭板	1/2″至3/4″雙頭板
	7/8″至3/4″雙頭板	3/4″單頭板
	5/8″至1/2″雙頭板	活動板
	9/16″至1/2″雙頭板	拐頭板
	1/2″至3/8″雙頭板	
銼　子	14″粗半圓銼	16″粗扁圓銼
	14″粗圓銼	14″細三角銼
	14″細半圓銼	16″細扁銼
刀　据	4″管子割刀	14″鋼派架
	2″管子割刀	木　鋸
錘	1磅鋼錘	3磅鋼錘
	2磅鋼錘	
螺絲鑽	游弓鑽	6/8″木螺絲鑽
	板　鑽	2/8″鋼鑽頭
	5/8″長柄木螺絲鑽	3/8″鋼鑽頭
	1/4″木螺絲鑽	4/8″鋼鑽頭
	3/8″木螺絲鑽	5/8″鋼鑽頭
	1/2″木螺絲鑽	6/8″鋼鑽頭
	5/8″木螺絲鑽	螺絲鑽
絞　板	管子絞板	螺絲絞板
卡	內外卡各一	
管子挾	10″中長6″枕木	風箱
	12″×2″長板木	浮桶
管子挾	4″管子挾	3″管子挾
	3½″管子挾	23/4″管子挾

類　別	名　　　　　　稱	
	2½″管子鉗	1¼″管子鉗
雜　件	千斤頂機	蔴繩
	水平尺	鋼絲繩
	鐵桶	洋鏟
	5/16″熟鋼管	洋鎬
	尖頭鑿	油衣
	鐵盤	

　　(2)人力洗鑽機　　此機之原動力為人力,故全機構造僅包括二部分:(一)為手搖水壓機。(二)為鑽機。前者之作用與機器洗鑽機之唧水機無異,不過係用人力代機力而已;後者除無飛輪,鑽盤,絞車之設備外,餘者與機器洗鑽機所用者大同小異,茲不再

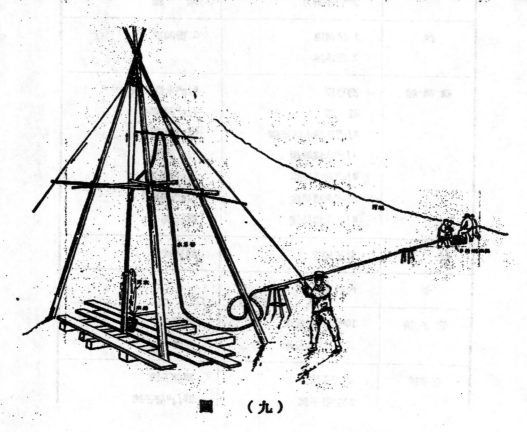

圖　（九）

贅。圖（九）及（十）卽示人力洗鑽機各部之佈置。

圖　（十）

（三）鑽探進行之情形

（1）鑽探之地位　橋梁建築工作第一步爲橋基地位之選擇。橋基選擇已定，然後開始測量工作，於河之兩岸，勘定底線各一，用三角測量法，施測其附近地形及高低，同時依兩岸之底線，將橋身之方向及各墩之地位測定之。

橋墩地位經勘定後，卽可從事鑽探工作，鑽孔之地位，視每墩所需鑽探之孔數而異，每橋墩鑽探一孔者，則其地位普遍係在橋墩之中心點。

在水淺之處，則打樁搭架，以裝置鑽機。水深之處，則用載貨大船，置於靠近鑽孔地點，四角以鐵錨拉緊，使不致因潮流而搖撼，然後將鑽機裝置於其上，而進行鑽探工作。

鑽探地位與水源之供給，殊有密切之關係。若於河中進行鑽探，則水源自不成問題。若於沙灘則須掘池挖溝，然後引水入池，以責担注。在離河水甚遠,或甚高之地點,須另用手搖唧水機,唧水於池。

(2)下鑽之情形 在未下鑽管前,先用皮帶,將唧水機之飛輪,連接於煤油自燃機之飛輪上,然後開動自燃機,轉動唧水機,先將涼水櫃唧滿,以免燃機體溫度之劇增。開始鑽孔時,將外管(即三英寸半至五英寸間之大鐵管),鑽入目的地點,約深 5 英尺至 6 英尺左右,繼將下端連接鑽頭之裏管(即 1 英寸半或 2 英寸之鐵管),插入於已鑽入河底之大管內,然後用水自唧水桶,從小管之上端壓入,如下圖(十一)所示。水由裏管下端之鑽頭噴出,將外管之泥沙,漸次冲刷,藉水壓之力,復將泥沙挾帶上昇,經二管間之空隙而至地面。

在泥沙,膠土中,裏管外管須同時下降,最低限度,務使鑽尖高於外管下端 3 英尺以上,其理由有二:(一)若鑽頭深於外管下端,如圖(十一)所示,則管外四週之沙土,以下部被水冲刷空虛而下墜,旋即隨水而出。如此所取之貝様,勢難準確可知。若鑽頭高於外管下端,則無此弊,同時(二)孔旁之沙泥不致擠塞於鑽頭鑽桿而增其下降或旋轉之阻力。

在卵石及岩石地帶,鑽頭自難藉水冲刷之作用而下降,故須採用實心探鑽法,或將小管提起,換調沙礫或石岩鑽頭,然後藉飛輪之力,帶動連於裏管之齒輪,而使小管保持相當速度之旋轉下鑽,而外管則止於石岩上。每隔相當時間,投鐵沙於壓水桶之出水支管內(此管直通於裏管上端之水龍頭其用途專為輸鐵沙),然後開啟其活門,同時關閉出水支管。於是出水管面積由大變小壓力驟增,將鐵沙衝入裏管而沈於孔底,以鑽頭之轉動而落於鑽尖底面之半球

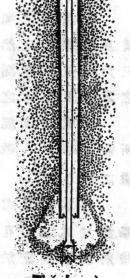

圖(十一)

形孔內,補助鑽頭下降磨刷之力,如圖（十二）所示。

　　在提起鑽頭,取出樣子後,若銅筒鑽頭底面之齒牙或半球形小孔已磨去,則須重新以銅鋸作齒或以銅錐打孔,然後復用,其效始彰。

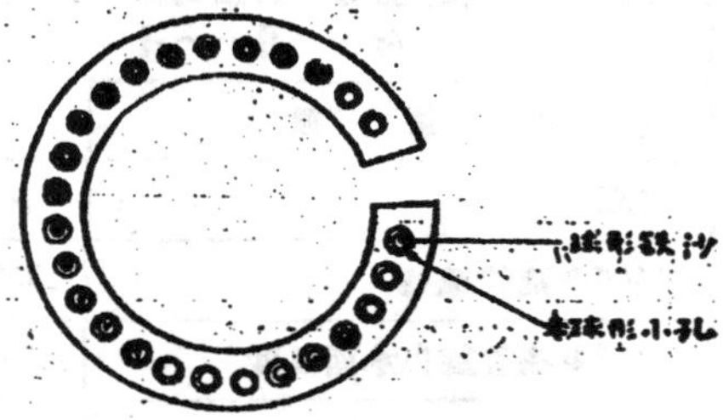

圖（十二）

　　用人力洗鑽機,在泥沙地層鑽探之進行情形及提取資樣之手續,與用機器洗鑽機同,惟玉石岩或卵石地層時,則略異,蓋鑽頭不能藉人力以得快速度之旋轉而下降,故唯有以圓柱形鑽尖,向下夯打,將孔底之石岩,或卵石打碎後,再用水冲洗,使流於地面。若上下夯打,不生效力,則於鑽桿上套上鐵帽,用空心鐵錘沿帽頂之鐵管,上下夯打,如圖（十三）所示。所宜留意者,即凡在石岩或卵石地層用圓柱形鑽尖夯打時,務宜先將外管拔起一英尺或半英尺以上,以免外管下端因夯打而被石塊擠裂脹大,致外管將來無法拔起也。

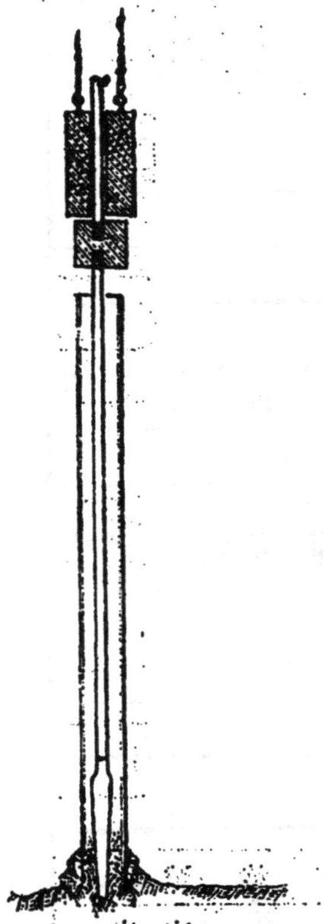

　　（8）紀錄之方式　紀錄表紀錄之方法雖多,而其要旨,亦不出分明詳細及準確而已,茲將通常所用之方式錄後。

　　（A）在探鑽工作進行時所用之紀載表有二,如表（二）及（三）所示:

圖（十三）

　　每日當資樣已行分類定名後,即須作鑽探日報表,該表應載當日所已鑽之地層深度,與種類及所已支出之工費,油費,船租等,如表（四）所示:

　　（附）紀錄須知　鑽探時通常應注意之各點如下:

表（二）

年—月—日	天氣—
鑽 孔 號 數	橋 墩 號 數
時間	9：30
1½″Φ裏管總長	135′—0″
1½″Φ裏管露出水面長度	25″—0″
水深	10′—0′
1½″Φ裏管在河底深度	100′—0″
3½″Φ外管總長	119″—0″
3½″Φ外管露出水面長度	5′—0″
水深	10′—0″
3½″Φ外管在河底下深度	104′—0″
裏外二管相差	4″
備考	

表（三）

		—年—月—日		觀候		風向		
	鑽孔號數		橋墩號數			紀錄人姓名		
時刻	1½″Φ裏管之總長	1½″Φ裏管露出水面之長度	水深	1½″Φ裏管在河底下深度	3½″Φ外管之總長	3½″Φ外管露出水面之長度	3½″Φ外管在河底下深度	備考
9:30	135′—0″	25′—0″	10′—0″	100′—0″	119′—0″	5′—0″	104′—0″	

表（四）

			橋基探驗日報表								
年　月　日			天　氣—			第　號					
鑽孔號數		橋墩號數			河底高度						
本日鑽孔深度	河底以下高度	地質種類	實樣號數	各層深度	水尺	水深	水位	工作時間	工人人數	消耗油量	備考
6′—6″	146′—0″	砂及卵石	No.18	0′—6″	0.87″(21:30)	3′—6″	5.9″	0-24:00	6名	5加侖	
		紅色石岩	No.19	6′—0″							

(1) 記載本上,應詳載記錄人姓名,日期,天氣,風向,及鑽孔號數,橋墩號數等項。

(2) 無論裹管外管在未下之先,應量其長細大小,錄諸記載本內,並須註明下管時刻。

(3) 在未開始下管之前,須在河底取樣一次。在泥沙地層每5英尺,取質樣一次,沙質地層每3英尺或數英寸取樣子一次,如遇石層或卵石地層,則每英尺或數英寸取質樣一次,觀實地情形而定。

(4) 鑽探之目的為提取質樣,故務求準確,並須隨時注意其層次之變化(泥水顏色之變化)及下鑽之難易情形。

(5) 裹管上須作尺寸記號,以觀質樣之取裝。

(6) 每小時須施量裹管外管一次,同時計算其已鑽之深度。

(7) 每取質樣一次,須記明時間及種類,並裝入瓶內,標明尺寸。

(8) 在沙泥地層進行洗鑽法時,須注意勿使外管在鑽頭之下少於3英尺之距離,如確係孔下漏水,得變通辦理。

(9) 在下鑽頭之前,須檢查其內有無遺留何物,觀沙管內是否潔淨,然後方可放入管內。

(10) 在鑽頭撬上土後,將所取之質樣,用瓶裝好,註明其深度及物理性質,如種類形狀,顏色及硬度等。若鑽頭有損壞之現象,亦須記入記錄本內。

(11) 凡工程師不在場,工人不得加管或起絲鑽頭或取樣子。

(4) 提取質樣之情形　　在沙泥地層,鑽頭下降甚速,宜留意質樣之提取。每5英尺或3英尺須取質樣一次。其手續為先在裹管上每5英尺或3英尺處作一記號,置水桶於外管口下,使管內流出之泥水入水桶而溢流。裹管每下5英尺或3英尺,即以另一淨桶,換出盛泥水之桶,倒去上層濁水,其沈澱於桶底之泥沙,即為所已鑽5英尺或3英尺之地層質樣。例如在裹管25英尺記號時,置桶於管口下,及裹管至30英尺記號時,則桶內之沈積物,即係地層由25英尺至30英尺深之地質樣子,然宜注意者,每遇管中泥水顏色改變,即示地層性質更換,此時應即換桶裝盛,同時於記錄本上,註明變色時之深度及時間,以資參考。

至於鑽頭在石岩地層之下降速率,雖遜遲於在泥沙地層時,然提取質樣之手續,則較麻煩。若係採用實心鑽探法,則每時相當時間內,投鐵沙於輸沙管中或二管間之空隙中,每下一英尺或數寸取質樣一次。在未取質樣以前,宜投碎石於裏管內,繼用鐵錘重擊裏管,鑽頭內之實心圓柱體,因震動而斷裂,同時所投之碎石,因震動而落於鑽頭內壁與圓柱體間之空隙內。復以水之衝壓而擠塞,使圓柱體石心擠緊於鑽頭內,然後將裏管提出,而圓柱形石心亦隨鑽頭而上。

在卵石,碎石,或粗砂地層,宜以長 4 英尺至 6 英尺左右之鐵筒,即翻沙管,套於裏管,連接鑽頭上端,如圖(十四)所示,其作用可使不能隨水流至地面之較粗沙粒,落於其內,而同時亦可減少塞塞孔底之弊。

質樣之裝置── 在泥沙地層,其流於桶內之質樣宜以玻璃瓶盛之,注明其所在地層之深度。在卵石或石岩地層,鑽頭內之質樣,往往因裏管起卸時之震動而失落於孔底。如遇此種情形惟有取翻沙管內上層之碎石質樣,裝置於瓶,註明深度,以供參考。

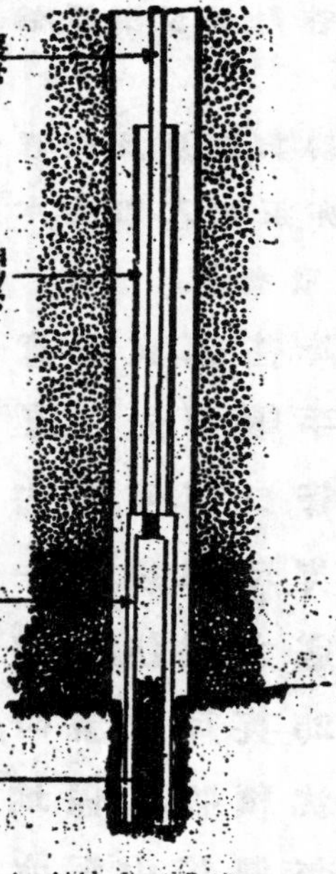

(5)質樣之識別 質樣之識別與分類,為作日記表時之最重要工作,蓋鑽探之價值,全視此舉是否準確而定也。

(甲)研究質樣之第一步工作,為物理性之測驗。如

(一)形狀 物質之外形,如大小,方圓,銳鈍等,固能一目了然,但其結晶構造,如粒狀或塊狀等,自非吾人肉眼所能辨,故須用檢礦放大鏡測視之。

(二)顏色 顏色之改變,幾為地質層次更換之特徵。

(三)硬度 物質之硬度,最好以礦石賦硬計測之,然普通

圖(十四)

限於事實上之困難,而以鋼刀試之亦能得硬度之大概。

（乙）第二步工作為化學性之測驗。所言化學性之測驗者,非將質樣實行化學分析之謂,而係僅測驗其內部是否有石灰石質之存在。法將質樣置於強酸中,如硫酸或鹽酸等,若漸溶解而放氣泡,則證明其內有石灰石存在。

以上二步工作,已實施完畢,然後根據其結果及下鑽之難易,復叄以地質專家之意見或過去有關係之地質報告而定地質之層次種類。

然宜注意一事,即洗鑽法所取之質樣,實為其所在地層內部之較小物質也。良以此等較小物質,易為水所溶解而流至地面,而較大之物質,則不能隨水而至地面,或言洗鑽法所取之質樣不準確者,亦在此。故洗鑽法之趨勢,係表明質樣所在地層之物質,實較質樣為粗。泥沙或土壤質樣,係表示有沙礫之趨勢,而沙礫質樣,則表示有卵石之趨勢。

至於土壤,膠泥,細沙,粗沙,軟石或卵石碎石等之辨別,則全源經驗。例如:

泥——顏色:灰色

　　　特徵:斜膠狀,捏之,覺滑膩狀。

粗沙——顏色:淺棕色,或黑白色。

　　　特徵:粗小而角鈍,手撚之覺硬而粗,用眠器撬之作沙沙聲。

頑石碎粒——顏色:棕白夾雜。

　　　特徵:狀似沙粒而粗,角銳,撚之頑膩如膠泥,用物撬之不作沙沙聲。

頑石塊——顏色:棕白夾雜。

　　　特徵:硬而鬆,刀削之如泥。

卵石——堅而角鈍,刀不能入。

碎硬石或沙岩——堅而角銳,刀不能入。

質樣種類之辨別已如上述,至其分類定名,則根據其中所含各種物質成份之多寡而定。通常所用之質樣名詞約如下：

名稱	成份（以 % 計）	
	沙	泥
沙	100	0
沙帶泥	80	20
沙及泥	60	40
泥及沙	40	60
泥帶沙	20	80
泥	0	100

欲試驗質樣中所含各種成份之多寡,其法如下:（1）先觀察其成份之大概（2）若觀察不能解決時,則用質樣少許,放入平底玻璃瓶內（圖十五）,混以適量之清水,然後攪之泥土較小而易浮於水,故不易沈澱;沙粒較大故易沈澱,因此經過相當時期,全部沈澱後,則上層為泥土,下層為沙粒,依其深度之高低,則成份之多寡,立能得之。此法輕而易舉,普通皆用之。

圖（十五）

（丙）若以上（甲）（乙）二法均不能應用,則用篩驗法,先去除質樣中之水份,使乾燥成粉,然後用篩驗之。此法最為準確。

(6)各種意外事項　（甲）泥水之斷流　自管底流於地面之泥水,往往忽然中斷,考其原因,不出下列幾種:（一）鑽頭所在地,為疏鬆層,如沙礫碎石等,水流過此種地層,若宜淺過暢,則不復流於地面;（二）外管下端,高於鑽頭,則洗水向四週泥沙滲漏之機會增加,亦足減少或消除洗水上昇之力;（三）有時因水源不潔淨,挾有泥漿草根之類,入於唧筒後,唧筒即因之失效,表面唧筒仍動作如故,而實際無水入管。已知其原因,則補救之法,自覺易易。若發生第（一）第（二）情形,則須深鑽外管,或將鑽頭提起,再加較小之外管於原來之外管中,如圖（十六）所示,如此,則孔底之滲漏,自可減免。至於因唧水機之秘塞而斷流,則當唧水機各部

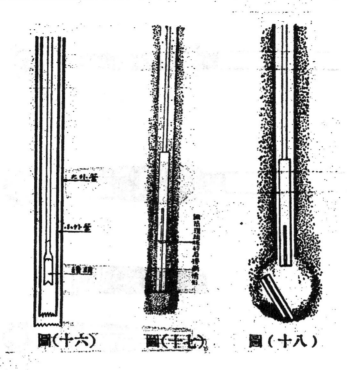

大外管

小外管

鑽頭

圖(十六)　　圖(十七)　　圖(十八)

經清除後,即可復流。

（乙）鑽頭之脫落　鑽頭往往因接口處螺旋之鬆弛或鑽桿為四週失銳碎石所磨斷而失落於孔底,如圖（十七）所示,如此,則因兩斷面互相磨擦而生之鐵粉,亦隨水而上昇於地面。故凡賓樣中一經發現金屬光亮之鐵粉,即示鑽頭已脫落於孔底。此時若鑽頭在外管下端之內如圖（十七）所示,則釣取甚易。設所失為鋼筒鑽頭,則以螺絲鑽尖,如圖（十九）所示,接於裏管下端,放入孔底,將管上下試插,視是否入於所失鋼筒內,一經插中,則向下壓力壓旋,務使鑽筒旋緊於螺絲鑽尖上,然後提起裏管,而該鑽頭亦隨之至地面矣。設所失之鑽頭為魚尾鑽,則須用裏螺絲鑽筒如圖（二十一）所示。然若外管下端高於失落鑽頭之上端,往往以孔底被水刷成空洞,該失落之鑽頭,因之斜臥洞底,如圖（十八）所示,則非但無法釣取,且阻礙鑽探工作之進行,致巳鑽之孔成廢孔。是故欲防意外之損失,宜保持鑽頭常在外管下端之上。

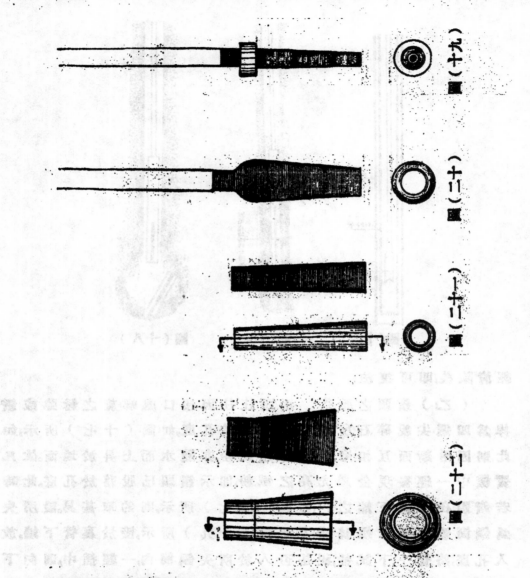

圖（十九）　圖（二十）　圖（二十一）　圖（二十二）

　　（三）管子之脫落　釣取脫落於孔中之裏管及外管,其法與鑽頭之釣取法同,不過所用釣取器之大小不同耳,如圖（二十）爲釣取管子之螺旋鑽尖,圖（二十二）則爲釣取外管之裏螺旋鑽筒。

　　若鑽孔太深外管常不能拔起,則用炸藥將下部炸斷,然後拔起,便覺容易。

(四) 結 論

(1)**斷面圖解** 鑽探工作完畢後,第一步工作必須根據鑽探之紀錄,作鑽孔紀錄之圖解,詳示各孔之地質種類及其深度。其作法,先擇定垂直與水平之比例尺,即河床深度與長度之比例尺,然後將河底之斷面,橋墩之地位,繪於其上,繼於每孔點之兩邊作垂直線各一,以表鑽孔之斷面,將各孔之地質種類深度等紀載,繪於其內即成。

第二步工作為地層圖解之繪製,依據各孔之紀錄圖表將相同地質之地層,按其深度及顏色,以曲線連之。因洗鑽所得之地層情形,與實際地層情形,稍有出入,故地層曲線之連接,往往有錯誤難判之處。此時應重新檢視質樣及鑽頭下降情形之紀錄,以資校對。

地層曲線間如塗上各層本來顏色,使各層分明表異,則橋下河床各層斷面之深度,種類,形狀,顏色等,一目了然矣。

(2)**河床各層荷重力之研究** 河床各層之荷重力既因其性質之不同而有差別,復以其混合之成分多寡而有強弱,其每平方英尺之許可荷重通常規定如下:

地基種類	每平方英尺之允許負重
膠泥	1.0噸
膠泥和沙	2.0噸
沙	3—4噸
粗沙帶卵石	4—5噸
卵石帶粗沙	5—6噸
凝結橋聚之卵石	8 噸
片頁岩或硬土基	5 噸
硬沙岩	20 噸

硬石岩為橋基最良好之地基,其每平方英尺之許可荷重力,往往可達60噸。

片頁岩或硬土基,若不易被河水軟化,亦係一種良好之基礎。其單位允許荷重力,隨硬度而異。

純沙基之不致被水沖動,而固定於一地者,亦為一種良好之基礎,純沙之單位允許荷重力,畧於較卵石為弱,大小隨河之沖洗作用所能到之深度而異。在百英尺下之沙,每平方英尺之允許荷重力,可達 4 噸左右。

卵石基之緊結極緊者,每平方英尺之許可負重力幾與石岩相等,苟河床不致有被沖刷之虞,且負重均勻,則卵石基亦為良好之橋基。

膠土或淤泥通常非加樁不能作橋基,在終年可浸於水中之地,可用木樁。

(8)鑽探建庭異期費之分析: 探鑽消費可分為特別消費及日常消費兩種:日常消費包括油脂,工資,船租,工人房租,工程師薪水及養費等;特別消費包括機械,器具,鑽頭鑽桿等之修理費及物件之折舊貶價等。前者估計甚易,後者則難於探索,蓋物件之修理或折舊貶價,非至發生後,勢難知其大概,復以鑽探制度之不同,而其消費亦有差別焉。照普通情形,在裏工制度下,雖日常消費較省,而其速度則較慢,因此日期延長,日常消費之總和亦以之而增加。在包工制度下,包工人以包金有一定,故有力求速率之加快,而減短消費日期之趨勢,以此往往消費等於裏工而日期則大減。

中國都市垃圾之處理

陶 葆 楷

(一) 引 言

近代都市人口之集中,使垃圾處理成爲市政建設之重要問題。蓋都市垃圾苟無適當之處置,常爲蠅類繁殖之場所,對市民衛生大有妨礙,胃腸病之傳染,亦必增加。歐美都市對於垃圾之處理,皆有深切之注意,其收集運除及最後處置方法,莫不力求其經濟而合乎衛生,或用以填窪,或用以飼畜,或採焚化提煉之法,復可利用其煤渣(clinker)以製磚,提其脂肪以製燭與甘油,取其肥料成分以利農田。我國都市人口之經濟生活,與外國迥異,究宜採用何法,亟待調查與研究。本文就垃圾之材料,垃圾之收集與運除及垃圾之最後處置諸問題,作簡略之檢討,藉供從事衛生工程者之參考。

(二) 垃圾之材料

都市之垃圾約可分爲四類:(1)廚房垃圾(garbage),其質量因地點及時令而異,夏季多瓜果皮,冬季多脂肪物。此類垃圾多爲有機物,最易發生腐臭,常與蒼蠅以滋生之機會。(2)灰燼(ashes),凡燃燒煤炭柴木之地皆有之,尤以工業區爲最多。以時令論,則冬季多於夏季。此類廢物,本無大害,惟隨風吹揚,則頗惹人憎厭,且與細菌以附貼之機會。3)街道垃圾(street sweepings),其產量視街道之構造及行人車馬之多寡與種類而定。吾國都市之瀝青路面尚少,且貨物之運輸,率用騾車,此項垃圾之產量亦即增多。(4) 雜類垃圾 (rubbish) 包括廢紙,破布及玻璃,磁器與金屬等,其產量並不甚多,惟因處理方法往往不同,故常別爲一類。

　　垃圾之產量　據瓦曾 (Watson) 在英國之調查,英國都市垃圾之產量,約每人每日 1.1 公斤。李希特 (Richter) 在德國之調查,德國都市之垃圾產量,約爲每人每日 0.55 公斤。美國支加哥 1912 年之報告,垃圾產量約計每人每日 0.93 公斤。紐約 1907 年之報告,每人每年產出垃圾 1484 磅,計合每人每日 1.84 公斤。上海公共租界工部局之估計,普通住宅每戶每日約出垃圾十磅,如以每戶平均五人計算,則每人每日之產量約爲 0.91 公斤。北平市之垃圾,據市政府技術室之估計,平均每日約出 890 噸。平市內外城內人口約爲一百萬,則每人每日之產量約爲 0.81 公斤。惟據北平市第一衛生區(即清華大學環境衛生實驗區)之調查,該區內每人每日之產量約爲 1.7 公斤。該區在民國二十四年,曾對本問題作系統之研究,第一表示該區一年內調查所得之垃圾平均產量。北平市垃圾產量較高之原因,據該區之研究,約有下列二點:

　　(1) 平市居民,暖室烹調,多用煤球,內含土成分約百分之二十五,故爐灰一項,實爲平市垃圾產量較多之原因。

　　(2) 平市街巷仍多土路,以騾車之衝壓,狂風之刮削,與外國都市之柏油路面相較,平市垃圾產量較多,亦在意中。

　　根據上述兩點,可知我國其他都市情形相同者,其垃圾產量亦高。北平市政府技術室估計之每日 890 噸產量,恐未必可靠。上海居民用煤較少,且路面較佳,垃圾產量似宜較平市爲低。

　　垃圾之重量與成分　據派孫司 (Parsons) 之報告,紐約垃圾之重量平均每立方公尺重 691 公斤。第二表示北平市垃圾之密度,平均每立方公尺重 610 公斤(每立方呎重 38 磅)。

　　垃圾之成分,因地點時季與居民之習慣而異。歐美都市人民

第一表　北平市第一衞生區每人每日之垃圾產量

年	月	垃圾產量		附　　　　註
		磅	公斤	
24	1	4.07	1.85	I. 本區逐日垃圾產量，係根據清運在收集垃圾之車數計算之。
24	2	4.49	2.04	
24	3	4.19	1.90	II. 根據本年度本區人口調查（120,680人）計算每人每日之垃圾產量。
24	4	3.63	1.65	
24	5	3.39	1.54	
24	6	3.28	1.49	
24	7	3.35	1.52	
24	8	3.48	1.58	
24	9	3.22	1.46	
24	10	3.64	1.65	
24	11	3.81	1.73	
24	12	4.00	1.82	
平　均		3.71	1.69	

之經濟狀況較佳,生活較奢,故廚房垃圾較多,我國都市則灰燼與街道垃圾較多。第三表為上海公共租界垃圾分類之百分數,冬季灰燼較多,夏季則廚房垃圾較多。北平市第一衞生區亦曾作同樣之分析,結果如第二表。

我國各市垃圾之化學分析,極少記載。北平市第一衞生區曾於二十四年六月採取樣品送清華大學衞生工程試驗室分析,所得結果如第四表。

(三) 垃圾之收集與運除

收集之制度　垃圾之收集制度,因最後處置之方法而不同。現行收集制度可分二種:一為混合制,一為分類制,前者將一切垃

第二表　北平市内一區垃圾密度及成分調查[3]

日期		爐灰渣%		煤灰%		廚房垃圾%		雜類垃圾%		密度
年	月	容量	重量	容量	重量	容量	重量	容量	重量	磅/立方呎
24	1	28.3	25.9	58.3	67.4	3.8	1.5	9.6	6.2	39.5
24	2	23.3	22.1	63.3	71.1	1.7	0.8	11.7	5.7	38.4
24	3	25.0	22.9	60.0	70.0	3.3	2.1	11.7	5.0	39.8
24	4	28.3	23.5	58.3	70.6	4.9	2.0	8.6	3.9	38.9
24	5	26.6	22.8	56.6	70.3	6.7	3.0	10.1	3.9	37.5
24	6	25.0	22.9	51.6	62.4	8.3	6.3	15.1	8.4	36.6
24	7	23.3	21.9	51.6	62.4	8.3	3.4	16.8	12.3	37.5
24	8	30.1	27.8	50.0	60.1	6.7	4.1	13.2	18.0	37.8
24	9	41.7	34.9	40.0	57.7	5.0	2.1	13.3	5.3	34.4
24	10	35.0	30.3	45.0	57.2	6.7	3.1	13.3	9.4	37.9
24	11	33.3	32.5	45.0	50.4	8.3	6.6	13.4	10.5	39.4
24	12	35.0	30.6	51.7	62.1	3.3	2.5	10.0	4.8	40.9
平均		29.6	26.5	52.7	63.5	5.6	3.1	12.2	7.8	38.2

第三表　上海垃圾分類之百分數[1]

月份	爐灰渣	煤灰	廚房垃圾	雜類垃圾
1	27.4	45.3	13.8	13.5
2	31.3	40.8	14.8	13.1
3	30.5	42.4	14.3	12.8
4	27.5	40.8	17.6	14.1
5	17.2	37.2	34.1	11.5
6	21.7	43.8	18.1	16.4
7	12.8	47.6	23.8	15.8
8	12.2	35.6	37.8	14.4
9	11.3	31.8	45.7	11.0
10	10.2	34.5	44.0	11.3
11	10.0	35.1	45.6	9.3
12	8.3	32.8	50.1	8.8

第四表

年	月	日	水 分	有 機 物	氮
24	6	19	12.7%		0.2 %
25	3	27	15.8%	4 %	
25	4	1	14.9%	2.2%	0.4 %
25	4	10	13.6%	3.8%	0.38%
25	4	16	10.9%	3 %	0.19%
平 均			13.6%	3.3%	0.3 %

註：表中所列有機物及氮之百分數，均依乾燥樣品計算。

圾混於一處，後者將垃圾分類儲存，以便分別處置。我國都市現均採用混合制，其理由如下：

(1 垃圾之最後處置，類皆用以填補窪地，故無須分類。

(2)垃圾混於一箱，較為簡便，住戶容易照辦。

(3)混合制之收集費用較省。

(4)我國都市之垃圾，內含有用成分較少，如採用分類制，分別處置，恐未必經濟。

住戶之處理 垃圾問題之解決，應以住戶之適當處理為第一步。歐美各大都市，多有規定居民必須將垃圾分類儲存，並用指定之垃圾桶者。我國都市人民，經濟狀況既劣，欲採用歐美之標準式垃圾桶，自屬困難。上海公共租界上等住戶有鐵製之垃圾桶，容量為 0.6 立方公尺；旅館及大商店，另有特製之大鐵箱，可容垃圾一公噸；普通住戶，每五戶至十戶，有一混凝土製之垃圾箱。北平天津所用之公共垃圾箱則為木製。

北平市第一衛生區於民國二十三年曾作私用垃圾桶之調查，結果如第五表。在該區內有垃圾桶之戶數，占百分之七十。所有垃圾之儲存，類皆因陋就簡，用普通土管，無蓋，大小亦不一致。該區愛製就一白鐵製垃圾桶之標準圖樣[4]（第一圖），逐戶分發，而採用者尚不多。

第五表　北平市第一衛生區垃圾收集調查結果表

23年 月	日	段 次	車 數	正 戶	附 戶	人 口	土量/磅	每日每人平均/磅	有土管戶數	總戶數之%占有土管	收集時間之時(分)	土量除之時間及運(分)	每車收時收集率之有%	每用時(分)月平均收集
9	27	1	6	53	71	865	3,675	4.24	98	71	171	409	41	1.38
9	27	2	5	27	57	647	2,811	4.35	89	71	131	340	38	1.56
9	24	3	6	32	52	721	2,967	3.75	92	95	340	588	57	4.05
10	2	3	6	34	46	698	2,967	4.24	84	95	149	425	35	1.49
9	26	4	6	31	33	435	3,520	8.08	59	83	104	304	34	2.33
9	27	5	3	39	73	446	1,760	3.94	55	49.1	158	206	76.7	1.41
9	26	6	4	65	49	702	2,140	3.05	113	82.5	295	486	60.7	2.59
9	30	6		62		66	2,140	3.7	102	100	185	441	41.9	—
9	24	7	2	45	57	559	1,315	2.35	69	60.8	224	309	72.4	2.20
9	25	8	5	102	155	1,265	3,284	2.60	184	22.9	459	666	68.9	1.78
9	24	9	5	60	79	813	2,915	3.58	67	47.5	257	482	53.3	1.85
9	26	10	5	70	84	884	3,155	3.52	61	34	350	448	55.8	1.62
9	25	11	4	58	47	874	2,262	2.59	80	53.4	255	421	60.5	2.22
9	27	12	5	49	47	635	2,828	4.46	55	56.3	246	478	51.4	2.56
9	24	15	3	27	15	393	1,778	4.52	67	76.2	107	235	45.5	2.55
9	25	16	6	71	16	812	3,852	4.74	75	77.1	171	431	39.6	1.97
9	27	16		61	—	824	3,210	3.89	66	21.9	167	493	33.8	—
10	2	17	8	43	—	687	3,264	4.76	49	90.7	154	467	32.9	—
10	24	14												
10	25	16												
14	26	19	14	198	—	2,880	7,898	3.4	294	91.6	303	51,222	24.8	2.10
平均數								3.9		69.7			46.2	2.10

**收集之時間及頻率　**我國都市垃圾之收集,大都於日間舉行。北平土夫夏日上午五時出差,冬日六時出差,因地面遼闊,土夫不敷分配,每日須工作九小時始能清除完畢。南京則規定在上午五點半至十點半及下午二點至六點間,垃圾車到各街坊收集,並搖鈴以為號。收集之頻率,各市均規定每戶每日收集一次,惟實際上因土夫及車輛之不足,垃圾產量較低之住戶,每二三日收集一次,殆為不可免之事實。

北平市第一衞生區之收集時間調查之結果,每戶收集垃圾所用時間平均為2.1分鐘,運送所需之時間較收集用時為多。每車

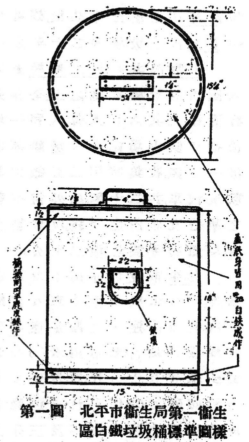

第一圖　北平市衞生局第一衞生區白鐵垃圾桶標準圖樣

收集所用時間與收集及運送共用時間之比為有效時間率,此項有效時間率,僅46.2%(第五表),足見垃圾車之大部時間,均消耗於運送於住戶與待運場之間,故欲增進垃圾收集之效能,須設法減少運送之時間或運送之次數。

**垃圾之運除　**垃圾收集後,即送至集中地點用載重汽車或垃圾船運出,此為各市共同採用之制度。南京市所用之垃圾車為雙輪者,上置長方形木箱,每二人司一車。垃圾車有集中地點數處,由此集中地點用汽車運到城外。城中如有窪地,即由小車就地填塞。

上海市街道之掃除與垃圾之處理,歸衞生局執行。垃圾車在閘北及南市各有集中地點數處,然後用垃圾船將集中之垃圾運

到黃浦江上游三十公里,該處地勢低窪,據南京衞生署之估計,可供上海市垃圾填藏二十年之用。

上海公共租界工部局對於垃圾問題深切注意,故成績遠在我國市府管轄範圍之上。全界分東西南北四區,稽查工作分區執行。清道夫共六百人,每人司一垃圾車,車為單輪者,停於路旁,裝滿後推至集中場站,由垃圾船運出。旅館及大商店之大鐵箱,可容垃圾一公鐵,收集時用二公鐵之載重汽車,可裝此種鐵箱兩個;是項載重汽車,共二十輛。此外尚有載重汽車十三輛,專司焚穢臟垃圾之運送及界內之填窪,垃圾船之碼頭共七,一在黃浦江,六在蘇州河,每船約可裝垃圾二十公噸。

北平市垃圾亦由小車運送待運場,再用汽車自待運場運赴城外。現有木製垃圾手車八百輛,汽車二十四輛,垃圾待運場二十三處。此項待運場之勘定,據北平市衞生局之報告,其原則有五:(1)官地或私地自願借用者(2)如為事勢所許,設於偏僻處所(3)長度至少須有五十公尺,寬度至少十六公尺(4)於交通觀瞻衞生水道均無妨礙者(5)便利汽車運輸者。但以經費之拮据,汽車之不敷,致每日垃圾之運除者不及三分之二,堆積日久,不特有礙觀瞻,且於附近居民之環境衞生,實有未當。第二圖示待運場之垃圾裝車設備,為一種木製裝土關,構造甚簡,底為斜式,前安鐵門,垃圾到場後,傾於裝土關箱內,汽車到場,停止關前,只須拉起關門,稍佐以人力,垃圾即自動流入汽車箱內。用此法裝車,需時僅七八分鐘,與以前裝載需時二十分至三十分鐘者相比,較為經濟,自不待言。蓋自待運場至城外窪地之平均距離,約為五公里,汽車開駛時間約三十分鐘,如以同量時間,消耗於裝土,實屬過鉅。[5]

北平市所用之垃圾汽車,亦載重二公鐵。原為普通之載重汽車,附有固定之裝土木箱,每卸垃圾一車,需夫役三四人,時間約自十五分鐘至二十分鐘,現已改用活動車箱,每卸垃圾一車,只須夫役一人,費時不過四五分鐘。第三圖為該市所用之自動傾斜式之車箱。上海天津等市,亦已採用此類活動車箱之垃圾汽車。

第二圖　　　　　　　　　　　　第三圖
北平市垃圾待運場之裝車設備　　　　活動車箱之垃圾汽車

　　收集垃圾之木車,其容量影響收集之效率頗大。清華大學在北平市第一衛生區與衛生局合辦之環境衛生實驗區曾對此項問題作一番研究。從理論方面言,垃圾車之容量應以能使每車每日僅須往返垃圾待運場一次最為適當。不過以事實上之困難,此種標準,不能達到。平市所用垃圾車,容量多在 0.45 立方公尺左右。用此種垃圾車,平均每巷每日出垃圾八車,換言之,每日每車須往返待運場八次。離待運場近者,則往返須時較少,其距離遠者,則每往返一次,約須時三十分鐘。故每日虛耗於往返途中之時間,幾佔每日工作時間之半,如能將垃圾車之容量增加,減少待運場往返之次數,則收集之效率定能增高。該區建議增加垃圾車容量之方法如下:

　　(I)就現有之垃圾車上加籤圈——現在垃圾車之尺寸為 0.7 公尺高,0.7 公尺寬,0.92 公尺長,其容量約為 0.45 立方公尺。若於車上加設 0.45 公尺高之籤圈,則其容量可增至 0.75 立方公尺,以每立方公尺垃圾重 610 公斤計,每車土重約 460 公斤合七百斤。普通壯丁最多可拉八百斤,故加設籤圈之土量尚不為過重。此種籤圈約合五角錢一個,可用二三個月,本區共有垃圾車約百五十輛,每車增設籤圈一個,每月約須二十五元之譜。增設籤圈後,每車可省出往返待運場之時間兩次,一次以半點鐘計,每夫每日可省出一小時,一百五十個土夫可省出一百五十小時,每天每工以九小時工作計,即可省出十七個土夫,每夫每月餉七元,月省百二十元,除開銷簾圈價款外,尚餘九十五元。此項建議已經平市衛生局採用,惟許多垃圾車以省錢關係,不用簾圈,而以廢鐵皮替代。

　　(2)新車製造應增大容量 —— 舊車容量過小,今後如須製造新車,則其容量應以0.75立方公尺為度。今試假設本區已全數換用此種新車,計算其需用之車輛數及土夫數,與現在之情況相比較:

如　　W=垃圾車之輛數,

　　　　P=人口總數,

　　　　R=每人每日垃圾產量,

　　　　S=每夫每日往返待運場之次數,

　　　　V=垃圾車之容量,

則　　$W=\dfrac{P \times R}{S \times V}$

如用現在之垃圾車則:

V=0.45立方公尺×610公斤=274公斤(每車)

P=120,680人,

R=1.7公斤(每人每日),

S=8次,

$W=\dfrac{120,680 \times 1.7}{8 \times 274}=94$輛。

如用0.75立方公尺之新車則:

V=0.75×610=457公斤(每車),

S=6次(設容量增加則每日每車往返之次數由8次改為6次),

於是$W=\dfrac{120,680 \times 1.7}{6 \times 457}=75$輛。

由上可知若全體改用新車,則僅需垃圾車約七十五輛,較之現在情況可減少垃圾車十九輛,土夫十九人,即以土夫工餉一項而論,每月可省一百三十元,此項建議,亦經北平市衛生局採用,現製新車之容量均已增加。

尚有一點,值得注意者,即現有垃圾車箱之上緣,約距地面4.2公尺,若上加籐圈高0.45公尺,則距離地面1.65公尺,傾倒垃圾,殊多不便。好在籐圈并非固定車箱上,須俟垃圾車將行滿載時,再裝按上去。故新車製造時,應注意此點,務使裝土線(Loading Line)之高度不過1.4公尺。

(四) 垃圾之最後處置

垃圾之最後處置方法甚多,適用於我國今日之都市者,有下列三種:

(1)填補窪地(filling low lands)

(2)混合肥料(composting)

(3)焚化(incineration)

他若飼猪及提煉(reduction)諸法,均須用分類收集制,在中國都市普遍採用混合收集之今日,不能大規模採用也。

填窪－此法爲中國都市今日普通採用之處置垃圾法。如市內或近郊有許多窪地,用垃圾填補,不特使垃圾得處置之所,且於農事有益,況焚化提煉諸法須有價值極昂之機器設備,採用填窪法,僅需運輸工具,在水道便利之都市,以船運輸,較用汽車尤爲經濟。南京北平均以城外窪地爲最終堆卸場所,上海送至黃浦江及吳淞江上游,人口較稀,故對防蠅及防臭設施,均未顧及。惟上海公共租界工部局以垃圾之一小部分,用在界內隨地填窪,經過有系統之計劃,並用硼砂(borax)以防蠅蛆之滋生,垃圾土面至少蓋灰燼15公分(6吋)。所加硼砂溶液,係以一磅硼砂加四加侖水製成。近又以雙層黃色包皮紙替代硼砂,垃圾填好以後用紙蓋好,是項包皮紙,中間夾以瀝青,紙下垃圾醱酵之結果,使溫度加高,不宜於蠅蛆之生長。一星期後,上面再蓋以灰土,據試驗之結果,較用硼砂爲經濟。

　　都市發達之結果,使市內窪地逐漸減少,郊外低窪之處,苟距市過遠,則用汽車運送,殊不經濟。據北平市衛生局之計算,每運垃圾一公噸至城外約需洋五角,將來近郊之窪地填平,需費更昂,故填窪往往不能用爲一市垃圾之永久處置法。在發展之過程中,都市常須於填窪之外,再覓得一處置垃圾之方法,北平市之混合肥料試驗與上海公共租界之採用焚化,即其實例。

　　混合肥料　此法用垃圾作成長堆,摻入糞液,或放置坑中,使其醱酵,成爲混合肥料。印度米蘇市(Mysore)及印篤爾市(Indore)均曾試用此法,頗著成效,手續簡便,用費甚微,糞便肥料得以充分利用,掩蓋嚴密,臭氣因之減少。我國農村,亦向有此種混合法,惟因陋就簡,規模過小,且缺乏適當之管理。北平市近以運送垃圾至城外耗費之昂,特由衛生局與清華大學工學院及北平大學農學院合作,擬定混合肥料實驗計劃,在西直門外農事試驗場闢空地約十公畝,用各種混摻比例及方法,使垃圾與糞便成混合肥料,然後施之於農作物,以決定其採用之可能性。[8]是項試驗,擬於民國二十五年春開始工作,需費約八百元,苟成功,不特糞便及垃圾處理問題得適當之解決,糞便與垃圾所含之肥料成分,亦可充分利用。惟以平市垃圾內灰土成分之高,所含廚房垃圾成分之低,與糞便混摻後,能否適宜於土壤及農作物尚有待於實驗之證明。濟南齊魯大學得美國羅氏基金會經濟上之協助,曾作糞污與廢棄植物之混摻試驗,現亦擬以垃圾與糞污混合,如與北平之工作相參照,則對垃圾問題之解決,將更多闡發也。

　　焚化　上海公共租界有垃圾焚化廠兩處。全區垃圾產量,每日約自九百至一千二百公噸,三分之一用載重汽車送至焚穢廠,其餘一小部份用在界內填窪,大部份運至吳淞江及黃浦江上游窪地,焚穢廠一在檳榔路,每日約可燒垃圾二百公噸,一在茂海路,每日約可燒一百五十公噸。第四圖示檳榔路焚穢廠之佈置,該廠於民國二十一年始完工,有焚穢爐二個,垃圾由汽車運抵該廠,即

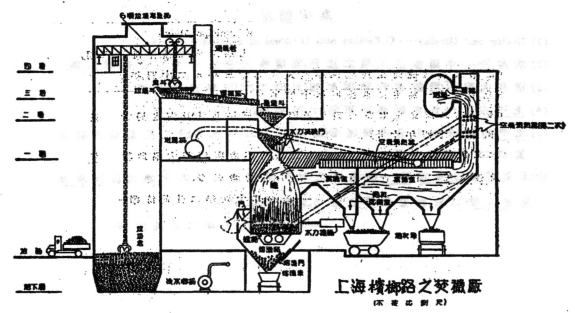

上海檳榔路之焚燬廠
（不按比例尺）

第 四 圖

傾於最低層之垃圾倉內,用戽斗升降機(bucket elevator)提置於垃圾斗中,經運搬器(Conveyor),送至量重斗(weighing hopper)而入焚燬爐。垃圾經過運搬器時,由工人將瓶罐等檢出。焚化後垃圾之溶渣特一水力擂錘(hydraulic ram)推入溶渣箱,再由小車運走。焚燬之煙氣經燃燒室(Combustion chamber)時,所含灰爐即行沉澱,亦用小車運出。溶渣與煙灰之溫度極高,當其由小車運出時,用冷水噴射,運出後以作壞地之用。燃燒所需之空氣用送風機打入,在燃燒室內預熱後,始送至爐內。

　　焚燬爐之建造,需要較高之經費,故我國各市今日尚無採用大規模之焚化計劃者。惟自環境衛生之觀點言之,此法滅除垃圾傳染疾病之機會,蒼蠅滋生之場所亦得減少,且如燃燒溫度能維持至百度表600° 時,絕無臭氣發生,實最佳之處置垃圾法。從經濟方面言,我國都市之垃圾所含燃燒成分不高,則採用之是否合算,各市宜就其特殊情形,作詳細之研究。

參考書籍

(1) Hering and Greeley——Collection and Disposal of Municipal Refuse。

(2) 陶葆楷——中國衛生工程之建設,載清華大學土木工程會刊第三期。

(3) 清華大學環境衛生實驗區年報(民國二十三年至二十四年)。

(4) 北平市第一衛生區事務所第十年年報。

(5) 北平市政府衛生處業務報告(民國二十三年九月)及衛生局業務報告(民國二十四年十月)

註:本文所載北平市第一衛生區之材料,係作者與清華大學助教謝家澤及茂人使二君調查所得之結果,故採引之處較多。

——民國二十五年二月於清華——

計算鋼筋混凝土樑之直線圖表

王　度

計算鋼筋混凝土桁樑方法,普通以樑寬 (b) 及樑高之二乘方 (d²) 除樑之彎率(M, bending moment)而得一數 K,即 $K=\dfrac{M}{bd^2}$。然後由預製之圖表求鋼筋與樑剖面面積之比 (p),進而計算鋼筋之剖面積。此篇所述之圖表,較普通所用者爲簡。作者以其頗合於設計之應用,故將其貢獻於「工程」讀者。

直線圖表槪論　凡算式含有二變數 (variables) 者——例如 y＝ax＋b,x 與 y 爲變數——均可用一直線以表示二數間之關係。由已知或假定之 x,即可求得 y。

算式含有三個變數者,——如 z＋c＝ax＋by,x, y, z 均爲變數——則須有三線以表示各數之值(見第一圖)。確定二數,即可求得第三數。其求法係以一直線置於二確定之數上,則此直線即經過第三線而得第三數之值。

$$\frac{h_2}{h_1}=\frac{l_1}{l_2}$$

第　一　圖

用圖表以表示數値時必先覘數之大小,斟酌情形,以決定一單位長度 (unit length) 可代表數値幾何。如以長度一單位表示數之一單位 (unit),則名其比尺 (scale) 爲 1。如用長度之一單位表示數之二個單位,則其比尺爲 2。餘類推。設表示 x 値之比尺爲 2, y 値之比尺爲 1。則第三數 z 値之比尺必爲 3,因第三數之比尺,在數目上,必爲第一,二兩數比尺之和也。

x, y, z 三線間之距離,亦與各數之比尺有關。若 x 值之比尺爲 2,y 值之比尺爲 1;假定 x 與 y 之距爲任何長 h,則 x 與 z 之距 h_1 及 z 與 y 之距 h_2 爲 1 與 2 之比。若 x 與 y 之比尺均爲一,則 z 線必在 x 與 y 之中間,即 $h_1 = h_2$。

若一算式含有三個以上之變數,如 x=y+v+u,則可將其變爲 x−y=u+v。以 x−y=z 與 u+v=z 製一聯合表。在此圖中,僅表示 z 之位置已足,無須表明其數之值也。

若一算式中含有指數(power 或 root)及乘除,如 $x = y^2 z$,則須以對數 (logarithm) 處理之,變其式爲一次式如下:

$$\log x = 2\log y + \log z$$

本篇圖表中之作,即根據上述之定律也。

鋼筋混凝土樑直線圖表之製法及應用　鋼筋混凝土樑有矩形樑 (rectangular beam) 與 T 形樑 (T-beam) 二種樑之構造,有僅具抗拉力之鋼筋 (tensile steel) 者,有兼具抗拉力與抗壓力之鋼筋 (Compressive steel) 者。計算之法,各有不同,須分別論之。

本篇各圖表,係根據下列之規定製成。在他種規定之下,自可仿照另製。

1. 鋼筋抗拉力（f_s）每平方时爲16000磅

2. 混凝土抗壓力（f_c）每平方时爲 900 磅

3. 鋼筋彈性系數（E_s）與混凝土抗壓力彈性系數 E_c 之比爲 15,即 $\dfrac{E_s}{E_c} = n = 15$。

無抗壓鋼筋之矩形樑——第一圖表

桁樑之用於建築,所以承受彎率。鋼筋混凝土樑之結構,係利用鋼筋之抗拉力與混凝土之抗壓力,以組成抗彎率（resisting moment）,矩形樑(如第二圖),根據混凝土抗壓力計算之抗彎率爲:

$$M = \frac{1}{2} f_c \, b \, k \, d^2 \left(1 - \frac{k}{3}\right) \text{———————} \quad (1)$$

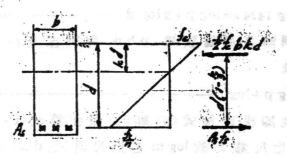

$$k = \sqrt{2pn + (pn)^2} - pn$$

第 二 圖

根據鋼筋抗拉力計算之抗彎率爲:

$$M = A_s f_s d \left(1 - \frac{k}{3}\right) = f_s\, p\, b\, d^2 \left(1 - \frac{k}{3}\right) \tag{2}$$

因受他種牽制,故設計者對於此種桁樑之計算,不能同時使 f_s 爲 16000 磅與 f_c 爲 600 磅。確定鋼筋之應拉力較屬易事,故當用算式 (2) 以作圖表。

算式 (2) 中 p 與 k 之值有相互關係,如下算式:

$$k = \sqrt{2pn + (pn)^2} - pn \tag{3}$$

又

$$\frac{f_c}{f_s} = \frac{k}{n(1-k)} \tag{4}$$

今據 $f_c = 600$, $f_s = 16000$, $n = 15$, 用算式(4)求得 k 之值爲 0.36, 爲 k 之最大值。同時用算式(3)求得 p 之值爲 0.675%,爲 p 之最經濟值, 因鋼筋與混凝土可用之最大應力均利用之矣。

如 p 之最高者爲 0.675%, 最低者爲 0.2%,算式 (2) 中之 $\left(1 - \dfrac{k}{3}\right)$ 變更極微,最大爲0.928,最小爲 0.880。是 $\left(1 - \dfrac{k}{3}\right)$ 可視 爲常數。今假定其最適當之平均數值爲0.89,則算式(2)變成

$$M = 14240\, p\, b\, d^2$$

相當於每吋樑寬之抗彎率爲

$$m = 14240\, p\, d^2 \tag{5}$$

其對數式爲

$$\log m - \log 1424) = \log p + 2 \log d \quad \text{(6)}$$

又全標所需鋼筋之剖面積為 pbd。每吋標寬所需之鋼筋剖面則為 A。= pd,故

$$\log A_s = \log p + \log d \quad \text{(7)}$$

第一圖表即根據算式(6)與(7)而作。算式(6)中 log p 之比尺為 1, 2 log d 之比尺為 2,故 log m 之比尺為三, d 與 m 之距為 p 與 d 之距三分之一。

第一圖表

短形標

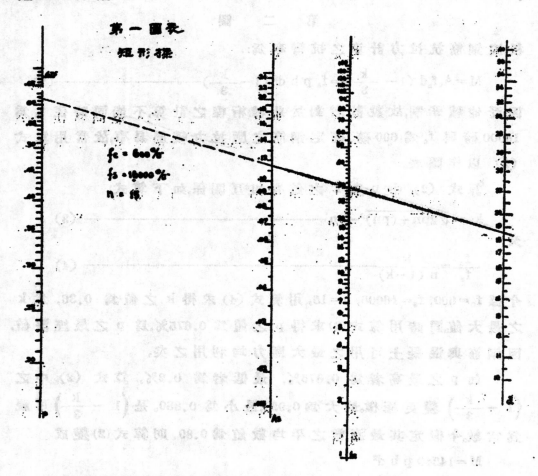

fc = 600%
fs = 18000%
n = 將

p 與 d 線同時可用於算式(7) , 惟 log d 之比尺為 1, 故 log A。之比尺為 2. A。線位於 p 與 d 之正中。

例題   桁標寬 10 吋,高 20 吋,承受彎率 300,000 吋磅。求應備之

鋼筋。

假定此梁之有效厚度 d 爲 18.5 吋相當於每吋梁寬之彎冪爲 30 千吋磅。置直線於 d 線上 18.5 吋與 m 線上之 30 千吋磅,則此線經過 A_s 線 0.114 平方吋處,同時求得 p 爲 0.616%。是梁之 A_s 爲 10×0.114＝1.14 平方吋。應用此圖表時,p 之求得與否不關緊要,權當注意 p 之最高值,不得過 0.675%。過此則須用抗壓鋼筋,否則 f_c 卽超過 600 磅。

具有抗壓力鋼筋之矩形梁——第二圖表

如第三圖,桁梁承受彎冪甚大,混凝土不能勝任所受之壓力,乃用鋼筋以輔助之,其抗彎率爲:

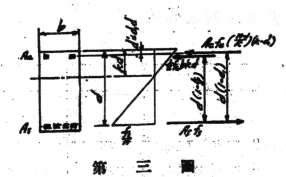

第　三　圖

$$M = \frac{1}{2} f_c b k d^2 \left(1 - \frac{k}{3}\right) + A_c f_c \left(\frac{n-1}{k}\right) (k-d_1)(1-d_1)d$$

令　$A_c = p'bd$,則相當於每吋梁寬之抗彎率爲

$$m = f_c d^2 \left[\frac{k}{2}\left(1 - \frac{k}{3}\right) + p'\left(\frac{n-1}{k}\right)(k-d_1)(1-d_1)\right] \text{-----(8)}$$

依力學定理,抗壓力與抗拉力相等,故

$$f_s p b d = \frac{1}{2} f_c b k d + f_c p' b d\left(\frac{n-1}{k}\right)(k-d_1)$$

因此得

$$p = \frac{f_c}{f_s}\left[\frac{k}{2} + p'\left(\frac{n-1}{k}\right)(k-d_1)\right] \text{-----(9)}$$

假定桁梁備抗壓鋼筋後,混凝土之抗壓力遂達其可用之最大限

度,即 $f_c=600$, 則 k 爲常數 0.36。又暫假定 d_1 亦爲常數 $=0.15$, 則算式 (8) 變爲

$$m=d^2(95+4165p')$$

即 $\qquad m=95\,d^2+4165\,p'\,d^2 \qquad \text{(10)}$

算式 (10) 可分爲下列之算式

$m=m_1+m_2$

$$m_1=95\,d^2 \qquad \text{(11)}$$

$$m_2=4165p'\,d^2 \qquad \text{(12)}$$

算式 (9) 代以適當之值,即變爲

$$p=0.00675+0.306p' \qquad \text{(13)}$$

算式 (13) 亦可分爲下列之算式

$p=p_1+p_2$

$$p_1=0.00675 \qquad \text{(14)}$$

$$p_2=0.306\,p' \qquad \text{(15)}$$

故 $\quad A_s=A_{s1}+A_{s2}$

$$A_{s1}=0.000675\,d \qquad \text{(16)}$$

$$A_{s2}=0.306\,p'\,d \qquad \text{(17)}$$

算式 (11) 之對數式爲

$$\log m_1-\log 95=2\log d$$

上式可以直線表示之,如第二圖表(見下頁)中之"A"。

算式 (16) 亦能以一直線表示之,如第二圖表(見下頁)中之"E"。

算式 (12) 之對數式爲

$$\log m_2-\log 4165=\log p'+2\log d \qquad \text{(18)}$$

算式 (18) 及 A_c 線圖表之作,可照第一圖表之法行之。再取算式 (15),p_2 與 p' 可依其關係作於一線上,如第二圖表(見下頁)之"B"。故 A_{s2} 亦得與 A_c 作於一線上,如第二圖表(見下頁)之"C"。

實際上 d_1 不得視爲常數 0.15。故如上所得之結果,其 d_1 非爲 0.15 者,須加以更正。觀算式 (8),受 d_1 之影響者爲 p',故須予以更

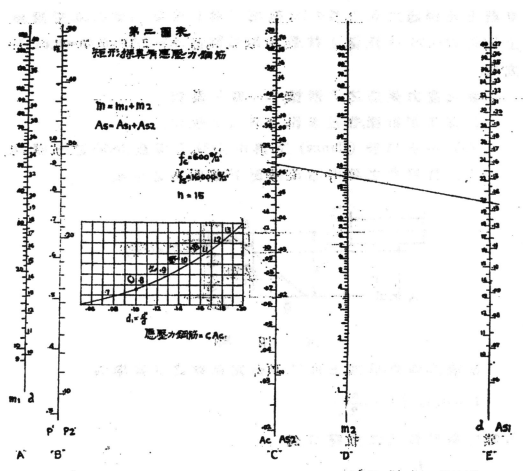

正者爲所求得之 A_c。第二圖表中之附圖,係根據 $(k-d_1)(1-d_1)$ 求得之因數,用以乘 A_c,得應備之鋼筋也。

　　例題　桁樑 10×22 吋,承受彎率 560000 吋磅,求鋼筋之剖面積。

　　相當於每吋樑寬之彎率爲56千吋磅,假定 d 爲20吋,從 "A" 線得 m_1 爲38千吋磅,故 m_2 爲18千吋磅,用一直線置於 "D" 線上之18千吋磅與 "E" 線上之20吋,即得 A_c 爲0.216平方吋,A_{s2} 爲0.066平方吋。同時 "E" 線上之20吋處得 A_{s1} 爲0.135平方吋,故求得之結果爲　　$A_s = 10 \times (0.135+0.066) = 2.01$ 平方吋。

　　　　$A_c = 10 \times 0.216$　　　　　$= 2.16$ 平方吋。

實際上此例題之 d_1 不為 0.15，假使 d' 為 2 時,是 d_1 為 0.10。從附圖上得因數 0.76,故應備之抗壓力鋼筋剖面 $A_c = 2.16 \times 0.76 = 1.64$ 平方吋。

無抗壓力鋼筋之 T 形梁——第三圖表

計算 T 形桁梁,普通多作下列二項假定。

(1) 不計樑肢 (flange) 下與中立軸上樑腰 (web) 之抗壓力。

(2) 抗壓力之集中點,在樑面下樑肢厚之半處。

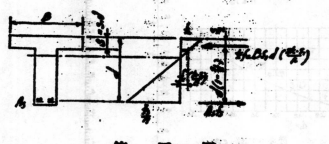

第　四　圖

參觀第四圖,根據上列二項假定而得之抗彎率為

$$M = A_s f_s d\left(1 - \frac{s_1}{2}\right)$$

相當於每吋樑寬之抗彎率為

$$m = p \frac{f_s}{2}(2 - s_1)d^2 \quad\text{————————(19)}$$

因　　$f_s = 16000$ 故

$$m = 8000 \, p \, (2 - s_1)d^2 \quad\text{————————(20)}$$

算式 (20) 中有變數四個,其對數式為

$$\log m = \log 8000 - \log (2 - s_1) = \log p + 2 \log d \quad\text{———(21)}$$

今將算式 (21) 分為二式

$$\log m - \log 8000 - \log (2 - s_1) = k \quad\text{————————(22)}$$

$$\log p + 2 \log d = k \quad\text{————————(23)}$$

用 (22) 與 (23) 兩算式作一聯合圖表,即成為第三圖表。其應用之法,作例題以明之。

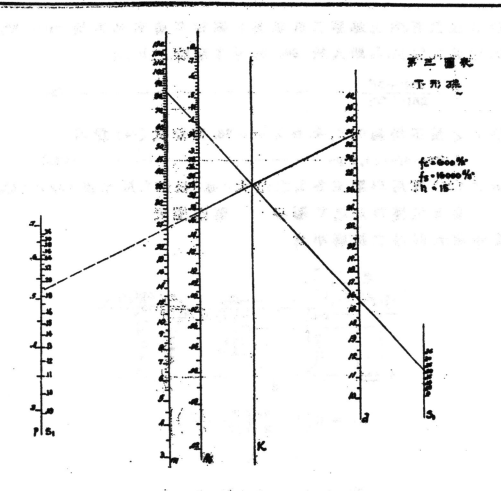

例題　　今有 T 形樑如第五圖,其彎率為 3560 千吋磅。求鋼筋之剖面積。

相當於每寸樑寬之彎率為 84.8 千吋磅。

$$s_1 = \frac{7.5}{34} = 0.22, \qquad d = 34 寸。$$

今以直線置於 m 線上 84.8 千吋磅處與 s_1 線 0.22 處,得一點於 K 線上。再將直線仍置於 K 線上所得之一點,而令其轉動,使落於 d 線上之 34 吋上,即得 $A_s = 0.175$ 平方吋,全樑應具鋼筋為

$$A_s = 42 \times 0.175 = 7.35 平方吋。$$

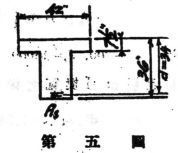

第　五　圖

所當注意者,爲上述第二直線與 p 線相交處,不得高於 $s_1=0.22$。如超過此限度,f_c 即大於 600 磅。因 T 形樑之 k 爲

$$k = \frac{2np + s_1^2}{2np + 2s_1} \text{———————————(24)}$$

且 k 之值不得過 0.36,今令 $k=0.36$,則算式 (24) 變爲

$$0.72 s_1 - s_1^2 = 19.2\ p \text{———————————(25)}$$

算式 (25) 即用以限定各 S_1 之最大 p 也(根據 f_s 用足至 16000 磅)。

具有抗壓鋼筋之 T 形樑 —— 第四圖表

參看第六圖,樑之抗彎率爲

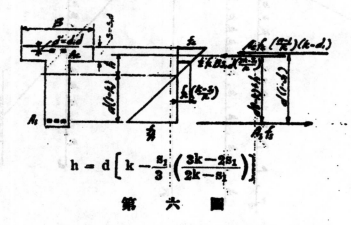

$$h = d\left[k - \frac{s_1}{3}\left(\frac{3k - 2s_1}{2k - s_1}\right)\right]$$

第 六 圖

$$M = \left\{f_c\, B\, s_1\, d^2\left(\frac{2k - s_1}{2k}\right)\left\{1 - \frac{s_1}{3} \cdot \frac{3k - 2s_1}{2k - s_1}\right\}\right.$$

$$\left. + f_c\, p'\, B\, d^2\left(\frac{n-1}{k}\right)(k - d_1)(1 - d_1) \right\} \text{————(26)}$$

因 $f_c=600$, $f_s=16000$,故 $k=0.36$。假定 $d_1=0.15$,相當於每吋樑寬之彎率爲

$$m = f_c\, d^2\left(s_1(1 - 1.39\, s_1)\left(1 - s_1\frac{1.08 - 2s_1}{2.16 - 3s_1}\right) + 6.94\, p'\right) \text{——(27)}$$

今令 $m = m_1 + m_2$

$$m_1 = 600\, s_1(1 - 1.39 s_1)\left(1 - s_1\frac{1.08 - 2s_1}{2.16 - 3s_1}\right)d^2 \text{————(28)}$$

$$m_2 = 4164\, p'\, d^2 \quad\text{————————————————————(29)}$$

又根據力學定律:抗拉力等於抗壓力,得

$$p = \frac{f_c}{f_s}\left[s_1\left(\frac{2k-s_1}{2k}\right) + p'\left(\frac{n-1}{k}\right)(k-d_1)\right] \text{————(30)}$$

k 與 d_1 代以適當之數,算式 (30) 變為

$$p = 0.0375\left[s_1\left(1 - \frac{s_1}{0.72}\right) + 8.16\, p'' \text{————————(31)}\right.$$

再令 $p = p_1 + p_2$

$$p_1 = 0.0375\, s_1\left(1 - \frac{s_1}{0.72}\right) \text{————————————(32)}$$

$$p_2 = 0.3)6 p' \text{————————————————————(33)}$$

第四圖表

T形樑具有應壓力鋼筋

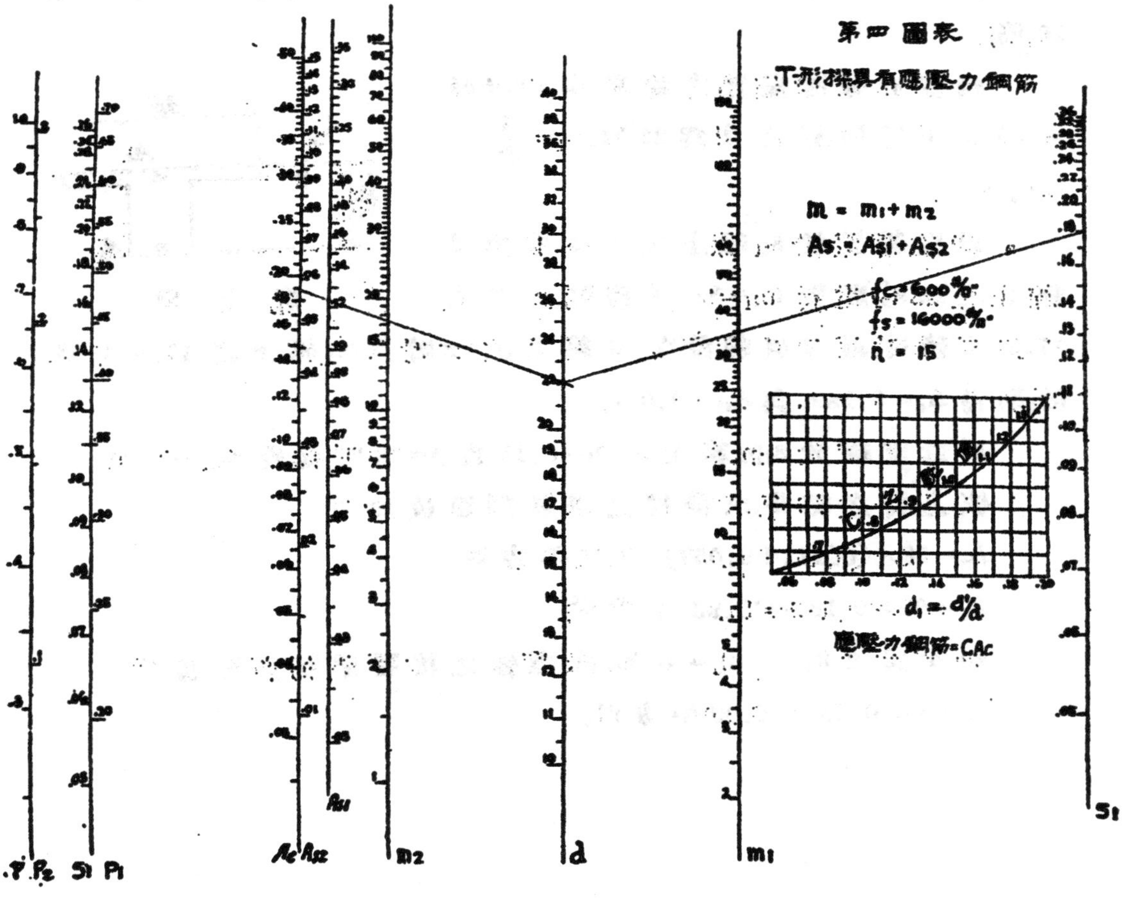

$$m = m_1 + m_2$$
$$As = A_{s1} + A_{s2}$$
$$f_c = 600\%$$
$$f_s = 16000\%$$
$$n = 15$$

$$d_1 = d\%/a$$

應壓力鋼筋 = CA_c

第四圖表之作,可分爲四部分:—

（1）用算式（28）以求 m_1, s_1 與 d 之關係。

（2）用算式（29）以求 m_2, p' 與 d 之關係。因此 A_c 亦可求得。再根據算式（33）,p_2 與 p' 之關係可得 A_{s2}。

（3）算式（32）僅有變數 p_1 與 s_1,可依其關係表於一線上。A_{s1} 自易求得。

（4）d_1 之值非爲常數 0.15,故須作附圖,如第二圖表,以資校正。

圖表之作法,與前述者無差異處,故不詳言。今舉一例題以明其用法。

　　例題　　如第七圖之 T 形樑,承受彎率 3100 千磅时,求應備之鋼筋。

第 七 圖

　　相當於每时樑寬之彎率爲 3100÷58 = 53.5 千磅时。假定 d 爲 22 时,$s_1 = \dfrac{4}{22} = 0.18$。

　　以直線置於 s_1 線上之 0.18 處與 d 線上之 22 时處,得 $m_1 = 36$ 千磅时,m_2 必爲 17.5 千磅时。再以直線置於 d 線上之 22 时及 m_2 線上之 17.5 千磅时,即得 $A_c = 0.189$,與 $A_{s2} = 0.057$。

　　再置直線於 s_1p_1 線上之 $s_1 = 0.18$ 與 p = 22 时處,得 $A_{s1} = 0.111$。

　　依上得之結果,求得樑之鋼筋剖面積如下:

$A_s = 58 \times (0.111 + 0.057) = 9.75$ 平方时

$A_c = 58 \times 0.189 = 10.95$ 平方时

　　如 d' 爲 2 时,　$d_1 = 0.09$,故應備之抗壓鋼筋剖面,當爲

$10.95 \times 0.73 = 8.00$ 平方时。

用水率與混凝土各種性質之關係

胡 伯 文

這幾十年數年來,混凝土在建築方面的用途,日益廣大,但是牠應當備具的各種性質,也隨了牠用途的不同而有差別。譬如供築造路面,階台用的,就當有很強的耐磨性;如供建築橋樑和房屋的,就要有極大的強度;如用來做水池,水管等物,最緊要的條件,是不易透水或不透水。要使混凝土備具這幾種優良性質,不應專賴多用水泥而當注意到混凝土的配料問題,否則徒然耗費寶貴的水泥,也難有良好的結果。

舊時對於配料的原理,僅注意到混凝土的實度 (density) 問題,以為能求得最大實度,則其強度(Strength),耐蝕性(durability),不透水性(Impermeability),和其他各種性質都可以達到最高的程度。等到 1918 年, 亞布藍斯教授 (Prof. D. A. Abrams) 發表用水率與混凝土強度的關係後,混凝土的配料原理就為之大變。本文的範圍,是根據這種原理討論用水率(Water cement ratio)與混凝土各項性質的關係,因為水份在混凝土工程裏,實在是一個最重要的問題!

混凝土裏的水 混凝土是兩種粒料 (Aggregate) 的配合,用水泥漿來膠凝而成的。牠的成份,可分為粗粒料 (Coarse aggregate),細粒料 (Fine Aggregate),和膠凝料 (Cementing Material) 三種,粗粒料如卵石,碎石,鑛渣,煤渣等,細的如砂,碎石屑等,都可以用。膠凝料就是人造水泥 (Portland Cement) 和水混合而成的。粒料在混凝土合成以後,性質並無變化;水泥和水起化學作用,凝結硬化,將粒料

膠合堅固。如用同樣的粒料做成混凝土,他的性質就依所用水泥漿的性質來定著。水泥漿的性質又依下列三種情形而定:

　　1. 水泥的性質。

　　2. 用水與水泥的比例(即用水率)。

　　3. 水和水泥發生化學作用的程度。

　　水泥的性質,不在本文討論的範圍以內,所以不論。關於第二項,用水和水泥的比例,則視混凝土的用途和粒料的情形而有不同,如用於基礎工程,則用水率可以減低,因為灌注時候,不致發生困難;用於有鐵筋的建築物,用水率就不可太低,因為模型的大小,鐵筋的地位,往往限定混凝土灌注時的流動性。至於用粒料的多少,粒料的大小,和用水率更有密切的關係。混凝土裏的水,非全都能和水泥發生化學作用的。在混合時,先和水泥混成泥漿,膠粘粒料,使混凝土容易拌和,便於灌注。等到硬化時候,一部份水就和水泥起化學作用,其餘沒有機會和水泥起化學作用的水份,逐漸蒸發,留許多空隙在混凝土裏。所以用的粒料愈多,用以膠粘他的水泥漿也要多;用的粒料愈細,他的總面積愈大,須要的水泥漿也要增加。假若水泥的份量有限定,在上述兩種情形下,乃不得不增加用水率,以獲得多量的水泥漿,因此水泥漿的稠度變為稀薄,硬化時候不能和水泥發生化學作用的水量隨之增加,使混凝土中留成許多空隙,這對於混凝土的性質,有極不良的影響。

　　用水和水泥發生化學作用的程度,視混凝土做成後的濕治(curing)時間與溫度來定著。水和水泥發生化學作用,不是在短時間內——幾小時,幾天,或幾月——可以完成,如在混凝土裏不即時蒸發,便都有和水泥發生化學作用的機會與可能。所以濕治一步手續,十分重要。濕治的時間愈長,水和水泥起化學作用的程度愈完備,換句話說,就是淨水(free water)的份量愈少,混凝土的強度和其他各種性質,因此變為優良。同時濕治時候,如溫度適宜,則水泥與水的化學作用容易發生,容易完備,所以結果也更良好。

　　用水率與混凝土抗壓強度(Compressive strength)的關係，依據亞布藍斯教授研究的結果，「在適宜稠度(Workable Plasticity)範圍以內混凝土的抗壓強度，全視用水率的高低而定。」這裏所說的用水率，是指在混凝土裏水的體積和水泥的體積的比率。〔此項用水的體積，是拌和時實際需用的水量，被粒料吸去的水份，不可計算在內。〕在拌和時，加用水率太低，則泥漿必稠濃難流，不能使各個粒料四週被泥漿包圍，硬化以後，每每要發生像蜂房的現象，滿佈空隙。這樣的混凝土強度自然很低。反之如用水率過高，上述的現象固然可以避免，但是淨水的分量增加，蒸發後也要留餘許多空隙，對於混凝土的強度，仍舊不易增大。若要證明亞氏之原理，可取任何一種水泥與粒料，混成各種不同的配合，然後以不同的用水率，製成混凝土，經過相當濕治後，試驗牠們的抗壓強度。下面舉一個例子，是作者1934年在美國密西根大學（University of Michigan）所做的試驗。試驗時所用的卵石，最大的能穿過3/4″篩孔，最小的不能穿過4號篩子；砂料的大小，從能穿過4號篩子起，到不能穿過100號篩子為止。各種分配的成分如下表。

用水率 W/C	水(磅)	水泥(磅)	砂(磅)	卵石(磅)
0.5	2.9	8.0	10.8	14.0
0.6	2.7	6.0	10.8	14.0
0.7	2.6	5.0	10.6	15.3
0.8	3.25	5.5	12.0	16.0
0.9	2.9	4.4	10.6	15.3
1.0	2.9	4.0	10.6	15.3
1.1	3.5	4.3	13.2	17.0
1.2	3.5	4.0	16.0	15.0
1.3	4.0	4.25	18.0	14.0

　　上表裏各項物料的配合重量，拌和後適足以做成一個高12吋直徑6吋之混凝土小圓柱。試驗時依照這各種不同的用水率，

每種試驗4個混凝土小圓柱經過一星期濕治養成，所得的抗壓強度試驗結果，如第一圖。

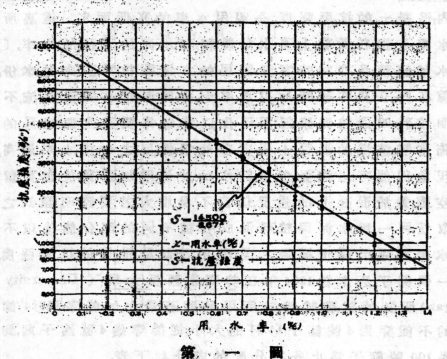

第　一　圖

　　用各樣不同的粒料和水泥，可得不同的結果，不同的公式，並不是一個公式，可以到處應用的。所以在大的工程裏，最好先將各項材料拿來試驗，再定當設計的範圍。手續雖比較麻煩些，然而在實地工作上，可以省去許多無謂的耗費；配合時既便利，結果又很有把握。採用這種精密方法，比較現在一般流行的不科學化的混凝土做法，可以省工省料不少！

　　用水率和混凝土透水性的關係　　混凝土的不透水性，在溝管，水池，堤岸等工程裏，是一個很重大的問題。假如配合的時候，不能使水泥漿滿填粒料的隙罅，就難得不透水的成品。反之，如果泥漿太稀薄，不能黏牢粒料，這樣做成的混凝土，決不易勻和，因此各部的透水性，也就不能相同。又此種性質，不特和用水率有莫大關係，和濕治的時間與溫度，均有相當影響。如在適宜稠度以內，能使用水率減低,則硬化後的自由水量,可以減少,混凝土的密度就增加,透水能力因之減弱。如濕治的時間長久,並且溫度適宜,則水和水泥能發生化學作用的機會一定較多,結果和上述情形相同。現在再拿倫敦科學工業研究所(Department of Industrial and Scientific Research, London)的試驗結果來證明(第二圖)。

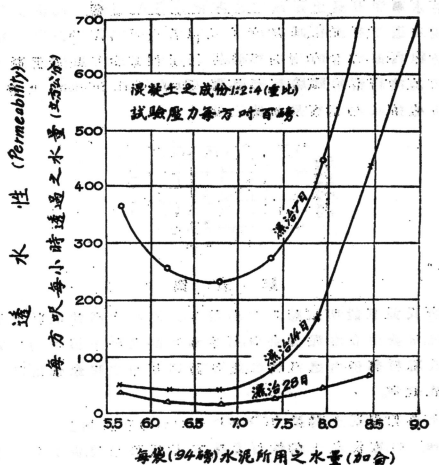

第　二　圖

如第二圖所示,以用水率相同的混凝土經過 7 日, 14 日和 28 日的三種不同的濕治時間 (濕治時候的溫度是相等的), 所得的透水性週不相同.經過濕治 7 日的,牠的透水性是四倍於 14 日的,八倍於 28 日的。圖中曲線的兩端,是表示用水率過低或過高時的情形,混凝土的透水性都是增大;前者因爲水泥漿太濃,不夠滿填粒料的隙空和包圍粒料的四週;後者因爲水量太多,不能和水泥發生化學作用的水份增加,蒸發後留剩許多空隙。

　　用水率和混凝土耐蝕性及其他性質的關係　　混凝土的耐蝕性,現在還沒有直接試驗的方法,但普通最容易使混凝土損壞的,就是牠內部水份的冰凍膨脹.根據這個理由,可以做混凝土內部水份的凍結溶解試驗。教授題羅 (Prof. C. H. Scholer) 曾在 1928 年發表他的試驗的結果,如第三圖。

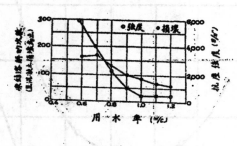

第　三　圖

　　題氏並且說明試驗時候的情形:凡用水率高的混凝土,損壞時裂縫,常發生在水泥漿部份;用水率低的混凝土,損壞的地方,常發生在石粒部份。由這種情形,更可證明用用水率愈低混凝土的耐蝕性愈强。

　　此外像混凝土的拉力(Tensile strength) 和折壞度 (Modulus of Rupture) 等,在混凝土的性質裏,雖不佔重要地位,但是和用水率,都有密切關係。用水率低,强度就高,用水率高强度就低。這點也值得注意和研究的。

　　結論　　由上所述,用水率不僅影響到混凝土的抗壓強度,和其他各項性質,都有顯明的關係。所以要製造良好的混凝土,一定要儘量減低用水率,但也有一定限度,不可隨意從事,因爲在拌和時,水量不能全部和水泥發生化學作用,並且不得不略為多用些水,以便做成勻和的混凝土。這種額外水量,若能減到最少限度,就能得到最好的混凝土。此點與粒料的配合和澆治兩個情形大有關係。粒料配合得宜,非但空隙減少,就是總面積也減少,額外水量自然可以減低。澆治時候,若能得適宜的溫度和長久的時間,使水份儘量和水泥發生化學作用,也可以減低額外水量。但無論在何種情形之下,必有一部份水不得和水泥起化學作用,以致混凝土的各項性質,不能盡善盡美,因為實際拌和時,不得不多加一部份水,以獲稠度適宜和勻和的混凝土。所以這個問題,還要等待繼續研究的!

我國近來,各樣建築事業,採用混凝土的,日多一日,因為國產水泥,在冀蘇鄂粵諸省都有,質料均好,產量充足,比較採用鋼鐵,要仰給於外國,自然來得經濟而便利。但希望能在配合拌和時候,能夠特別注意到用水率的問題,使材料人工,兩方可以減省,同時對於混凝土的強度和各項性質,也有更可靠的把握。

美國標準機車荷重公制圖表

陳祖東　蔡方蔭

　　我國剜下橋梁設計所用機車荷重 (Locomotive Loading)，係採自美國鐵路工程學會 (American Railway Engineering Association) 所定之古柏氏制 (Cooper's System)，(卽現在美國標準機車荷重)。其重量及尺寸，均爲英制之磅呎；但我國之權度，剜已採用公制(卽米制)，故橋梁之計算及製圖，均應以公斤公尺表之，此於橋梁之鋼料，須向德、法，此諸國定購者爲尤然。橋梁各部之應力，如用機車荷重直接計算之，其步驟殊爲繁複。故美國關於橋梁工程之書籍中，橋梁計算時所需要機車荷重之各種函數，如「力矩」(moment)，「切力」(shear)，「反力」(reaction)，以及「相當均佈荷重」(equiralent uniform loading)等，均有各種圖表，使橋梁應力計算之步驟，較爲簡易。惟此項圖表，均係英制，我國橋梁工程師，如欲利用此項圖表，則橋梁之計算，必先用英制，然後再變爲公制，如此往返折化，既費周折，復易錯誤，殊非善法。本文之目的，卽在將美國標準機車荷重之各種圖表，化爲公制，庶我國橋梁之計算，既不必直接用機車荷重爲之，亦可免由英再變制爲公制之周折，是此項圖表之製作，固甚需要也。

　　美國機車荷重之以公制表出者，據作者所知，前有國有鐵路鋼橋規範書所附之古柏氏荷重改合公制 (modified Cooper's load-

---

*此文係民國二十四年第一著者在第二著者指導下所作之畢業論文。

(1) 民國十一年十一月六日，交通部制定國有鐵路鋼橋規範書，附則六甲，此規範書剜下仍爲我國橋梁設計之標準。

ing),近有膠濟鐵路橋梁工程師孫寶墀氏所製古柏氏E—50級活[重
重公制力率(本文稱力矩)表[2]。前者因折合時將公斤公尺之畸零數

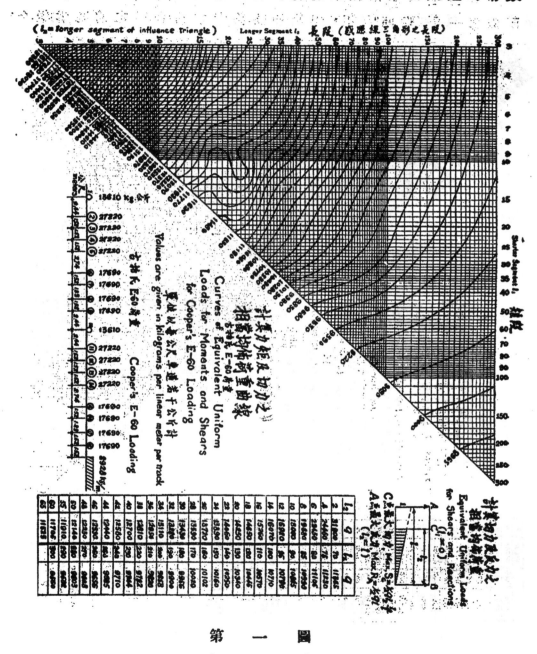

第 一 圖

約略合整,故稱為「改合」modified),雖與原有之英制荷重相差甚微,

但巴非古柏氏之原製。該規範書中,亦附有古柏氏 E—50 級各種

函數表一頁(附則六甲),但嫌簡略。後者之折合,雖未將崎零數合

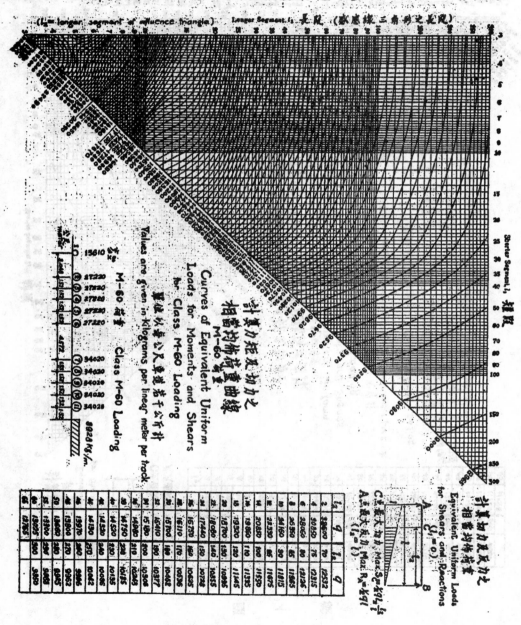

第　二　圖

臺，但祗有「力」「矩」表而已。

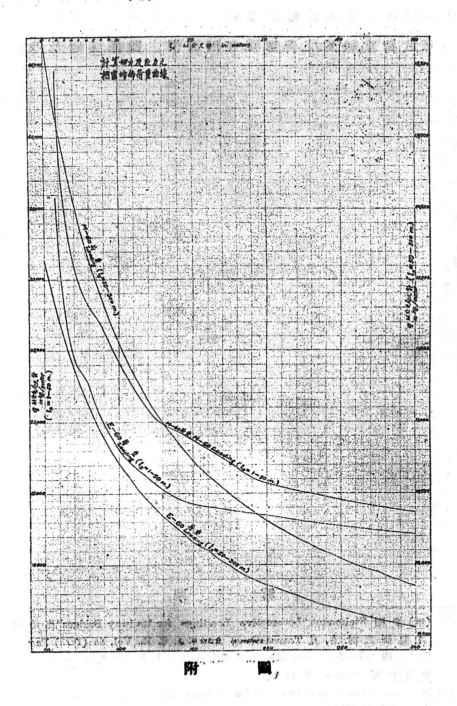

附　　圖

據最近中美工程師及學者之意見,[3]古柏氏荷重,已不能代表近日各種新式機車重量,故多數意見,均以石坦孟氏(D. B. Steinman)[4]M式荷重,較爲完善。雖現在因習慣之關係美國及我國均以

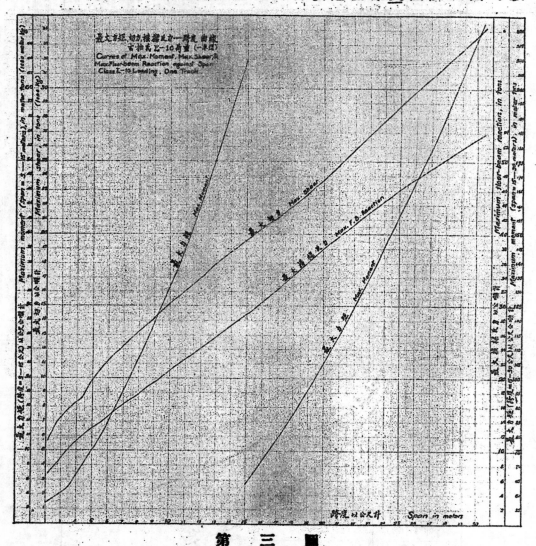

第 三 圖

(3) (甲)叅閱 Steinman: "Locomotive Loadings for Railway Bridges"及美國各
　　工程師之討論,見 Transactions, Am. Soc. C. E., Vol. 86 (1923) Page 606。
　　(乙)叅閱 "Pin-Han Locomotive and Bridges" by T. S. Sih.見中美工程師協
　　會月刊第十五卷第六號。
(4) Steinman: "Locomotive Loadings for Railway Bridges,見 Transactions, Am. Soc.
　　C. E. Vol. 86 (1923)。

古柏氏荷重爲標準,但此後之趨勢,是否將永久繼續採用古柏氏

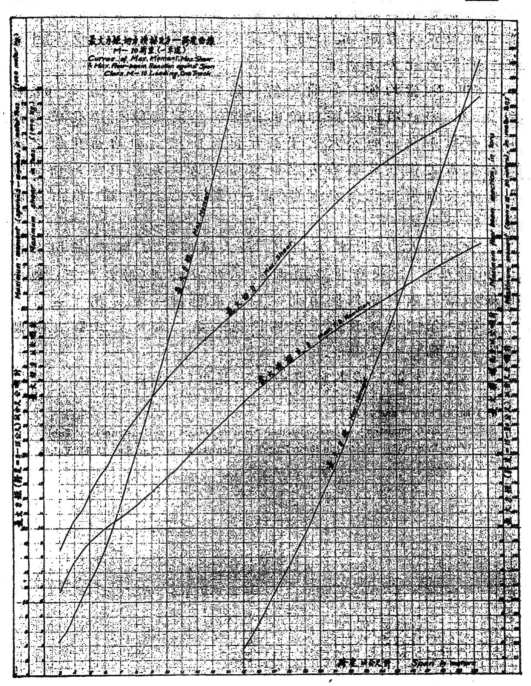

第　四　圖

荷重,殊成問題。故本文所列圖表,將 E 式與 M 式荷重二者並列,且均從英制原有圖表折化,不去畸零小數。計包含「相當均佈荷重」圖表二幀,及「最大力矩」,「最大切力」,「最大橫梁 (floor beam) 反力」圖表各二幀。其折化方法如下:

(甲)「相當均佈荷重」曲線第一第二兩圖,係用英制 E—60 級與 M—60 級該項曲線圖,印繪其曲線,然後將對數坐標化成公尺,[5] 曲線荷重數,化成每公尺若干公斤,再就曲線上加繪折化後之公尺計對數縱橫底線。其右方之計算「切力」及「反力」之「相當均佈荷重」表,係將英制原表,化為公制(附表一),製成曲線(附圖),復由曲線推求得公制表。

(乙)「最大力矩」,「最大切力」,「最大橫樑反力」圖表,係用英制 E—10 級及 M—10 級荷重該項函數表,[6] 化成公制(附表二,三),製成曲線,如第三圖與第四圖,由此二圖推求,得第一表與第二表。

第一第二兩圖,及第三第四圖,第一第二表,為正式圖表,附圖及附表,僅備參酌查核之用。

(第一至第三表及附表一至三見 291—295 頁)

---

(5) 同(4)Plates 4 and 13。

(6) "Special Committee on Specifications for Bridge Design and Construction," Table 14 on Page 153, and Table 20 on Page 519。Transactions, Am. Soc. C. E. Vol.86 (1923)。

第一表 最大力矩,最大切力,最大橫樑反力表,E－10級荷重,一車道.
Maximum Moments, Shears, and Reactions, Class E-10 Loading, One Track

跨　度 以公尺計 Span in meters	最大力矩 以公尺一公噸計 Max. Moment in meter-tons	最大切力 以公噸計 Max. Shear in tons	最大橫樑反 力以公噸計 Max. Floor-beam Reaction in tons	跨　度 以公尺計 Span in meters	最大力矩 以公尺一公 噸計 Max. Moment in meter-tons	最大切力 以公噸計 Max. Shear in tons	最大橫樑反 力以公噸計 Max. Floor-beam Reaction in tons
2.5	3.50	6.50	7.70	16.5	75.10	20.74	31.40
3.0	4.20	7.28	8.90	17.0	79.10	21.07	32.27
3.5	5.08	7.86	10.22	17.5	83.00	21.48	33.20
4.0	6.65	8.32	11.25	18.0	87.20	21.90	34.20
4.5	8.35	8.86	12.23	18.5	91.50	22.31	35.20
5.0	10.05	9.87	13.10	19.0	95.80	22.76	36.10
5.5	11.80	10.60	13.80	19.5	100.50	23.25	37.00
6.0	13.90	11.22	14.70	20.0	105.20	23.72	37.95
6.5	16.10	11.72	15.60	20.5	109.80	24.20	38.75
7.0	18.25	12.24	16.35	21.0	114.60	24.73	39.55
7.5	20.50	12.75	17.05	21.5	119.50	25.30	40.40
8.0	22.75	13.25	17.75	22.0	124.50	25.80	41.25
8.5	25.10	13.70	18.63	22.5	129.50	26.31	42.08
9.0	27.65	14.15	19.40	23.0	134.50	26.82	42.90
9.5	30.10	14.66	20.20	23.5	139.80	27.32	43.70
10.0	32.65	15.15	21.05	24.0	145.20	27.82	44.50
10.5	35.20	15.60	21.90	24.5	150.60	28.30	45.30
11.0	38.00	16.05	22.65	25.0	156.00	28.80	46.05
11.5	40.90	16.50	23.40	25.5	161.50	29.30	46.85
12.0	43.95	16.96	24.16	26.0	167.30	29.80	47.53
12.5	47.20	17.48	24.95	26.5	173.20	30.28	48.25
13.0	50.40	17.95	25.75	27.0	179.00	30.74	48.96
13.5	53.75	18.37	26.55	27.5	185.00	31.20	49.67
14.0	57.10	18.75	27.35	28.0	191.20	31.70	50.40
14.5	60.45	19.15	28.10	28.5	197.50	32.16	51.15
15.0	63.90	19.55	28.85	29.0	203.60	32.62	51.80
15.5	67.40	19.95	29.60	29.5	209.90	33.10	52.50
16.0	71.25	20.35	30.50	30.0	216.30	33.56	53.18

7139

第二表　最大力矩,最大切力,最大橫樑反力表 M—10級荷重,一車道
Maximum Moments, Shears, and Reactions, Class M-10 Loading. One Track

跨　度 以公尺計 Span in meters	最大力矩 以公尺一公 噸計 Max. Moment in meter ton	最大切力 以公噸計 Max. Shear in tons	最大橫樑反 力以公噸計 Max. Floor-beam Reaction in tons	跨　度 以公尺計 Span in meters	最大力矩 以公尺一公 噸計 Max. Moment in meter-tons	最大切力 以公噸計 Max. Shear in tons	最大橫樑反 力以公噸計 Max. Floor-beam Reaction in tons
3.5	6.20	9.62	13.50	17.0	102.50	27.70	40.70
4.0	8.35	10.55	15.35	17.5	107.30	28.35	41.55
4.5	10.50	11.24	16.80	18.0	112.20	28.98	42.35
5.0	12.65	12.31	18.08	18.5	117.40	29.56	43.20
5.5	14.70	13.30	19.00	19.0	122.70	30.10	43.95
6.0	17.20	14.06	20.00	19.5	128.50	30.66	44.75
6.5	20.25	15.05	20.80	20.0	134.10	31.21	45.50
7.0	23.70	16.02	21.55	20.5	139.80	31.72	46.30
7.5	27.15	16.85	22.30	21.0	145.60	32.24	47.05
8.0	30.70	17.61	23.16	21.5	152.00	32.75	47.75
8.5	34.25	18.25	24.10	22.0	158.50	33.22	48.45
9.0	37.75	18.91	24.93	22.5	165.50	33.66	49.12
9.5	41.30	19.55	25.90	23.0	172.20	34.12	49.85
10.0	44.90	20.15	26.90	23.5	179.20	34.53	50.50
10.5	48.60	20.75	27.80	24.0	186.30	34.92	51.20
11.0	52.25	21.31	28.83	24.5	193.60	35.28	51.75
11.5	56.00	21.86	29.92	25.0	201.00	35.63	52.45
12.0	59.85	22.40	31.00	25.5	208.50	35.98	53.10
12.5	63.70	22.91	32.05	26.0	215.80	36.30	53.75
13.0	67.65	23.28	33.12	26.5	223.20	36.62	54.40
13.5	71.55	23.90	34.20	27.0	231.20	36.92	55.07
14.0	75.60	24.40	35.20	27.5	239.00	37.22	55.65
14.5	79.70	24.84	36.20	28.0	246.60	37.52	56.30
15.0	83.90	25.31	37.20	28.5	254.60	37.82	56.90
15.5	87.90	25.80	38.15	29.0	262.20	38.20	57.50
16.0	92.20	26.40	39.00	29.5	270.30	38.70	58.10
16.5	97.30	27.05	39.85	30.0	278.00	39.22	58.68

附表一　計算切力及反力之相當均佈荷重

l_2 以公尺計　　q 以每公尺若干公噸計

l_2	q(E—60)	q(M—60)	l_2	q(E—60)	q(M—60)
304.8	9550	9850	76.20	11200	12270
297.18	9570	9860	68.60	11415	12590
289.56	9580	9890	61.00	11670	12970
282.00	9600	9915	53.30	11980	13420
274.30	9615	9950	48.80	12200	13750
266.80	9640	9975	45.72	12360	14000
259.10	9660	10000	42.67	12540	14270
251.50	9680	10035	39.62	12720	14560
243.80	9700	10072	36.58	12930	14890
236.40	9720	10100	33.53	13170	15250
228.60	9750	10145	30.48	13400	15625
221.00	9780	10180	28.95	13500	15830
213.40	9805	10225	27.43	13620	16290
206.00	9840	10270	25.91	13750	16800
198.10	9860	10315	24.38	13880	17300
190.60	9900	10375	22.86	14020	17830
182.90	9940	10430	21.34	14100	18340
175.30	9990	10490	19.81	14300	18765
167.60	10035	10560	18.29	14600	19250
160.20	10100	10620	16.76	15040	19600
152.40	10140	10700	15.24	15580	20110
145.00	10210	10795	13.72	16230	21090
137.20	10280	10900	12.19	16840	22200
129.60	10340	11000	10.67	17600	23540
121.90	10430	11115	9.14	18840	25080
114.40	10510	11255	7.62	20290	26510
106.70	10620	11400	6.10	22330	27030
99.10	10820	11510	4.57	23800	29800
91.40	10860	11780	3.048	26800	33520
83.90	11020	12000	1.524	35750	44700

附表二 最大力矩,最大切力,最大橫樑反力表 E—10級荷重,一車道

Maximum Moments, Shears, and Reactions, Class E-10 Loading. One Track.

跨 度 以公尺計	最大力矩 以公尺一公 噸計	最大切力 以公噸計	最大橫樑反 力以公噸計	跨 度 以公尺計	最大力矩 以公尺一公 噸計	最大切力 以公噸計	最大橫樑反 力以公噸計
2.134	3.03	5.67	6.85	11.887	43.30	16.90	24.02
2.286	3.25	6.08	7.26	12.192	45.30	17.13	24.52
2.438	3.46	6.35	7.62	12.802	49.28	17.80	25.43
2.743	3.88	6.94	8.26	13.411	53.28	18.31	26.43
3.048	4.31	7.35	9.07	14.021	57.32	18.80	27.39
3.353	4.75	7.71	9.89	14.630	61.35	19.27	28.33
3.658	5.53	8.03	10.58	15.240	65.70	19.76	29.20
3.962	6.56	8.30	11.17	15.850	70.15	20.24	30.28
4.267	7.60	8.52	11.85	16.460	74.70	20.71	31.30
4.572	8.63	9.07	12.40	17.069	79.60	21.11	32.40
4.877	9.67	9.67	12.94	17.678	84.50	21.67	33.60
5.182	10.72	10.17	13.35	18.288	89.80	22.14	34.78
5.486	11.76	10.58	13.76	18.898	95.08	22.18	35.92
5.791	12.90	10.98	14.30	19.507	100.60	23.30	37.00
6.096	14.26	11.35	14.90	20.117	106.40	23.83	38.08
6.401	15.61	11.66	15.45	20.726	112.30	24.47	39.13
6.706	16.98	11.94	15.94	21.336	118.00	25.12	40.15
7.010	18.33	12.26	16.41	21.946	124.00	25.73	41.15
7.315	19.71	12.59	16.80	22.555	130.00	26.39	42.20
7.620	21.08	12.90	17.17	23.165	136.30	27.00	43.20
7.925	22.47	13.21	17.62	23.774	142.90	27.65	44.15
8.230	23.83	13.44	18.17	24.384	149.40	28.20	45.10
8.534	25.25	13.72	18.70	24.994	156.00	28.83	46.05
8.839	26.82	14.00	19.17	25.603	162.90	29.40	47.00
9.144	28.40	14.30	19.57	26.213	170.00	30.00	47.85
9.449	29.95	14.63	20.12	26.822	177.30	30.60	48.70
9.754	31.45	14.95	21.67	27.432	184.60	31.13	49.60
10.058	33.05	15.21	21.20	28.042	192.00	31.75	50.50
10.363	34.60	15.49	21.70	28.651	199.50	32.30	51.35
10.668	36.15	15.72	22.15	29.261	207.00	32.86	52.18
10.973	37.90	16.03	22.60	29.871	214.70	33.45	53.00
11.278	39.68	16.30	23.00	30.480	222.40	34.05	53.83
11.582	41.50	16.58	23.51	38.100	345.60	40.70	63.80

附表三　最大力矩,最大切力,最大橫樑反力表M—10極荷重,—車道

Maximum Moments, Shears, and Reactions, Class M-10 Loading, One Track.

跨度 以公尺計	最大力矩 以公尺一公噸計	最大切力 以公噸計	最大橫樑反力以公噸計	跨度 以公尺計	最大力矩 以公尺一公噸計	最大切力 以公噸計	最大橫樑反力以公噸計
3.048	4.86	8.52	11.35	12.80	66.10	23.20	32.75
3.35	5.68	9.30	12.90	13.41	71.00	23.80	34.07
3.66	6.91	9.94	14.19	14.02	75.90	24.40	35.30
3.96	8.20	10.50	15.32	14.63	80.90	25.00	36.48
4.27	9.50	10.95	16.22	15.24	86.00	25.53	37.60
4.57	10.81	11.35	17.04	15.85	91.10	26.25	38.73
4.88	12.10	12.09	17.77	16.46	97.00	27.00	39.80
5.18	13.40	12.68	18.45	17.07	103.00	27.81	40.85
5.49	14.70	13.27	19.04	17.68	109.00	28.60	41.85
5.79	16.11	13.77	19.63	18.29	115.30	29.35	42.85
6.10	17.80	14.19	20.20	18.90	122.00	30.00	43.85
6.40	19.51	14.86	20.67	19.51	128.90	30.71	44.85
6.71	21.60	15.50	21.16	20.12	135.60	31.32	45.70
7.01	23.75	16.04	21.62	20.73	143.00	32.00	46.70
7.32	25.91	16.60	22.08	21.34	150.10	32.60	47.55
7.62	28.05	17.04	22.49	21.95	158.20	33.16	48.35
7.92	30.25	17.50	23.06	22.56	166.20	73.71	49.23
8.23	32.40	17.90	23.62	23.16	174.50	34.25	50.10
8.53	34.55	18.32	24.20	23.77	183.30	34.75	50.85
8.84	86.67	18.73	24.66	24.38	192.30	35.20	51.65
9.14	38.82	19.13	25.18	24.99	201.00	35.65	52.47
9.45	41.00	19.50	25.80	25.60	210.20	56.05	53.30
9.75	43.20	19.86	26.40	26.21	219.40	36.45	54.83
10.06	45.45	20.22	27.00	26.82	228.60	36.80	54.83
10.36	47.60	20.60	27.53	27.43	238.00	37.20	55.55
10.67	49.90	20.94	28.06	28.04	247.50	37.60	56.40
10.97	52.10	21.27	28.77	28.65	257.00	37.90	57.10
11.28	54.45	21.67	29.48	29.26	266.30	38.46	57.80
11.58	56.80	21.97	30.12	29.87	276.00	39.10	58.60
11.89	59.10	22.27	30.75	30.48	286.30	39.68	59.15
12.19	61.40	22.60	31.40				

7143

京滬滬杭甬鐵路新造之蒸汽車

陳　福　海

　　京滬滬杭甬鐵路淞滬綫，向有蒸汽客車五列行駛。此項客車，係於民國十九年間向英國定購，由吳淞機廠裝配油漆，每列總價國幣九萬三千餘元。以列車兩端均能駕駛開馳，不須調轉，且維持費用亦省，故於短程間往還行駛，頗爲適宜。及至上年滬翔間雙軌舖成，三民路加設支綫後，兩路當局感原有列車不敷支配，擬向原廠添購二列，乃廠方宣稱此類百匹馬力之機件，現已取銷，須改用二百匹馬力者，並索價每列車約合國幣十萬餘元。路局因限於經濟，未能卽行定購，又以用大機車行駛短程，既感調頭不便，且耗費機力，爰經一再斟酌，決命吳淞機廠先行倣造一列，以利行車，而資試驗。

圖　（一）

吳淞機廠奉命後,即於廿四年七月開始籌備。因原車詳圖均
付缺如,必須先將各部詳圖繪製齊全,始能動工製造,而此項製圖

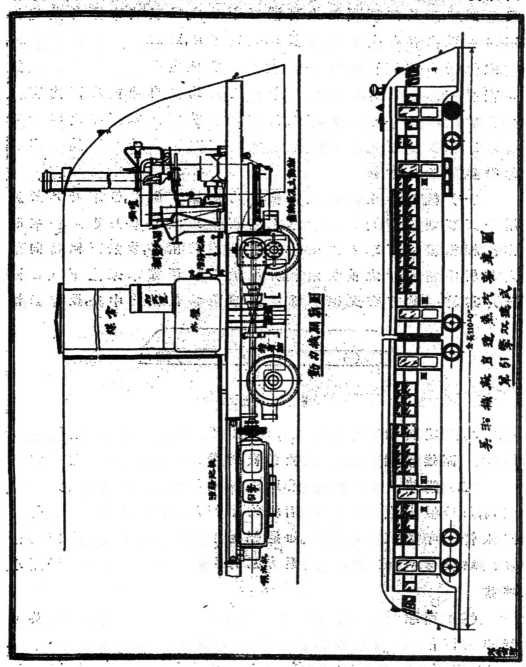

圖　（二）

所費時日,亦復不少,故至廿五年一月,始抵於成,即送滬翔段行駛。計費時六閱月,造價總共國幣五萬九千餘元,以後如果多列同時製造,則時間及造價,預料均可減省十分之二。查該車機件,傲造尚不甚難,惟內有合金鑄鋼者數件,性質不明,乃就原件之不重要處,鑽取鋼屑少許,經兩路物料試驗所化驗,確定成份後,交由大鑫鋼鐵廠照鑄,結果良好。全車機件,十之八九均係自造,或與國內廠商合作製造,其餘一小部分,則為以前購自英廠而未用盡之機件。茲將該車結構及製造經過略述於後,并附略圖,尚希高明隨時指教,俾得從事改良,幸甚!

（一）概說　全車式樣及機件,均照原車傲造,惟車身外殼原用鐵鈑,茲則改用 1/16 英寸厚之鋁鈑,藉以減輕本身重量。兩端改作流線型,藉減行車阻力。全列車計分前後兩節,載於三個轉向架上,其居中轉向架之前後兩軸,分列於前後兩節車架之下（如圖三）。其第一輪有交叉線者為生動輪。該輪輪軸之中央,設有齒輪

圖　（三）

一,與其上端齒輪箱之齒輪相砌,再經錐式齒輪及楷盾軸(Carden Shaft) 而達後端引擎,是以發動機轉動而主動輪亦隨之轉動。

（二）鍋爐　蒸汽鍋爐係以兩個鋼鈑筒造成,圓徑較大之鋼鈑筒,套於較小之筒外,上下摺綫均用螺絲絞緊,其內筒下半部滿裝水管,上半部裝過熱汽管。如遇鍋爐有水部份起垢殼時,即將摺綫螺絲放鬆,盡便出清。鍋爐壓力為每平方英寸 300 磅,燃料用小塊煤。

（三）引擎　此項百四馬力之引擎,計有 6 英寸圓徑,7 英寸行程之汽筒 6 個,每兩個聯成一體,係屬臥式單程衝動式。十字頭導鈑伸入曲拐軸箱內,曲拐軸則支於四個軸承間,所有銅襯均用

特種磨擦合金澆填。計全副引擎及曲拐軸聯成一體,位於第一轉向架之後,懸於車架之下之兩鋼樑上,其地位頗便檢驗。設或拆下修理,與車架等各無妨礙。

（四）偏突軸及司機管理箱　汽笛蒸汽容納閥及排洩閥均為模培式(Poppet type),位在汽笛之兩面,由偏突軸轉勳之,而用齒輪咿接於曲拐軸上。開汽點分前進或後退各三,為開始前進或後退在70％,前進或後退慢行在45％,及前進或後退快行在27％,另有排洩點一,在此位置,各閥均開放。其動作係移動偏突軸,用相當機件及管轄軸 (Controlling Rod) 通達司機管理箱,由司機管理之。

（五）楷盾軸　引擎曲拐軸之轉動,乃由楷盾軸而傳達齒輪箱。楷盾軸與曲拐軸之間,係以四層橡膠毯為接合,用螺栓絞緊。其與齒輪箱之間,則以通用節為接合;如是,在列車行動時,可以補救轉向架與車架間相對之行動。

（六）齒輪箱　齒輪箱殼為一堅重之鑄鋼箱,左右設軸承各一,置於主動輪之輪軸上。箱之內部後端,裝有一90°錐式齒輪（A）,由一短軸通殼外,以與楷盾軸相接合。齒輪A之側面,咿接另一90°錐式齒輪（B）。齒輪B之輪軸中央,裝有大齒輪一,兩端均用鋼珠軸領裝於齒輪之側。主動軸之中央,亦有大齒輪一。二大齒輪互相咿砌,是以引擎開動,楷盾軸錐式齒輪及大齒輪等均隨之轉動,而主動輪行動矣。齒輪箱內全部齒輪及軸等均浸於潤油中。

（七）車身及車架　全部車架係用鋼骨造成,大部為槽形鋼,頗堅固。車頂及四壁係以三角鋼作骨,罩以鋁鈑,內襯三夾板。車內座椅,亦用三夾板製造。故車身頗輕。

（八）轉向架　全車有轉向架三,與普通轉向架頗同,並無特殊設計。行動時頗為舒適。第一及第二轉向架較第三轉向架載重較多,故第一及第二轉向架之輪軸圓徑為44英寸,而第三轉向架之輪軸圓徑為34英寸。

（九）工作略述　此次吳淞機廠做造蒸汽客車,原係試驗性質,藉圖引起鐵路機廠與國內廠商合作研究之精神,俾向日購自國外之車機,逐漸以自造者替代。惟吾人初試一事,難免偶有未盡妥善之處,有待於當事者之繼續研究而改良之爰爲謀妥慎起見,於全部機件完工之時,另就一已損之舊車,將其機件拆下修復後裝入新車,而將新機裝入舊車,結果新舊車出廠行駛多時,均無不妥。故以後若再製造,便可放心。全車所有鑄鋼及合金鑄鋼橋件,及轉向架鑄鋼配件,爲由**吳淞機廠**製就模型,由**大鑫鋼鐵廠**承鑄。其中齒輪箱及椎形齒輪由**同濟大學附設工廠**模製。車架,轉向架,車身及其內部設置,以及一應配件,均由**吳淞機廠**自造或機製。鍋爐,車輪及氣軔係利用已有存料。車身鋁飯係向**鋁業公司**定製。全車由**吳淞機廠**裝配油漆。車頂外部及車架作黑色,車頂內部作白色,車身內外及座椅作紅色,全部漆料均採用國貨。全車重量44公噸,內設二等客座10,三等客座124,車長室一。平時短程車行速率每小時約45公里。

稿以爲當茲民窮財困之際,吾人隨時隨地,均應設法儘量利用國產民力,爲國家建設。此次蒸汽客車自造之先,洋商紛來兜攬,各誇其售品之長,有薦用電車者,有薦用柴油引擎車者,形形色色,不一而足。

筆者則陳請當局注意蒸汽客車之兩優點:(一)所有機件國內多能做製,(二)所用燃料爲國貨,後乃決定做造。雖一部分原料,仍不得不採用外貨,惟以國內工價低廉,又免去洋商轉手佣金,所省殊爲可觀也。

雜　俎

德國混凝土道路實地考察報告

原文見 Dr. Ing. K. Schaechterle und Dipl.-Ing. F. Leonhardt, "Beiträge zum Beton-Strassenbau" Bautechnik, Heft 22, 1935.

（一）觀察及經驗　德國曾于 1928—1929 年間在 Württenberg 地方築一試驗道路,使用迄今,已歷六七年之久,茲就觀察之結果歸納如下:

在 Plieningen 至 Berhausen 間之一段道路,混凝土路面為二層式(下層厚 8 公分,水泥成分為 200 公斤/立方公尺,上層厚 6 公分,水泥成分為 400 公斤/立方公尺),鋪於具有碎石基礎之水結馬

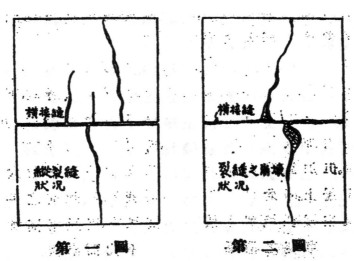

第　一　圖　　　　　第　二　圖

克達路身上。第一段路寬為 5.5 公尺,未設縱接縫,橫接縫之間距為 8—10 公尺。該段道路之中央部,發生不規則之縱裂縫若干條,如

第一圖所示。裂縫之邊緣,因未加適宜之修理,累受交通車輛之作用,損壞益烈,如第二圖所示。除縱裂縫外,未見發生橫裂縫,故8–10公尺之橫接縫間距可認為過大。

　　該路之第二段,中央設有縱接縫。橫接縫之間距與第一段同樣,左右橫接縫之位置互相交錯,以坂長之半為差。該段未見縱裂縫,僅在橫接縫延長線上之聯接部分發生橫裂縫,如第三圖。此種

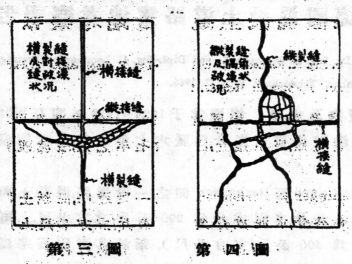

第　三　圖　　　　　第　四　圖

失敗,實由於縱接縫構造粗陋,致在溫度變化及混凝土硬化收縮之際,使接縫處發生極大之摩擦抵抗。

　　在 Metzingen-Reutlingen 間之道路,路寬為 6 公尺,用兩側加厚式之混凝土路面,鋪於碎石基礎之上。路面為二層式,下層厚 8 公分,水泥量 250 公斤/立方公尺,上層厚 5 公分水泥量 350 公斤/立方公尺。路面內加設鋼筋,無縱接縫,僅用10公尺及15公尺兩種間距設橫接縫。但加鋪路面時,因同時改良縱坡度之故,大部分鋪在較薄之填土層上。因此目下全部不絕發現不規則之縱裂縫,如第四圖所示。又在縱裂縫與橫接縫之交叉處,因受車輛載重,致隅角破壞不堪,更以車輛之衝擊及路基之下沈而漸次擴大,遂成陷落之狀,如第五圖。又可注目之點,即為該段發生多數由路面邊起向中央進行之橫裂縫,乃路邊線因受交通載重發生過量應力之故。

在Blaubeuren地方之一段,曾用極週詳之設施,並在良好地基上鋪設混凝土道路,路面厚15公分,中央設有縱接縫,橫接縫之間距爲12—14公尺。始終未見裂縫。但在Blaubeuren 地方之另一混凝土路,設有下層厚10公分,上層厚5公分之混凝土路面,不設縱接縫,在舊路上面加鋪者,因受霜凍之作用,發生爆聲,使中央部分因之折損云。

横接縫

偶用改擦狀況

第　五　圖

從以上種種觀察,無鋼筋設備之混凝土路面,受路基些微之沈陷或移動之影響,極爲敏銳。此種結論極爲明顯。

(二)要點　從以往之經驗,得知欲使混凝土道路之成功,必須具有次列各條件。

(1) 須建築足以維持均等強度之適當路基。

(2) 路基用適當排水之方法。

(3) 路面厚度及鋼筋量之多寡,應依關於路基抵抗力之各種數值而決定之。

(4) 水泥之精細選擇。

(5) 混凝土性狀之改良。

(6) 路面板之底面造成平滑,使膨脹強度增高,且使路面與路基間之摩擦力充分減少。

(7) 鋼筋應按地位配置之。

(8) 研究接縫之配置及構造方法。

(9) 加用連繫用之鐵錡。

(三)關于板底之設置　路面板之長度恆依板與路基間之摩擦程度支配之。兩者之間,如加設6—8公分厚之沙層(經輾壓者),可將摩擦力顯著減少,此時卽使路面板長達16公尺,尚能安全無礙。此法耗費甚少,而收效大。如將混凝土直接鋪於上述之輾沙層

上,則因板底表面粗鬆,致抗張强度低下,此時可在砂層上鋪置强
靭之紙一層,以求板底之平滑。此種紙張有防止混凝土中之水份
被路基或輾沙層所吸去之功效。但在施工時,應注意輾沙層之表
面,切勿亂踏,以致凹凸不平。

　　(四)鋼筋之佈置　　設置鋼筋之目的,不外用以應付由交通載
重及路基摩擦所生之張力,並與混凝土協力抵抗外力。故鋼筋宜
在路面板與上側或下側相近各處設置之。如離上側 6 公分以上
或在中和軸附近之處,即無意義矣。用細徑之鋼網以應付彎曲應
力者,在路面板之四邊,鋼筋斷面失之過小,用以抵抗交通載重所
起之彎冪,力量甚微,故在應付載重所起之影響時,將路面板之邊
緣或隅角各部分別插入適量之鋼筋,最為有效。如第六圖所示,為

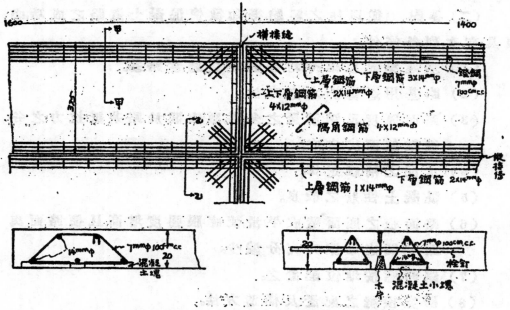

第六圖　　　　Leonhardt 氏鋼筋佈置法

Stuttgart-Ulm 間之汽車專路所採用之方法(稱曰 Leonhardt 法)。邊
緣部之鋼筋,先用鐙鋼束成一起,置於有一定間距之混凝土小方
塊上。因路面板所起之應張力在下側者恆較大,故下側之鋼筋用
量較多。又沿縱接縫之邊緣鋼筋,因縱接縫部分較能確實保證載

重之傳達,故可較外側邊緣所用者爲少（見第六圖之橫斷面）。該法之特長,(1)施工時可不致將輾沙層踏亂;(2)路面係一層式,施工較易;(3)特別危險之邊緣,有適當之加强構造,可以防止發生有害之裂縫;(4)卽有微細之裂縫,因受强力鋼筋之約束,不致擴大傳播等等。復在經濟上着眼,該法較用鋼網法爲優。如用第六圖所示之方法,路面每平方公尺之鋼筋量約爲 3.6 公斤,費用約需 $3.6 \times 0.26 = 0.9$ R.M/m²。若用14號鋼網 (2.1 kg/m²) 上下二層,約需 1.8 R.M/m², 而防止斥裂之效果,尙不及前者。

（五）接縫構造　　關於接縫構造之法,諸說紛紜,莫衷一是。但對於路面板相互間無聯繫設備者,皆認爲足以引起各種不良之影響,因此栓釘問題又在重行討論之列。

設置縱接縫之目的,在使之成歐的作用,俾路面板得自由起角度變化,栓釘則只用以應付剪力,使板與板間能確實傳達荷重而已。故用空式接縫實屬不安。在板與板間有聯繫設備而爲密式接縫或盲式接縫者,方可適用。最簡單密式接縫之構造法,係將薄平鋼鈑,彎成適當形狀,作爲接縫鈑,埋於混凝土板內,用以傳達剪力。如第七圖所示,爲盲式縱接縫之做法:在接縫部分之斷面,因上

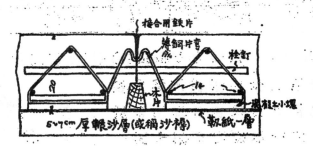

第七圖　　盲式縱接縫

下各去其一部,故此處非常單薄,必致發生裂紋。故宜使各板間相互聯繫,卽在略近板厚之中央點貫通接縫,插入圓鋼條,作爲栓釘。如是,各板之角度變化可以自由形成。栓釘之直徑宜用16公厘,間距爲0.7—1.20公尺已屬充分。

　　橫接縫之佈置，務使板能自由膨脹及收縮。故宜用有際式之接縫（即膨脹接縫）。膨脹接縫之間距較大，通常於其中間另置際縫較小之接縫（收縮接縫）二個或三個。此時板長約10公尺，膨脹縫之間距為30—40公尺。收縮接縫之構造，大體與縱接縫同樣，較

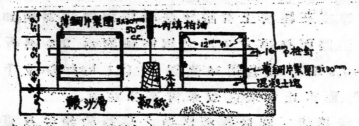

第八圖　盲式橫接縫(收縮接縫)

膨脹接縫為廉，且混凝土施工時，可在接縫部分中斷工作，不必另置構造接縫之麻煩，乃為其長處。第八圖所示，乃其一例。

　　縱接縫及收縮接縫之做法，尚無甚困難。但膨脹接縫之施工方法，迄未完全解決。大都用木板條或木纖維板插入縫內。又有用

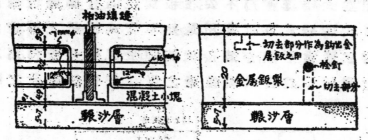

第九圖　橫接縫(膨脹接縫)(用金屬鈑插入法)

一種特殊構造之金屬鈑插入縫內，俟混凝土硬化後再行拔出，另填柏油於縫內，如第九圖所示。復有用第十圖所示之方法，用銅質薄鈑作為膨脹接縫，此法以後頗有抬頭之希望。此種接縫之構造方法，可使混凝土板自由移動，表面積水，亦可完全防止滲入。又接縫用之填充料甚少，接縫較狹之處，填充

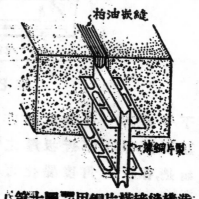

第十圖　用銅片橫接縫構造

料可較路面略高。

　　橫接縫使用栓釘之目的,乃爲防止混凝土板之過度撓屈或發生相異之沉陷。普通所用圓鋼條製之栓釘,對於應付此種目的,甚爲優良,至今尙未見有其他較此更好之方法。施工時應充分注意混凝土之澆搗,不易使栓釘插入之位置移動。在普通地基上用18公厘徑之圓鋼製成,照50公分之間距分配,在特別頹弱地基上,則宜採用特殊斷面之形鋼。又設置栓釘時,應使其一半在混凝土中凝着,其他一半得在縱方向自由移動。有時栓釘傳達之剪力使接縫附近之混凝土發生損害。爲防止此種損傷起見,可在沿橫接縫之板邊增加少量鋼筋以加强之,又將隅角之鋼筋與邊緣之鋼筋互相結緊,使之堅固,並用適當方法,使栓釘與鋼筋互相連絡,以固定其位置。如第八圖所示,卽其一例。　　　　　(趙國華譯)

莫斯科之地下鐵道工程

原文見"Le Chemin de Fer Métropolitain de Moscou," Le Genie Civil, Tom CVII, No. 10. 1935.

　　去年(1935)五月十五日爲莫斯科市地下鐵道最初通車之日。共計二處,一爲 Kirovskaya 至 Frounzenskaya 間一段,長凡 8,619 公尺,一爲 Arbate 支線之一段,計長 2,448 公尺,兩段同時開通。隧道共長 16,482 公尺,其中 4,729 公尺爲複線隧道及停車場之長度。其施工方法,屬於地下式者,計有用盾構法者一段,長 887 公尺,用沉箱法者一段,長 80 公尺,用普通隧道開鑿法者長 9,011 公尺;屬於開挖式者,用普通之開挖法,長 4,220 公尺,用特別挖溝法者,長 3,251 公尺。所謂特別挖溝法者,乃將側壁部分之溝漕先行挖下,側壁造成後,繼續將頂板造成,然後將板下之土挖去卽得。所謂普通開挖式,卽就構造物全體所占之廣大地基全部開挖,在露天施工是。此法在施工時,須將路面交通斷絕,實爲不便。

　　此項地下鐵道建設之前,於 1931 年九月成立一特別委員會,倣照外國成例,先行着手研究調查設計等工作。除上列之各種施工方法外,依各工程地點之地質,決定採用凍結,矽化等法。

　　於 1931 年先在 Roussakovskaya 街着手試驗工作,從事研究奧斯科之堰基與工程之實施方法。至 1932 年二月,排水管之裝置受損,爲潜水所阻,該段試驗工程因之中止。直至 1933 年,地下鐵道建築工程方正式開始該段工程於 1935 年二月完工。

　　奧斯科地下水在沿路線各處之分佈狀態,對於地下鐵道工程頗爲不利。

　　Sokolinky 至 Porte Rouge 間之地質爲石灰石與硬質頁岩所成之堅硬地基,其上層復覆以 Rykinka, Tchetchery, Olkhavka 三條舊河之河床堆積層,凸凹交錯。

　　Porte Rouge 至 Okhotny Raid 間爲侏羅紀頁岩與石灰岩之地基,其間 Neglinka 一處有廣大地下水之流動,且爲深度達 12—18 公尺之砂性地基。

　　在此種各別不同之地質,分別施用沉箱,盾橋,支撑等方法,並根據此等方法以決定隧道之深度。在 Porte Rouge 至 Okhotny Raid 一段,鑿有甚深之隧道。

　　隧道斷面之形狀,依地下水之狀態,隧道之深度,曲線部半徑之大小,施工方法等而適當決定之。其最大坡度有達 20% 者。

　　用開挖式之淺層隧道用平頂板式,深層隧道用半圓拱式。複線隧道開挖部分之斷面有達 7.6 公尺 × 4.6 公尺者。Okhotny Raid 至 Dzerjinsky 廣場間之一段,計長 460 公尺之隧道,係用盾橋法。拱圈用 0.5 公尺厚之鋼筋混凝土塊 12 個築成。

　　Smolenskaya, Krymskaya, Arbate 各停車場之基礎,乃按將來作爲多數路線之交叉點時所需要而設計。地下道之通路用 30° 之坡度之扶梯,置於停車場前,以接通廣場。

　　Sokolinsky 至 Komsomlokaya 廣場間之隧道,用開掘式,同時兼用地下水面降低法施工。

在 Olkhovka 舊河流道跡之處，改用沉箱法施工。在三個鋼筋混凝土沉箱內另設隧道拱圈。沉箱沉下之深度達 25 公尺，沉箱之大各爲 25 公尺×11 公尺。

Dzerjinsky-Sverdlov 兩廣場間，因受 Neglinka 地下水脈之橫阻，改用壓氣式盾構法施工。隧道之拱圈不用通常之鑄鋼，改用鋼筋混凝土塊。該處又曾利用凍結法。盾構進行時，曾通過一小劇場與 Metropole Hotal 及其他巨大建築物之側，施工時並未發見些微之沉下。每日進行速率，據外國專門技師之預測，每日可達 0.75 至 1 公尺，實際上則每日最大速率可達 4.75 公尺，平均亦在 2.40 公尺以上。

Arbate 支線段曾應用矽化固結法及凍結法兩種。該線之施工方法，係採用上述之特別掘溝法，將側壁造成，復築平頂板，取去板下泥土，再築底板，乃成隧道。

中間最難之工程，係在 Komsomolskaya 之一段，所謂三個停車場與廣場下之工程。施工時，先將板樁打齊，用挖泥機開挖斜坑，施行凍結法。即將斜坑之周圍，穿成泉孔，配以凍結裝置，使溫度降至－20 至－25°C，繼續保持 40 日之久沿坑之周圍，凍結之厚度約 3 公尺。其硬度約與磚塊之程度相埒，故開挖工作較屬簡單。當選擇凍結法時，外國專門技師一致反對，結果却非常成功。

Komsomolskaya 街之一段，用沉箱隧道法，其接縫之處，亦用凍結法，此外在屋房下開挖時，亦曾用此法，咸認爲非常有利。該處地下鐵道之建築，兼用各種非常進步之施工方法，使時間極度短縮，工程進行之速，實足驚嘆，而建築物之富皇典麗，世界又無其匹。

(趙國華譯)

德國汽車專路上鋼筋混凝土跨路橋之式樣

"Kreuzungsbauwerk-Brücken typen in Eisenbeton." K. Schaechterle, Beton u. Eisen, Heft. 5. 1935.

7157

汽車專路之四通八達,乃近時德國土木事業中最醒目現象之一。

建築汽車專路,常與其他之道路,鐵道等成立體的交叉。於是所謂最有效且經濟之立體交叉構造之問題以起。附圖示跨越汽車專路之9公尺寬地方道路所用鋼筋混凝土橋梁之式樣。汽車專路之中央 5 公尺寬為綠地帶,其左右各為7.5公尺寬之車道,故跨路橋梁之跨度恆有一定之支配。標準設計中所示,梁之下綠離路面之距離分 4,5,6,8 公尺等三種。主梁以三列為標準。

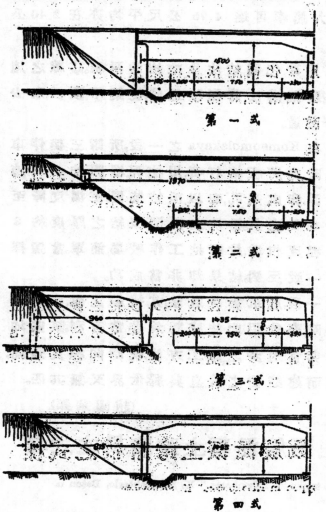

第 一 式

第 二 式

第 三 式

第 四 式

如第一式橋墩立於綠地帶之中央,為簡式構造,橋身為板梁式之二孔連續梁,橋墩上係用固定支座。此種式樣,適用於原來地面與汽車專路同高者。若遇挖土時(即汽車專道路面較原地面為低時),可將跨度放長,改矮橋台,如第二式。此種式樣之跨度可達 20 公尺。如橋與路成斜角時,則跨度尚可增加。如以為此種橋梁之重量過鉅,則可代以第三式,改成四孔。即在填土上築成小型橋台。第三式之構造為一框架橋,如遇地基較堅之處,甚為相宜。如在挖土較淺,橋墩較矮之處設置,此種構造甚易增加水平抵抗及溫度應力,故不相宜。此時可將左右兩橋墩用搖柱構造法,插入上下兩階而構造之。如第五式,爲一具有二階之框架構造,兩端框架之底腳,則嵌入於填土之內,外觀極佳。第六式乃屬梁橋式,惟橋墩與橋梁成剛節,下端又爲固定。此種式樣

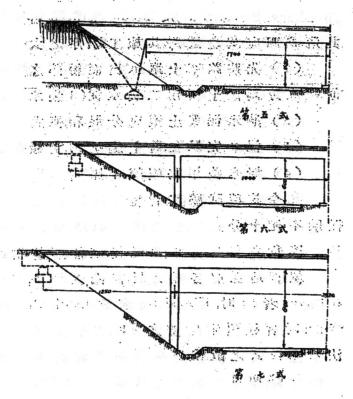

第五(式)

第六式

第七式

宜用於挖土較深之處。如挖土更深,在 8 公尺以上時,兩側跨度亦隨之增加,如是,可將中央部之跨度增大之,如第七式,成爲三孔橋梁。如以爲上列之混凝土橋重量過大,外表感覺累墜,則可改成鋼製,較爲清醒,或改用獨孔拱橋亦可。

　　立體交叉用橋梁,不宜拘泥於技術及經濟兩途,而對於造型美(Bauform)方面,亦應充分考究。關於選擇何種形式及其適當與否,自須就其各別環境加以適當之考慮也,　　　　(趙國華譯)

路基混入水泥之安定增進法

W.H. Mills, Road Base Stabilization with Portland Cement. Eng. News-Rec. Nov. 28, 1935.

　　1933 年以來,美國 South-Carolina 州,曾經試驗將路基土壤,和以水泥,以增進其安定度,並施以適當柏油表面之處理,可得中級以下之道路。此法先在實驗室內試驗,確認爲有效之後,卽在Cayce,

Kingsburg, Parksville 及 Modoc 等處,就各種路基施以野外試驗,計
共造成四處試驗道路,其施工順序之大綱如次。

（1）先將路基土壤扒出而粉碎之,於其上撒以水泥,其比例
每一立方碼之土壤用二袋水泥（1袋水泥重 96 磅）。

（2）將水泥與土壤充分混和,使成一色。

（3）混和完畢後,將土壤扒勻,上撒清水。

（4）撒水後用路輾輾平壓實。

迄今該項試驗路皆呈良好狀態,極少發見分解現狀。但此種
經驗不能十分充分,故未達詳細結論之時,但路基土壤,除含有多
量有機物質者外,混以水泥後,確能顯著增高其安定度。

就實地採取各種試料,經調查結果,其安定化路基之平均深
在 Cayce 者 4.1 吋, Kingsburg 者為 4.8 吋, Parksville 者僅 1.6 吋, Modoc
者 2.2 吋。皆較預定深度之 8 吋,相差甚遠。此乃由於混和及撒水方
法,未能合式之故,俟將來混和機經適當之改良,混和中撒水之功
候恰好時,即可得較好之成績。South Carolina 省近更計劃大規模
之試驗云。　　　　　　　　　　　　　　　　　　　　　（趙國華譯）

膠濟鐵路行車時刻表

民國二十三年七月一日改訂實行

下 行 列 車	上 行 列 車

北寧鐵路簡明行車時刻表

中華民國廿五年一月一日重訂

上行

站名	2次 平津客車快車各等	302次 津平特快快車頭二三等	6次 平津特快各等	72次 津沽平特快頭二三等	42次 平津快車頭二三等各等	4次 平津特別快車頭二三等	24次 津沽平特快頭二三等各等	402次 津平直達客車快車各等	306次 沽平特快頭二三等	74次 津沽平特快頭二三等	7次 海平直達客車頭二三等
北平前門 到開	9.25	10.00	11.38	16.35	17.40	18.25	22.30	23.40	23.15		21.30
豐台 開	9.02	9.36		16.03	17.23	18.03	22.15	23.13			21.08
楊村 開	8.43			15.15	17.05		22.02	22.17	22.50		20.08
落垡 開	8.05			13.53	16.37						
廊坊 開	7.43			11.42	15.41	16.10	20.54	19.15	21.51		17.26
武清 開	7.21			10.28	15.20	16.00	20.19	18.31			
天津總站 到	6.56	7.45	9.40	9.01	14.50	15.48	19.55	17.30	20.54	11.45	14.33
天津總站 開	6.45	7.35	9.30	7.08	14.14	14.55	19.45	16.22	20.45	10.10	13.20
軍糧城 開	6.30	7.05		6.20	14.00	14.00	19.32	15.20	20.15	7.39	12.46
塘沽 開	5.30				13.46	15.48	18.35			5.51	11.45
北塘 開	4.26				12.46	14.55	17.26			4.50	10.45
蘆台 開	3.30				11.41	14.00	16.34				
漢沽 開	3.15				10.45	13.05	16.20				
唐山 開	3.10				10.30	13.01	16.17				
古冶 開	2.55				10.23	12.51	16.07				
灤縣 開	2.30				10.10	12.34	15.50				
昌黎 開	1.32				9.44	11.55	15.07				
北戴河 開	0.31				8.45	11.14	14.22				
秦皇島 開	0.01				7.40		13.59				
山海關 到	23.42				7.12	10.43	13.45				
山海關 開	23.09				6.54	10.20	13.20				
瀋海等線於關站開	22.40				6.25	10.00	13.00				
	22.00				6.00						
	14.00										

下行

站名	75次	73次	1次	401次	305次	5次	30次	23次	3次	71次	41次
北平前門 開			21.15	20.10	20.00	17.10	15.35	13.00	9.30	7.10	5.45
豐台 開			21.40	20.54	20.26	19.10	16.00	13.16	10.00	7.56	6.04
楊村 開			21.58			19.18		13.30		9.01	6.20
落垡 開			22.38	0.50	21.20			13.48		10.24	6.44
廊坊 開	6.45		22.55	1.29				14.37		12.59	7.39
武清 開	7.25		23.16	2.24			17.51	14.53		13.48	8.03
天津總站 到	8.30	6.33	23.42	3.43	22.24	19.10	18.00	15.20	13.04	15.35	8.36
天津總站 開	10.06	8.44	23.50	4.00	22.32	19.18	18.20	15.47	14.00	17.28	9.13
軍糧城 開	12.30	12.10	24.00		23.00	停		15.55	14.55	17.45	9.23
塘沽 開	13.18	14.17	1.01					16.05	15.00	停	停
北塘 開	14.24	14.40	2.07					17.06	15.11		10.38
蘆台 開	15.30	停	2.58					18.13	15.35		11.46
漢沽 開	16.07		3.12					19.00	16.07		12.34
唐山 開	停		3.15					19.13	16.49		12.47
古冶 開			3.30					19.18	17.22		12.52
灤縣 開			4.03					19.29	17.42		13.06
昌黎 開			4.53					19.54	18.00		13.39
北戴河 開			5.59					20.28			14.29
秦皇島 開			6.24					21.18			15.32
山海關 到			6.47					21.37			15.56
山海關 開			7.16					21.55			16.16
瀋海等線於關站開			7.40					22.17			16.43
			8.20					22.35			17.05
			16.40								

隴海鐵路簡明行車時刻表

民國二十四年十一月三日實行

上行車

站名＼車次	特別快車			混合列車	
	1	3	5	71	73
連雲			10.00		
大浦			↓	8.20	
新浦			11.46	9.01	
徐州	12.40		19.47	18.25	19.05
商邱	17.18				1.36
開封	21.36	14.20			7.04
鄭州南站	23.47	16.17			9.44
洛陽東站	3.51	20.23			16.33
陝州	9.20				0.09
靈寶	10.06				1.10
潼關	12.53				5.21
渭南	15.37				8.59
西安	17.55				12.15

下行車

站名＼車次	特別快車			混合列車	
	2	4	6	72	74
西安	0.30				8.10
渭南	3.15				11.47
潼關	6.36				15.33
靈寶	9.09				18.56
陝州	10.80				20.27
洛陽東站	16.30	7.36			4.11
鄭州南站	20.50	11.51			10.27
開封	22.59	13.40			13.12
商邱	3.02				18.50
徐州	7.10		8.53	10.30	0.15
新浦			16.48	20.04	
大浦			↓	20.30	
連雲			18.25		

本路73次與平滬62、72次又本路73、74次與平滬61次在鄭州聯接
本路一次特快與平滬21次又本路二次特快與平滬22次在鄭州相聯接
本路一次及二次特快與滬平通車301、302次在徐州聯接

7163

殼牌汽油與汽車滑機油

為最高等之等高最為
之汽車行駛最為滿意
能使君品物
滿意為最駛行車汽之

瀝青（柏油）

為鋪路蓋屋避免走電等用

滑機油

凡輪船工廠機器上應用
之滑機油各級均備

殼牌礦質松香水

為最有效最經濟之松節油代替品

柴油

為引擎內燃部燃燒及晚油爐
與鍋爐熱汽管汽之用

亞細亞
（A）
英美
全界

7165

沿綫各站

本路爲服務社會

一律辦理下列業務：

一 接送行李 二 接送包件

三 指導遊覽 四 代定旅館

五 接送貨物 六 代起貨票

詳細辦法請向車站索閱

京滬滬杭甬鐵路管理局啓

天廚味精廠股份有限公司

出品：味精，味宗，醬油，精液，澱粉，糊精，飴糖，醬色，哥羅登酸及其他鹼基酸等，

業務部：上海愛多亞路一二三號

電話 八四〇七二

三線轉接各部

天原電化廠股份有限公司出品

事務所 上海菜市路一七六號
電話 八〇〇九九

TRADE MARK

製造廠 上海白利南路四二〇號
電話 二九五二三

鹽　酸　Hydrochloric Acid HCl 22°Bé & 20°Bé
燒　鹼　Caustic Soda NaOH Liquid & Solid
漂白粉　Bleaching Powder Ca(OCl)OH 35%—36%

有無線電報掛號　四二五八『石』　　　英文電報掛號　"ELECOCHEMI"

天　盛　陶　器　廠

事務所 上海菜市路一七六號
電話 八〇〇九〇

製造廠 上海龍華鎮計家灣
電話(市)六八二四九

精製各種上等化學耐酸陶器

7167

中國工程師學會叢書
鋼筋混凝土學

本書係本會會員趙福靈君所著，對於鋼筋混凝土學包羅萬有，無微不至，蓋著者參考歐美各國著述，搜集諸家學理編成是書，敍述既極簡明，內容又甚豐富，試閱下列目錄卽可證明對於此項工程之設計定可應付裕如，毫無困難矣。全書曾經本會會員鋼筋混凝土工程專家李鏗李學海諸君詳加審閱，均認為極有價值之著作，爰亟付梓，以公於世。全書洋裝一冊共五百餘面，定價五元，外埠購買須加每部書郵貲三角。

鋼筋混凝土學目錄

中國工程師學會經售
平　面　測　量　學

本書係呂謐君所著，本其平日經驗，彙參考外國書籍，編纂是書，對於測量一學，包羅萬有，無微不至，敍述極為簡明，內容又甚豐富，誠為研究測量學者及實地測量者之唯一參考書，均宜人手一冊，全書五百餘面，每冊實價二元五角，另加寄費一角五分，茲將詳細目錄，照錄於下：

平　面　測　量　學　目　錄

中 國 工 程 師 學 會 叢 書

機車鍋爐之保養及修理

　　本書係本會會員陸增祺君所編訂，陸君歷任北甯，關海，浙贛等路職務多年，對於機車鍋爐方面，穎有研究，本其平日經驗所得，著成是書，內容豐富，書中要目凡四編，無不條分縷析，闡發脆遺，卷末附以規範書，俾資考證，鐵路機務同志，不可不讀，全書平裝一冊，定價壹元五角八折，十本以上七折，五十本以上六折，外加寄費每冊一角。

機車鍋爐之保養及修理目錄

廣 告 索 引

工 THE JOURNAL 程
OF
THE CHINESE INSTITUTE OF ENGINEERS
FOUNDED MARCH 1925—PUBLISHED BI-MONTHLY
OFFICE: Continental Emporium, Room No. 542. Nanking Road, Shanghai.

中華民國二十五年六月一日出版
工程第十一卷第三號

編輯人　胡樹楫

發行人　裘燮鈞

發行所　中國工程師學會
上海南京路大陸商場電話九六四九二號

印刷者　中國科學公司
上海萬煦路六四九號電話七一〇四六號

分售處　發行所
南昌　南昌書店
昆明市四華大街雲瑞書店
太原柳巷北路上海什誌公司
廣州永漢北路上海什誌公司
上海徐家匯蔍記書社
上海四馬路作者書社
上海四馬路上海雜誌公司
南京正中書局南京發行所
南京太平路花牌樓書店
濟南芙蓉街教育圖書社
南昌民德路科學儀器館南昌

定報處　上海南京路大陸商場五四二號
中國工程師學會會刊經理處
上海本會編輯部

收稿處　會員及定戶通訊
定戶更改地址或有寄報遺失等情請即函知上海本會　凡會員或

交換書報　凡欲與本刊交換者請向上海本會圖書室接洽並請先寄樣本交換書報概請逕寄上海本會圖書室收

廣告價目表

ADVERTISING RATES PER ISSUE

地位 POSITION	全面每期 Full Page	半面每期 Half Page
底封面外面 Outside back cover	六十元 $60.00	
封面及底面之裏面 Inside front & back covers	四十元 $40.00	
普通地位 Ordinary Page	三十元 $30.00	二十元 $20.00

廣告概用白紙。繪圖製圖工價另議。連登多期價目從廉。欲知詳細情形。請逕函本會接洽。

本刊價目表

全年六册零售
每册定價四角　每册郵費
國內二分　本埠二分
國外五分

新疆蒙古及日本照國內
香港澳門照國外

預定册數	書價	連郵費
	本埠國內	國內國外
全年 六册	二元一角	二元二角　四元二角
半年 三册	一元一角	一元二角　二元三角

7174

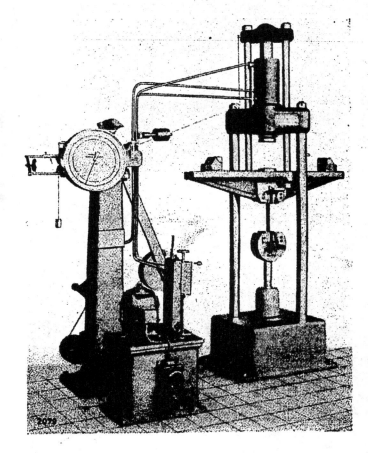
7175

上圖示鑄鋼齒輪。係用普通炭素鋼鑄成,其化學成分為
C 0.35%, Mn 0.60%, Si 0.30%, P 0.05%, S 0.03%。大凡機器之部
件用生鐵鑄製,恐强力不足,而用鍛鋼製造,又嫌價格太
昂者,用鑄鋼為之,最為合宜。

國立中央研究院工程研究所
鋼鐵試驗場

上海白利南路愚園路廣　　　電話二〇九〇三

7176

工程

第十一卷第四號　二十五年八月一日

以歇物弧船型與普通船型之比較

開封城附近虹吸管引水工程

廣東鋼鐵廠籌備經過

各種鋼鐵之性質及其用途

鎢之產量及其用途

工程的起源

中國工程師學會發行

天源機器鑿井局

江灣水電路新市路東

電話江灣七七二二九號

最近各地鑿井成績之一斑

本局專營開鑿自流深井及探礦工程　局主于子寬兼工程師昔從各國考察所得技術成績優異凡國經營十餘載凡鑿本外埠各地工廠學校醫院住宅花園之大小各井皆堅固靈便水源暢潔適合衛生今擬擴充各埠鑿井探礦營業特添備最新式鑽洞機器山石平地皆能鑽成自流深井價格克己如蒙惠顧竭誠歡迎

探礦工程

廣東韶關富國煤礦公司
廣東中山國富政府
廣東中山縣建設局
廣州長堤先施公司
廣州市自來水公司

機器鑿井工程

南京上海銀行
南京市政府
南京海軍部
南京交通部
南京中央無線電台
上海市公用局
上海市工務局
上海市衛生局
中央研究院
中央自來水公司
上海英商上海魚市場
上海港檢疫所
實業部上海商檢局
大中華火柴廠
中興碼頭廠
海南洋蛋廠
屆臣氏汽水廠

天一味母廠
肇新化學廠
永和實業廠
中國橡膠廠
正大橡皮廠
大用橡皮廠
大達橡皮廠
永大橡膠廠
瑞和磚瓦廠
順昌石粉廠
泰康罐頭廠
華陽染織廠
麗明染織廠
五豐染廠
美龍酒精廠
開林公司油漆廠

永固油漆廠
國華染廠
光明染廠
協豐染廠
大華利衛生食料廠
振華油漆廠
崇信紗廠
三友社織造廠
圓圓紡織廠
安徽棉織廠
中國內衣工廠
上海印染廠
永安紗廠
達豐染織廠
新安紗廠
永安公司
新公司
新新公司
大新公司
中英大藥房
中國實業銀行
百樂門大酒店
新亞大酒店
新惠中旅館
松江新松江社

光華大學
震旦大學
持志大學
勞働大學
同濟大學
大夏大學
復旦大學
松江省立中學
中山路立中學
立達學校
中實新村
靜園
中實新村
蝶來大廈
中山路平民村
天保里
公益里
上海蓄植牛奶房
華德牛奶公司
派克牛奶公司

並代經銷中外各種鑿井探礦機器價格特別公道

7181

7182

道門朗公司

上係菲蘭河鉸拱跨一〇十共本司力大一五噸
圖南洲羣雙式橋度千八尺用公抗邁鋼千百

「抗 力 邁 大 鋼」
〔高 拉 力 鋼〕

上　海
外 灘 廿 六 號

電報 "DORMAN"　　　　　電話 〇八九二一

7184

7185

7186

JAQUET

HIGH PRECISION SPEED INDICATOR

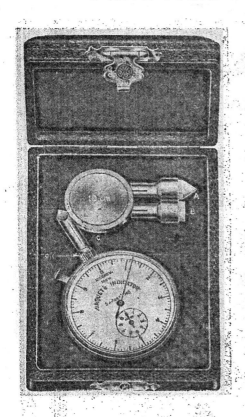

捷克氏精確速度計

此圖乃捷克氏最簡單最準確之速

度測驗計（俗稱車頭表）試驗室

及工廠等均可運用

三大特點

一·此表置于任何機器軸上僅須

　接觸已足測驗

二·將按鈕揿入卽能自動飛囘起

　點而開始紀錄六秒鐘後自動

　定止卽可讀出準確之速度

三·倘須再測第二次無須將表取

　下僅須隔五秒鐘後再揿按鈕

　第二次試驗亦開始矣

捷克氏廠之出品種目繁多均運用最新式之設計而製成各種精確

之速度計茲乃限于篇幅未能詳載倘荷　賜詢或索取樣本敝行當

竭誠答覆

備有現貨免費試用

中國總經理 瑞商華嘉洋行 上海圓明園路97號
電話一八六八六──八

7187

7190

中國工程師學會會刊

編輯：

黃　炎　（土木）
董大酉　（建築）
沈　怡　（市政）
汪胡楨　（水利）
趙曾玨　（電氣）
徐宗涑　（化工）

工　程

總編輯：沈　怡
副總編輯：胡樹楫

編輯：

蔣昌鈞　（機械）
朱其清　（無線電）
錢昌祚　（飛機）
李　叔　（礦冶）
黃炳奎　（紡織）
宋學勤　（校對）

第十一卷第四號

目　錄

中國工程師學會發行

分售處

上海四馬路作者書社
上海四馬路上海什誌公司
上海徐家匯蔴新書社
南京太平路正中書局南京發行所
南京太平路花牌樓書店
南昌南昌書店

濟南奕霝衖教育圖書社
南昌民德路與商號南昌發行所
太原柳巷開明書店
昆明市四華大街墨橋書店
廣州永漢北路上海什誌公司廣州分店

中國工程師學會會員信守規條

（民國二十二年武漢年會通過）

1. 不得放棄責任，或不忠于職務。
2. 不得授受非分之報酬。
3. 不得有傾軋排擠同行之行為。
4. 不得直接或間接損害同行之名譽及其業務。
5. 不得以卑劣之手段競爭業務或位置。
6. 不得作虛偽宣傳，或其他有損職業尊嚴之舉動。

如有違反上列情事之一者，得由執行部調查確實後，報告董事會，予以警告，或取消會籍。

工程雜誌投稿簡章

一　本刊登載之稿，概以中文為限。原稿如係西文，應請譯成中文投寄。

二　投寄之稿，或自撰，或翻譯，其文體，文言白話不拘。

三　投寄之稿，望繕寫清楚，並加新式標點符號，能依本刊行格繕寫者尤佳。如有附圖，必須用黑墨水繪在白紙上

四　投寄譯稿，並請附寄原本。如原本不便附寄，請將原文題目，原著者姓名，出版日期及地點，詳細敘明。

五　稿末請註明姓名，字，住址，以便通信。

六　投寄之稿，不論揭載與否，原稿概不檢還。惟長篇在五千字以上者，如未揭載，得因預先聲明，並附寄郵費，寄還原稿。

七　投寄之稿，俟揭載後，酌酬本刊。其尤有價值之稿，從優議酬。

八　投寄之稿，經揭載後，其著作權為本刊所有。

九　投寄之稿，編輯部得酌量增刪之。但投稿人不願他人增刪者，可於投稿時預先聲明。

十　投寄之稿請寄上海南京路大陸商場542號中國工程師學會轉工程編輯部。

以歇物弧船型(Isherwood Arcform)與普通船型的優劣比較

張 稼 益

(一).「弧型船」構造概要其定義及實用效果

在過去二年間,很引起世界造船界注意的「弧型」船發明,既邏見諸各著名造船雜誌及報章中。(註22至24)可是屢次所載關於牠,所謂「弧型」船的確義和分明的式樣規定都沒有。作者因欲澈底明瞭並加以檢討,曾函詢真情;惜所得的答覆亦不外如雜誌報章所載。由各雜誌的記載看來,解釋得較有條理的,要算 "The Shipbuilder and Marine Engine-Builder" 雜誌一九三三年十二月份的最完全了。現在依照該文並參考其他各雜誌歸納起來作簡明的定義如下:

「以歇物「弧型」船的主要識別點,在船的中央橫切面改通常的「正型」(Orthodox Form)為「弧型」,因此船身圓線隨之全襲,故稱「弧型」船。——「弧型船」與普通船型中央橫切面的比較可參看圖一及圖二。

最先應用「弧型」原理構造的海船,名阿克威爾號(Arcwear);牠已經航行於英國與阿根庭間,其構造各部的量度如左:

兩垂線間距離(或長)	360 呎(109.726 公尺)
最大寬度	57呎6吋(17.526 公尺)
舵高	26呎9吋(8.153 公尺)
吃水深度(夏季載重線)	22呎41/2吋(6.896 公尺)

7193

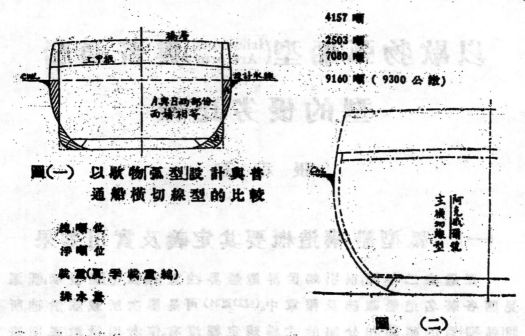

4157 噸

2503 噸

7080 噸

9160 噸 (9300 公噸)

圖（一）　以歇物「弧型」設計與普
　　　　通船橫切線型的比較

總噸位

淨噸位

載重(夏季載重綫)

排水量

圖　（二）

此外,阿克威爾號有三聯式過熱主蒸汽機一座,並兩個單向筒式
鍋爐,共有 1417 指示馬力,可供船行每小時 11.15 海運速率之用。船
有首尾樓及長橋樓 (Poop, Forecastle, Bridge),流線形舵一。船壳鐵
料部均按勞合登記局 Lloyd's Register 十 100 AI 級附以 "Arcform"
及用 "Isherwood Combination System of Framing" 的專利方法構造。

　　阿克威爾號試航後所得結果,與同樣速率的普通船型較,可
省許多燃料;或在同樣燃料用度之下,阿克威爾號可得較大速度。
因此以歇物「弧型」船受英國造船航業兩界的贊譽不少。據以歇物
「弧型」船專利權招攬廣告上言,此種新發明較普通船型應有下列
諸點的改進;(註23)

　　1. 減少燃油或煤的耗費或可使速率增高。

　　2. 船的堅靭力增强並加大載重量。

　　3. 擴大船艙的容量並改善艙底稀水 (Ballast Water) 效能。

　　關於「弧型」船左述各優點及克威爾號試航的良好結果,多已
揭載各雜誌;惟贊譽之辭,或許由經驗的感覺而來且造船亦營業

之一種,賈主因欲誇張其出品之優良而過甚其辭者亦常有之。作者爲切實確定「弧型」船的優劣起見,特以同等排水量,載重及長度的普通船型爲根據,在純粹造船學觀點上將所有重要問題作有系統的比較;藉備國內航業及造船兩界的參考。

(二)　普通船型與「弧型」船(以阿克威爾號作代表)的船線

本篇作比較討論所根據的船線,係參照一九三四年二月份的英國雜誌: "The Shipbuilder and Marinl Engine-Builder" 所發表者繪成(圖三及四)。除阿克威爾號因「弧型」故,船身的寬度 B Arcf=17.526公尺,比普通的 B Normalf=15.8 公尺較大外,其他各量度完全相同。兩船的中央縱切面,其上端甲板縱曲線(Sheer)以及首尾樓橋樓並主甲板的界線,概按上述雜誌所發表的船圖繪製,因此兩船的縱面毫無差異。

「弧型」船結構的要點,在中央橫切面的弧型形狀。所以兩船的

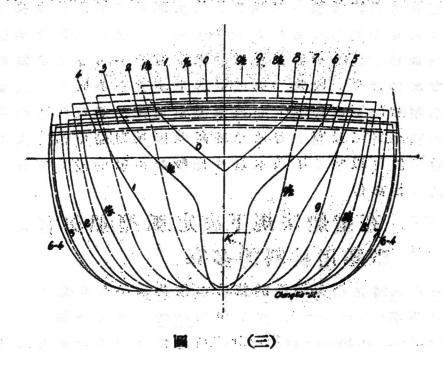

圖　　(三)

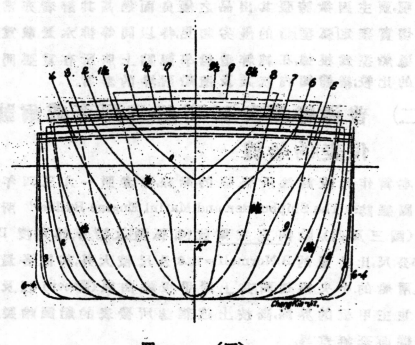

圖　　（四）

繪畫很精確地按着圖一和圖二的放大而成,二船設計水綫以下
的橫切面積亦相等。據各雜誌的揭載,似乎在設計水綫下的橫切
面積的曲綫,「弧型」船與普通船的應沒有分別(可是各雜誌都缺
遑點實際的說明)。因此,二船的縱向排水重心是同在一橫切面
上。但「弧型」船的垂直排水重心,因「弧型」橫切綫上部較普通船為大,
下部則較小,其位置應比普通船略高,並因「弧型」船中部寬大,船中
的平行部份可以常兒。不過本篇為比較計,兩船的設計圖綫均有
等長的平行部份。

（三）　在造船法規下決定「弧型」船與普通船應用材料的多寡

阿克威爾號船身鋼鐵的結構,本按英國勞合登記局╋1 0AI
級,加以「弧型」("Arcform")的附註用「以歇物支材并合制」("Isher-
wood Combination System of Framing")所建造。但因此種構造詳情局

外人無從得知;所以作者特按通用造船法規分別決定兩種形式
的船各部需用的材料,並決定各船本身的重量。在造船法規中,據
以作材料選擇的,有下列幾個量度:

L　船的長

B　船的最大寬

H　船中央橫切面的舷高

D₀　甲板橫標的引數(甲板寬度)

(B+H)L 選擇材料簡式

很明顯的,「弧型」船因為船身寬大,所以 B 定較普通船大;因
此材料加強,即重量增加。可是一方面因為「弧型」船的橫切綫比
較普通船的圓順,橫切線的週長比普通船較短,同時船売的面積
也較小;那麼在這裏「弧型」船因寬度增加而加大的甲板及橫標重
量的增減,可由此相互的消除。「弧型」船的材料選擇,雖又因 B 較
大的緣故(B+H)L 的數目隨之增大,但是有 H 和 L 的牽製着,是不
致有多大影響的。此外關於「弧型」船重量上的優點,要算牠的狹小
複底構造。圖(一)和圖(五)表示「弧型」船
的複底在船中部較之普通船的要小
五分之一;一方面因複底的寬度減小,
所以在船的某相當寬度下(按造船法
規的規定),用「弧型」船設計的複底裏,
船的左右各可省去一道旁支飯(Side
Girder)。這樣的省除,是很能減輕船的
重量的。此外,登記局因為附註"Arcform"
的緣故;有允許各部份用料減輕或反
須增強的可能。所以兩船實際重量的
比較,全在登記局的造船法規主持者
去決定。

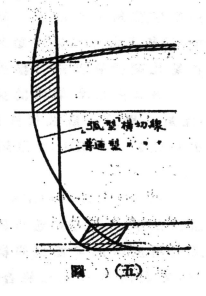

弧型橫切線

普通型

圖　(五)

作者曾將二船的量度按着通用造船法規,選定兩船中段結

樣材料再將其材料的橫切面積計算之,則「弧型」船的得 8918.82 平方公分(cm²),而普通船的得 9231.66 平方公分。兩者相差可 312.84 平方公分。換句話說:「弧型」船的中部材料橫切面積要比普通船的小 3.39 %。同樣的材料橫切面,媒計算結果,對橫中軸 (Horizontal Neutral Axis) 的抗彎力矩(Moment of Resistance),在「弧型」船的爲 2,311,000 Cm²;普通船的爲 2,386,000 Cm²。故二者相較,「弧型」船中部材料橫切面對橫中軸的抗彎力矩比普通船的小 3.14 %。由這裏可以看出「弧型」船的結構材料是較普通船爲輕;可是牠的變曲力矩(Bending Moment) 要比普通船爲小。

(四) 輕船時及盛載後情形及船的重心位置

　　關於輕船重量,依阿克威爾號的載重七〇八〇噸及夏季載重水線下的全船重量 9160 噸的較載,輕船重應等 2080 噸。因爲作比較的二船,均沒材料表格的計算,所以在實用上便估定該兩船壳及機器等的重量爲 2080 噸,這是爲穩度 (Stability) 比較時必用的數字。輕船的重心旣不能計算,又沒有傾斜試驗(Inclining Experiment)來測定;那只能按造船界通用的近似簡式去計算了。反正二者是比較性質,卽或有點差異,於實際上是不生多大問題的。

　　普通船舶,輕船時的重心約在上層甲板下 0.42 艙深地方(註7)(此數已顧及複底及低置的機器重量等)。船的舷高 8.153 公尺減去複底高 1.02 公尺(按造船法規)得艙深 7.133 公尺。因此 0.42×7.133 = 2.995 公尺。

　　或: 8.153－2.995＝5.158 公尺。這就是本文所述普通船輕船時重心高出龍骨的位置,這 5.158 公尺的高度核與辛浦遜同樣爲貨船而定的係數界限,卽在 0.60 至 0.65 舷高間(註2)極相符合(因爲 5.158÷8.153＝0.633)。

　　「弧型」船的結構是底小上寬牠的橫切面恰似一倒置的梯形,因此船身的重心位置一定比普通船的來得高點。從造船的經驗說來,他們的高低位置是差不多和兩船材料橫切面積重心的相較成正比例的。據計算的結果,「弧型」船的材料橫切面積重心較普通船的高 34.8 公分 (447.3—412.5)。所以弧型船身重心應在高出龍骨 5.585 公尺 的地方 $[=5.158(1+\frac{8.45}{100})]$。

(五) 穩度

(1) 初動的穩度

初動的穩度,卽是一種抵抗;當船在平衡狀態時偶受外力的推動,使船由平衡狀態向一無限小角度傾斜時,此抵抗能立,卽將船推返原狀。

設: P = 船的重量。

V = 船的排水容量。

干a = 船的重心(G)在船的排水重心(F)之上或下當平衡狀態時的距離。

$\frac{2}{3}\int y^3 dx$ = 設計水線(CWL)的橫向轉動慣量。

φ = 無限小的傾斜角度(φ < 5°)。

$\dfrac{\frac{2}{3}\int y^3 dx}{V}$ = 定傾中心(M)在排水重心(F)上的高度。

據演釋的結果,現今造船界公用的初動穩度公式為

$$P\left[\frac{\frac{2}{3}\int y^3 dx}{V}干a\right]\sin\varphi$$

所以,假如有下述情形時,船的初動穩度定隨之增大:

1. 設計水線寬度增大。

2. 排水量重心的位置增高。

3. 船的重心位置降低。

4. 船的重心在排水重心上時,排水量減小,或船的重心在排

7199

水重心下時,排水量增加。

　　由運初動穩度的原理及牠的互相影響,可知船的設計水線寬度和牠是有密切關係的,尤其關係本篇要比較的「弧型」船為然,因為牠的寬度較之普通船的特別大而船的重量(P)和角度(φ)又是二者絕對相同的緣故。

　　「弧型」船的寬度是無論怎樣要比普通船大的。所以如能將設計水線的橫向轉動慣量,用數學近似方法確定界限,則關於二船初動穩度的大小比較,便可一望而知。現將作者所擬數學近似確定法演算于后:

　　設船的設計水線,由前後部之拋物線(此線與船的真實水線形很相似)與中央一段平行部份相接而成,如圖(六)。那麼圖(六)拋

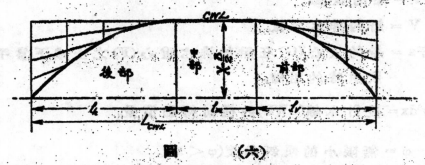

圖　　　　(六)

物線形的設計水線的橫向轉動慣量應由下列三部相加而得:

船中平行部份橫向轉動慣量 $= \dfrac{L_m B^3}{12}$,

船尾平行部份橫向轉動慣量 $= \displaystyle\int_0^{l_h} \dfrac{(B-2x)^3}{12} dy$

船首平行部份橫向轉動慣量 $= \displaystyle\int_{l_h+l_m}^{l_v} \dfrac{(B-2x)^3}{12} dy$

故設計水線之橫向轉動慣量為:

$$I_B = \frac{L_m \cdot B^3}{12} + \int_0^{l_h} \frac{(B-2x)^3}{12} dy + \int_{l_h+l_m}^{l_v} \frac{(B-2x)^3}{12} dy,$$

因為拋物線公式: $x = \dfrac{B}{2P} y^2$,

所以 $I_B = \dfrac{l_m \cdot B^3}{12} + \dfrac{4(l_v + l_h)B^3}{105}$ (註21)

或: $I_B = \left[\dfrac{l_m}{12} + \dfrac{4(l_h + l_v)}{105}\right]B^3$。

根據上邊演算的結果,可知設計水線的寬度對於牠的橫向轉動慣量的影響,是有三乘方的比例數。雖然普通船的水線並不是由拋物線繪成的,可是兩者相較,所差也不很大。

據計算結果,船的重量P 等於 9300 公鐵排水容量 V 則等於 9020 立方公尺,「弧型」船阿克威爾號的橫向定傾中心(M_b)和排水重心(F)的距離:

$$MF_b = 3.69 \text{ 公尺}。$$

普通船的 $MF_b = 2.85$ 公尺。

「弧型」船的 $\mp a = -(5.96 - 3.80) = -2.16$ 公尺。

普通船的 $\mp a = -(5.775 - 3.70) = -2.075$ 公尺。

所以按初動穩度力矩公式:

「弧型」船的初動穩度力矩 $= 9300(3.69 - 2.16)\sin\varphi = 14240 \sin\varphi$。

普通船的初動穩度力矩 $= 9300(2.85 - 2.075)\sin\varphi = 7210 \sin\varphi$。

前者大於後者的百分數為:

$$\frac{(14240 - 7210)\sin\varphi}{7210 \cdot \sin\varphi} \cdot 100 = 97.5\%$$

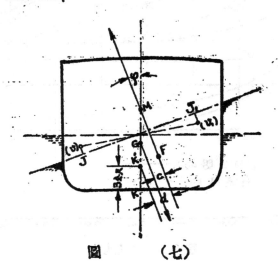

圖 (七)

由上項計算結果,可以看出「弧型」船的初動穩度力矩較普通船幾倍之.實由於「弧型」船設計水線寬度增加的緣故.

(2)傾斜後穩度(Stability at Large Angles of Heel)

船經傾斜後的穩度矩,可按下列厄脫物特氏(Attwood)公式求之(參看圖七):

傾斜後穩度力矩 = γ [v·$\overline{JJ_1}$∓V·a·sinφ](註1)

式中 γ·v·$\overline{JJ_1}$ = 排水型穩度力矩

γ·V·a·sinφ = 重量穩度力矩

依圖(七),傾斜後穩度力矩 = P(r−a)sinφ

= P·c

式中 c 即普通稱作「靜力穩定的槓桿臂」(The Arm of Statical Stability)。將作本篇比較的兩船橫切線圖(圖三和圖四)按費勞氏(Fellow)方法,用辛浦遜氏第一簡式去計算各傾斜度在不同的排

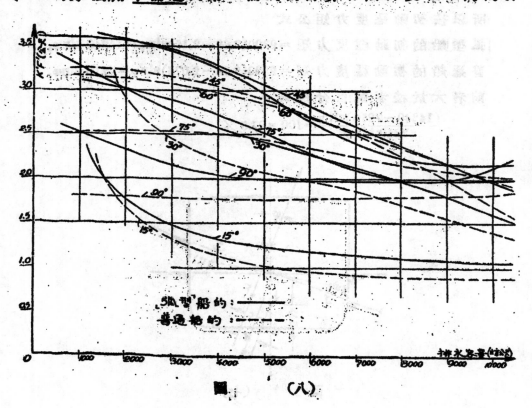

圖　(八)

水盡中,所得的 K'F' 距離(K'為船的橫切載圖,作各傾斜度轉動時的點 ——即船的縱向軸,其位置定在船中縱面龍骨上 3 公尺高地方 F'為船在傾斜度時的排水重心)繪成曲線圖表,如圖(八)。既

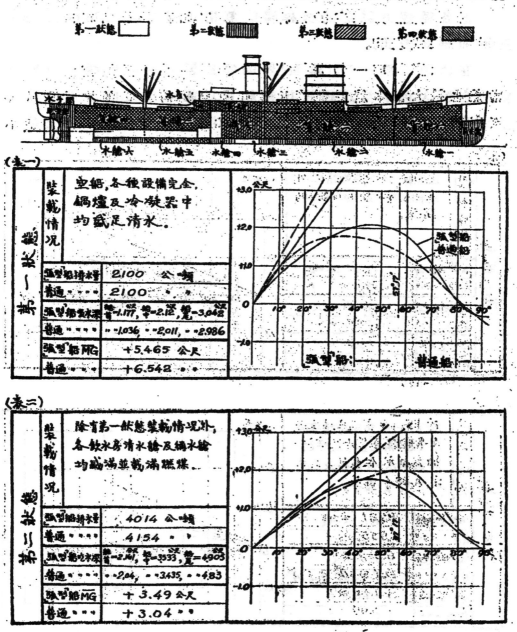

第一狀態 □　　第二狀態 ▨　　第三狀態 ▨　　第四狀態 ▨

水艙六　水艙五　水艙四　水艙三　水艙二　水艙一

(表一)

裝載情況	空船,各種設備完全,鍋爐及冷凝器中均滿足清水。
弧型船排水量	2,100 公噸
普通 " " "	2,100
弧型船吃水	首=1.177, 等=2.12, 尾=3.042
普通 " " "	" =1.036, " =2.011, " =2.986
弧型船 MG	+5.465 公尺
普通 " "	+6.542 " "

(表二)

裝載情況	除有第一狀態裝載情況外,各飲水房清水艙及鍋水艙均滿滿並載滿燃煤。
弧型船排水量	4,014 公噸
普通 " " "	4,154 "
弧型船吃水	首=2.141, 等=3.533, 尾=4.903
普通 " " "	" =2.04, " =3.435, " =483
弧型船 MG	+3.49 公尺
普通 " "	+3.04 " "

圖(九)——上　　圖(十)——中　　圖(十一)——下

有船的重量及牠的重心位置,就可在各種裝貨情形下按公式:

$$C = (MK' - GK') \sin\varphi。$$

$$或 \quad C = d - (GK - 3) \sin\varphi。$$

把各種靜力穩定的稳桿臂 C 算出。此種計算已在圖(九)至(十三)用曲線式表出。

在此應說明一句:「弧型」船的容量原較普通船稍大,載重量當然也較大;但本篇為程度比較起見,只能將載量的比重稍減小至與前定的同樣載重為根據來計算;這於本文比較工作上是不

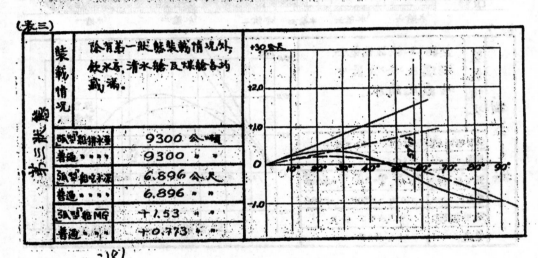

(表三)

裝載情況	除有第一狀態裝載情況外,飲水房,清水艙及煤艙各均載滿。	
弧型船排水量	9300 公噸	
普通 " " " "	9300 " "	
弧型船吃水深	6.896公尺	
普通 " " " "	6.896 " "	
弧型船MG	+1.53 "	
普通 "	+0.773 "	

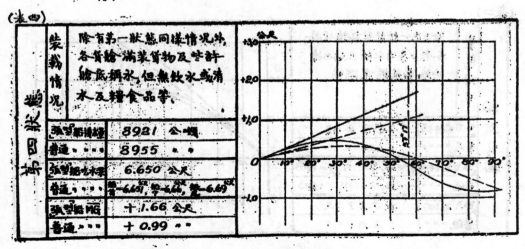

(表四)

裝載情況	除有第一狀態同樣情況外各貨艙滿裝貨物及些許船底積水,但無飲水或清水及糧食品等。	
弧型船排水量	8921 公噸	
普通 " " "	8955 " "	
弧型船吃水深	6.650 公尺	
普通 " " " "	首=6.65,中=6.64,尾=6.66	
弧型船MG	+1.66 公尺	
普通 " "	+0.99 " "	

圖(十三) — 上　　圖(十三) — 下

生多大問題的。

(3). 穩度的評判

　　兩船的穩度比較,在純粹的搖擺(Rolling)原理上去解釋,因船的構造尚非數學方程式所能表示出,這是事實上的不可能;而他方面,也因為貨船少有關係的緣故;所以作者對這問題,專以普通經驗為根據,來判定兩船穩度的優劣(在靜力穩定損桿臂的曲線圖裏,是只以主甲板層為限;其餘首尾樓及橋樓等,因非一貫的甲板故均未計入)。依據上二項的敍述和計算結果,可作下列幾點的批判:

1. 「弧型」船與普通船在設計水線以上部份,設置既完全相同,雖然「弧型」船的寬度略大。受風的阻力和側向風力而傾斜的情形,在實際上兩船是無特殊差異的。

2. 船艙裝載貨物,如屬散類,則船振動或搖擺時,對該散貨所自成的堆峯角度均有直接的影響。(註1) 在這裏「弧型」船因為上大下小,上部預蓄的排水量較普通船的大,上下振動便較小,那麼散貨在「弧型」船自成的堆峯,所受振動的影響當較普通船小。可是關於初動及傾斜後穩度的影響,和普通船的比較却來得大;並且這短而急迫的搖湯振動,於「弧型」船本身是很不良的現象!

3. 「弧型」船的複底既較普通船的約小五分之一,那麼當艙底灌裝「稱水」(Ballast Water)時的艙中自湯面積,也跟着比較狹小;這麼一來,液體的自湯表面效能對船穩度的惡影響也小一點(因為自湯表面的橫向轉動慣量是與表面寬度的三乘方成正比例的)。這是「弧型」船在穩度上的優處。

4. 傾斜後穩定的損桿臂,在任何裝載情形下,「弧型」船都比普通船長(圖十二和圖十三)。「弧型」船上大下小,所以牠的排水重心,當船向側傾斜時,向傍邊移動得快;同樣可以作輕船時或輕船而僅裝「稱水」行駛情形的解釋(圖十)。只有船的吃水很淺時,「弧型」船的排水重心比較普通船向傍處移動得緩,迫至甲板入水時始稍快。至於在圖(十一)所示普通船的長處,根本的原因是普通船複底艙較大而增加艙底積水一百四十噸的緣故。

5. 雖然上邊所述,在程度方面多以「弧型」船見優,可是牠的初動穩度幾比普通船的大到二倍,這麼一來則「弧型」船若遇風濤,當受到極激烈且短促的振動。這是航海界所感到的莫大嫌事。以上種種大都離不了實際的檢討,純粹的或進一步的試驗還不是目前事實上做得到的,故從略。

(六) 船的縱向強度

水波有凸凹二處之分,計算船的縱向強度時,應一方面假設船在水波凸處,他方面則在水波的凹處,據造船界通用克羅開氏(Chronean)[註1]的佔計,船在百公尺以上的長度,所受的水波有船長二十份之一的高度,現本篇作比較二船的設計水綫長等於112.376公尺,所以水波的高度應有5.619 公尺(=112.376÷20),水波為滾動波型(Trochoidal Wave),依這波型按各橫切面積的積分線,可求得二船在波凸及波凹時的四種排水曲線(即橫切面積曲線)。

船的各部重量分佈,根據船身材料重量梯形分佈法,如圖(十四)[註1]:

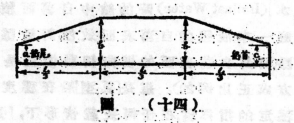

船尾   船首

圖 (十四)

a=0.706 每單位長度的平均重量,或 $\frac{2100}{113.2}$=18.55公鐵/公尺,

b=1.174 每單位長度的平均重量,或 $\frac{2100}{113.2}$=18.55公鐵/公尺,

c＝0.596 每單位長度的平均重量,或 $\frac{2100}{113.2}$＝18.55 公鐵/公尺。再加上船內各裝載的重量,合成船的重量曲線,

由上述四種波浪中的排水曲線,各與船的重量曲線相消減,便得四種重量差的曲線(卽負重曲線)。再將這四種重量差的曲線各作二次的積分,卽得弧型船(阿克威爾號)與普通船在波凸及波凹時彎曲力矩的曲線。下面是船身在波浪中縱向彎曲力矩受力最大處的系數x:

在波凸中 $\begin{cases} \text{阿克威爾號 } x = \dfrac{P \cdot L}{25000 公尺公鐵} = 40.8, \\ \text{普通船}\quad x = \dfrac{P \cdot L}{24000 公尺公鐵} = 42.5, \end{cases}$

在波凹中 $\begin{cases} \text{阿克威爾號 } x = \dfrac{P \cdot L}{14600 公尺公鐵} = 70.0, \\ \text{普通船}\quad x = \dfrac{P \cdot L}{13500 公尺公鐵} = 75.5。 \end{cases}$

以上各式中 P＝9300 公鐵,L＝112.376 公尺。

阿克威爾號材料橫切面的抗彎力矩,據前面的敍述等於 2,311.000 立方公分,在普通船則等於 2.386.000 立方公分.依此二數及上邊算得的彎曲力矩,求得二船在波凸及波凹時的應張力 σ_b 如左:

在波凸中 $\begin{cases} \text{阿克威爾號 } \sigma_b = 1080 公斤/平方公分, \\ \text{普通船}\quad \sigma_b = 1008 公斤/平方公分, \end{cases}$

在波凹中 $\begin{cases} \text{阿克威爾號 } \sigma_b = 631 公斤/平方公分, \\ \text{普通船}\quad \sigma_b = 566 公斤/平方公分。 \end{cases}$

照右邊計算的結果,在波凸中時阿克威爾號的應張力比普通船的約大百分之 9.67; 而在波凹中時且大至百分之 10.3 了。

(七)　順位計算

弧型船阿克威爾號載重約 7.000噸(Dead Weight Carring Capacity)。但在冬季吃水深度爲 6850 噸,在夏季吃水深度則增至 7080 噸。船的排水量在夏季吃水深度爲 9160 噸,所以該船的載重和船的總重比例等於:

$$\frac{7080}{9160} \cdot 100 = 77.3\%,$$

　　兩船的裝載容量,自噸位甲板以下及該甲板以上所有裝載艙室等,均按各橫切面積積分綫用辛浦遜第一簡式,將各艙的容量求得。因爲這船的構造目的爲裝載煤或穀麥等散貨,所以容量計算時也以各橫支材最外綫爲容量的界限(即船壳鐵鈑的內面)在這裏關於總噸位和淨噸位的數別是不計的;蓋兩船設置旣相同,在噸位上應減除的部份當然相等,那於二船的比較是無關的緣故。「弧型」船與普通船裝載容量的比較,按兩船型的差別可歸納於下列幾點:

　　1. 根據造船法規,以(B+H)L選定的中支鈑(Centre Girder)高,用於「弧型」船的比普通船用的約高十分之一。因此「弧型」船複底也隨着增高,貨艙的容量便減去了少許。可是「弧型」船上大下小,複底的寬度縮小了不少(約五分之一);所以假如兩船複底的邊鈑(Margin Plate)安置地位相似,傾斜角度亦相等時,那兩船貨艙的容量因複底而增減的,是沒有多大的相差了(圖五)。

　　2.「弧型」船的構造是上大下小的,而同時在設計水綫下的橫切面積又與普通船的相等,那麼在設計水綫上比普通船較大的寬度,便是「弧型」船貨艙裝載容量的增大部份了(圖五)。

　　3.「弧型」船的寬度,旣然較普通船大,按造船法規通例甲板橫弧高爲船寬度的五十分之一。

　　　　設　B_A=「弧型」船的寬度(公尺),

　　　　　　B_N=普通船的寬度(公尺),

那麼「弧型」船因寬度較大,致甲板中心略萬,而增加的貨艙容量,在橫切面上可於下式表之:

$$\left(\frac{B_A}{50} - \frac{B_N}{50}\right)\frac{B_A+B_N}{2}, \text{或} 0.01\ (B_A^2 - B_N^2) \text{平方公尺}。$$

如右式雖然所增無幾,但總是「弧型」船的優點。

4.「弧型」船中部橫切線的兩舷較之普通船直舷彎曲得很。這是減少件貨裝載效能的不良處。

茲將計算所得兩船的各艙之容量比較,列在下表:

表(五)

各　部　名　稱	「弧型」船艙內容量(呵克威爾號)以立方公尺計	普通船艙內容量,以立方公尺計	佔普通船的百分速度
1. 船樓中載物艙 2. 各主要貨艙 3. 各貨艙口	10266.5	9826.5	+ 4.48
1. 兩船同等及底煤艙 2. 剩餘煤艙	878.0	770.0	+ 1.04
1. 船首尾尖艙 2. 复底稱水艙	1153.1	1299.6	—11.28
儲物庫	87.0	72.5	+ 6.21
首樓容量	165.0	160.0	+ 3.12

　　表(五)所示,除爲飲水糧食儲藏及船員居住所用地方兩船相等外,計「弧型」船貨艙容量較普通船的大百分之4.48 而複底容量可更省百分之11.28 了。

　　照上面結論看來,如「弧型」船的構造,對於載重水線的規定和造船法規加以相當的注意;那麼牠的舷高H 可以選擇較小的數字,由此省下來的材料和牠的重量看實是很可觀的或者將兩船的裝載量相互調和了,同時使「弧型」船得個很折衷的寬度;這也可以把「弧型」船的速率和穩度加以改善。

(八)　阻力的比較

這是本篇最後的檢討,也許可說是本題最重要的判斷。因為船行水中,無論造船或航業界都認為:假如在同樣的載重量和相等的推進力之下,能因船型的改正使航行速率增加是件最關緊要和最榮譽的事情雖然根據以上各項的叙述「弧型」船的構造多佔優勝處;可是根本的判斷當仍以本節的檢討為取決的標準。

范於今日,世界造船界對於船阻力的決定,仍以前世紀英人弗勞德(Froude)的方法來實際測定;(註12) 所以本篇也以這方法為檢討的基礎。弗氏曾將船的總阻力 W_G 大分為三部: 1. 切線阻力 W_R(表面阻力), 2. 旋渦阻力 W_{wi}, 3. 波的阻力 W_{wo}。後述二種普通合稱之為型的阻力 W_F(正交阻力)或:

$$W_G=W_R+W_F$$

(1) 切線阻力(Skin Friction)

設　v = 船的速率,

　　Ω = 船的浸水面積,

　　x = 指數, $\Big\{$ x 和 k 兩數值弗勞德,傾夊(Kempf)和格北爾斯

　　k = 系數, $\Big($ (Gebers)等各有不同的實測數目。(註1) $\Big\}$

則按液體力學原理,切線阻力

$$W_R=k\cdot\Omega\cdot v^n$$

在本篇的檢討中,x 和 k 於兩船是相等的。不過船的浸水面積在「弧型」船因為橫切線下角的圓順,事實上是比普通船的小。這是很明顯的兩船切線阻力的相差。現在要把「弧型」船浸水面積較小的界限加以確定,然後才可以判明牠切線阻力的減少程度。

所謂以歐物「弧型」船的界說,已於本篇第一章裏說過:以船中部橫切線的兩舷作弧型狀為其特徵。但是這「弧型」型既沒有繪畫時的規定,又非數學方程式所能表示出;所以為求該浸水面積的相差度,只能用經驗的方法把「弧型」船橫切線的兩舷各代以半片橢圓曲線了。這橢圓的橫軸是與設計水線相吻合的(圖十五)。這麼一來,兩船橫切線在船中央部份的長短比較(浸水面積是與這

成正比例的)可用下列的數學方式解答之.其實如圖十五)經代以半橢圓後的橫切線和圖(一)及圖(二)所示的以歇物弧型橫切線實際上無絲毫差異的。

　　普通船,尤其載貨的船底圓角,往往是很小如圖(十五),假如那圓角半徑逐漸縮小,甚至消滅時那在同樣吸水深度和不變的橫切積面下,船的寬度應由 B 變到 B'。再根據弧型船定義:兩船在設計水線下的橫切面積要絕對的相等,所以(參看圖十五):

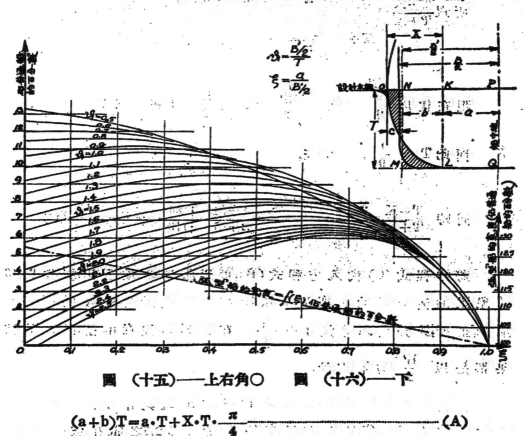

$$\eta = \frac{B/2}{T}$$

$$\xi = \frac{a}{B/2}$$

圖 (十五)——上右角〇　　圖 (十六)——下

$$(a+b)T = a \cdot T + X \cdot T \cdot \frac{\pi}{4} \quad\text{————————(A)}$$

　　公式 (A) 中的 $X \cdot T \cdot \frac{\pi}{4}$ 是一橢圓象限的面積。按數學原則,經代以橢圓象限的橫切線長應等於:(註 8)

$$a + \frac{\pi}{4}(T+X)\left[1 + \frac{1}{4}\left(\frac{T-X}{T+X}\right)^2 + \frac{1}{64}\left(\frac{T-X}{T+X}\right)^4 + \right.$$

$$\frac{1}{256}\left(\frac{T-X}{T-X}\right)^6 + \text{———————————}\Big] \text{————————————————(B)}$$

因　$X=b+c$，那麼照圖十五和公式(A)

$$X = + \frac{4b}{\pi}, \qquad X = \frac{4b}{\pi} = \frac{4\left(\dfrac{B'}{2}-a\right)}{\pi},$$

所以 $\dfrac{T-X}{T+X} = \dfrac{T - \dfrac{4\left(\dfrac{B'}{2}-a\right)}{\pi}}{T + \dfrac{4\left(\dfrac{B'}{2}-a\right)}{\pi}} = \dfrac{\pi T - 2B' + 4a}{\pi T + 2B' + 4a}$

現在代以 $\dfrac{\dfrac{B'}{2}}{T} = \vartheta, \qquad \dfrac{a}{\dfrac{B'}{2}} = \xi, \qquad \dfrac{B'}{2} = 1$ 和 $0 < \xi < 1$，

因此 $T = \dfrac{1}{\vartheta}, \qquad a = \xi,$

同時 $\dfrac{T-X}{T+X} = \dfrac{\pi \cdot \dfrac{1}{\vartheta} - 4 + 4\xi}{\pi \cdot \dfrac{1}{\vartheta} + 4 - 4\xi} = \dfrac{4 - (1-\xi)4\vartheta}{\pi + (1-\xi)4\vartheta}$ ————————(C)

將方程式(C)代入方程式(B)，可以很明瞭地看出，經代以橢圓象限的橫切線的長度，是只依 ϑ 和 ξ 兩變量為轉移的。而普通船的正型的長度却等於 $1 + \dfrac{1}{\vartheta}$。在這裏要注意的是：兩數的結果都是以 $\dfrac{B'}{2}$ 為單位的。

在實用上，方程式(B)有括弧內前二項就够用了(以後的數目都太小故省)。ϑ 的值按現有的商船約在 0.8 與 2.5 之間。在這 ϑ 值的範圍內，作者曾將幾個 ξ 值決定了那經代以橢圓象限的弧型船較之普通船的橫切線短少程度也經算出，並用百分數的方法，在圖(十六)上表出，同時也把因為弧型船的關係而增大的寬度，以佔普通船寬度的百分數為單位即等於 $\left[\dfrac{4(1-\xi)}{\pi} + \xi\right] \cdot 100$，依 ξ 值的變

勵一齊在圖(十六)表出。

從圖(十六)可以看出「弧型船」橫切線的結構,按着 ϑ 和 ξ 的大小,在牠的曲線長度較之普通的的確有相當百分數的減少。可是這就不免要使牠的寬度跟着增大了,這麼一來關於型的阻力影響殊大,而設計水線較寬,牠的橫向轉勵慣量定增(上邊既述及,這轉勵慣量是與寬度的三次方成正比例的),因此初勵程度就有過大的遞減了。

作本文檢討的阿克威爾號有

$$\vartheta = \sim \frac{17.526}{2 \cdot 6.896} = \sim 1.275,$$

寬度則等普通型的 111% $\left(\frac{17.526}{15.8} \cdot 100\right)$

以此二數置圖(十六)中,即得「弧型船」在設計水線下橫切線的長度比之普通船的短百分之九,這是給「弧型船」很折衷的數目。可是在圖(十六)所示的只是橫切線的長短比較,至浸水面積的減小當因船的前後及長向的影響,受到很大的折減。不過假如普通船因船底肥滿故,不能不有較長的船中部平行段,若在「弧型船」則可縮至最短範圍內,然則二者浸水面積的相差當較大是無疑的。這些是按着造船學和數學檢討的結果。

浸水面積既與船的切線阻力有密切關係,所以作者不但為求精確起見且為適合各船型計,將二船浸水面積用作者前年發表的新計算法 $\Omega = 2 \int_0^L (U \cdot c) dx$ 去計算[註18]。結果當船在設計吃水深度時,「弧型」船的浸水面積要比普通船的小百分之 4.12,由這差數可以想見二船切線阻力的不同了。

最近以前,造船界有種意見:以為船的切線阻力,經各部表面的彎曲有一種「型的作用」(有人曾按近似公式用模型實驗的結果,確定對於在均勻的進流和出流裏[註7,12],彎曲的表面受到的阻力要比平面的增加百分之2.5至8.6)。可是在這裏,「弧型」船身結構既較普通船圓順那麼「型的作用」影響於牠的也一定很少!

(2)型的阻力(Residuary Resistance)

一,普通造船界,都認為橫切面積曲線(Curve of Sectional Areas)的分佈,於船的阻力有密切關係。據林德勃雷(Lindblad)在密歇根大學實驗所,船模實驗的報告說:(註17)「雖然船的橫切面積曲線値有少許的變動(曲線內凹 Hollowness),於船的總有效馬力已約有百分之6.3的影響」。「弧型」船關於橫切面積曲線無確切規定。設牠的設計水線下的橫切面積,只中央的是和普通船的相等,而船前後部的却不一定相等;那麼經前後部的裁補之後,說不定「弧型」船也可得到林氏實驗的較良結果!可是沒有明白的規定,這裏雖要作進一步的解釋,也只得從略了。

二,關於船前部橫切線型的優劣和類別,林氏曾經作過許多的 V 或 U 或變 U 橫切線型.在同一橫切面積曲線和直的進口(直的面積曲線 I Straight Area Curve I)之下,以百分之三十三十五及四十的進口長度以及各不同的寬和吃水深比例(或 B/T)實驗的結果;用馬力的係數在橫坐標軸上 $\frac{v}{\sqrt{L}}$ 作成許多曲線(v－每小時海裏數,L－船長的呎數)。由這些曲線可以看出 V 型船模,在進口長度百分之三十至三十五間和寬與吃水深度比 2.25—2.75(尤其在這小值),在 $\frac{v}{\sqrt{L}}$ 值為0.45—0.65 時對 U 型船模只佔些微的優點.普通船的變「U 或 V 橫切線型接形狀則和上寬下尖的「弧型」船實無多大分別,所以當阿克威爾號航行速率在 9 海裏至12 浬裏限內時,以船長360呎計算(那麼就是 $\frac{v}{\sqrt{L}}$ ＝ 0.474 至 0.632 間),「弧型」船的前部橫切線型較之普通船的阿克威爾號寬與吃水深度比為 2.54, 而普通船的則為 2.23) 應有相當的長處.不過前船後部橫切線型沒有變換;就這長處於全船也只有很小的裨益罷了。

三.因船後部拳流(Mitstrom)分佈的不均勻而渉及推進機的

推進效率,推進機葉的受力和振動等不良現象;據實驗的結果,船後部用 V 型橫切線是要比 U 型的略遜(U 型的橫切線可擴至膽瓶的極端形狀)。[註13]至若「弧型」船經中央橫切線上寬下窄的變型,那船後部的橫切線也定跟着變作 V 型;所以「弧型」船的後部,在型的阻力上講,是很不安適的。

　　四,設計水線型(CWL)照普通一般情形看來,仍是各水線中的最關重要的;因為牠恰好處在這個深度,一方面可以決定船的有用容量大小,另一方面對於船後部的出流和推進機效率以及與前進阻力有密切影響的船首並全船當前進時所生的波浪制度有很大的連帶關係。約爾克維治(Yourkvitch)關於船首的波浪制度,曾經許多的模型實驗並得到很有價值的觀察,據說:[註9]當船在前進中由首波向船兩旁衝流時,在船的兩舷要各生相抗的動壓力 (看原著的 Fig.1);並且經許多測定的結果,決定該壓力點 (Centrée de Poussée)恰在船首柱材後 $\left(\dfrac{v}{\sqrt{L}}-1\right)\dfrac{L}{4}$ 距離的地方(這壓力點的距離公式連同其他有關各項,曾經實驗人向巴黎政府請得專利權。其專利等級及名稱如下; Classe 65 a², I. Y 549 Vladimir Yourkvitch, Paris)。換句話說:就是在一定船長和速率之下,該船可把動壓力點按上述約氏公式,在最適中範圍內推向船中央縱切面去。這樣與既定的船長和速率,而制成內凹或肥滿的設計水線。同時便形成了船首部份橫切面積曲線的膽瓶嘴型。這是可以減少船的分阻力的(Component of Resistance)。

　　「弧型」船的構造上寬下窄,很可以利用約氏實驗所得的優點,不過據約氏自己的觀察,凡船舶在 $\dfrac{v}{\sqrt{L}}<1$ 條件下行駛時,幾無波浪發現。同時據挽不魯蒙(Weinblum)實驗的報告說:[註10] 中央橫切線的寬度加大,對於分壓力的優點,只限於弗勞德值在 0.26 至 0.27 間。阿克威爾號的速率約在 0 至 12 海浬間 $\left(\dfrac{v}{\sqrt{109.726}}=0.86\right.$

至 1.145 或 $\dfrac{v}{\sqrt{g \cdot L}}$ =0.362 至 0.329);因此據約氏的實驗,牠比普通船並不優勝多少,而按挽氏的意見甚至恰得其反!

五,兩船的寬和吃水深度比,長和寬度比及中央橫切面方形系數 β(Midship Section Coefficient)都差不多相同。至船中部平行段所影響的,在脫勞爾(Taylor)的實驗中,「弧型」船的柱的方形系數 φ=0.77, 普通船的 φ=0.765(Prismatic Coefficient)及 $\dfrac{v}{\sqrt{360}}$ = 0.474 至 0.632 間(兩船的阻力幾乎沒有差別。(註6)

六,按液體力學原理,當液體沿固體表面流動時有發生兩種表面摩擦的可能:即在分片摩擦 (Laminated Friction) 狀態下,牠在表面原子上發生的應剪力(Shearing Stress):

$$\tau = \mu \frac{\partial \gamma}{\partial y} \quad (y=o)\; ;$$

或在擾動摩擦 (Turbulent Friction) 狀態下發生的應剪力。普通船型底處轉圓的半徑甚小,致該處表面極端隆起;所以船行水中,液體沿兩舷急流時因船底表面的不圓順致水流不均而於隆起的頂部速度格外增高,而形成該附近的極稀薄界層表面應剪力便隨着增高而影響及船的阻力;這或尤以有擺龍骨的船舶更覺得利害!(註5,11,14) 至「弧型」船則因船底轉圓處半徑甚大表面極為圓順較之普通船,這的確是牠佔優勝的地方。

七,船的排水方形系數 δ(Block Coefficient)不但船在限定的各量度之下和船的型阻力對於適當的排水量有密切的關係,就是船後部的出流效率牠也是重要原子之一。簡言之: δ 可說是船的經濟問題中最重要的份子,可惜關於這系數的決定,在傳統的造船和航業界,今昔仍依靠着各個人的心理和經驗的協調去沾定;至用科學方法去決定的尚付缺如。最近經格拉爾文 (Graff) 作有系統的船模實驗後認為這問題可由船的出流實驗,作較近學理的解決,其意謂:如欲以最低的供給得到最大的有用馬力時,就應該把商船的排水方形系數和在此的載重量,在可能範圍內盡量地增大,以至於這馬力由此有超過這過量的供給時為止.格氏並以船模 B (δ·0.734)為基礎,製定了下列的公式:(註7)

$$\frac{d\dfrac{W}{W_B}}{d\dfrac{D}{D_B}}=1, \quad 或 \quad \frac{d\dfrac{\zeta_W}{\zeta_{W_B}}\cdot\dfrac{O}{O_B}}{d\dfrac{\delta}{\delta_B}}=1$$

右式中所用的字母:
W,船模的總阻力
D,船模的排水量　　　　各字母中有附註指數 B 的,概示屬 B
O,船模的浸水面積　　　船模。
ζ_W,阻力的系數
δ,排水方形系數

在四個不同的 δ 值中,格氏根據上述公式,認為 δ=0.701 船模的 δ 值為最優(參看格氏原著圖22)「弧型」船阿克威爾號,因寬大所致僅有δ=0.664 值,而普通船的則有δ=0.737 或者可以說:「弧型」船的 δ 較小,船的行動阻力當沒有普通船的大;可是若沒有經過格氏同樣的實驗後,實無從證明到底「弧型」船,因 δ 小而省的阻力與格氏嚴格制定的艛的經濟原則相符否?所以這也說不定,普通船可得到最經濟的運用,而「弧型」船便不能不得到相反的結果了。

(3) 馬力的計算

　　關於船的真確馬力計算,到現在仍以船模的實驗來測定。用近似公式去計算的,不是為一定的船型或式樣所限制,也得將計算的结數加個百分的錯誤預數.因此總不能斷定那是確數,本篇的比較工作,既因事實上沒有用船模實測的可能,所以只能用近今通用的幾種馬力計算近似公式,以平均的方式·去計算阿克威爾號和普通船的應用馬力來作比較。

　　(一)最近斯密特 (Schmidt) 在船模實驗所實用的有效馬力計算公式之外,曾以個人實驗所得製定下列以雷諾德數 (Reynold's Number)為變數的新公式:(註19)

$$有效馬力 = \left(\zeta_f + \frac{1.327}{A-x}\right) \cdot \frac{\zeta}{2} \cdot \frac{\Omega \cdot v^3}{75}$$

公式中: ζ_f = 不變的弗勞德數下, 波阻力的常數,

$$A = a\sqrt{R} + (1-a)3(\log_e R - 3.9815)^2$$

R = 雷諾德數,

$$a = \sqrt{\frac{7.1 \times 10^5}{R}} - 0.01137,$$

x = 常數 (各與各船模實驗所的不同),

Ω = 浸水面積,

v = 速率 (每小時海運計),

ζ = 密度。

按斯密特公式阿克威爾號和普通船除浸水面積不同外, 其餘各數皆相等; 而阿克威爾號的浸水面積比普通船的小百分之 4.12 所以在同一船速率之下, 他的有效馬力較之普通船的要省百分之 4.12。

(二) 由船模實測的經驗, 可以制定馬力的近似計算法。埃爾 (Ayre) 氏曾照這原則, 將所謂「海軍參謀部公式」(Formula of the Admiralty) 中的 $D^{\frac{2}{3}}$ 代以 $D^{0.64}$ 用標準船型的實驗把許多 C_2 值對着各個 $\frac{v}{\sqrt{L}}$ 的數值繪成許多曲線, 爲計算船馬力時的張本。如有與該標準船型不相似的, 則各按 $\delta, L/D^{\frac{1}{3}}$ 以及排水重心位置的相差, 在曲線上把更正的 C_2 值加上或減去後求之。(註3) 後來夥爾克爾 (Völker) 且引着脫勞爾和康特二人實驗的所得, 把埃爾的計算法加以修正和擴充。(註6,16,20) 那經修改的海軍參謀本部公式寫作:

$$C_2 = \frac{D^{0.64} \cdot v}{EHP} \qquad \begin{cases} D = 海中的排水量公噸) \\ v = 船速率(每小時海運數) \end{cases}$$

速率每小時 9 至 12 海運間, 在阿克威爾號, 尤其是他的試航時, 照

為是最適宜的速率範圍。所以本節照歇氏的修正馬力計算法,也以這範圍為限。茲先把普通船的有效馬力計算於后:

普通船設計水線長 $L_{CWL}=112.367$ 公尺,

寬度　　　　　　　　$B=15.800$ 公尺,

吃水深度　　　　　　$T=6.896$ 公尺,

排水量　　　　　　　$D=9265$ 公鐵(海水比重, $\gamma=1.02$),

排水方形系數　　　　$\delta=0.737$,

排水重心約在設計水線中央前部分百之二距離地方,B/T $=2.3$, $\sqrt{112.367}=10.6$, $D^{0.64}=415.5$, $\frac{L_{CWL}}{D^{\frac{1}{3}}}=5.342$。

依右列各條件,在歇氏曲線圖解上把各個C_2值找出列於表(六):(註20)

表(六)

v, 每小時海浬數	9	10	11	12
$v/\sqrt{L}$	0.850	0.944	1.038	1.130
主曲線圖的C_2值	444.00	453.00	461.00	460.00
為B/T的改正	(−33.50	−35.00	−35.50	−35.80
乘以系數 $k=0.3$	—10.00	−10.50	−10.65	−10.75
為δ的改正	+40.00	+36.00	+32.00	+25.00
為排水重心的改正	−30.00	−25.00	−20.00	−25.00
改正的和	0	− 0.50	+ 1.45	− 10.75
為流線舵而加的	C_2值的百分之五			
改正後的C_2值	466.20	476.10	485.40	472.30
德效率ηg	假定等於0.6			
那有效馬力 $\dfrac{D^{0.64} \cdot v^3}{C_2 \cdot \eta g}=$	1085	1455	1895	2530

至「弧型船」阿克威爾號則因寬度 $B=17.526$ 公尺故,所以:

$$\delta = 0.664, \quad \frac{B}{T} = 2.54。$$

那麼除表七裏的幾個 C_2 的改正值外其餘的和普通船完全無異。

表（七）

$v,$ 每小時海浬數	9	10	11	12
為B/T的改正	(−33.50	−35.00	−35.50	(−35.80)
乘以系數k=0.5	−16.75	−17.50	−17.75	−17.90
為δ的改正	+60.00	+60.00	+58.00	+52.00
改正後的C_2值	479.45	493.10	504.30	492.10
由此計算的有效馬力=	1058	1405	1830	2425
此型J船所省馬力佔普通船的百分數	2.49	2.75	3.43	4.15

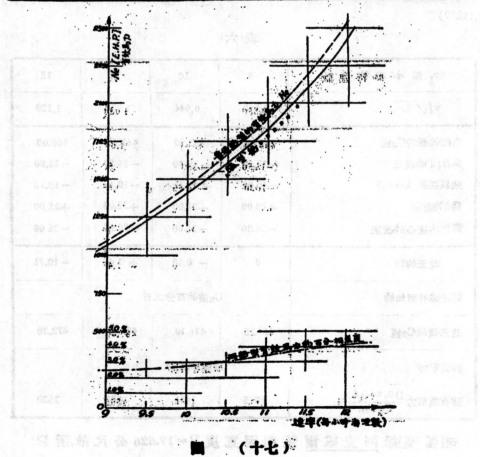

圖　（十七）

照上列二表兩船型計算所得的有效馬力及其相差百分數，茲在圖(十七)對着各相當的速率繪成曲線。由這些曲線可以看出『弧型』船的有效馬力，較之普通船的最省時要在速率12海浬時了。其相差數為佔普通船的百分之4.15。照埃爾——瘳爾克爾計算法看來，這『弧型』船所省的馬力，實由牠的寬度增大致 δ 減小，而 C_2 值有巨量的改正數的緣故；因為兩船 δ 的相差巳有 0.07 了！

(九) 結 論

最後把本篇全部的檢討工作，用簡短的詞句歸納於后：

1. 採取各造船雜誌的記載，把『弧型』船的定義詳加說明，並且把以歇物所說的各優點分別絃述，以作本篇檢討工作的根據。

2. 船線圖的構成和阿克威爾號船型有簡略的記述。

3. 按造船法規，將兩船船壳材料的輕重作比較，結果『弧型』船因寬度較大，所用各項材料略重，可是一方面因弧型船上寬下窄，在規定的複底寬度內，旣可省去左右二旁支飯而複底的寬度又轉小；另一方面『弧型』船的甲板面積增加橫樑較長，但因其兩舷弧型的圓順致兩舷的表面縮小，橫支材也減短的互相裁補的緣故；所以如果『弧型』船的建造不因級位上有"Arcform"特別的附註，致材料有輕重的變更時，那弧型船本身的材料重量無論如何總比普通型的構造要輕些。

4. 『弧型』船的重心與普通的較，在縱向位置可無差異，至垂直的方向則因船體上寬下窄，加以複底構造又小，所以一定比普通船的居高。

5. (甲)因『弧型』船寬度巨大，設計水線的橫向轉動慣量較之普通船的有過量的增加；所以曾製定近似公式以作檢討的應用。

(乙)阿克威爾號的初勵程度較之普通船的約大百分之97.5。

(丙)傾斜後程度只以主甲板以下船型作比較，那在第一狀態輕船，第三狀態裝載首程及第四狀態裝載航行快抵步時的三種弧形，「弧型」船的恆料後穩度要比普通船的大。但普通船的複底較大（將大百四十公頓壓水量），所以當兩船鑑載艙底壓水航行時，「弧型」船的恆料後穩度卻比普通船的略小。

（丁）「弧型」船的頂蓋排水量較大，所以船的上下振動小，這於艙中裝載散類貨時，對穩度的安全要比普通船的好。

（戊）「弧型」船的複底較窄，因此當灌注艙底壓水時發生自由振動表面的危險當沒有普通船的來得利害。

（己）「弧型」船有過量大的初動和傾斜後的穩度，因此船在波洪中要生短而急促的搖擺這是他很不好的現象。

6. 完全接造船法規決定的材料（不顧及 "Arcform" 的附註），在他們的橫間受力材料橫剖面積，阿克威爾號的是比普通船的多百分之3.30，可是他們的抗轉力距，在普通船的卻多了百分之3.14。兩船的橫間受力計算臚列於后：

$$
\text{阿克威爾號最大的轉曲矩} = \begin{cases} 1350 & 25000 \text{ 公尺公頓（在波凸）} \\ 1000 & 14600 \text{ 公尺公分（在波凹）} \end{cases}
$$

$$
\text{兩者阿克威爾號最大的張力} G_1 = \begin{cases} 566 & 1080 \text{ 公斤/平方公分（在波凸）} \\ & 631 \text{ 公斤/平方公分（在波凹）} \end{cases}
$$

$$
\text{普通船的最大轉曲矩} = \begin{cases} 24000 \text{ 公尺公頓（在波凸）} \\ 13500 \text{ 公尺公分（在波凹）} \end{cases}
$$

$$
\text{普通船的最大張力} G_2 = \begin{cases} 1008 \text{ 公斤/平方公分（在波凸）} \\ 566 \text{ 公斤/平方公分（在波凹）} \end{cases}
$$

兩者相較，阿克威爾號的張力在波凸時要大百分之 6.67，在波凹時更增至百分之 10.30。

7. 關於裝載的容量，「弧型」船比普通船有下列三點的優處：

（甲）由狹小的複底而省下來的容量。

（乙）「弧型」船比普通船寬大，所以在設計水線以上較寬的處所，便是「弧型」船容量的增加。

(丙)在同樣的舷高下,橫樑的弧高為船寬的五十分之一或(0.02B),「弧型」船既然較寬那兩船樑弧間的地方也是「弧型容量的增加。這裏的橫剖面積等於0.01 $(B_A^2 - B_N^2)$ 平方公尺。

據計算結果,阿克威爾號的貨艙容量比普通船的多百分之4.48;而供複底所用的容量却省了百分之11.28。

「弧型」船中部橫切線的兩舷轉曲過甚,裝載件類貨物時較普通船不便,所以裝載效率便略小。

8. 兩船的阻力問題,先有簡短的叙述,再把各要點分述下列三節:

(甲)浸水面積是船的切線阻力(表面摩擦阻力)的重要因子。本篇曾將「弧型」船的兩舷代以橢圓象限並按着B/T的比例,把「弧型」船中央橫切線周長比較普通船的短減百分數,用曲線圖表繪明。在這裏既證明阿克威爾號的「弧型」船有限適中的中央橫切線周長。

為準確及適合船型故,作者曾將兩船的浸水面積,引用本人二年前發表的新計算公式: $\Omega = 2 \int_0^L (U \cdot c) dx$ 去求算結果阿克威爾號的浸水面積比普通船的小百分之 4.12。按斯密特由實驗制定的有效馬力公式那麼這百分之 4.12 也就是阿克威爾號用的有效馬力比普通船較省的數目。

普通船底轉角處的半徑甚小,致該處表面特別隆起;因此船行動時經此不平均的表面,在隆起的頂部流線速度增高界層則稀簿,切線阻力便盡量增大。反之「弧型」船底轉角處半徑既大而圓順,流線平均分佈浸水表面,便沒有這缺點。

(乙)對於兩船的型阻力比較,在兩船橫切面積曲線下,阿克威爾號確比普通船有較優的地方。可是型阻力在總阻力裏佔的成份甚小(約百分之12.2),所以結果是沒有多大關係的。至阿克威爾號的排水方形系數 δ,雖然比普通船的小;可是依格氏船的經濟觀點看來,那沒有經過模型實驗以前,到底因 δ 小而減低的船阻力,有否價值尚不得而知。

　　(丙)用斯密特公式計算的有效馬力(E.H.P.)結果弧型船阿克威爾號可省用百分之 4.12,用埃爾——豐爾克爾方法計算的平均數,當速率由 9 至 12 海浬間,牠的減省程度也由百分之2.5遞至百分之 4.15。

附　　註

1. Johow-Förster: Hilfsbuch für den Schiffbau, 5, Auflage, Berlin 1928.

2. Simpson: Naval Constructor, New York 1914.

3. A. L. Ayre: Essential Aspects of Form and Proportions as Affecting Merchant Ship Resistance and a Method of Approximating E. H. P., North-East Coast Institution Des. 1927.

4. G. S. Baker: Ship Wake and Frictional Belt. North-East Coast Institution 1929/30.

5. G. S. Baker: The Laws of Ship Resistance, "The Engineer" Nov.-Des. 1931.

6. D. W. Taylor: The Speed and Power of Ships, Washington 1933.

7. W. Graff: Dissertation, Berlin 1933.

8. "Hütte" des Ingenieurs Taschenbuch, 26. Auflage, Berlin 1931.

9. V. Yourkevitch: Forme de Carêne de Moindre Résistance, Bulletin de L'Association Technique Maritime Et Aéronoautique. Nr. 36, Paris 1932.

10. Weinblum: Einige Bemerkungen über den Entwurf von Schippformen, Zt. "Schiffbau", 1933, Heft 13.

11. Laute: Untersuchungen über Druck und Strömungsverlauf an einem Schiffsmodell, Jahrbuch der Schiffbautechnischen Gesellschaft 1933.

12. O. Schlichting: Die Berücksichtigung des Reibungswiderstandes bei der Bestimmung des Schiffswiderstandes aus dem Froud'schen Modellversuch, Jahrbuch der Schiffbau Technischen Gesellschaft 1933.

13. G. Kempf: Mitstrom-und Nachstromschrauben, Jahrbuch der Schiffbautechnischen Gesellschaft 1931.

14. G. Kempf und O. Petersen: Schlingerkiele, ihr Einfluss auf Widerstand und Dämpfung von Rollschwingungen, Jahrbuch der Schiffbau Technischen Gesellschaft 1933.

15. G. Kempf und Förster: Hydromechanische Probleme des Schiffsantriebs, Hamburg 1932.

16. Kent: Modell Experiments on the Effect of Beam on the Resistance of Mercantile Ship Forms, Transactions of the Institution of the Naval Architects 1929.

17. A. F. Lindebladt: The Effect of Localhollowing, Forward with varying Type of Sections and Length of Entrance, Transactions of the Institution of the Naval Architects 1933.

18. Chang Kia-Jit: Neues Verfahren zur Berechnung der Benetzten Oberfläche von Schiffen, Zt., Wert, Reederei, Hafen" 1933 Heft 17.

19. W. Schmidt: Über die Oberflächenreibung von Schiffsmodellen, Zt., "Werft, Reederei, Hafen" 1934 Heft 9.

20. Zt. "Werft, Reederei, Hafen" 1930 Heft 2.

21. Zt. "Werft, Reederei, Hafen" 1934 Heft 1 und 5.

22. "The Shipbuilder and Marine Engine-Builder":
     Februar number 1933, p. 77,
     August number 1933, p. 386,
     Desember number 1933, p. 508,
     Februar number 1934, p. 89.

23. "Shipbuilding and Shipping Record":
     2nd. November 1933, p. 426,
     25th. Januar 1934, p. 82.

24. "Werft, Reederei, Haften" 1934 Heft 7, p. 83.

開封黑崗口及柳園口虹吸管引水工程

張 靜 愚

(一)起 緣

生產建設,首重水利,水利不興,災殄洊至。其關係直如血脈之於人身,未可須臾相離。

豫東平疇萬頃,古稱富庶之邦,祗以清末,水利廢弛,遂致旱潦相繼,民不聊生。其所資為水源,賴以灌溉之惠濟幹河,宋時為良好水道,可通蘇杭。清代同光之間,亳州帆船,猶可溯睢縣而上。自中牟黃河一決,而惠濟塞;滎澤再決,而惠濟再塞;鄭州三決,而惠濟河流域,遂變為流砂斥鹵之場。為復興農村,救濟民生計,疏浚惠濟河,實屬不容稍緩。二十一年秋,靜愚奉令掌理河南建設,積極計劃整理,於二十二年二月,大舉征用義務勞工,着手挑挖,計時七閱月,征工百萬,浚土五百萬公方,始挖成長 137 公里之河身。惟水源不旺,有河道而缺水,航運灌溉仍難利賴,故於開封附近柳園口及黑崗口黃河南岸大堤之上,安設虹吸管,借助於黃河之水,資惠濟之源。

(二)虹吸管之採用

豫境黃河因挾沙之澱積,河床淤高,築堤範水,滎澤以下,平常水面,已可高出兩岸地面,在大堤上設閘分水,以資利用,因勢利導,事原可行,惟黃河常患決溢,閘工不慎,易生危險。虹吸管引水,係利用大氣壓力,置管堤上,對於堤身,毫無損壞,藉河面與管出口之高差,而水得流出,絕不致影響河防安全,故採之作引黃濟惠之用。

(三)引水站地址之選定(參閱圖一)

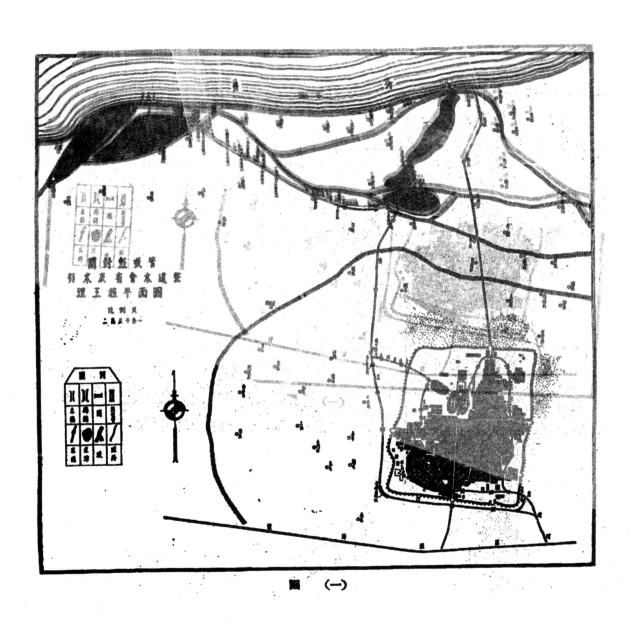

圖 （一）

虹吸管工程之目的,在輔助惠濟河水源,以增灌溉面積,並供省會水道需要,故引水地址,以隣近開封為宜。又以豫境黃河河床,時有變遷,今日之深水,明日即可淤為沙灘。虹吸管引水之時,入口必須常在水中,俾便導引,故選擇引水站,對於河床之固定,尤為主要條件。而黃水含沙甚富,引出之後,倘無適當方法,以減少沙量,則沙水流入惠濟河道,易於淤塞,故處濾沙泥上之便利,亦為引水站應注意之事件。

查黃河南岸柳園口及黑崗口,地屬開封。柳園口距城約10公里;黑崗口距城約14公里。二口之內,各有深潭,面積均約 4 平方公里。在低水位時,水潭水面低於河面,約2.4公尺。柳園口水潭平均深度約 1 公尺,黑崗口水潭平均深度約1.5公尺。該二口河身,緊靠南岸,水常近堤,河床變遷較微,黑崗口尤較固定,且距省會及惠濟河極近,又可利用水潭,為天然沉澱池,俾引出之水所含泥沙得以減少,而潭身淤高,可以增加河防安全。迭經專家研究,認為該二地點,對於引水站各項要求,均能適合,故即選作引水站地址。

(四)虹吸管概況

本工程所用鋼質虹吸管,厚 6 公分,管口直徑 60公分。在柳園口安裝二付,每付管長 126 公尺,係 8 公尺長管14根,3 公尺長管 1 根,8 度彎管 2 根,90 度彎進水出水管各一根組成(參閱圖二及影一至二)。近進水端置橡皮活節,以起重機司進水端之升降,俾管口能視水位而起降。管身各節,架以磚墩。在過堤處,則置管堤上,以混凝土基礎支托之,並以土掩管身,免碍堤面交通。進水出水處,各建水池,以利引水。進水處大堤臨河部份,用磚砌擁壁,以增堤防安全。在黑崗口安裝虹吸管六付,分三處裝設,每處二付。第一第二兩處相距95公尺,第二第三兩處相距75公尺,蓋因黃河河床,時時變易,六管安設一處,設或河床遷移,管口沙淤,則全部工程,均失效用,分置三處,可免上述之弊。該處所安之管,較柳園口略短,每管約長 118公尺,係8公尺長管13節,3 公尺長管 2 節,8 度彎管 2 節,90

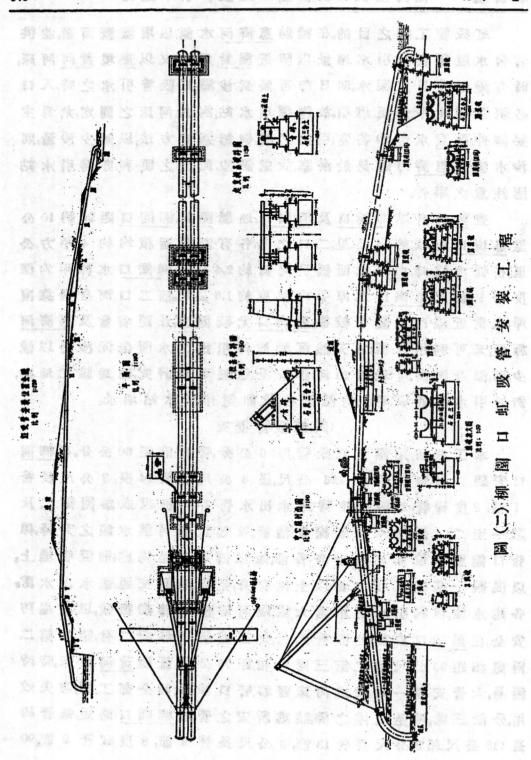

影（二）柳園口虹吸管之二

影（四）二道堤水閘

影（一）柳園口虹吸管之一

影（三）黑崗口虹吸管安裝情形

影（七）利汴閘之二

影（九）東支河之一段

影（六）利汴閘之一

影（五）孫家唐莊水閘

影（八）青梁閘

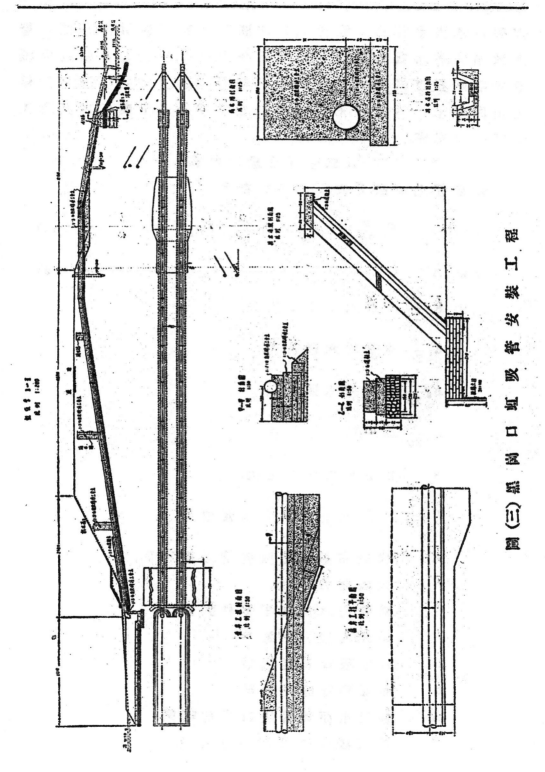

圖（三）黑崗口虹吸管安裝工程

度彎進水出水管各 1 節組成(參閱圖三及影三設計與柳園口管
大致相同進水處大堤,則用白灰三合土護岸,並於管身橫過大堤
處,置附牆數道柳園口管於二十三年七月勤工安裝,中因汛期停
工,至同年十二月安裝完成。黑崗口虹吸管於二十四年四月勤工
安裝,七月完成。

(五虹吸管流量之計算

虹吸管之流量,可依下列公式計算之:

$$H = K_1 \frac{v^2}{2g} + K_2 \frac{v^2}{2g} + K_3 \frac{v^2}{2g} + K_4 \frac{v^2}{2g} + K_5 \frac{v^2}{2g} + f \frac{l}{a} \frac{v^2}{2g} \cdots\cdots(1)$$

及 $Q = AV$ ————————————————————————(2)

式中 $K_1 \dfrac{v^2}{2g}$ 爲進水口水頭損失,

$K_2 \dfrac{v^2}{2g}$ 爲水門水頭損失,

$K_3 \dfrac{v^2}{2g}$ 爲灣管水頭損失,

$K_4 \dfrac{v^2}{2g}$ 爲活節水頭損失,

$K_5 \dfrac{v^2}{2g}$ 爲出水口水頭損失,

$f \dfrac{l}{d} \dfrac{v^2}{2g}$ 爲管內阻力水頭損失,

$K_1 - K_5$ 代表常數,因虹吸管情形而不同,

f　　　代表阻力係數,

v　　　爲管內水流速率每秒呎數,

g　　　爲地心吸力加速度,

l　　　爲虹吸管長度呎數,

d　　　爲虹吸管直徑呎數,

H　　　爲河水面與管出口高差呎數,

A　　　爲虹吸管斷面積平方呎數,

Q ＝ 為虹吸管流量每秒立方呎數。

柳園口虹吸管長126公尺(413.3呎),直徑60公分(2呎),90度彎二道,低水位時河面高出水源水面2.4公尺(8呎),虹吸管散水後水源水面抬高按30公分計(1呎),則:

l ＝413.3呎,　　d＝2呎,　　H＝8－1＝7呎,　　g＝32.2呎/秒/秒,

K_1採用0.02,　　K_2採用0.05,　　K_3採用0.50,

K_4採用0.10,　　K_5採用0.20,　　f採用0.20。

按(1)式:

$$H = K_1\frac{v}{2g} + K_2\frac{v^2}{2g} + K_3\frac{v^2}{2g} + K_4\frac{v^2}{2g} + K_5\frac{v^2}{2g} + f\frac{l}{d}\frac{v^2}{2g}$$

$$V = \sqrt{\frac{2gH}{K_1 + K_2 + 2K_3 + K_4 + K_5 + f\frac{l}{d}}}$$

$$= \sqrt{\frac{2\times 32.2\times 7}{0.02 + 0.0 + 2\times 0.50 + 0.10 + 0.20 + 0.02\times \frac{413.3}{2}}}$$

$$= \sqrt{\frac{450.8}{5.03}} = 9.1 呎/秒$$

$Q = AV = 3.14\times 1^2\times 9.1 = 28.5$ 立方呎/秒＝0.81 立方公尺/秒

黑崗口虹吸管,依同法算得每秒流量 0.83 立方公尺。

(六)虹吸管之發動

虹吸管開始作用時,必需抽盡管內空氣,始可引水。本工程所用抽盡虹吸管空氣之法,係用 5 匹馬力柴油發動機牽引離鼓形抽氣機,藉以清除管內空氣,每管開始抽氣時,先將出水鋼閘門弗開,俟空氣抽盡,再行開放,水即源源流出。自開始抽氣至出水,每管費時約四十分鐘。

(七)虹吸管進水出水設備

柳園口虹吸管進水處,在兩壩之間,河身距堤約百餘公尺。為便利引水起見,特於堤外灘地之上開進水渠,渠身自下游上斜,以

減水內含沙。渠長 140 公尺,面寬30公尺,連接進水渠,鑿一進水池。池長24公尺,面寬46公尺,底寬26公尺,深 4 公尺。池底及周圍用石塊鋪砌。附近堤脚一邊,用磚砌擁壁。並於大堤之外,虹吸管出口,鑿出水渠道,上承虹吸管口,下接柳園口水潭,計長50公尺,面寬10公尺,底寬 7 公尺,深自 1.6 公尺至 1.4 公尺不等。渠底及渠周以磚石砌護,用防引水時水流衝擊。黑崗口水臨大堤,裝置虹吸管進水端,除以三合土護岸外,無特殊設備。出水端爲防止引出之水衝擊地面起見,於每處虹吸管出口闢出水池,上承虹吸管口,下接水潭。第一處出水池長 10 公尺,深 2.6 公尺,寬 7 公尺,渠周砌 1:3:6 混凝土,上厚 30 公分,下厚 50 公分。渠底下鋪塊石一層,厚 60 公分;上鋪 1:3:6 混凝土一層,厚 43 公分。

(八)引水渠及渠上建築物

爲導虹吸管所引之水入惠濟河起見,共挖新渠三道:(參閱圖一)一自柳園口水潭起,至二道堤止,曰柳園口引水渠,長 3850 公尺;一自黑崗口水潭起,至二道堤與柳園口渠合,曰黑崗口引水渠,長 5000 公尺;一自二道堤起,上承柳園黑崗二引水渠,經北善寨,南善寨,穿護城堤,過中關莊,孫李唐莊,過開封西南城角,折而東趨,至東南城角建設廳苗圃,入惠濟河,曰黃惠河,長 13292 公尺。爲節制渠水,修水閘三座,計:二道堤水閘一座(影四),護城堤水閘一座,黑崗口月堤水閘一座。爲便利交通,在黑崗口引水渠架橋六座,柳園口引水渠架橋三座,黃惠河架橋五座。

又爲引黃惠河水,環流開封市內,亦挖三渠(參閱圖一):一爲入城渠道,自城外孫李唐莊起,穿城垣,經利汴閘,至龍亭西北角止,長 1441 公尺;一爲東支河(影九),自龍亭東北角起,至濟粱閘止,長 5367 公尺;一爲西支河,自潘楊湖西南角起,亦至濟粱閘止,長 4313 公尺。東西兩支河合流之後,貫穿城垣,經濟粱閘,注於惠濟河。爲節制開封市內之水,修水閘四座,計孫李唐莊水閘一座(影五),利汴閘一座(影六及七),潘楊湖節制閘一座,濟粱閘一座(影八)。爲便利交通,入城渠道,修橋三座,西支河修橋五座,東支河修橋七座,併於要道修暗溝,涵洞等工程。

(九)放水情形

本工程完竣後,於民國二十四年十月舉行放水,頗爲順利,原估計柳園口虹吸管流量爲每秒 0.81 立方公尺,經實測柳園口虹吸管流量爲每秒 1.30 立方公尺;原估計黑崗口虹吸管流量爲每 0.83 立方公尺,經實測黑崗口虹吸管流量爲每秒 1.27 立方公尺,(因水潭水面與黃河水面高差增加),故成績均優。

虹吸管流量實測表

虹 吸 管	黃河水位高於出水渠水位公尺數	出水渠測量流量處橫斷面平方公尺數	流速每秒之公尺數	流量每秒之立方公尺數	測 量 日 期
黑崗口第一道	3.19	2.84	0.45	1.28	二十四年九月十九日
黑崗口第二道	3.20	3.42	0.38	1.30	二十四年九月十九日
黑崗口第三道	3.20	2.11	0.60	1.27	二十四年九月十九日
柳園口第四道	2.95	3.84	0.34	1.30	二十四年九月十四日

(十)利益概述

開封市爲河南省會,乃我國重要城市之一,人口近三十萬,街道縱橫。惟市內水道并潘楊湖及西南大湖,年久淤塞瀦水不流,穢氣蒸人,觀瞻衞生,均有妨碍。本工程完竣之後,潔水環流城中,足以整飭市容,促進衞生,爲利甚宏。且惠濟河流經開封,陳留,杞縣,睢縣,柘城,鹿邑等六縣,以水源增加,航行便利,貨物轉運,費用低廉,而沿河農田并可藉之灌溉,以免旱災,鬆沙斥鹵之地,可以藉之改良,變爲沃壤,對於國民經濟,裨益匪淺。

又黃河洪漲之時,水量過鉅,河身常不能容,每易決溢爲災。茲以虹吸管分減其水,足以免黃河潰決之險。又查柳園黑崗兩口,向爲決口出險之地,大堤單薄,時虞崩潰,今藉虹吸管吸入之沙,沉澱兩湖,俾湖底日漸填高,又可鞏固兩口之大堤。

廣東鋼鐵廠籌備經過

何致虔

(一) 引言

鋼鐵之功用,凡人皆知。所有國防建設,軍械製造,與夫一切工業上之基本設備,無不仰給之。誠以鋼鐵為各種工業之母,產量愈多,國力愈強。我國積弱,原因雖多,但因鋼鐵產量少,以致一切工業原料及武器均需仰給外國,其不能振拔自強,蓋有由來。

試一檢查我國今日鋼鐵事業,如最大之漢冶萍鐵廠,因與日本債務關係,已停工多年;奉天本溪湖鐵廠,係中日合資興辦,今亦非我所有;河北省龍烟地方,年前曾築一新式化鐵爐,但無資本開工,亦同虛設;現在祇有漢口六河溝公司有不及百噸化鐵爐一座繼續出產,及上海山西兩處,有兩個小規模煉鋼廠;其餘皆土法煉鐵,產量無多;故中國現在每年鋼鐵入口:

重鋼貨	三十六萬噸	五十三萬噸
輕鋼貨	一十七萬噸	

連其他用鋼鐵製成之機器用具等,每年總入口在八十萬至九十萬噸,約價值一萬萬元;廣東一省之入口數,約佔五分之一,漏巵不為不大。

是則實際上今日中國之鋼鐵事業,均經停頓,尤其是華南,卽小規模之鋼鐵廠亦無,故廣東實有設廠之必要。

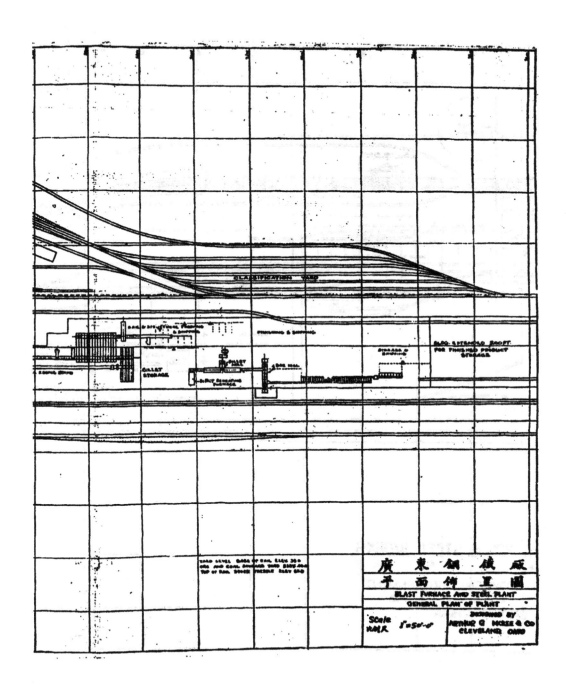

廣 東 鋼 鐵 廠
平 面 佈 置 圖
BLAST FURNACE AND STEEL PLANT
GENERAL PLAN OF PLANT

Scale 1"=50'-0"

DESIGNED BY
ARTHUR G. McKEE & Co
CLEVELAND, OHIO

7239

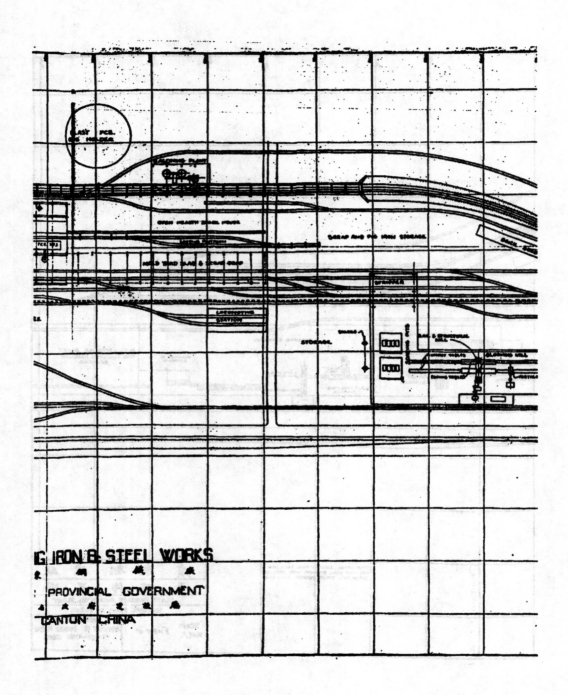

IRON & STEEL WORKS

PROVINCIAL GOVERNMENT

CANTON CHINA

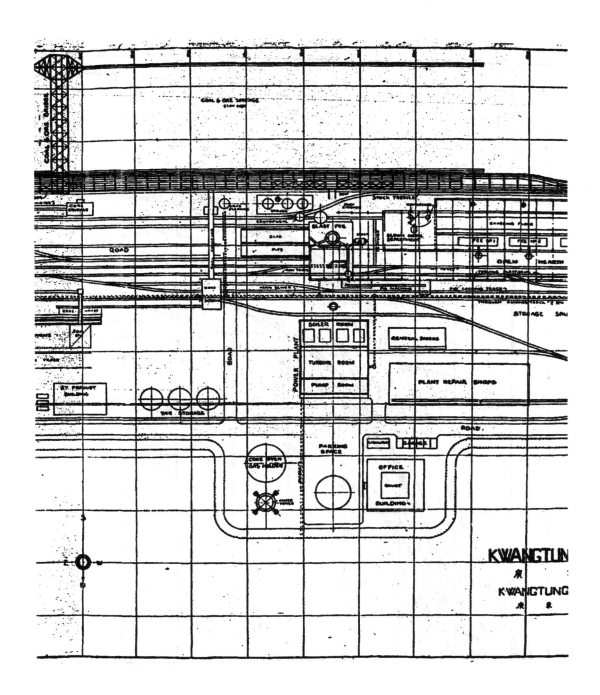

7241

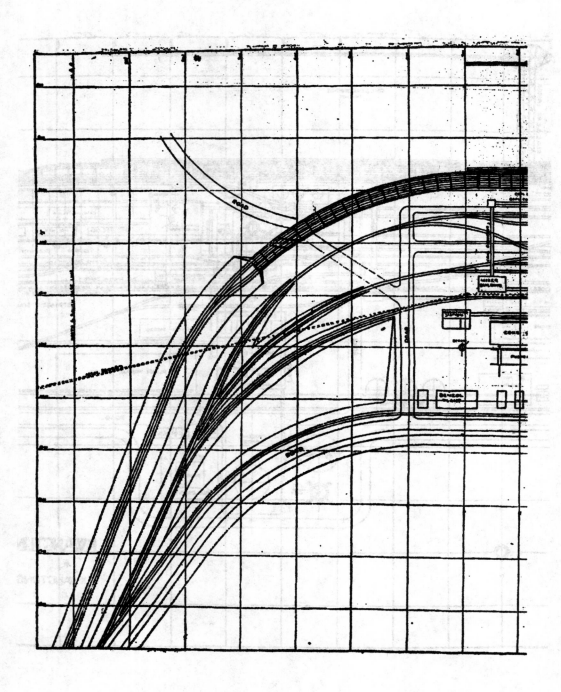

7242

(二) 原 料

設廠之最重要問題,在原料能自給。廣東省鑛產調查,始於五年前。當時組織鑛業調查團,經過二年期間之調查,發覺廣東鐵鑛頗為豐富,煤鑛亦於粤湘交界之地分佈極廣,故決定廣東有設立鋼鐵廠之可能。其後銳意進行,開始實地開鑿試探鐵鑛床,結果甚為圓滿。茲將鋼鐵廠需要原料產地鑛床分述如下:

(甲) 鐵鑛

(A)雲浮烏石嶺鐵鑛　此鑛前未經人發現,係由鑛業調查團探獲,位於雲浮縣城北約9公里,東距雲都公路約2公里,自礦場至六都約16公里,由六都水路至廣州約250公里,可行千噸之平底船。鑛質為褐鐵鑛,含鐵57.5%,露出地面,探掘甚易。至於儲量方面,經粤建設廳派員前赴開鑿43個,將全礦分佈及厚度確探清楚,估計儲量有一千萬至一千五百萬噸之多。

(B)紫金寶山嶂鐵鑛　此鑛位于紫金縣青溪圩東北13公里,西南距東江河岸之古竹圩53公里,由古竹至廣州水路346公里。此鑛為磁鐵礦,含鐵65.5%,屬于接觸變質礦床,此鑛經土人開採數十年,用以製鑢,後經粤建設廳開鑿試探,估計儲量約五百萬至一千萬噸。此鑛交通及開採,皆比雲浮鑛較難,如將來廣汕鐵路通車,則交通問題可以解決。故此礦可供鋼鐵廠之預備原料。

(C)其他鐵鑛

1. 寶安縣九龍新界沙田馬鞍山鐵鑛,經劃金鑛師估計,儲量約五百萬噸。
2. 信宜牛洞。
3. 英德馬逕石塘堯井。
4. 興寧鐵山嶂。
5. 從化古田鑢。
6. 靈縣田貫村。
7. 惠陽淡水縱鑢嶂。

8. 中山赤溪各縣。

9. 新寧湖南福建省有鐵礦。

（乙）煤鐵

(A)乳源狗牙洞一帶煤田　位於乳源宜章交界地方,離粤漢鐵路之羅家渡東北約22.5公里,共有煤苗六層,最厚者24英尺,最薄者亦有三四英尺,前由兩廣地質調查所經二個月測量工作,估計其總儲量約為三千萬噸。此煤含硫極少,可煉上等焦炭。由礦場至廣州約354公里,可由粤漢路直達廠址,交通亦甚便利。

(B)樂昌楊梅山一帶煤田　位於樂昌宜章交界,由礦場至粤漢路之田頭約16公里,至廣州約346公里。現祇發現一層煤,厚約三十英尺,惟煤含硫磺頗多,須設法洗去硫質,方能煉成合用之焦炭,其儲量估計約一千萬至二千萬噸。

(C)其他煤田

1. 廣西賀縣　煤三層,共厚十三英尺,能煉上等焦炭。
2. 曲江縣富國公司煤,可供燃料。
3. 江西萍鄉煤可由粤漢路運至廣州。
4. 山東中興,河南六河溝,河北開灤,及外國如印度等處煤斤均能由鐵路運至海岸,改船運至廣州。

（丙）其他煉鋼需用原料

(1)錳礦　欽縣,防城,羅定,寶安皆有出產。

廣西武宣,桂平,大宗出產。

(2)鎢礦　英德,翁源,樂昌,從化,紫金,河源,崇禎,恩平,台山,揭陽,梅縣均有。

江西南部西華山,大吉山大宗出產。

(3)石灰石　花縣,英德,鬱浮紫金。

(4)粘土　南海石灣。

(5)石墨　四會鼎南。

(6)石英砂　惠陽,惠來,海豐,陽江。

(7)螢石　樂昌。

依上開各鑛之蘊藏,足證明廣東對于煉鋼原料,皆可由本省自給,不必仰給外地,而廣東水運便利,于必要時原料亦可由外地運來。是廣東省之有設廠可能,絕無疑問。

(三) 籌 備 經 過

關於設廠初步計劃經於民國二十一年九月向各國徵求,旋得美英德等國八家公司函復。以美國麥基鋼鐵廠設計工程公司,計劃完善,故聘該公司來華調查及設計。該公司於二十二年四月派副經理希雲氏來廣州,首先覆查雲浮紫金兩處鐵鑛,狗牙洞楊梅山兩處煤礦,花縣石灰石礦,及研究東塱廠址是否適中(東塱離廣州約6.5公里,在白鶴洞之南),結果認定煤鐵原料均極充足,東塱廠址亦最適宜,全廠面積,約佔五百六十華畝,當測勘地圖,計算土方,呈省府備案。

政府於接得麥基公司所擬初步計劃後,卽委託該公司負責作成全部詳細計劃,決定煉鋼方法。

二十二年八月,著者奉派前往美國,協同該公司設計,同時為技術研究,及市場調查,與估價書之研究及決定。

二十三年五月二十一日,授權英國公司二家,美國公司一家,以六個月為期,商量借款或機器賒借現在美國公司正與我方函電酌量中,英國公司代表,攜有一種辦法草約到華,亦在接洽中。

(四) 設 備 及 產 量

廣東鋼鐵廠之設計,係根據本省原料之成分與品質,而定適宜冶煉方法,經詳細研究,認鹼性平爐煉鋼法,為最適合。至于產量方面,經研究歷年鋼鐵入口之平均數量,然後假定本省鋼廠希望可得之市場,而定產量之多寡。至設備方面,曾採用最新式,及工作上最經濟之機器。本此三項原則,本廠將有下列各項設備:

化鐵爐一座,每日生鐵產量275噸 (此爐可增加至日產生鐵500噸)。

75 噸鹼性平爐 3 座(一爲預備爐),每日產鋼 300 噸。

2 噸小貝塞麻爐 2 座(製廢鐵用),共日產 76 噸。

煉焦副產爐 1 座,每日用煤 572 噸。

30 英寸大軋鋼機一座。

28 英寸軋鋼軌機一座。

8—18 英寸製鋼貨機,共 4 座。

照上述設備,原料方面之供給,計每日所需如下:

鐵礦	530 噸
焦炭	275 噸
石灰石	175 噸
清水	6,500,000 加侖
自然空汽	3600 立方英尺

本廠所出貨品除生鐵塊外,可製各種建築鋼料,如 14—10 英寸之工字鋼及角鋼等,12—85 磅重之鋼軌,第五號至 6 英寸徑之圓鋼條,及各式鋼筋鋼板,方圓鋼枝,及竹節鋼等。初開辦時期,每年可出鋼貨七萬五千噸,生鐵約五千噸。一俟工作純熟,則可增加產量,至每年出產鋼品十萬噸以上。查僅廣東一省,每年鋼鐵入口,已超過十餘萬噸之數,故本廠出品之銷路,殊屬不成問題。

所備煉焦爐,每日可產焦炭 372 噸,除供給化鐵爐用之 275 噸外,尚餘九十餘噸,可以出售。此外尚有下列各副產品:

汽油(年產)	317,400 加侖
硫酸鉀(年產)	1,760 噸
巴蔴油(年產)	1,346,000 加侖

至於本廠所需職員工匠者以每日工作二十四小時計算,其約一千員名左右。

(五)資本成本及溢利

(甲)建築資本

據麥基公司估計全廠所需之資本如下：

 (1) 原動力廠　　　　　　　　　　　　約八十八萬美金元
 (2) 化鐵爐廠　　　　　　　　　　　　約一百二十萬美金元
 (3) 煉焦副產廠　　　　　　　　　　　約一百三十萬美金元
 (4) 材料起運機件船塢關倉等　　　　　約六十五萬美金元
 (5) 平爐煉鋼廠　　　　　　　　　　　約一百三十二萬美金元
 (6) 軋鋼廠　　　　　　　　　　　　　約一百七十九萬美金元
 (7) 搬運機　　　　　　　　　　　　　約四十三美金元
 (8) 修機廠(翻砂,木材,汽鎚,機械)　　約七十七萬美金元
 (9) 熱鋼錠爐廠　　　　　　　　　　　約三十三萬美金元
 (10) 坭基工程,鐵軌,圓牆,水管,陰溝等　約三十六萬美金元
 (11) 房屋建築(辦公室,化驗室,各工廠等)　約一十九萬美金元
 (12) 外面汽管及充汽管　　　　　　　　約三萬美金元
 (13) 電力分配,及連接綫　　　　　　　約五萬美金元
 (14) 氣管分配　　　　　　　　　　　　約二十八萬美金元
 (15) 工程設計,監督,購料及建築工程。　約四十四萬五千美金元
 (16) 建築工具設備　　　　　　　　　　約七萬美金元

以上十六項,合計美金約九百四十萬元,照二十三年四月間接到該估計單時之匯水,每美金約值毫洋三元七毫計,則全廠設備及建築費約伸毫洋三千四百萬元。

(乙)出品成本

出品成本之計算,係根據麥基顧問工程公司之調查估計,在廣州交貨,每噸成本以美金爲本位(匯水照二十二年三月間之價格爲標準,當時每美金一元約伸毫洋六元。)

品　類	每噸成本	
	(美金)	(毫洋)
鐵礦	1.00 元	6.00 元
焦炭	4.83 元	28.88 元
生鐵	7.10 元	42.60 元
普通鋼錠	11.88 元	71.28 元
鋼軌	16.81 元	100.86 元

各種建類　　　　　　15.91 元　　　　　　95.46 元

竹節鋼條　　　　　　17.90 元　　　　　　107.40 元

器具及彈性鋼條　　18.40 元　　　　　　110.40 元

(丙)每年溢利

溢利之計算,係比較各種鋼貨之成本,及本市各種入口鋼貨之五年來平均售價而得.本廠初辦時期,每年產鋼貨七萬五千噸,生鐵五千噸,連同焦炭汽油,硫酸錏,巴麻油各種副產品,若可盡行銷售,照麥基公司計算,每年可獲利約一百五十萬美金,合毫洋約九百萬元,除去股本之利息,大概每年有六七百萬元之純利.

(六) 結 論

綜上所述等辦廣東鋼鐵廠之大略情形,可見廣東省鐵礦極為充足,煤礦亦堪自給,足供給擬設鋼鐵廠四十年以上之原料.因鐵礦輸運之便,本國工人工資之低廉,預算將來出品成本頗輕,縱無關稅保護,在國內亦足與船來品競爭市場,即在香港南洋各埠,亦可銷行,故鋼鐵廠之設,裨益於國計民生,殊非淺鮮.

現在向外國礦商機關借款,已有頭緒,大約在建築期間之三年,我方出現款三分之一,約一千萬元,其餘再分三年,分期攤還廣東省政府現正積極進行,希望在二期三年計劃中,完成此偉大之鋼鐵廠,為我國工業界放一異彩,想亦全國各界人士所樂觀厥成也.

各種鋼鐵之性質及其在工業上之用途

王 之 璽

弁言 鋼鐵事業爲一切重工業之母,故考查一國工業之盛衰,只須視其每年每人之鋼鐵消費量。國際戰爭表面上爲某項政治問題之衝突,其內在原因常爲市場與原料之爭奪;而原料中最重要者,煤油而外,即爲鋼鐵。蓋此二者爲國家生存之要素,和平時代爲日用必需,戰爭時代爲勝敗所繫。歐戰初起時,德軍於極短時間內佔領盧森堡比利時及法邊境各鋼鐵區(此三區域年產鋼約六百五十萬噸),使法國戰爭用品,大部須仰給於英美。歐戰結束,人多謂由於德國食糧缺乏經濟枯窘所致;而不知錳鑛來源斷絕,鋼鐵冶煉爲難,亦爲致命傷之一。即今日與煉鋼及軍械有關之重要礦產集中於特殊地帶者,如錳鑛鎳鑛等,仍在英美俄諸國控制之下。英國某著名地質學家嘗謂世界錳鑛與鎳鑛之經營爲政治的非經濟的,由此金可見鋼鐵工業之重要矣。作者負笈遠遊,專治此學,際此世界備戰緊張聲中,目視各國鋼鐵業突飛猛進,競造殺人利器,以備未來大戰之一試,而回顧本國內則此項工業尚毫無基礎,爰章此短文,略述各種鋼鐵在國防及工業上之用途及其重要性,以促起國人之注意。

鋼鐵種類繁多,用途各異,蓋每種鋼品均有其特殊之物理性質,適合於某一特殊之用途。以廉價之炭鋼,用於受重荷之轉動部分,固屬不安;以高等合金鋼用於不必要之處,亦屬浪費。故無論機械及建築之設計,各項材料之適當應用,異常重要。茲爲便於敍述起見,將各種鋼品分為下列四組,即:(一)普通炭鋼,(二)高强力炭鋼,(三)建築合金鋼,(四)特殊合金鋼。

　　炭鋼　今日炭鋼之用途,雖一部分被合金鋼侵佔,但因其價廉而易於鍛鍊,在工業上仍有其廣泛之用途。此所謂炭鋼者,指鋼之含有錳,矽磷,硫諸原質均在普通限度之內,惟含不同量之炭,俾得所需要之物理性質者。純鐵質柔而富於延性展性,惟强度甚低,不適於多種工業上之需要,普通熟鐵即其一例(熟鐵含雜質甚低,性絲純鐵。加少量之炭於純鐵內,則其性質大變,强度增加,而延性稍失。此二者之增減,與加入之炭量適成正反比例。故欲得某種之物理性質,以期適合某種工業上之需要,只須擇一含適當炭量之鋼,即可應用。普通炭鋼在輾成(as rolled)狀態下有下列之力學性

炭量	伸長點(Y.P.)	最大拉力(M.S.)	伸長度%	面積縮小度%
%	每平方吋噸數	每平方吋噸數	(Elongation)	(Reduction in Area)
0.10	16	20	40	70
0.35	25	35	28	50
0.65	30	50	22	40

質:設繼續增加炭量至 0.9%,伸長點拉力及硬度繼續增高,惟延性大落,除用作工具鋼外在機械建築上無甚用途。上述之鋼,除含炭外,須含錳在 0.8% 以內含矽在 0.3% 以內,因錳矽二者超過此限度,對於鋼之性質,影響極大。其作用當於下節中詳述之。此外硫與磷含量亦應低因硫在鋼中與鐵化合為硫化鐵,使鋼於冷時及熱時均變脆 (Cold and hor short);磷使鋼於冷時變脆,減低其震動抵抗力 (Shock resistance)。且此二原質均易發生局部凝聚 (Segregation),在含硫 0.05% 之鋼,凝聚部分含硫可至 0.1%,其影響於鋼品性質之大,可想而知。故普通均設法使此二種成分盡量減低,以冀得匀整可靠之材料。普通建築鋼中之硫磷成分最高不得過 0.06%,而0.05% 為較通行之規範 (Specification),其在工具鋼及特殊鋼,有規定不得過 0.03% 者。此外尚有二點不容忽視。

（一）鋼之狀態：　成分相同之鋼,在不同狀態下,常有極不同之物理性質。鑄鋼在鑄成(As cast)狀態下與在「加熱爐冷」(Annealed)狀態,延性大異;中炭鋼條在輾成(As rolled)空氣冷却(Normalized)淬火(Quenched)及淬火退火(Quenched and Tempered)不同狀態下,其物理性質亦相差懸殊。茲爲明瞭起見,將鑄鋼及鋼條在不同狀態下之物理性質列表於下,以便比較。

鑄鋼　　炭 0.4%, 矽 0.3%, 錳 0.78%, 硫磷 .05% 以下。

	伸長點(Y.P.) 每平方吋噸數	最大抗拉力(M.S.) 每平方吋噸數	伸長度 %	圓積縮小度 %	硬度 (Brinnel No.)
鑄成狀態	23.7	43.2	8.0	7.0	229
加熱爐冷	18.0	37.3	24.0	30.0	187

鋼條　　炭 0.29%, 矽 0.05%, 錳 0.52%, 硫磷 .05% 以下。

	伸長點(Y.P.) 每平方吋噸數	最大抗拉力(M.S.) 每平方吋噸數	伸長度 %	圓積縮小度 %	硬度 (Brinnel No.)
輾成	22.5	33.0	29	54	155
825°C空氣冷却	21.2	33.2	31.5	60.9	150
825°C淬火(水)	42.2	63.3	1.5	2.9	285
825°C淬火(水) 575°C退火	34.6	44.0	21.5	59.7	200
825°C淬火(油)	28.4	40.3	22.5	60.4	180
825°C淬火(油) 575°C退火	26.2	38.6	26.5	60.9	175
825°C加熱爐冷 (Annealed)	17.4	30.8	30.0	53.9	130

由上表可知在不同加熱處理(Heat Treatment)下鋼之性質有極大之變化。故欲得最適當之材料除注意化學成分外,按物品之大小及形狀,予以適當之加熱處理,爲最重要之一點。

（二）製造方法：　鋼之物理性質雖與其化學成分有密切關係但成分相同之鋼,因製造方法不同,在同一狀態之下往往表現不同之物理性質。酸性馬丁爐鋼在適當鍊製情形之下,常較鹼性馬丁鋼酸性或鹼性柏士麥鋼具較佳之物理性質。鹼性電爐因能剔除硫磷至最低限度,去氧作用(Deoxidation)完全,熱度易於控制,故電爐鋼在適當情形下,常較前四種爲佳。目下軍器製造皆用酸性馬丁鋼或電爐鋼,卽以此故。其中原因,在冶金學術昌明之今日,已漸明瞭,但因篇幅關係,茲不贅論。

各種炭鋼在工業上之用途甚廣,茲按含炭量多寡分爲三組述之。

(一) 低炭鋼　普通稱爲軟鋼 (Mild Steel), 含炭 0.08 至 0.15 %, 錳 0.4 至 0.5 %, 矽 0.05 至 0.15 或全無,磷硫在 .05 % 以下。其不含矽者稱爲「瑞明」鋼 (Rimming steel);爲年來鹼性馬丁爐之新出品。因其鋼錠具特別構造,輾軋抽絲銲接均易且出品產量 (Yield) 高,而成本降低,故目下普通軟鋼品,大部皆爲此鋼。如軟鋼絲,洋釘,鉚釘,用作混凝土內鐵筋之鋼條,鋼板,電線套管,窄鋼條 (Strip), 及汽車車身用之各種冷輾熱輾鋼板等。最近且有用以製彈簧 (Upholstering Spring) 者,惟須經特殊之加熱處理,以增加其強度及彈性限 (Elastic Limit)。

含矽者稱爲實鋼 (Solid Steel), 其主要用途有二: (一) 爲各種鋼管,如鍋爐管,不銲管 (Weldless Tube) 等。因其延性大經冷抽後,可勝極嚴格之試驗。(二) 爲表面硬化鋼 (Case Hardening Steel), 常含較高之矽錳,以期「去氧」完全,並略增加心部 (Core) 之強力。前者皆製自鹼性馬丁爐,後者則多製自鹼性馬丁爐或電爐。

低炭鋼中尚有一特殊出品稱爲「易割」鋼 Free Cutting Steel) 者,此鋼含硫甚多。以期得「易割」(Free Cutting) 之性質俾可用於自動螺絲床專製螺絲釘及螺絲帽之用。惟此鋼普通均含較多之錳俾硫變爲不溶於鋼之硫化錳輾成鋼條後,硫化錳 —— 如鐵渣於熟鐵 —— 在鋼中成爲與輾軋方向平行之長條,對於鋼之物理性質,無若何影響。照通行規範 (Specification) 係分兩種:一種含炭 0.10%, 硫 0.20 至 0.25 %,磷 0.08 至 .08 % 另一種含炭 0.10 至 .15 %,硫 0.085 至 0.11 %,磷爲常。兩者含錳均在 0.9 至 1.0 %。此鋼因含硫過高,於輾軋時須特別注意,輾軋過重或輾軋溫度過低,均易發生裂口或爆裂。

(二) 中炭鋼　此組包括多種建築炭鋼,含炭 0.20 至 0.5 % 矽 0.10 至 0.2 %,錳 0.5 至 0.9 %,因用途各異,茲再分爲三類述之。

（A）含炭 0.20 至 0.25 %,矽 0.5 至 0.7 % 者　　普通建築用各種形鋼 (Section Steels),如角鋼,扁鐵,工字鋼,鋼條,鋼板,混凝土鐵筋等。因炭矽增加,強力大增,延性稍減照普通規範分兩種:一種具抗拉力 26 噸至 30 噸,另一種具抗拉力 23 噸至 32 噸。此鋼多用於輾成狀態;惟最近有用為鍛成高壓鍋爐鼓(Boiler drum)以用於動力廠或高速輪船者。此外其他大件鍛品,造紙紡織輾鋼之輥軸(Roll)等亦有用此鋼者。

（B）含炭 0.26 至 0.32 %,矽 0.6 至 0.7 % 者　　此為通用之軸鋼 (Axle Steel)。普通由鋼錠 (Ingot) 輾成巨大圓條,再鍛成軸形。鍛成後多予以淬火退火處理。此鋼在淬火退火狀態,具 33—35 噸之拉力,同時有 20 至 25 % 之伸長度及 50 至 55 % 之面積縮小度。多用為鐵路貨車車軸,輪船,載重汽車,或其他機器轉動軸類。用作普通軸類時,往往不經熱鍛手續,由鋼錠直接輾成適當直徑之鋼條,以減成本。

（C）含炭 0.30 至 0.4 %,矽 0.7 至 0.8 % 者　　此組包括各種高速轉動軸類,如電機,馬達,蒸汽輪,離心力水原等。因炭矽更增,強度愈大,如鍛成後經適當淬火退火處理,可得 34 至 38 噸之抗拉力,仍具相當之延性。此外墜鍛(Drop Forging) 機件及腳踏車,汽車所用之高強力鋼管,亦屬此組。除透甲砲彈 (Armor Piercing Shell) 外,普通砲彈用鋼,成分與此相近;惟於冶煉製造過程中須特別注意,尤以軍艦用砲彈為然。

（三）高炭鋼　　此類按含炭矽多寡,又可分為兩組:

（A）含炭 0.5 至 0.8,矽 0.7 至 0.8 者　　此組大部為鐵路用品,如鐵軌,普通含炭 0.55 至 0.65 %,矽 0.8 以下,貨車車輪, (Solid Wheel), 車輪心,(Wheel or Tyre disc),含炭 0.5 至 0.6,矽 0.7 至 0.8 %。車輪套 (Tyre) 含炭 0.65 至 0.75 %,矽 0.8 % 以下。此種材料前多用於輾成狀態。近年來為增加其耐磨性起見,於輾成後多施以加熱處理,最通行者為「三波氏處理法」(Sondberg Process)。此法係將鐵軌或輪套熱至

800℃ 左右,將鐵軌頂部或輪套周圍用噴水驟冷至 70℃ 以下,置於磚砌爐內緩冷之。鋼經此處理後,其表面可得一極細密之構造,耐磨力大增。鐵軌處理亦有於輾成時,用自動機械將其頂部浸於水中或油中驟冷,然後置磚爐中緩冷。此法行於<u>法國</u>,聞結果甚佳。輪套處理近有用淬火退火法者,此法可得一勻整之<u>索比</u>構造(Sorbitic Structure),所得力學性質自應較前者爲佳。尤以今日機車速度日益增高,輪套之強度,延性與耐磨性有同等重要,淬火退火處理方法或將完全代替<u>三波</u>式方法。鐵軌鋼中近年來有加少量之銅與鉻者,銅能增其抗蝕性,鉻能增其耐磨性,對於鋼軌之壽命,甚爲有益。含炭 0.5 至 0.8 % 鋼中包括多種鋼絲鋼,用於各種鋼絲繩,此鋼經交互[加熱爐冷](Annealing) 與抽細 (Drawing),可得甚高之強度。含炭 0.65 至 0.75 % 之鋼,亦用作空心鑽及鐵匠工具等;惟鉦矽成分須甚低,以免驟冷時發生裂口之虞。

　　(B) 含炭 0.8 至 1.4 % 者　　此組主要爲工具鋼。工具鋼之特點,在得極大之硬度及耐磨性,故淬火往往行於冷水或冰水中。是以鉦之含量常定爲 0.3 或 0.35 % 以下,以免淬火發生爆裂;矽磷硫亦較普通規格爲低,以期得最佳硬化性質。含炭 0.8 至 0.9 % 者,多用作冷鑿鋼型,螺絲刀等。含炭 1.0 至 1.10 者,多用作木作鑽頭,刀,鋸,等。含炭 1.2 至 1.3 % 者,則爲各種鏇刨工具。含炭 1.3 至 1.4 % 者,則爲銼刀,保險刀片,抽絲板等。銼刀及保險刀片於淬火前均需經特別處理 (Spheroization),否則驟冷時極易破裂。近年來機械工廠力求工作效率提高,工具炭鋼遂多被合金工具鋼所代替,如於鋸鋼中加少量之鎢工作速度可以增加;銼刀鋼中加 0.5 至 0.7 % 之鉻,淬火後硬度大變;他如鏇刨工具之易以高速工具鋼或<u>威的亞</u>(Widia)工具,使機廠工作不啻開一新紀元。惟此種鋼品進展甚速,今已具其獨立之地位,下節特殊合金鋼中當詳述之。

　　高強力炭鋼 (High Tensile Steels)　　普通炭鋼在各種加熱處理狀態下,具相當之力學性質,適合於普通機械及建築之用;惟近年來工業進步,各種巨大建築與高速機械日新月異,設計方面力求減輕重量,增加效率,遂使普通炭鋼於若干用途,無論在何種狀態下,均不適宜。於是各種高強力炭鋼及合金鋼相繼出現。此所謂高強力炭鋼者,包含炭鋼中含錳,矽,燐等原質在普通規範外,或含少量之其他有益金屬,如鎳,鉻,銅,鉬等。此種鋼可分為三組:

(一) 高強力矽鋼　普通炭鋼中加矽至0.5%以上,強度大增,而延性不減;如矽量增加1.0至1.2%,強度可增加20至25%。此鋼前在德英甚通行,多用作造船鋼板及建築形鋼,今則多為高強力錳鋼所代替。於矽鋼中繼續增加矽量至1.8至2.0%,除強力增加外,經適當之加熱處理,其彈性限(Elastic Limit)與抗疲性(Fatigue Resistence)大為增加,適於各種彈簧之用。茲將造船用高矽鋼板及作彈簧之矽錳鋼之機械性質列下:

高矽鋼板　炭0.27%　矽1.12%　錳0.72%

	伸長點	最大抗拉力	伸長度	面積縮小度
輾成狀態	28/30噸	41/47噸	25/30%	45/52%

矽錳鋼　炭0.47%　矽1.86%　錳0.70

處理	伸長點(Y.P.)	最大拉方	伸長度	面積縮小度	硬度
	每方吋噸數	每方吋噸數	%	%	(威克氏)
945°C水冷425°C退火	103	114	10	45	450

(二) 高強力錳鋼及錳鉬鋼　錳為鋼中必需之原質,其功用不僅為去氧,且可增加鋼之強度。含炭相同而含錳不同之鋼,其物理性質與所含錳量成比例,例如:

鋼	炭	錳	伸長點	最大抗拉力	伸長度%
A.	.38	.08	20噸	30噸	35
B.	.37	.82	27噸	43噸	25

設錳量繼續增加至1.5%,強度隨之增加,延性稍失而衝擊值(Impact Value)大增;如加錳至2.0%以上,則鋼性變脆,不適於建築上之需要;故普通高強力錳鋼之規格為炭0.25至0.4%,錳1.4至1.7%。含炭0.26%,錳1.46%之鋼,在淬火退火狀態,有下列之性質:

伸長點	最大抗拉力	伸長度%	面積縮小度%	Izod衝擊值
47.8噸	56.5噸	21	65	78

惟此鋼有二缺點：（一）*退火變脆性(Temper Brittleness)故退火後必緊冷。（二）淬火退火後雖可得極細之索比(Sorbitic)構造，但體積稍大，卽難得勻整之組織。加 0.2 至 0.3 % 之鉬於此鋼中，可袪除上述之二弊，故目下高鉭鋼中多含 0.20 至 0.3 % 之鉬。此鋼用途甚廣，各種炭鋼鍛品，如機車連桿(Connecting Rod)，偏心軸(Crank Shaft)，汽車偏心軸，造船鋼板等。其他機械部分，昔用鎳鋼者，今多改用此鋼，以其價值較鎳鋼低廉故。

（三）**高强力低合金鋼**　此組包括含1.0 % 以下鎳，鉻，鉬，矽，燐，或 1.0 至 1.5 % 銅或鉭之低合金鋼。銅及燐昔皆視爲鋼中不必需之物質，尤以燐普通視爲極有害於鋼；故在各種鋼中，其規範常與硫相同，盡量求低，惟燐有一優美性質，亦久爲冶金學者所承認，卽少量之燐，可增加鋼之强度，尤以伸長點(Y.P.)爲著。故近年含燐較多之鋼中亦加入其他有益原質如鎳，銅，等，以改進其震動抵抗力，同時仍保存燐對鋼之優美性質；且銅燐同時存在，化合成燐化銅，可增加其抗蝕性與耐磨性。銅在鋼中亦久被屏棄，昔之冶金學者常以含銅之鋼，熱鍛或熱輾時易發生裂隙(Internal Check)，惟據近年研究，銅與他種金屬同時存在，如鎳，矽，鉻等，則此項性質可完全免去。且含銅在 2.0 % 以下之鋼，可經沈澱硬化(Precipitation Hordening)處理，其强力增加更多。此外銅能增鋼之抗蝕性，用於建築尤爲適宜。目下各國鋼鐵公司專利之低合金鋼，種類繁多，僅擇要列舉數種及其力學性質列列表下：(見 371 頁)

上列九種鋼中，其力學性質與 3 % 鎳鋼相似，但製造成本當較該鋼爲低。其中尤可注意者，卽含燐 0.1 至 0.2 % 之鋼，加適量之其他金屬，可得優良之力學性質。我國鐵礦中多含少量之燐，故現

----

*退火後較冷(如在空氣冷却)較退火後速冷，所得衝擊值，有顯著低落，此種性質稱爲「退火變脆性」。

鋼 成 狀 態		炭	矽	錳	燐	銅	鉻	鎳	鉬	伸曲點每平方吋噸數	最大抗拉力每平方吋噸數	伸長度%	衝擊值呎磅
美國	Hi-Steel	0.10	.15	.50	.10	1.0	—		.50	25/29	34/38	22	50
	Alan Woods	.27	.01	.45	.10	.45	—	—		33	40	14/20	—
	Double Strength	.10/.20		.70/.75		1.0/1.4		.75	.11/.16	27/31	33/40	20/31	50/76
	Corten	.10	.50/1.0	.10/.30	1/2	.30/.50	.50/1.5			23/27	29/34	23	.60
英國	Chromador	.25	.11	.75	—	.3	.95			24	41	20	—
德國	Krupp	.12/.25	.30/.50	1.2/1.6	—	.30/.60				25/27	36/38	28/20	—
	Lauchamer	.12/.25	1.10/.70	.90/1.10		.50/.60				24/25	34/37	29/21	—

存鋼廠皆用鹼性煉爐;如果此種含燐較多鋼品之用途推廣,我國鐵鑛或可得一種新利用。

　　建築合金鋼 (Structural Alloy Steels)　普通炭鋼雖為重要之建築材料,但因具數種缺點,不適於多種新式建築之用。其重要缺點有三:(一)欲增高強度,須增加炭量,炭量增加後,強度固增加,而延性則比例下落;且炭量增加至一定限度後,無論經何種加熱處理,延性太低,不適於機械建造之用。(二)炭鋼淬火常須用較烈之淬火劑,方可得需要之構造與性質,淬火於冷水中,極易發生烈口或彎曲,尤以複雜形式為然。(三)炭鋼至一定大小後,即用極烈之淬火劑,亦不能得勻整 (homogeneous) 構造;因淬火作用僅能及於表面,內部構造毫不改變。上述缺點使炭鋼用途大受限制,各種合金鋼遂應運而出。所謂合金鋼者即於普通炭鋼中增加其他金屬,如鎳,鉻,鉬等,以改進其物理性質,惟各種金屬對鋼有不同之效用,茲為易於敍述起見分為三組討論之。

　　(一)**鎳鋼** (Nickel Steel)　加鎳於鋼中,使其強度,延性,韌性俱有增加,此增加量與加鎳量成比例,直至含鎳 7—8 % 為止。惟鎳為昂貴金屬,其加入量對於鋼之市價影響甚大,故建築鋼鮮有含鎳在 5 % 以上者。普通建築鎳鋼可分為三種:

（A）　3％鎳鋼　此鋼普通含炭 0.25 至 0.35％,錳 0.5 至 0.6％,鎳 3 至 3.5％,在空氣冷却狀態下 (Normalized State), 其較細之「普來」(Pearlitic)構造;淬火退火後,可得極細密之「索比」(Sorbitic) 構造。其物理性質較同炭量之炭鋼,大爲改進;且因含鎳關係,淬火只須行於緩和之油中,即可得內外勻整 (homogencous) 之組織,及優良可靠之物理性質。更以此故,使巨大之機件,亦可施以淬火退火處理,以增進其力學性質。過去砲身常用此鋼,即以此故。茲將此鋼在空氣冷却及淬火退火狀態下之力學性質列下:

3 ％ 鎳鋼　炭 0.31％　　錳 0.58％　　鎳 3.22％

	伸長點(Y.P.)	最大抗拉力	伸長度	面積縮小度	衝擊值(Izod)
	每平方吋噸數	每方吋噸數	％	％	呎磅
835°C淬火油冷 600°C退　火	43	53	22	56	61
830°C空氣冷却	24	41	23	40	35

除上述之性　　　　　　尙具較大震動抵抗力 (Shock resistence),並能支持較大之交互應力 (Alternating Stress)。此兩種優美性質與其較大之強度,韌性與延性,使其在新式機械建築上有廣泛之用途,如長孔橋樑,高速或巨大機械之轉動或受力較大部分,尤以輪船,內燃機,電機之巨大機軸及汽車飛機之偏心軸,連桿等爲著。

（B）　表面硬化鎳鋼(Case hardening Nickel Steels)　表面硬化炭鋼雖有極廣之用途,但有數種缺點,使其於若干地方,不甚適用。(一)炭鋼表面炭化後,心部 (Core) 因受長時間高熱,組織粗鬆,故炭化後必經兩次加熱處理,方能恢復其常態。(二)心部 (Core) 與表面 (Case) 分界太顯突,用時表面易於脫落(Peel off)。(三)機件稍大,淬火須行於水,以得勻整心部組織及較大表面硬度,水中淬火易蒙生破裂與彎曲。表面硬化鎳鋼,全無此項缺點,且心部於炭化後不需單經加熱處理 (Refining treatment),即具細密之構造,強度與韌性遠勝炭鋼;故表面硬化鎳鋼於炭化後,只經一次加熱處理,即可得所需要之力學性質。表面硬化鎳鋼之通用者有兩種:(1) 3％表面硬化鎳鋼,（2）5％表面硬化鎳鋼;前者多用於各種機針,齒輪或其他耐磨部分;後者之心部具更大之強度,且有空氣硬化（Air Hardening）性質,用於高速機械或受力極大 (Heavy duty) 之齒輪,最爲適宜,用於高速汽車及飛機者尤夥。茲將3％及5％表面硬化鎳鋼在一次加熱處理及兩次加熱處理後,其心部之力學性質列下:

	炭	錳	鎳		伸長點 (YP) 每方吋噸數	最大抗拉力 每方吋噸數	伸長度 %	面積縮小 %	衝擊值 Izod 呎磅
A, 3%Ni	0.14	0.5	3.3	760°C油冷	38	51.3	21.5	51	50
				860°C油冷 再熱至760°C油冷	40.3	53.0	22	51	62
B, 5%Ni	0.10	.35	5.25	760°C油冷	54.5	68.6	18.5	51	46
				830°C油冷 再熱至760°C油冷	57	69.3	19	52.5	48

由上表可知一次加熱處理後所得之性質,與兩次加熱處理相差甚少;且避去高溫處理,可免去淬火彎曲之弊,故在機器製造上,表面硬化鎳鋼多採用一次淬火,尤以切面 (Section) 不同之機件爲然。

（C）低鎳鋼　鎳爲昂貴之金屬,雖於鋼有益;但因價值關係,使其用途大受限制,此低鎳鋼之所由來也。所謂低鎳鋼者指鋼中含鎳在3％以下。惟鎳量減低,鋼之物理性質隨亦減退;故低鎳鋼中往往加入其他較廉金屬或極少量之較貴金屬,以增強其力學性質,最著者爲銅,釩,鉬等。低鎳鋼中最通行者有下列四種:

（1）1％至1.5％鎳鋼:此鋼普通含炭較高,即0.35至0.4％,或0.38至0.42％,以期用炭補足其強度。目下此鋼多用爲汽車機件,如前後軸等。蓋以其價值較廉,減低製造成本而無大損於品質,際此同業競爭甚烈之時,實有注意之價值也。在空氣冷却狀態下,此鋼之力學性質與3％鎳鋼相埒;惟在淬火退火狀態下,強力與衝擊

值略低。但用於汽車部分,遠勝普通炭鋼。茲將其空氣冷却及淬火
退火狀態下之物理性質列下:

炭	錳	鎳	加熱處理狀態	伸長點(Y.P.)每方吋噸數	最大抗拉力每方吋噸數	伸長度%	面積縮小度%	衝擊值(Izod)呎磅
40	.62	1.10	830°C空氣冷却	24	36	30	41	35
			825°C淬火油冷 550°C退火	34	44	26	55	33

（2）鎳錳鋼:普通含炭 0.35 至 0.4 %,錳 1.0 至 1.1 %,鎳 1.25
至 1.5 %。因低鎳喪失之強度,以錳,炭補之。此鋼強力與韌性,在各
種狀態下,與 3 %鎳鋼相似,惟價值低廉。故在機械製造上,常用以
代後者。惟有一點須注意者,即此鋼因含錳高,有「退火變脆性」(Te
mper Brittleness),故於退火後須驟冷,或加 0.2 至 0.3 % 之鉬,以袪除
此弊,鉬且可增加其強度。

（3）鎳鉬鋼:普通含炭 0.3 至 0.35,鎳 2.3 至 2.5 %,鉬 0.55 至 0.65%。
加鉬於鋼中,增加其強度略損其延性。故鎳量雖低,可得較 3 %鎳
鋼爲優之強度。此外鉬使淬火易行,並增加此鋼在高溫至 500°C下
之強度,故在特種情形下,此鋼較 3 %鎳鋼爲宜。

（4）鎳銅鋼:銅與鎳對鋼有相似之性質,故將鎳鋼中之鎳,一
部代以銅,其力學性質,不受甚大之影響,且可增加其在空氣中之
抗蝕性。市場上有所謂 "Yoloy" 鋼者,即屬此類。Yoloy 鋼含炭 0.10
至 0.15 %,鎳 1.75 至 2.0 %,銅 1.0 %,多用以代 3 %鎳鋼或作高強度
鋼板之用。

（二）鉻鋼 (Chrome steele)　加鉻於鋼中,增加其強度,而無損
於其韌性。0.5 % 炭鋼中,加 1.0 % 之鉻,其最大抗拉力可增加十噸
之多。惟繼續增加鉻量,其強度不能比例增加,故普通建築鉻鋼含
鉻均在3.0 % 以下。鉻鋼有二特點:（一）自高溫冷却時,其冷却速度
略變,或起始冷却溫度(Initial cooling temperature)提高,對其構造影
響甚大。設自較高溫度施以較緩冷却,與自較低溫度用較速冷却
（此溫度對普通加熱處理溫度作比較）,可得相同構造。此種性質

可使較大機件,熟至較高溫度,用較緩冷却,即可得勻整之馬騰西 (Martensitic) 構造。(二) 鉻鋼傳熱較緩,且有空氣硬化 (air harden ing) 性質,故於熱輾 (hot rolling) 或熱假 (Forging) 時,須特別注意,尤以含鉻在1.5％以上時爲要。此外鉻鋼尚有一優點,即能增加鋼之耐磨性(Wearing property) 及抗蝕性(Corrosion resistene),故工具鋼中有加少量之鉻以改進其性質者。目下通用鉻鋼可分爲三組:

　　(A) 建築鉻鋼:普通有三種規範:(a) 含炭 0.2 至 0.4 ％,鉻 0.5 至 0.8 ％;(b) 含炭 0.3 至 0.4 ％,鉻 0.8 至 1.1 ％;(c) 含炭 0.35 至 0.45 ％,鉻 1.0 至 1.5 ％。鉻鋼 (a) 多用於輾成狀態,故除炭鉻規範外,鉻錳之總量不得超過 1.5 ％,以免有空氣中硬化之弊。鉻鋼 (b) 與 (c) 多用於加熱處理狀態下,其力學性質於適當處理後與鎳鉻鋼相似;惟價值低廉,故目下鉻鋼應用甚廣,尤以用於汽車及飛機部分爲多。

　　鉻鋼 (b) 或 (c) 中加 0.1 至 0.2 ％ 之釩,可增高其强力,彈性限 (Elastic Limit), 及抗疲性 (Fatigue Resistence), 用作彈簧及重荷軸類甚宜。惟用作彈簧時,炭量需增加至 0.45 至 0.55 ％,方可適用。近年來鉻鋼中亦有加 0.2 至 0.3 ％ 之鉬者,鉬能使淬火結果勻整,易於銲接,增加强度,於高溫時尤著,故邇來日益通行,飛機上之高强度鋼管多爲此鋼。茲將各種鉻鋼,鉻釩鋼及鉻鉬鋼在淬火退火狀態下之力學性質列下:

		炭	錳	鉻	釩	鉬	加熱處理	伸曲點每平方吋噸	最大抗拉力每方吋噸數	伸長度 ％	面積縮小度 ％	衝擊値(Izod)尺磅
	(a)	.33	.41	.72	—		845°C水冷 600°C退火	39	49	22	65	85
鉻鋼	(b)	.35	.50	1.00	—		830°C油冷 600°C退火	47	54	24	62	78
	(c)	.45	—	1.2			800°C油冷 650°C退火	49.8	58.1	23	61	42
鉻釩鋼		.35/.45	.5/.8	1.0/1.5	.10/.25	—	840/870°C油冷 600/650°C退火	44/60	60/80	12/20	45/65	45/85
鉻鉬鋼		.32	.72	0.8		.27	845°C油冷 600°C退火	56	65	18	51	——

鉻鉬鋼中增加炭量至 0.35 至 0.45 %,鉻 1.10 至 1.30 %,鉬至 1.0 %,其力學性質大爲增高,歐戰時曾有用爲輕鐵甲者,今則仍用作飛機汽缸(Cylinder)。

(B.) 滾珠及滾珠槽鉻鋼 (Ball and Ball Race Chrome Steel):滾珠及滾珠槽在受力不重處,含炭 0.20 至 0.25 % 之表面硬化鋼,可以應用;惟在重荷軸承 (Bearing),滾珠及滾珠槽除應具相當之耐磨性外,亦需有極大之「壓碎強度」(Crushing strength),普通表面硬化鋼,遂不能應用。現用於高壓軸承之滾珠及滾珠槽之鋼,多爲高炭鉻鋼此鋼含炭 0.95 至 1.10 %,鉻 1.3 至 1.5 %,硫燐鉦矽甚低,普通皆熱鍛成球形,後經長時間之低溫加熱爐冷處理(Low temperature Annealing Treatment),以得球形之「普來」(Peorlitic) 構造;然後再淬火於油中或水中,即可得所需要之機械性質。近來於此鋼中有加少量之釩或鉬者,據稱釩可增加其抗彎強度 (Bending strus) 及抗疲強度 (fatigue Resisting Strength),鉬可增其硬度。此種鋼品加熱處理之手續,關係其性質者甚大,少量之其他原質,並未能改進其性質至若何程度,故鉻釩及鉻鉬滾珠鋼之採用,尚未普遍。

(C) 其他鉻鋼:與滾珠鉻鋼成分相似之鋼—或增加鉻量至 2—3 %—於歐戰時曾用爲透甲砲彈 (Armor piercing Projectile);炭鉻各增加至 2 %,並加 0.5 % 之鎢,則用爲抽絲版(Drawing Dies)。此鋼中之鉻及鎢與炭化合爲炭化鉻及炭化鎢,得極細密之構造,使其於工作中雖經壓冷展熱,不致有石墨炭 (Graphitic Carbon) 滲出之虞。近年來於低炭鉻鋼中有增加鉻至 3 %者,此鋼於淬火退火後,具更高之強力與延性,有用於飛機上之鋼管或其他部分者。

(三) 鎳鉻及鎳鉻鉬鋼　加鎳鉻二者於炭鋼中,其強度大增,而無大損於其延性;且此二者使鋼易於淬火,使巨大機件亦可經適當之加熱處理,而得其最佳之機械性質。故此鋼在新式高速機械及軍器製造上,用途極廣,最著者如飛機,砲身,鐵甲等。惟此種鋼料有一缺點,於用時須加注意者,卽「退火變脆性」(Temper Brittleness）。爲袪除此弊,目下通用鎳鉻鋼中多含少量之鉬,蓋鉬不僅能使鋼無退火變脆性,且能更增其强力。另有一法可免除此弊,卽於退火後驟冷於油中或水中。此外鎳鉻鋼尙有一特點,於製造過程中須注意者,卽在加熱處理溫度,如接觸冷風或冷却太速,表面上易發生細微裂口(Hair Crack),影響其力學性質,尤以含炭或鉻高者爲甚。故於熱輾或熱鍜後,應使其緩冷,如欲使其變柔而易於車刨,含鎳鉻高之鋼,常與以低溫退火或柔化(Softening)處理。茲將鎳鉻鉬鋼與鎳鉻鋼在淬火退火狀態下之物理性質與鎳鋼鉻鋼及炭鋼作一比較,則可知此鋼在近代工業上之重要矣。

	炭	錳	鎳	鉻	鉬	伸長點每方吋噸數	最大抗拉力每方吋噸數	伸長度 %	面積縮小度 %
1. 炭　鋼	.35	0.5	—			30	40	30	55
2. 3％鎳鋼	.35	0.5	3.5			48.5	55.5	25	61
3. 1％鉻鋼	.35	0.5	—	1.0		47	54	24	62
4. 鎳鉻鋼	.35	0.5	3.5	1.0		48	60	21	57
5. 鎳鉻鉬鋼	.35	0.5	3.5	1.0	0.4	50	62	23	66

由上表可知鎳鉻鋼强度增加,而延性略退,加入0.4％之鉬,强度延性均不增加;惟伸長度較炭鋼3％鎳鋼及1％鉻鋼略低。此外仍有一點須注意者,卽任意增加三原質之一,未必有益。如欲得其最佳之力學性質,此三原質須有一定數量之結合。茲爲明瞭起見舉例如下:

	炭	鎳	鉻	加熱處理	伸長點每方吋噸數	最大抗拉力每方吋噸數	伸長度 %	面積縮小度 %
(1)	.30	3.5	0.79	870°C油冷 600°C退火	48.5	57.5	23	59
(2)	.30	3.5	1.79	870°C油冷 600°C退火	36	48	28	53

由上表可知第二鋼與第一鋼成分相似,惟多含1％之鉻;此多加之鉻除使其伸長度略增外,餘均大落。目下通用之鎳鉻鉬鋼可分爲下列五組:

（A）含炭 0.3 至 0.4 %,鎳 1.25 至 1.5 %,鉻 1.0 %,鉬 0.2 至 0.3 % 者:此鋼於淬火後在不同溫度退火,而得多種優美之力學性質,用於汽車各部機件者甚多低溫退火可得甚高強力及硬度,適作齒輪等用;550℃ 至 650℃ 退火,可得如下之力學性質:

伸長點	最大抗拉力	伸長度	面積縮小度	Izod衝擊值
每方吋噸數	每方吋噸數	%	%	尺磅
42/58	53/67	20/26	56/65	40/68

在此狀態下易於車刨,多用作連杆,偏心軸,機針,及蒸汽輪軸等。含炭 0.5 至 0.6 %,鎳 1.5 %,鉻 0.5 至 0.7 %,鉬 0.2 至 .3 % 之鋼,用爲墜鍛鋼型(Drop Forging Dies),甚爲耐久,此鋼於 850℃ 淬火油冷後,與 450—550℃ 退火,可得 80 至 85 噸之抗拉力,40 至 50 尺磅之衝擊力。

（B）含炭 0.28 至 0.32 %,鎳 2.5 %,鉻 0.6 %,鉬 0.6 % 之鋼,稱爲 "Vibrac"。多用爲飛機及汽車轉動部分。此鋼含鎳低而鉬較高,於 900℃ 淬火油冷後 650℃ 退火,可得:

伸長點(Y.P.):50 噸;最大抗拉力:60 噸;伸長度:22 %;面積縮小度:50 %。

衝擊值(Izod):46 尺磅;含炭 0.55 %,鉬 0.25 %,與 Vibrac 同量。

鎳鉻之鋼,常用作大墜鍛鋼型。

（C）含炭 0.25 至 0.4 %,鎳 3.0 至 3.75 %,鉻 0.7 至 1.0%,鉬 0.2 至 0.3 % 之鋼,稱爲「全鎳」鎳鉻鉬鋼。此鋼經適當之加熱處理後,可得極佳之力學性質;且極大之機件,亦可施以加熱處理。故除用於飛機競賽汽車之偏心軸連杆及推進輪軸 (Propeller Shaft) 外,大砲砲身 (Gun barrel and Gun Jacket) 鐵甲 (Armor plate) 魚雷之空氣蓄積器 (air vessel) 推進輪及化學工程上之高壓器 (high Pressure Tank) 多用之。此種機件於鎔(Melting) 鍛 (Forging)或輾(Rolling)及加熱處理過程中,須特別注意,以冀得最可靠之材料,具最佳之力學性質。用於軍器及飛機者,於每步製造程序中,均有詳細紀錄,且於每一機件均取一試樣(test piece),關於機械性質及構造(Structure Macro and Micro) 與以詳密之檢驗,卽一極細微之疵缺,亦或因而被棄

(Rejected)。

（D）高鎳鉻鉬鋼:含炭 0.3 至 0.35 %,鎳 4.0 至 4.5 %,鉻 1.0 至 1.5 %,鉬 0.3 至 0.4 %。此鋼有空氣中硬化性質,具極大强度,而仍能保持相當延性。空氣中淬火即冷却)後,可得百噸以上之抗拉力。如與以低溫 (150° 至 230℃) 退火,適於作重荷齒輪,機針,短軸等用;550℃ 至 650℃ 退火硬度拉力略退,惟抗磨性仍大;且構造勻整,爲此鋼之特點。用作巨大機件,甚爲適宜。玆將其風冷後之機械性質列下:

最大抗拉力	伸長度	面積縮小度	硬　度	衝鬆值Izod
每方叶噸數	%	%	(B.N.)	尺磅
115/120	10/12	30/40	418/512	20/30

（E）鎳鉻鉬表面硬化鋼(Nickel chrome Molybdenum Case hardening Steels) 普通有兩種:

	炭 %	錳 %	鎳 %	鉻 %	鉬 %
(a)	.13/.15	.35/.50	3.3/3.5	.85/1.10	.20/.30
(b)	.10/.12	.35/.50	4.10/4.30	1.10/1.30	.20/.20

（a）種較 3 % 表面硬化鎳鋼爲强韌,可得較佳之心部(Core),多用於汽車各部齒輪或各種重荷之鑣床,刨床或洗床等之齒輪。（b）種有空氣中冷却變硬性質,與 5 % 表面硬化鎳鋼相似;惟可得更大之强力及表面硬度,耐磨性及震動抵抗力亦佳,故多用於飛機高速汽車或其他重荷機器之推進齒輪。

上述之高强度鋼多製於酸性或鹼性馬丁爐;建築合金鋼則多製於酸性馬丁爐或鹼性及酸性電爐。後二者因鋼渣(Slag)及去氧(deoxidation)之管束較易,故合金之損耗較少,而鋼料之品質較優,對製各種合金鋼較爲適宜。

特殊合金鋼　加多量之某一金屬於鋼中,常能將鋼之性質完全改變,或賦予一種特殊之性質,如抗锈性,抗熱性及無磁性等。此種高合金鋼,與前述三者,截然不同。玆按其所合金屬性質及用途,分爲七組述之。

（一）**高矽鋼**　　加矽於鋼中,可增加其強力與韌性,直至 2 %。設繼續加矽至 3.5 至 4 %,則鋼具有特殊之性質,如用作電磁鐵,其滯磁性(Hysterisis)及渦流損失(Eddycurrent Loss)極小,適於多種電力機械製造之用。此鋼為十九世紀末英國冶金家海得菲爾氏（Sir Robert Hadfield）所發明,今日為電工製造上所通用,用於電氣變壓器(Transformer)者尤多。惟欲得此鋼之最佳電學性質,其所含雜質——炭,錳,燐,硫——應盡量減低;但工業用矽鋼,往往因成本關係,其所含雜質有一定限度。普通高矽鋼之成分如下:炭 .05 %,錳 0.3 %,矽 3.50 %,燐 .03 % 以下,鋁 .01 %。

此鋼可用為鑄品鍛品或鋼板。茲將其鐵耗損失與木炭鐵及軟鋼之比較列下:

(Hadfield)矽鋼木炭鐵軟鋼之滯磁及渦流損失比較

磁力線 = 10,000 C.G.S. 單位

鋼　板 = .014 英吋厚

每磅鐵熱瓦特(Watt)數

	50 週率	60 週率
木炭鐵	1.26	1.54
軟　鋼	1.09	1.41
高矽鋼	0.58	0.73

設矽鋼中其他雜質再行減少,其電磁性質尚能改進。

此外含矽 14 至 15 % 之鋼,對各種酸類之抗蝕性甚強,且具適當力學性質,有用作化學製造器具者。含矽 20 % 之鋼,抗蝕性更強,但質脆無力,只能用作鑄品,故應用不廣。

（二）**高錳鋼**　　錳為鋼中必需之原質,但含量在普通規範之上,有使鋼質變脆之虞。普通炭鋼中加 1.5 % 之錳,以增其強度,僅為近年來之事實,且多用於適當加熱處理狀態下。設繼續加錳至 2 % 以上,則鋼質變脆,經任何加熱處理,亦難得適當物理性質。如繼續增加錳量至 7 % 以上,如鋼中亦含多量之炭(0.9 % 以上),則鋼之性質有奇異變化,延性轉增,而失去磁性。亦即因此特殊性質改

變,半世紀前冶金家海得菲爾氏發明此無磁性之錳鋼。此鋼普通含炭 1.10 至 1.25 %,矽 0.25 至 0.4 %,錳 12 至 14 %。其特殊性質爲:(一)在 950℃ 至 1000℃ 淬火水冷後,得無磁性之渥斯膿構造 (Austenitic Structure)。質柔而易展,富韌性而耐磨性甚大;且愈磨愈硬,用於機械耐磨部分而需相當強度與韌性者,甚爲適宜。惟因此使其不易錐刨,因錐刨中能使其構造改變,而鋼質變硬,故此鋼多用爲鑄品或輾成品 (Rolled Product);如成品須修整時,只能用沙輪磨琢。最近超等高速工具鋼 (Super High Speed Steel) 可錐刨此鋼,但亦極困難,且不經濟。(二)此鋼不能加熱爐冷 (Annealing),淬火後不宜退火,加 熱爐冷後則炭化物 (Fe$_3$C, Mn$_3$C) 集聚於晶粒四周 (Grain boundary), 使鋼質變脆,而延性全失;淬火後即予以低溫退火,則磁性漸復,而鋼質變脆。茲將此鋼在各種狀態下之機械性質列下,以便參考。

	最大抗拉力(每方吋噸數)	伸長度 %
鑄成(水冷)	36	30
輾成(水冷)	62	30/40
加熱爐冷	46	3
1000℃ 淬火	55	40
1000℃ 淬火 450℃ 退火	58	2/3

　　由上表可知錳鋼在加熱爐冷及淬火退火狀態下,爲不堪用之材料。錳鋼之用途甚廣,如碎石機之牙板,挖泥機,探礦之控沙機,鐵路及電車道叉及灣道,其耐久性數十倍於炭鋼。此外亦有用作保險箱者,歐戰時英人曾製錳鋼鋼盔,成績甚佳。近仍有用爲鐵甲板 (armorplate) 者。

　　(三)高鎳鋼或鎳鐵合金 (High Nickel Steels or Nickel Iron Alloys)　(a)渥斯膿式鎳鋼 (Austenitic Nickel Steels):加鎳於鋼中,其各種機械性質,俱隨而增加;惟其磁性改變點 (Magnetic Transformation Point)逐漸降低。設繼續加鎳至 30 %,則其磁性改變點降至0℃,

故此鋼在常溫無磁性,換言之,即爲渥斯騰構造之合金。因其無磁性,於輪船上航海指針附近之建築可利用之;但因鎳價甚昂,近有用鎳鉦鉻鋼替代者。

(b)「銀瓦」合金(Invar Metal):繼續加鎳至35至36％,則另一特殊之性質出現,即在一定溫度限度內,其膨脹率甚低,此合金稱爲銀瓦,普通含炭 0.5％,鉦 0.5％,鎳35至36％。惟初時其性質並不穩定,設置空氣中,將繼續膨脹;且其膨脹甚優,在常溫下可繼續至數年之久。此現象對其製造及應用上,障礙頗多。幸有一法,可免除此弊,即製造將完時,予以低溫加熱處理;處理後其膨脹率固定而低,可用以製精確度量器械,測量鋼尺,鐘擺,及其他標準器械。此合金尚有一奇異用途,即作鋁合金之分離式活塞(Split type Piston),鋁質輕而膨脹率較製活塞筒(Cylindr)之合金生鐵或鋼品爲高;如適量之鋁爲「銀瓦」代替,則活塞之膨脹率可使其與活塞筒相等。如此,輕活塞之利益可得,工作時溫度增高,亦不致因活塞暴脹而發生障礙。

(c) 高透磁性合金 (Permalloy):含鎳 78％,鐵22％之合金,具一特殊之物理性質,即在弱磁場下透磁性極高,稱爲高透磁性合金。此合金如經適當之加熱處理,在 0.05 Gilbert 之磁場下其透磁值有 90,000 μ 之高,約當熟鐵或矽鋼(5,00 μ 左右)之十八倍;滯磁損失 (Hysteresis Loss) 約當熟鐵十五分之一。故此合金用爲加荷於電報電話及潛水艇之海底電線,極爲適宜。其佳美之性質,經適當之加熱處理後,始可得到;且用時亦須細心,設於加熱處理後,受力過度,其透磁性將大受影響。

(d) μ 合金(Mumetal):此合金與前者相似,惟含少量之銅及鉦,此二者增加其電阻力並其機械性質,但透磁性略低,用途相似。

(四) 磁鋼(Magnet Steels)　磁鋼所需之物理性質,與發電機及變壓器所用之軟鋼及矽鋼相反。後者因在屢次磁化及退磁狀況下,爲減少鐵耗,反磁場力(Coercive force)及剩磁(Remanence)宜低,

透磁力 (Pearmeability) 宜高;永久磁鋼因欲永久保持其磁性,反磁場力與剩磁二者愈高愈佳於普通炭鋼中增加炭量或加入其他合金,可增進此二種性質,故永久磁鋼皆為高炭鋼或高炭合金鋼。炭及各種合金在磁鋼中之作用,雖未十分明瞭,但考諸目下通用之磁鋼——除最近發現之鎳鋁磁鋼外——加入之合金均為造炭化物原質(Carbide forming elements),如鎢,鉻,鈷等。此種鋼因合金量之高,其炭化物之總量,必不在低,此大量之炭化物,對於滯留磁性,或有重要之關係。茲將通用之磁鋼之成分及其性質列表於下:

磁　鋼	炭	鎢	鉻	鈷	剩磁(Remanence)	反磁勢力(Coercive force)
1. 炭　鋼	1.0%				8,500/9,000	50/55
2. 鉻　鋼	0.9		3.5		9,000	65
3. 鎢　鋼	0.65/.70	6.0			10,000/11,000	70/75
4. 鈷鉻鋼	1.0		8.0	15.0	9,000	170
5. 鈷　鋼	0.6			35.0	11,000	220
6. 鎳鋁鋼(A)					6,000	600
7. 鎳鋁鋼(B)					8,200	510
8. 新Honda鋼					7,000	840

惟有一點須注意者,即各種磁鋼在適當加熱處理狀態下,始具其優美之磁性。同一磁鋼在不同狀態下,其磁性常相差甚多。如6％鎢鋼在加熱爐冷狀態之反磁場力(Coercive force),僅當淬火狀態下之三分之一,雖其剩磁相近,炭鋼,鎢鋼,鉻鋼價值較廉,應用亦廣;鈷鉻鋼及35％鈷鋼磁性較佳,惟價值甚昂,僅用於退磁力極大之處,如各種內燃機之燃火機(Magneto)。鎳鋁鋼及新Honda鋼,磁性稍佳,如價值較廉,將來或可代35％鈷鋼。

(五) <u>高速工具鋼</u>(High Speed Tool Steels)　十九世紀末,馬士提(Mushet)發現含高鎢之工具鋼,具自硬(Self Hardening)性質,用於車床可施較高之鏇刨速度,雖溫度增高,仍能保持其堅利性質,此鋼發現後,機廠工作效率大增,而此自硬鎢鋼實為近代高速工具鋼之鼻祖;雖其成分與性質,與新式高速鋼頗多不同。該時通行之

自硬工具鋼,其約略成分如下:

炭	矽	錳	鉻	鎢
1.8/2.25	0.55	1.5/1.8	1.6/2.0	7.0/12.0

目下通行之高速工具鋼,含炭,矽,錳較此爲低,而鎢,鉻則較高。因含鎢量之不同,又可分爲兩種:(1)含14％鎢;(2)含鎢18％。此二者含炭均在0.65至0.7％,含鉻3.5至4.5％。近年冶金進步,新式高速鋼(Modern high speed steel)超等高速鋼(Super high speed steel)相繼出現,此種鋼中大抵含少量之釩,鉬,鈷等,使其硬度與韌性同時增加,故鏇刨時可用重荷(heavy feed)高速,極適於新式機械之用。高速鋼有數種特性,於製造及加熱處理時所宜注意者:(1)高速鋼因含多量之鎢鉻,炭化物含量甚大,故在鑄成狀態下,呈極不勻整之構造,須經適當之加熱處理及鍛輾工作,始能得勻整之組織。(2)高速鋼之淬火需極高溫度,若於低溫急熱至淬火溫度,極易發生裂口。故最佳淬火方法爲於低溫爐內預熱(Preheat)至800°—850°C,再移入高溫爐中速熱至1150°—1250°C,然後淬火於油中或氣流(air blast)中。(3)高速鋼於淬火後,其構造爲渥斯騰式(austenitic),各種炭化物分佈於晶粒間。設工具爲鏇刨用刀,磨利後即可應用,如爲鑽頭及洗床(milling machine)工具,其形狀大小固定,則淬火後應再熱至550°—600°C退火,退火後渥斯騰構造變爲馬騰(Marteusite)構造,硬度增加,其鏇割性質亦較只淬火者爲佳。茲將各種高速鋼之成分及淬火劑列下:

	炭	矽	錳	鎢	鉻	鉬	釩	鈷	淬火劑
(a)14％鎢高速鋼	.65/.70	.20	.30	14	3.5/45	—			油中
(b)18％鎢高速鋼	.65/.70	.20	.30	18	3.5/4.5	—			油中
(c)新式高速鋼	.15/8.0	.20	.25	17/22	4.0/5.5	—	7.5/1.5	—	油或氣流中
(d)超等高速鋼	.15/.93	.20	.25	17/22	4.5/6.0	.75/1.5	1.0/2.5	8/15	氣流
(e)10％鉬高速鋼	.65/.75	.20	.20	—	3.25/3.75	9.25/9.75	1.15/1.35	—	油或風

上表中(a)(b)(c)三種,經適當之淬火退火處理,其硬度可達650至750威克氏硬度(Vickers Hardness number);超等高速鋼淬火

退火後,可得硬度870之高,有用以鑢刨冷鑄鐵(Chilled Cast Iron)及鉅鋼者。高速鋼(e)爲近年來美國冶金學者之新發現,因鎢爲價昂且分佈不廣之金屬(世界上過半之鎢鑛,集中於吾國),美國缺鎢,其冶金學者研究以他項金屬代高速鋼中之鎢,遂有高速鉬鋼之發現。此種鉬鋼在特種情形下仍不及鎢鋼,但普通應用其效率不在鎢鋼之下。

近數年來工具鋼中又有所謂「威的亞」(Widia)及黏固炭化物工具(Cemented carbide tools)者。前者德國克魯伯(Krupp)出品最有名,其成分80至90%炭化鎢,常含有10至15%之鈷及鉻;後者爲美國出品,大部亦係炭化鎢,加入他種黏固物質(Bonding material),於高溫下處理之。兩者均能得1,000以上之威克氏硬度,與金鋼石相近,多用於鑢刨冷鑄鐵鉅鋼,亦可用爲鑢割玻璃。

(六) 不銹鋼或抗蝕鋼(Stainless or Corrosion-Resisting-Steels)
鋼鐵之生銹,乃電氣化學作用。純鐵不易生銹,因其只有一種單純構造;熟鐵及「阿木科」鐵(Armco Iron)較普通軟鋼不易生銹,因前三者之構造與純鐵相近,後者則含有兩種不同構造——純鐵(Ferrite)及普萊提(Pearlite),電氣化學作用易於發生。雖油漆可減少銹蝕,但在多種情形下,其功用不能表現或僅局部成功。據海得菲爾(Hadfield) 氏之統計,每年全世界鋼鐵銹蝕之損失,可值 500,000,000 金鎊之巨,其統計數目雖失之過高;但此項損失之巨大,爲任何人所不能否認。不銹鋼發現二十餘載,雖因價值或其他關係,用途仍狹,但其對於新式工業上之貢獻,已屬甚大。因冶金進步,多種不銹鋼出現市場,茲爲便於敍述起見,分爲三組討論之。

(A) 刀叉不銹鋼(Stainless Steel for Cutlery)　　此鋼爲一九一二年英國冶金家布瑞雷氏(Harry Brearley)所發明。當時布氏爲湯姆佛斯公司(Thomas Firth Co.)研究部主任,氏欲覓得一種材料,作大砲砲筒(Gun Tube)中之護壁(Lining),研究時試加各種原質於鋼中;以期得一材料;能抵抗砲筒中高速氣體之冲刷及磨損作用

(erosion and wearing)無意中氏發覺含鉻10%以上之鋼,普通2至3%之硝酸不能侵蝕,且此試樣在空氣中經久不銹,此種特殊性質引起布氏注意,繼續研究,於一九一三年遂有布氏不銹鋼之宣布。同時美德冶金家亦有注意高鉻鋼之不銹性質者,但最先施諸應用者,實為布氏。此鋼普通含炭 0.3 至 0.35%,鉻 12 至 14%,其抗蝕性質在淬火狀態下最佳,故用為刀叉,極為適宜。作此用時,淬火後常予以低溫退火(250°C 以下),以改進其性質,而無損於抗蝕;用於工程者,因需較佳之力學性質,如韌性及衝擊值,普通多再熱至 600°—700°C 退火。高溫退火減低其抗蝕性,但在侵蝕劑不甚強烈,而強力韌性亦需要時,此為適當之處理。仍有一點須注意者,此種高鉻鋼因含炭化鉻甚多,淬火時須用較高溫度及較長「浸熱時間」(Soaking Period),炭化鉻始能全部溶於鋼中,成勻整之固體溶液(Solid Solution),而淬火作用始能美滿,優良之抗蝕性質,始能得到,適當之淬火溫度為 950° 至 1,000°C,油冷或風冷則視物品之大小,大件物品油冷為較好方法。此鋼對空氣,淡水,海水,蒸汽,硝酸,及有機酸類之侵蝕,抵抗力甚大。故除作刀叉及家用器具外,常作水原輪蒸汽輪,凡拉(Valve)及活塞(Piston)等用。其 950°C 淬火 600°—700°C 退火後之力學性質如下:

伸長點(Y.P.) 每方吋噸數	最大抗拉力 每方吋噸數	伸長度 %	面積縮小度 %	(Izod) 衝擊值 尺磅	(Vickers) 硬 度
50/60	60/70	15/20	40/50	15/20	225/321

(B)不銹鐵(Stainless Iron):含鉻與前者相似含炭 0.05 至 0.10 之鋼,稱為不銹鐵。不銹鐵之抗蝕性甚大,質柔易展,銀壓車刨均易,雖強度略低,但於工程上已堅強足用,故其用途之廣遠過前者。為充分利用其抗蝕及力學性質起見,此鋼多予以 940°C 淬火 600°C 退火處理,在此狀態下之力學性質甚佳,而抗蝕性不減。

處 理	最大抗拉力 噸	伸長度%	面積縮小度 %	衝擊值 呎磅	硬 度 (Vickers)
940°C淬火 600°C退火	50/60	12/18	40/50	60/70	217/241

其主要用途為汽車部分,廚房用具,不銹鋼管,及其他需美觀之處。

(C) 無磁性鉻鎳不銹鋼(Austenitic Nickel Chromium Stainless Steels):或稱為 18/8 式不銹鋼。加鎳於高鉻鋼中,可改進其力學性質,降低其淬火溫度,故在多種抗蝕鋼中,常含有 2% 以下之鎳。如加更多之鎳於高鉻鋼中,則其構造及性質,顯然受極大影響。如加鎳至 8—10%,則此鋼變為無磁性,淬火後不變硬,韌性與延性增高,可以冷鍛冷輾;且在低溫及高溫下之抗蝕性均強,適於多種工業上之用。因其構造為渥斯騰式,故稱為渥斯騰式或無磁性不銹鋼。此鋼最先發現於德之克虜伯廠,今已通行各國,專利鋼名如 Anka, V.Z.A., Staybrite,均屬此類。其普通成分為炭 0.08—10%,鉻 15—20%,鎳 7—10%,而最通行者為含鉻 18%,鎳 8% 之鋼。其所含炭量愈低愈佳,因炭高則影響其抗蝕性及延性。此鋼因淬火後變軟,只能藉冷輾冷壓以增其強度,經交互之冷輾與加熱處理,可得甚佳之力學性質。茲將其在冷輾並加熱處理後之力學性質列下:

炭	錳	矽	鉻	鎳	狀態	伸長點噸(Y.P.)	最大抗拉力噸	伸長度%	面積縮小%	(Izod)衝擊值以磅
.10	.30	.69	18,09	9.12	冷輾後再熱至1150°C空氣中冷却	13—20	37—53	55—71	58—68	84—110

此鋼因在高溫仍能保持其抗蝕性且易於裝置製造,故在化學工業上,用途甚廣。惟有一缺點,即在 700°—800°C 間變脆,且喪失其抗蝕性;故於製造程序中,任何部分不得在此溫度間工作。此點對銲接時尤為重要,因在銲接處兩旁必有兩點溫度在此限度內。為祛除此弊計,銲接後應再熱至 1050°C 淬火或置空氣中冷却;據近年研究,於此鋼中加少量之鈦(Ti)或銅能免除此弊,故新式 18/8 無磁性抗蝕鋼,多含 1% 之鈦或 2 至 3% 之銅。

(七) 抗熱鋼 (Heat Resisting Steels) 吾人日常所談某鋼之力學性質,係指在常溫而言,降低溫度或提高溫度,對鋼之力學性質影響甚大。「阿木科」鐵(Armco Iron)在常溫下有 20 噸之抗拉力,如降低溫度至絕對零度,則拉力增至 60 噸,惟延性大失;普通炭鋼在温度降低後,衝擊值大差;鎳鋼受影響較小。此種性質在特種情形下有其重要;如西伯利亞之鐵軌寒帶之鋼鐵建築,造冰或冷藏器械等。提高溫度,鋼之強力亦增,至 250°—350°C 達最高度;同時延性與韌性亦最低,尤以震動抵抗力爲著。此種現象在炭鋼中甚爲普遍,稱爲低溫脆化性 (Blue Brittleness)。故炭鋼在此溫度間,不宜施銀鑄工作。繼續提高溫度至350°C 以上,抗拉力轉落,至 550°C 抗拉力減半,至 900°C 含 .14 % 炭之鋼,只有兩噸之抗拉力,可見在高溫下鋼材性質轉變之烈。此外鋼在高溫下受力時,尚有一種特殊現象,與在常溫時不同者。在常溫試驗抗拉力,其加荷時間與所得抗拉力無甚影響;在高溫下如加一較最大抗拉力爲小之荷重 (Load),經相當時間後,其試料可由伸長而漸至拉斷,此種現象稱爲「潛伸作用」(Creep)。故論某鋼在高溫下之強度,其最重要者,非在該溫度之最大抗拉力,而實爲使其不發生潛伸現象之最大拉力,即所謂「潛伸限強力」(Limiting Creep Stress)。此潛伸限強度往往較最大抗拉力低小數倍。故在高溫構造之計畫,此點不容忽視。茲將兩種軟鋼在不同溫度下之最大抗拉力及潛伸限強度列下,以資比較。

試驗溫度	0.10%炭軟鋼		0.17%炭軟鋼	
°C	最大抗拉力 每方吋噸數	潛伸限強度 每方吋噸數	最大抗拉力 每方吋噸數	潛伸限強度 每方吋噸數
400°	——	——	29.0	13.4
500°	14.9	3.5	19.4	4.8
550°	12.1	1.3	15.0	2.4
600°	8.4	0.6	11.0	1.2

由上表可知潛伸限強度較最大抗拉力低小數倍至十數倍,且隨溫度降落甚速,與最大抗拉力不成比例。故近年來高溫下建築之設計,其所用材料之潛伸限強度,均予以試驗,以保安全。尚有一點須注意者,即實際應用上應於不同工作溫度內選擇價值低廉之材料,在某種溫度下,價值昂貴之合金鋼,或不如炭鋼之適宜;在另一種情形下,採用炭鋼或竟完全失敗,0.4 至 0.5 % 炭之炭鋼,3 % 鎳

鋼,鎳鉻鋼,鉻釩鋼及鎳鉻鉬鋼,在 500°C 以內,均能維持相當強度。炭鋼在加熱冷却 (normalized) 狀態下,其高溫強度與 3 % 鎳鋼相埒;鎳鉻鋼略勝炭鋼而價倍之,故如工作溫度在 500°C 以內,普通炭鋼爲適宜材料。鎳鉻鉬鋼鉻釩鋼及高速鋼在高溫下,具較佳力學性質,惟在 600°C 以上,強度全無。故在 600°C 以上,普通炭鋼與合金鋼均屬無用。新式抗熱鋼途有其特殊之地位。且在高溫下,除溫度外,往往有其他侵蝕冲刷作用,同時存在,使其工作情况金加困難,如內燃機之洩氣尾拉(Exhaust Valve),高壓高溫蒸汽鍋爐之加熱器 (Superheater)等。故目下所謂抗熱鋼者,大抵含多量之矽,鎳,鉻,鉬,鎢,鈷等原質,使鋼在高溫下保持相當強力,並對高溫下氣體之侵蝕及氧化作用抵抗力甚大。茲按其成分及性質分爲三組述之。

　　(A) 高鉻抗熱鋼:(1) 6 % 鉻鋼　普通含炭 0.20 %,鉻 6 %,鉬 0.25 % 或無鉬。鉻能增加鋼之抗蝕作用,於前節中巳述及,增加鉻量至5至6%,其高溫強度及高溫抗銹性(Resistence to Scaling)均大爲增加。此鋼與其他高鉻鋼同,具空氣中冷却變硬性質,故於製造過程中須特別注意。其最大用途爲化學工程設備,如侵蝕劑不烈,而溫度不太高時,此爲價廉而適用之材料。(2) 13 % 鉻鋼　此與刀叉不銹鋼相似,惟含炭略低 .20 至 .25 %。其抗蝕抗熱性質,遠勝前者。在適當加熱處理下,強度亦大。故有用於高壓高溫之蒸氣輪,亦有用於內燃機洩氣尾拉者。今日巳爲他種合金所代替。

　　(B) 尾拉鋼 (Valve Steel):所謂尾拉鋼者,指在高溫下應用之各種尾拉而言。如汽車飛機之進口及洩氣尾拉。此種鋼成分複雜,功效亦異;且各國冶金學者因意見不同,故鋼之成分,常相去甚遠。惟其發展方向有一共同點,即於鋼中加鎳,鉬,鉻,鎢,矽,鈷等以期得:(一) 穩定構造,換言之,即得一純鐵性鋼 (Ferritic Steel) 或無磁性鋼 (Austeuitie Steel)。此兩種鋼均無變態點 (Transformation Point),任何加熱處理,不能改變其構造亦即因此種特殊性質,使其適於高熱洩氣尾拉之用。(二)抵抗高溫高速廢氣之侵蝕氧化及冲刷作用,此三者之影響,在低溫下不甚顯著,溫度增高後,此作用增加甚速。故於應用上後者較讀者尤為重要。茲將目下各國通用數種瓦拉鋼之成分列下,以賢參考。

碳	絡	矽	鉻	鎳	鈷	鉬	釩	約略工作程度
(1) 0.45	9.0	3.25		1.5				750°C以下
(2) 0.30	12.70	2.50	8.0					900°C以下
(3) .45	14.0	.75	14.0	2.25		.40		900°C以下
(4) .41	10.0	—	5.0			1.5/2.0		900°C以下
(5) .40/.45	10.0	—	15.0	2.0		1.0	.40	900°/950°C以下
(6) 1.51	13.2		1.78		5.17			900°C以下
(7) .42	13.3	.69	8.87	3.42				900°C以內

上列七種鋼中,除(1)外餘均可工作至900°C左右,而構造不變,氧化亦微。多用於飛機或其他高速內燃機之洩氣瓦拉。

(C) 電阻熱合金絲(Electric Resistor Wire)此多為鎳,鉻合金非真正之鋼。因含鎳真價值極昂,其用途只限於電阻熱爐(Electric Resistence Furnace)表面硬化箱(Case Haudening box),高溫計套管(Pyrometer Sheath),及其他爐用機件。目下通用之此項合金甚多,茲擇要舉出數種如下:

鎳	鉻	鐵	鋁	銅	最高工作溫度
(1) 80	20				1200°C以內
(2) 70	30				
(3) 60	15	25			1100°C以內
(4) 70	18	10	1.5		
(5) 35	15	48	2		
(6) 28	21	49	.85		1000°C以內
(7)	20			5/10	

上述之各種特殊合金鋼,除矽鋼矽鋼及不銹鋼製於「弧熱電爐」(Electric arc Furnace)外,餘多製於「高週率電爐」(High Frequency Electric Furnace),惟仍有製自坩堝(Crucible)者。坩堝及高週率電爐鋼普通曾鑄成鑄品或注鑄小鋼錠,以備煅輾後製為成品。

結論　年來冶金學術進步,各項鋼品已成單獨之研究。作者於此短文中,對各組炭鋼及合金鋼之性質,因篇幅關係,未能詳加討論;惟盡量將各種鋼材之基本性質,簡明敍述,務使讀者得一清晰概念。在此國內鋼鐵工業毫無基礎冶金知識不甚普遍之時,此文之作,或足供讀者參考之資歟?

附識　文中各數名詞,係據作者意見直接譯出,不必盡定名,故於名詞後均附英文原名,俾易明瞭。

民國二十五年三月於英國善非爾

鎢之產量及其在國防與工業上之用途

江文波

概論

鎢為金屬礦物中之一種,色褐質堅,產量不繁,而用途甚廣,今日之電燈鋼鐵工業,非此無以為功。其見知於世,雖不逾三十年,然對於人類生活上,在金屬中,除銅鐵二料而外,無可比擬。三十年前,僅視為罕見礦物之一,自電燈製造發明後,用途始著,而在高速鋼鐵冶煉中,尤為不可缺少之原料。迨歐戰發生,其重要性更加彰明,其時英法諸邦,以重價爭買,而德奧二國以深在重圍,雖有萬金,不能到手,於是可知鎢質關係國防與民生之重大矣!

鎢之性質

鎢之性質,在化學上,頻似鉻 (Chromium) 鉬 (molybdenium) 鈾 (Uranium)等,在週期表中,占第六組位置。除硫化鎢(Tungsten sulphide)而外,鎢於化合物中,均占酸性成份,因此於蘇打還原方法。(soda process of reduction)中得用鈉鹽與之熔化,使成能溶解水中之鎢養鈉 (sodium tungstate) (Na₂ Wo₄),其法極為便利。

鎢在普通熱度之下,少與他種物質化合,亦不受空氣及水份之影響但至攝氏表三百度時,養化頗易,成黃色三養化鎢(tnngsten trioxide) (WO₃),及至紅熱點溫度,竟達燃燒,若與炭砂 (silicon)或硼 (borax) 混合加熱,成為晶體混合物,有金屬之燦亮,堅度可用以割開玫瑰玉(rubies)除炭化硼(borax-carbide)而外,炭化鎢 (tungsten carbide) 之堅度,為與金剛石最近似者。

鎢之硬度在 4.5 與 8.0 之間,視其冶法而定。密度自 19.3 至 21.4 不等,體積愈小,密度愈高,各原質中,除鉑 (21.5),銥 (iridium) (22.4),及鋨 (osmium) (22.6) 而外,密度無可與匹。熔點則在攝氏表 32.67 度,僅亞於錸 (rhenium) (錸之熔點在攝氏表三四四〇度)。在冶金工程中,熔鎢之費甚昂,而實用殊少,煉爐應特別構造,故除科學研究上之實驗而外,少有用之者。

通常由礦砂化煉所得之灰色鎢粉,用壓力揰成鎢條,繼通以電流,使達高溫度,再加熱至色呈紅亮,而後用重機鎚揀,使成柔靭物質,且具彈性,鎢之彈性率 (elasticity modulus)[3] 在普通溫度每平方公釐 34,800—37,300 公斤,除鋨外,為各原質之冠,可以引長,製成細絲,[4] 其直徑可小至 1/2000 公分。抗拉強度 (tensile strength) 為每方公分為 42,100 公斤。煅鎢(wrought tungsten)類似鋼鐵,可以磨擦光滑,而不生銹,亦不受磁性之影響。其壓縮率 (compressibi lity) 每方公分每公斤為原有長度一千萬分之 2.86,為一均切金屬中之最小者。

鎢之受熱膨脹性 (thermal expansion)[5] 曾經 Worthing 氏考驗,概線膨脹率 (coefficient of linear expansion) 在絕對溫度 (absolute temperature)300;1,300;2,300 度,每度之膨脹率為一百萬分之 4.44;5.19;7.26 等。此項結果,經其他實驗家,再四復驗,[6] 尤其在低溫度中,認為準確。其大約方程式為

$$(L-L_0)/L_0 = 4.44(10)^{-6}(T-300) + 4.5(10)^{-11}(T-300)^2 + 2.2(10)^{-18}(T-300)^3$$

其中 L 為在 T 溫度時之長度,L_0 為於絕對表 300 度時之長度。

至於鎢之傳熱性,[7] 在絕對溫度表一千度至二千五百度間,其關係成一直線。自一千度至一千六百度之傳熱率 (thermal conductivity) 每公分每度為 0.03 瓦特 (watt) 自一千七百度以上則為 0.02 瓦特。

其熱電性(thermal electric property)或稱譚信電逐力(Thomson E.M.F.)亦經 Worthing 氏測度,茲將鎢絲之譚信影響列表如下:

鎢絲之譚信影響

絕對溫度	譚信影響
度　數	每度雷弗打
1800	-18
1900	-20
2000	-22
2100	-24
2200	-26
2300	-28
2400	-30

在譚信影響之研究中,鎢為有正極溫度係數 (positive temperature coefficient)之惟一金屬,於攝氏表零度至一百度間 Bridgman 氏[8]證明符合下列方程式,計每度

$$\delta = 0.0341(t + 273)\text{米厘弗打。}$$

鎢對電流之阻力,視其中雜質多少而定。Geiss 及 van Liempt 氏[9]用純粹晶體鎢質,驗定阻力每公分為二百萬分之4.82歐姆,其溫度係數每度為千分之4.80 Worthing 氏期在高溫度時,鎢之阻力如下列方程式:

$$R/R_o = (T/T_o)\beta$$

β 之值大約為1.2。

鎢之發現及利用史略

鎢之發現[10]始自西歷一千七百八十一年,即民國紀元前一百三十一年,Scheele 氏由天然之鎢化鈣 (natural calcium tungstate) 中分出一種新酸號之曰鎢酸(tungtate acid)。翌年, Bergman 氏於鎢礦石(wolframite)中亦得同種酸質,在其實驗室中同時製出鎢質及其他混合物,自是鎢質被視為罕見金屬之一種。至民國紀元年六十五年,Oxldand氏獲專利之權,以製鎢養化鈉(Na_2WO_4)及鎢酸,該原質在工業上始受注意。十年後, Oxland 氏再獲專利之權,以製鎢鐵合金,為近時鎢鋼之鼻祖。然彼時鎢質在工業上之用途,尚不甚廣。至

半世紀後,T.M.Tayor 氏首先在較大規模之下,製造鎢鋼。然而電燈發明,其功用始形卓著。及鋼鐵事業發達,其用途尤為浩繁。際此列強互競軍備之秋,鎢實更有求過於供之勢。

目前鎢之用途

　　鎢能與多種普通金屬成混合金,但在工業上實用者不過數種而已。鎢礦大都先煉成與鐵相混和之合金,用以製鋼,若與鈷(cobalt)及鎳相混合,則成 stellite, 可作劃切器之用,普通可以下成份[11]表之:鈷45%,鎳25%,鎢20%,鉬5%,炭1—4%,硫1%。

若與銀及銅混合,則可用為電極,以煨接(weld)鋼鐵。

　　鎢之最大用途,為製造工具。其中高速鋼之用途,尤為特多。美國之高速鋼鐵,含鎢約 17-20％,近來習慣為18％,然 Midvale 鋼鐵公司,用17%, Vanadium Alloy 鋼鐵公司用百分之20.5％。或謂歐洲鋼鐵含鎢有高至 23％者,但據美商意見[12],20％以上實屬虛費[13],最通行之混合分量為:鎢18%,鎳4%,釩1%,炭0.6%。

　　下表示作者所調查高速鋼七種之成份:

	1	2	3	4	5	6	7
鎢	18.00	22.09	20.50	18.57	17.88	13.83	12.32
鉬	0	2.13	0	0	0	0	0
鈷	8.50	18.91	0	0	5.21	0.20	0
鎳	0	0	0	0.29	0	0	0
鉻	4.00	0	4.25	4.53	4.40	4.67	4.90
釩	1.75	1.64	1.30	1.99	1.20	1.83	1.79
鉬	0.50	0.36	0.60	0	0	0	0
炭	0.75	1.21	0.80	0.77	0.80	0.73	0.64
錳	0	0.21	0	0.38	0.45	0.28	0.23
矽	0	0.37	0	0.32	0.35	0.47	0.28
磺	0	0	0	0.012	0.010	0.007	0.004
磷	0	0	0	0.008	0.015	0.006	0.009

表中第一種，Firth-Sterling 鋼鐵公司所製者，含鐵亞於三分之二。第二種，爲一奧國鋼廠，在英國存棄者，含鐵僅百分之五十五。[14]第三種，爲 Vanadium Alloys 公司之「灰色割鋼。」第四至第七種，乃美國海軍部，將其所買鋼鐵十五種中之四種，化驗而得之結果，其大旨當以硫及磷二物愈少愈佳。

依 Atlas 鋼鐵公司總理尼古拉司(H.E. Nichols)氏一九二八年所提出之高速鋼鐵用途如下：

一．螺紋鏨及鏨等	百分之三十
二．割鐵及開齒等	百分之二十五
三．鋼鑽及尖鑽等	百分之一十五
四．車床刀，鉋，及刨物器等	百分之二十
五．其他工具	百分之一十

據尼古拉司氏估計，該年中高速鋼出產，在七百五十萬公斤之譜。自是以還，產量雖因時而異，但類多在該數目左右。

以前鎢之加入鋼鐵中，或爲粉末，或爲鎢鐵合金。目前粉末之用，於美國已成過去。鎢鐵合金含鎢約百分之八十，惟成份愈高愈妙，其熔點本較鋼鐵爲高，但溶解於熱鐵熔液中，與糖溶解水中相似。

造鎢鐵合金之技術，較歐戰時大形進步。當時重一千一百公斤之鎢鐵尤殊爲鮮見，今日則二千六百公斤之鎢鐵尤已不足奇。以前於礦石中煅出鎢質，不過所含百分之八十五，今日則百分之九十二已爲普通成績。

鎢炭混合品製造之工具

鎢炭二質混合，成爲割物器最堅利者之一種。其混合方法，可分二種：

第一種以鎢粉及炭粉混合，再加鈷粉爲黏著品。當混合時，經研磨調攪之後，鈷粉附着鎢粉之外面，用高壓榨成工具之形，再加熱使相黏附。所用鎢粉，乃以三養化鎢，置輕氣中，使之還原而成；其粉粒之大小,粉質之總良,俱應注意。美國專利之權在奇異電器公司 (General Electric Company) 之手。該公司製出一種混合物,除鎢粉,鈷粉而外,加入金剛石粉,以作磨擦器之用。

此種器械之特點,爲過熱而不變軟,可用於最高速率之割切機械中,爲平常高速鋼所不及;亦可割玻璃,磁器,及石英等;若以作鋸齒可鋸 bakelite 及 micanite 等;一切可割千餘次,若用平常高速鋼,則不出數次,即不可用矣。

優良之鎢炭黏合物,因專利之酬報,且產量極微,故時價甚昂,每公份 (Gram) 約值美幣八角,若大宗購買,每公斤約值美幣四十餘元。

第二種以鎢粉及炭粉置諸熱鈷熔液中,鑄成條狀,用作開油井之尖鑽;用期較高速鋼加長十倍,且省廢利時間;目前油井工程非此不能爲功。鏟機 (power shovel) 之杓口,亦常以此混合物作成。

電燈中之鎢絲

鎢質因熔點奇高,且能引成微小堅靱之鎢絲及其通過電流時之感應,遂成製造電燈絲最優良最合宜之原料。採用以來,獨執市上牛耳。燈泡之大小不等,目今最大者爲五萬瓦特或五萬燭光,通常應用之二十至一百瓦特燈泡,因絲甚微小,用鎢不多。欲知每公斤鎢絲所製燈泡數[15],可觀下表:

燈泡之種類	每燈泡所用鎢量(公絲)	每公斤鎢可製燈泡數
參粒大之燈泡	0.035	28571428.00
二十五瓦特	6.95	143885.00
五十瓦特	10.88	91911.00
一百瓦特	32.43	30835.00
五千瓦特	11397.00	87.74
一萬瓦特	36368.00	27.50
三萬瓦特	312156.00	3.08
五萬瓦特	1362000.00	0.73

民國二十一年間,美國製出各種電燈泡總額約六萬萬枝,於商部之專利特權登記中,亦有以鎢作弧光燈者,惟其實用尚少。製燈所需之鎢,為數雖微,不能與鋼業比,然銷路穩固,且有日益增加之勢。

鎢之其他用途

一小部分之鎢,[16]用於製造汽油機中之發火棒,以代昂貴之鉑。

鎢若與銀或銅混合,成「易空乃」(elkonite),為斑點熔接法(spot welding)之電極。鎢養化鈣 $CaWO_4$ 則可用之塗於玻璃片上,以作愛克司光綫鏡。鎢養化鈉 Na_2WO_4 又為製造印刷或書畫之墨油所必需,每年所用達28100公斤之多。此種墨油名曰「同那耳」(Toner)

民國七年,美國軍事部之軍械官提倡槍彈可用鎢鋼熱模(Hot die)造成,該時適歐戰告終,其說未經實驗。

鎢獨用,或與鎳,鈷,鉬等混合,可用以電鍍銅鐵器具之表面,使免生銹。紐約哥倫比亞大學敎授馮克(C.G. Fink)氏用鹼性鎢液,美京 Electro-deposit Corporation 之歐姆斯德隆 (Armstrong) 及孟尼非 (Menefee) 用酸性鎢液以施電鍍術,光滑可觀,較單用鎳或鎢為佳。歐孟二氏謂所用酸液,含鎢自百分之三十至八十不等,其餘成份則為鎳或鈷。此種混合,屬眞正合金與否,尚未能斷定。

鎢在工商上之價値

鎢之產量雖少,而在文明進化中之人類生活,未見他種小量金屬可與相比。民國十七年美國之泡燈工業較之前一年用炭絲燈泡時節省美幣二十萬萬元,是年所用電燈泡共五萬萬隻。民國二十三年,美國自製燈泡約六萬萬隻,輸入(炭絲燈泡不在內)約九千二百餘萬隻合計約七萬萬隻之多,其節省之費,當在美幣二十五萬萬元以上。燈泡工業中,每年用鎢約九十餘公斤,依現價値美幣十萬餘元。其大宗出產用於造鋼工業省儉時間,地位人工,資本等亦不少,據聞一工人與一車牀用鎢鋼工具,其成績可與五工人用五車床而用炭鋼工具者相當者。某汽車製造廠中人云:若用舊式炭鋼工具,每車售價當加增美幣二百元,以每年出產車數四百萬輛計,若平均每輛省費五十元,則每年所省為美幣二萬萬元。

在煤油煤氣工業中,因鎢炭合金之應用,每鑽用期延長二倍至十倍不等,所省時間與人工,為數甚巨。

自鎢質被採用後,美國每年在工業上可省費用自美幣二十五萬萬至三十萬萬元之譜。

鎢礦出產之分佈

世界鎢礦產地,多在太平洋沿岸,計佔全球百分之九十,就中東岸約占百分之三十,西岸百分之六十。東岸產區之重要者,為美國墨西哥祕魯波利非亞亞根廷西方等,在西岸者為吾國日本朝鮮新西蘭島澳洲東印度羣島馬來半島遏羅緬甸安南等處。大西洋岸及歐陸間,英法德奧葡西等國,雖有蘊藏,而產量甚微。非洲亞洲西部及美洲東部,則並無重要鎢礦之發現。

本篇對於蘊藏鎢礦鑛石之種類,形狀,地點,及內容等問題,與夫世界各國產量比較及開採情形,因限於篇幅,未能盡錄,故除吾國與美國外,其他各國不加論述。

民國紀元前七年以前,世界鎢礦產量,無可考究。至是年出產,合三養化鎢 wo₃ 百分六十之提淨礦壓,約為3652公鐓。至民國元年,則達8809公鐓,民國三年產量較少,約7053公鐓,自是以後,歐戰發生,當民國七年,產量達31917公鐓,為最盛之期。自民國紀元前七年至民國二十二年,世界,吾國及美國產量,如附圖所示。

民國紀元前,美國鎢鑛之產量為世界冠。自元年至四年,緬甸產額突出其上。民國五六二年,美國再恢復其首席位置。然自民七以來,吾國出產超過各國之上,是年總計產額10577公鐓,民國二十四年則為6600公鐓,以視民國三年——吾國經營鎢業之第一年——出口僅6.346公鐓,進步可謂甚速。

美國重要鎢礦區之分佈,在Alask a, Ari zona, California, Colora-

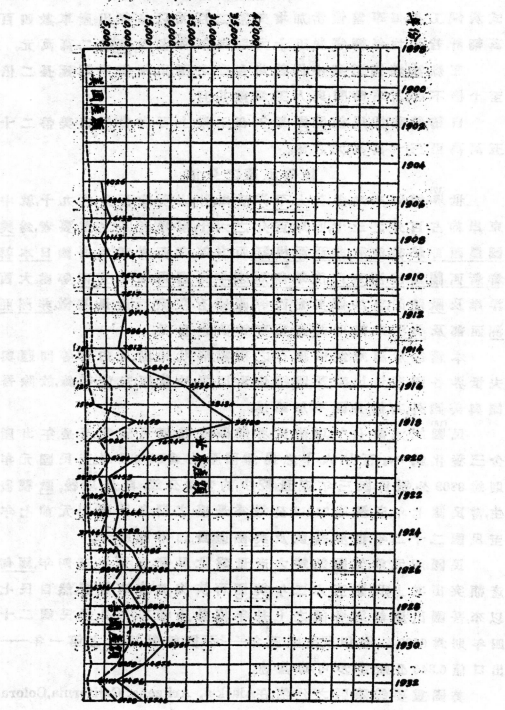

do, Idaho, Montana, Nevada, New Mexico, Oregon, South Dakota, Utah, 及 Washington 等省。出產最豐時爲民國六年計5517公鐵。歐戰前十五年中,美國出產共14701.176公鐵,然易探之礦已無遺矣。

美國礦區之發見,離東起落機山西至太平洋岸,南達新墨西哥,北抵加拿大,然 South Dakota 之蘊藏昔已告罄,Colorado 出產盛旺時代亦成過去。其他礦地,產量不豐,無足重輕,睢冀新礦脈之出現但殊無把握。

吾國鎢礦出產地點,分布贛湘粵桂等省,而贛南之出產,尤負盛名。歷年以來,礦產多現於冲積層中。推其原因,係由硫化物先受養化,成含鐵質之三養化鎢,存於石英脈中,迨石英脈風化腐鬆,鎢礦與之分離,故冲積層告竭之後,硫化鎢脈相繼發現,

民國十三年,贛省礦務局發表該省鎢礦蘊藏,共一百二十餘處,礦區大都在大庾縣之西南,位於曲江至贛縣公路半途之間。據聞該處礦場長凡十公里左右,鎢礦與鐵,鉬,鉍,煤炭及千層紙等同產脈中,脈廣自一二寸至五六尺不等,多在花崗岩中。鎢砂冲積與含鎢礦脈甚富,遍山皆是。

湘省產地在臨武桂陽之間。曾經開探之礦脈有四,其中有長六七百尺者,鉍礦亦錯雜其間。此外沅江縣屬亦聞有鎢礦之發現。

桂省鎢礦,多探於黔桂邊界間,其東北之平樂縣礦脈中,鎢錫並出,而東南鬱江流域,則含鎢鉍鉬之礦脈亦經探掘。

關於粵省產鎢情形,見民國二十年八月,省政府建設廳之礦業特刊,內載全省已探識之產鎢礦址,共十四處,就中以梅縣瑠坑一礦爲最大。

大抵吾國礦地,與亞洲其他各部分相同,以巖石久經風化,且因氣候溫濕,腐蝕甚深,達25-30公尺者,在在皆是,故開探較易。

三養化鎢亦有蘊藏於石英脈中者。石英脈之厚度有時在30公分以上,除鎢外,錫,鉍,鐵,千層紙亦經同時發見,此脈多現於穿過沙巖及灰巖之花崗巖中。風化岩石,受水冲開甚速,故離近地面,礦

廠大都堅硬異常,合鎢成份約1%,但亦有較豐者。

鎢之代替品

因鎢礦之昂貴,鉬價之低廉,遂求美商爭先研究以鉬代鎢之可能性。自今Cleveland Twist Drill Company 及偏思威賢省之 Universal Steel Company 採用下列成分:

鉬	7.5—8.5%
鎢	1.25—2.0%
鉻	3.5—4.5%
炭	0.65—0.85%
鐵其餘%	

此種混合金,有稱之為鉬鎢鋼(motung) 者用於數種工具頗為有效,但無比鎢鋼較良之性質,且其煆法艱難,而炭份較高,未免質脆易碎。

美國鋼廠於民國二十四年一月七日對於鉬鎢鋼有下列之討論:

「Cleveland Twist Drill Company 聲稱:該公司實多次試驗鉬鎢鋼之用途,其成效有過普通鎢鋼,但依吾人經驗,鉬鎢鋼之優點屈指可算,若於鎢鋼中增加炭質,則不論在何環境均在鉬鎢鋼之上,鉬鋼之優點惟為價廉而已。」

總而言之,若鎢價勝貴,則鋼商必被迫而用鉬,以鋼質相去不多也,若鎢價低廉,則以鉬代鎢,為期尙遠。

鎢之冶煉法

鎢之冶法,手續頗多,非此篇所能列舉,茲僅就普通程序略加論述。

天然純鎢尙未經發現,鎢礦大都多為養化物,間亦有為硫化物者。欲得工業上應用之鎢,必須將硫化物與鈉鹽同燒,成鎢養化鈉,能溶解於水者,再加鹽酸(Hcl),則變為三養化鎢,成固體而下沉。三養化鎢曬乾之後,封固於密不通氣(Airtight)之箱內,加還原劑,加熱,使還原劑抽出三養化鎢之養氣,而自成爲養化物,則晶體之鎢粉於以發現。造鋼時將此粉加於紅熱之鐵質熔液,使成合金。鎢粉溶解於熱鐵液中,一如糖之溶解於水。

　　第二法爲烈熱煅鎢法(thermite process or Goldschmidt process)。將三養化鎢粉與鋁粉 (aluminium powder) 混合,置之熔金爐中,以過養化鈉或過養化鋇 (barium peroxide) 加入,使發烈熱,則成養化鋁及鎢質。

　　欲製鎢絲,則以鎢粉置於鋼製模型中,壓成鎢條,剖面 6.4×6.4 公厘,長 20-60 公分不等。繼通以電流,加熱搥揀,使其黏固。最後將鎢條加熱,抽過模型之孔以成鎢絲。

結論

　　鎢屬合金,在工業上,既有特長之性質,廣大之用途,而鎢砂之產量又以吾國爲最多,則當此吾國工業初興,國防孔亟之秋,對此重要礦產自應特別注意,開採太多,且均輸出國外,固有將來來源涸竭之虞,然聽其蘊埋地中,對於人民生活,國家富源,亦無裨補。最善之方略爲此項礦業歸國家經營,一面發展鋼鐵工業,以資利用,一面製成鎢條暫行儲藏,勿使出口,庶在非常時期中可用,以供自衞軍備之用。目前歐美諸邦,對於鎢之一物,爭相儲積,佔計德俄二國至少各備有五萬五千公噸,英國所存積者則在三萬五千公噸左右,法國儲量,亦當不在德俄之下,美國爲產鎢之邦,其儲藏自當較富於歐洲諸國。查煉鎢之廠,所需經費不多,苟能早日開辦,以與國內鋼鐵實業,以利國防準備,以裕人民生計,實一擧而數得也。

參考資料

1. F. L. Hess; *U. S. Geological Survey* No. 652, 1917.

2. See (1).

3. Herbert Schonborn; *Zeit. Phys.*, 8, 1922.

4. Special communication from Mr. F. L. Hess.

5. A. G. Worthing; *Phys. Review*, 10, 1917.

6. von J. Disch; *Zeit. Phys.*, 5, 1921.

7. See (5).

8. P. W. Bridgman; *Proc. Amer. Acad. Sci.*, 53, 1918.

9. Geiss and V. Liempt; *Zeit. Metallkunde*, 17, 1925.

10. C. J. Smithells; *Tungsten*, Page 1.

11. See (4).

12. See (1).

13. See (4).

14. Oesterreichische Schmidt-Stahlwerke, A. G., of 213 Favoritenstrasse, Vienna X,
　　Austria.　British Patent No. 343, 508, Nov. 14, 1929.

15. See (4).

16. F. L. Hess; *Mineral Resources of the U. S.*, P. 985, 1918.

17. F. L. Hess; *Engineering and Mining Journal*, p. 715, Nov. 1919.

18. F. L. Hess; *Mineral Resources of the U. S.*, p. 724, 1919, p. 219, 1921, p. 571,
　　1922, p. 465, 1924, p. 260, 1926.

19. F. L. Hess; *U. S. Geological Survey*, No. 652, p. 14, 1917.

20. See (18).

作者附言

　　是篇之作，其內容蒙美國礦務廳富有經驗之技師夏士先生
多方指導，又得留此同學俞恩梅博士檢閱原稿，予以相當批評，作
者特附此申謝。

工程的起源

美國傑克遜教授 (Prof D. C. Jackson) 原著

莊前鼎　周攬清　合譯

按本篇原文載美國(Technology Review, Nevember 1935)。上月中旬，傑克遜教授夫婦來華講學，譯者等在平同任招待，親聆教益。用將傑氏近著一篇譯出介紹，以示景仰。傑教授係美國前麻省理工大學電機工程學院主任及前美國電機工程師學會會長。此次來華係第二次云。　　　　　　　　　　　　　　　　　譯者附識

科學上一切發現和發明及其對於社會組織變遷上影響之歷史，實爲一部具有眞實性之羅曼史，敍述用機器替代人力之轉變，並闡明人類智慧與蠻力之不同。

有史以前之人類，在溫帶擇穴而居，在熱帶利用野草樹葉蔽蔭，更用火熟食取暖，凡此種種皆由於本能或偶然的發現，不需要創造的智慧。隨生活之轉變，少數具有創造精神者乃發明簡單機器，此卽工程最早之雛型，其事當在數萬年之前，雖缺乏史乘，無從稽考，吾人亦不難從考據及人類心理兩方面研究之。

第　一　圖

7291

　　熱帶平原,被大小河流冲溢,雨季常有洪水之患,居民每以草舍被淹爲苦,不得不趨避高處,暫與野獸爲伍,以謀安全,其中智力過人而不耐煩瑣之勞者,感於時常遷徙之苦,乃從事水文測驗,擇水患絕迹之高地,建築新舍,以便久居。

　　幾經水災之後,同伴相率效尤,羣居集處,初民村落,由是以興。此種草屋叢集之村落,在今日印度支那及暹羅境內,仍能發現,其生活狀況,與初民社會較之,固有若干改良也。然村落社會之與起,卽爲個人工程的觀察,以及因此而得種種改良之結果,或可毫無疑義。

　　穴居之人,情形迥異,其問題不在水而在火。蓋穴居燃火,烟氣常使居民不得睡息,雖令妻兒刻意照顧,無濟於事。最後某穴人敏捷過人,苦之,思設法改良,經屢次試驗遂於穴口築一火爐,用扁平石塊爲之,一方面亦所以保護火力也。

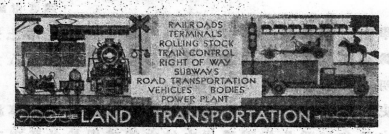

第　　二　　圖

　　嗣後羣相摹仿,居民咸得解除所苦,此一人發明之功也。在今日,阿爾基利亞山居土著之石舍,無窗,屋頂鑿孔,作進出二口,亦藉以使烟氣外導。或曰此卽初民爐灶之蛻化,如此則工程進步及村落社會之關係,益瞭然若揭。

　　工具及其他簡單武器概爲手藝之象徵。吾人欲根究工程之發展,必須研究各種構造及機器之起源。余已略述最初之步驟。機器之發達,顯然暍乎其後用機械原件配製機器,所需精力與智慧,實遠過於從事初步的察勘,及設計粗陋的構造。據考古家報告,機器至多不過數千年之歷史,而將同種工具,製造多種不同形式以應各種不同之需要,其便利似乎絕早卽被認識。例如,石器時代之箭,以石爲頭,其用於戰事者,箭桿取出後,箭頭仍留傷處,鐵箭則不然,箭頭可隨箭桿拔出。然古人發明機器之創造心與熱忱,非生活感覺極大困難,不足以激起也。

車輪爲替代人力極大之貢獻。發明年代已無從稽考。誠如人種學家所言,數萬年來,人類智慧苟能不變其性質,吾人不難描摹車輪之創造及應用於車輛之經過。然就今日人類精神反應的狀態,亦可得一追踪此項發明之途徑。遊牧習慣在古代家族及部落中由來甚早,吾人不難想像當時東移西遷之煩累,以及因此而有種種損失及不便。於是天賚敏捷而智於疏懶之流,深以拖帶財物爲苦,家畜載荷,妻子背負,均極麻煩,毀時又甚多,爲勞苦所困,渴思有以解救,而發明乃與日俱來,古代雪車,又嘗用滾軸,漸又試用固定滾軸及其他方法。最後,於滾軸取下兩端,裝於木板二旁,連以繫軸,成爲現有之二輪車。喬治格蘭馬可第博士 (Dr. George Grant McCurdy) 嘗謂車輪爲上古時代之發明,其應用則甚遲,乃爲近數千年之事,因古代民族大部以漁獵爲生,農業與畜牧絕少,部落遊牧,則猶未產生也。

上古時代人類之頭腦,其發達者,固不乏創造能力,惟對於生活之困苦似無若何敏捷之認識,以激起改良活動。迨石器時代後葉,世界各部散居人民漸多,武器盛行,而生命財產之安全,以吾人今日之眼光觀之,實大覺可慮。其後發明漸多,乃有社會生活之傾向,尊重相互間之權益。人類有發明,衣食住問題易於解決,而人與人,部落與部落之間倫理的關係始顯著呈露,社會生活乃亦日臻穩健。哲學家嘗從事描繪文化的構造,其實此種構造則僅科學家和發明家始能啓發之,亦惟由科學家及發明家工作上始能推溯工程之起源,彼等誠能繼續工作,工程界將不絕的產生偉大的貢獻。

數千萬年之前,洪積期 (Pleistocene Age) 人類似已早知役使

PROSPECTING
PETROLEUM
MINING
QUARRYING
ORE DRESSING
SMELTING REFINING
FOUNDING MACHINING
MATERIALS TESTING

GEOLOGY AND MINERAL INDUSTRIES

第 三 圖

火之方法。古代蠻人(Homo Sapiens)開始創造,似亦數萬年以前之事。蠻人以畜牧為其特殊事業之發軔,並從事耕稼,且巳習用粗陋工具及骨石武器。至於生活狀況,遠古雖靜若盧谷,亦未嘗不有紀述也。

農事之發軔,恐遠在耶穌紀元一萬年之前。埃及人士在六千至一萬年之前巳開始實行,米索波達米亞及其他宜於耕植之地域或較此為早耳。農事需要機器助其耕耘並整飭其產物,因是機器乃應運而生。

最初之機器乃為簸穀及磨麥之用。原極簡陋,逐漸改良,始成複雜形體。簸穀原以手工為之,以雙手舉篩簸之,使粃糠隨風起颭,皮肉自然分離。如阿爾基利亞等地,至今仍與新法並用。如種簸箕,絕早即被中國及日本採用,即今日在稻田中亦尚能見之。

水牛耕犂,其雛型在耶穌紀元前二千七百年即巳流行。

埃及在三千五百年前即用手搖犀水機。有史以前固早有用繩索及轉輪汲水者。水牛類牲畜嘗用為灌漑田地之原動力,在今日之印度猶盛行不替。脚踏水輪,顯然亦屬有史以前之產物。其後乃有水轉翻車,用水力拋動,不若脚踏水輪之需要人力或獸力。所謂波斯輪,即為水轉翻車之一種,歷史亦巳悠久矣。脚踏水車巳較手搖犀水機為進步,蓋較省人力也。水吊桶及鍊唧筒,用以汲取井水者,亦為上古遺物。

汲取井水,以事灌漑,在有史以前及歷史初葉胥視為極重要之事項,即今日之南加利福尼亞及印度亦復如斯。吸水唧筒之歷

史已不復可考,但虹吸原理在耶穌紀元一千五百年前即早被認
識。利用水力更有其他機械之發明。例如水錘,即由試製水力風箱
而得。水喉攪乳器(Plunger Churn),發明甚早,或亦同一來歷。

　　吾人應記取在上古時代,人類缺乏審美,藝術,和一切創造之
企圖。為獲得居處及最低限度的生活,已竭極人類所有之才智,發
明的努力無非在減少困難,節省人力,或謀求生活之安全耳。

第　　四　　圖

　　今茲不妨一究由貿易與運輸而興之各種工程之起源。帆船
與划船,由來甚古。據考古家報告在耶穌紀元四千年之前 Tigris
及 Euphrates 河上已有船隻航行。有水道貿易,港口乃隨之以興。公
路之建築與保養,其起源已不復可考,但必在水力工程之後,則屬
無可疑義。橋樑當在正式築路之後,然有時反較道路為先,中國古
代,陳例頗多,即今日之土耳其,雖經濟力量未允將舊馬路改築汽
車公路,河渠已間有建築永久橋樑者。目的在使現有道路,在河流
凝凍時期便於運輸,即道路修築之後,橋樑仍完好適用也。

　　人類結社而居,文化之種子乃下。工程之範圍擴充,會社之間
相互接觸之便利增加,種子乃生長榮發,蔚為巨株,並逐漸伸張其
勢力。以馬任送信載重的役,今人實未視古人為高明。泥路之種類,
馬役之優劣,僅屬同種性質較小之區別,水道貿易,則種類不同,且
大有影響於古代人民之生活者。同例,熱力原動機械,使今日之時
代與數世紀之前,情形逈然不同。車輪之發明,當在有史以前,年代
已無從稽考,驛車亦屬古物,惟今日水陸空中之精熱力運輸以及
電力交通,則為近代發明,於政治經濟上造成莫大變化,非固定蒸

汽原動力及工廠等單獨所能奏功者。人種學家嘗謂家屬生活之間,並不需要共同之語言。其言或然,蓋夫婦間不難互相解喩,惟泛言之,以各個人組成之會社,其間則非有統一之語言不可。在經商貿易之時,更易察覺此種需要。有組織之語言,於貿易發展上有絕大助益,因此而造船工程,築港工程,以及其他生產工程亦應運而生,蓋貿易擴展,於已有利,人樂爲之也。居民集中亦因此更爲顯著矣。

　　人民居處集中,對於工程建築及機械之需求乃與日俱進。人與牲畜必須有便利的水料供給。掃除垃圾乃衛生當務之急。人民更需要道路之改良。爲維持安寗與秩序,乃不得不嚴密測量邊地。總之無時無地不需要工程之經驗與技能,而習練亦使之日益精進焉。工程之技巧進步,人民集居,較前舒適,結果則城市居民日益增加。城市計劃似爲絕早之事業,在東方至少當在三千年之前;在西方,以科學與政治經濟之進步,城市計劃,亦日臻美善。

　　悉心從事改良與創造,乃有新構造及機器之發明。因此,發明之活動實隨人類理解能力之啓發而起,並與觀察社會組織之心向同時並茂。社會組織常與科學發明攜手邁進,雖前者邁進之步伐,有時不若後者之顯著。

　　發明在使概念造成具體的事實。如第一次失敗,應再接再厲,成功而後已。人種學家嘗謂人類有數十萬年之歷史,頭腦逐漸發達,以迄於今,其中曾經過長時期的努力,智慧過人者每以生活艱難爲苦,發憤創造,惟初時絕少經驗爲依據,且甚粗陋耳。且步邁進僅屬近世紀之偉績。但發明家概以運用智慧,節省勞力爲目的,則古今同轍也。

　　石器時代,生活之困頓,嘗引起一般智力健强者之勞力,觀乎十萬年前之火石工具,卽可概見一般,此種工具皆新削以適應用,惟較今日之手持器械形體爲小耳。美國自汽車流行後,就以機器替代人力。在鄉區通行汽車之前,雖路面不平,環山曲折,崎嶇險阻,負重之獸,自能擇路以行,不需御者過於操勞,但欲在此種道路上行駛汽車,便然費筋力矣。自汽車被用爲鄉間交通利器之後,乃急思有以改良之,以節人力,於是用蒸汽壓路機,穿鑿山洞,使道路平直,御者自可安然駕駛矣。

亞丹斯密所云勞力分工之說,由來已久,原非新創,彼特正式貢獻於學者之前耳。卽今日亦尚有分工之說,總之,人類勞神勞力之工作繼續一日,此理亦存在一日也。吾人今日所認爲新穎者,卽人工適應機器替代人力之狀況耳。在適應之狀態中,人類必須窮其智力,於是工程亦隨之日新月異焉。重視智力,然後人類乃有種種駕乎獲食以上之享樂。

在戰爭時間,需要爲發明之母,欲謀自衞,乃不得不製造武器,謀築堡壘。但在昇平世界,創造改良,無非爲節省勞力與謀生活之更大安適。瓦特氏之蒸汽機,喬治斯蒂芬之蒸汽機車,傅爾頓氏之蒸汽輪船以及其他古代發明皆非由於絕對需要之逼迫。最優良最簡易之漁獵方法,亦爲更便於獲得食物而發明。

迨十九世紀中葉,西方人士在歷史上始初次握有駕御智識,技能與天然產物足爲各個人謀獲安適與滿足之權威。吾人之缺點乃在應用智識與技能時缺乏實際效能耳,此乃政治經濟與工程雙方面之聯合問題,且爲工程界廣開門戶,可以有新企圖者,在科學及政治經濟上每項新發現之事實確乎皆可以啓示某種新工程結構之端倪。人類既認識智慧之權力與高貴,乃設法使機器代服勞役,以節人力,然此種狀態,僅足以闡明工程最初發端,其正當發展,則全視乎政治經濟上各種事實之開展,正如古代工程胥賴乎自然科學之啓示也。工程與政治經濟皆所以供應人類所企求之便利與享樂者,欲解決此二者之聯合問題,非用研究物理科學之精神,努力不弛,悉心探討不可。因此吾人認爲工程教育乃極端重要,而此種研究,實有賴於全國工程學校教師之努力,吾人苟欲爲全民兼增進幸福與享樂必須信賴自己,創立政治經濟上之健全主義,推廣科學研究,獎勵發明,並改良工業及農產貨品。

吾人對待機器常如對待同伴般缺乏體恤與禮貌。數千年之經驗使人類深知牲畜類苟能善用之,稍加體恤,其對主人之勞役,既利且大,並不致擾及鄰居,但龐大複雜之機器,對人類究屬比較新穎之物,其最經濟最有效之用法,猶未有相當經驗也。在使用機器時,極應注意某種重要限制,庶不致引起社會上之不良影響。使用機器之後,亞丹斯密,利加圖與約翰司諾華德米爾之任其自然主義以及雇傭政策 (Hire & Fire Policy) 曾顯著的減削其勢力,但猶未足應付社會上一切需要。繼續謀工程方面之發展,似爲當今吾人刻不容緩之圖,但任何科學之發明,其結果必使無害於個人或社會而後可。關於此點,國家似已明白曉喻,惟仍有待於立法手續使達圓滿目的,且此種手續必須根據管理機器者豐富之經驗爲定耳。

文化之發展與思想之企業相攜並進,正與科學之推進爲研究精神之產兒無異。因此文化與科學之間關係至爲密切,而工程即爲文化利用科學之媒介。文化表示大衆人類和諧的合作以及相互間同情,互助與崇尙的關係。文化藉工程藝術而擴張,因後者能使人羣關係密切而不致犧牲大衆之便利及安樂也。對於文化上之重要僅預防藥劑堪與工程相媲美;但藥劑究屬枝上生花,而非文化之根源。

如一大喬木然,文化勢力逐漸擴張,樹根隨之繁植,而新工程亦由新根繼續產生焉。在最近一百五十年中,工程上之發明,於文化上有與大影響者即如蒸汽之用於水陸交通和其他普通用法,汽車,電力之產生及分配,電燈,電報,電話,航空,化學製造出品。使用礦產燃料等。但上述種種,並非空前絕後之發明,在自然科學每個新發現以及政治經濟每個新成立之主義上,當皆有產生新工程之可能也。

數十世紀以前之發明,在當日視之,其影響於當代文化,亦正

第 五 圖

如今日之於今世文化也。試觀古羅馬大道,自成一偉大交通網,聯繫整個西歐,但近代之汽車以及相伴而生的粗陋街道,雖與羅馬街衢不乏相同之點,實與羅馬領袖所計劃者絕對不同,故今日之發展非因襲而來,自有其本身之來歷也。近代工程發明之結果其最顯著者,可於家常事務中見之。今之主婦不復將獵獲野豕,以石片用力去其皮毛在穴口做火上炙,而以真空潔淨器(Vacunm Cleaner)掃刷地氈,使用電氣縫級機,電氣洗衣機,電氣札布機,且用溫度表調整煤氣或電氣烹調爐之溫度。如此主婦們日常之工作。確因科學發明的結果,改良成一種輕鬆而且精巧者。身心雙方俱得思想,休息,甚或為社會特殊服役之時間。吾人在星期日常見教堂附近汽車環列,靜待主人歸去,其地昔者概即為馬車環息之所,此又近五十年中工程界造成之偉大變遷也。

　　誠望上文所述能使讀者深信工程之起源即在人類對於自然力量之知識,以及利用此種力量為人類謀便利。關於自然力量發現之每種事實,俱各有其付諸實用之可能,而此種事實既經發覺而被時間認可之後,工程之領域日益擴大,直至今日,於人類生活上已握有極大權威矣。

　　凡人莫不希望不受風雨侵凌,食物豐美,生命安全,有正常社交,並諸事順適。工程即能滿足凡此種種慾望,因此實應使之盡量伸張其勢力。科學既能啓示事實,工程更能實際上達到各個人之慾望。可見工程乃文明世界社會組織中不可或缺之命脈。自然現象不能全被認識,事實亦難於全部透視,固逐日皆有新發現者。在每個新發現事實之中,皆寓有產生新工程之可能,故人類苟不易其本性,長此好奇善究,任意圖便利,則工程之領域,行見日進無疆也。

北寧鐵路簡明行車時刻表

中華民國廿五年一月一日實行

下行

33次 普通客車 三等車	1次 平奉特快 頭二三等 臥車	71次 平通快 頭二三等 各等	3次 平瀋快 頭二三等 各等	23次 平瀋快 頭二三等 各等	301次 平津 各等	5次 平瀋特快 頭二三等 各等	305次 平津快 各等	401次 平津 各等	1次 混合 各等	73次 平津 各等	75次 平津 各等	站名
5.45	7.10	9.30	13.00	15.35	17.10	20.10	21.15					北平前門 開
6.04	7.56		13.16			20.26	20.54					永定門 開
6.20	9.01	10.00	13.30	16.00		20.26	22.10	21.58				豐台 開
6.44	10.24		13.48			21.20	22.38	0.50		8.44	6.35	黃村 開
7.39	12.59	14.37						1.29	12.10			廊坊 開
8.03	13.48	14.53	15.20		18.29			2.24				安定 開
8.36		15.20	14.53					2.24				落垡 開
9.14	15.35	15.47	15.20	17.51	19.10		22.24	3.43				楊村 開
9.23		15.55	16.05	18.00	19.18	22.32		4.00		7.35	7.05	北倉 開
9.35	17.28	15.52	17.06	17.51				3.12				天津東站 到
10.38	17.45	11.44	17.06				23.00	24.00	6.35			天津總站 開
11.46		11.52	15.55			23.50	23.16	23.42				軍糧城 開
12.34		12.05							1.01			塘沽 開
12.47			14.00		19.19		21.40	2.58				新河 開
12.52		14.55	17.06	19.18	19.10			3.30				北塘 開
13.06			14.00	19.29			21.15	3.15				山海關 到

上行

2次 平奉特快 頭二三等 臥車	302次 平津 各等	6次 平瀋特快 頭二三等 各等	72次 平通快 各等	42次 平瀋快 頭二三等 各等	4次 平瀋快 頭二三等 各等	24次 平瀋快 頭二三等 各等	402次 平津 各等	306次 平津 各等	74次 平津 各等	76次 普通
9.25	10.00	11.38	16.35	17.40	18.25	22.30	23.40	23.15		
9.02	9.36		16.03	17.23	18.03	22.02	22.17	22.50		
8.43	9.36	13.53	15.15	17.05	18.03	22.02	22.17	22.50		
8.05		13.53	15.41	16.37		20.54	19.15	21.51		
7.43		15.20					18.31			
7.21		15.20		14.50		20.19	17.30			
6.56	7.45	9.40	14.14	14.50	19.55	20.19				
6.45	7.35	9.30	9.01	14.00	19.45	16.22	20.54			
6.30	7.35	6.20	10.28	16.00	19.32	16.34	20.45	5.51		
5.30	7.05		10.45	15.20	17.26	16.34	20.15	7.39	10.10	11.45

膠濟鐵路行車時刻表　民國二十五年六月一日改訂實行

	下　行　列　車		上　行　列　車

隴海鐵路簡明行車時刻表

民國二十四年十一月三日實行

上行車

站名 \ 車次	特別快車			混合列車	
	1	3	5	71	73
連雲			10.00		
大浦			↓	8.20	
新浦			11.46	9.01	
徐州	12.40		19.47	18.25	19.05
商邱	17.18				1.36
開封	21.36	14.20			7.04
鄭州南站	23.47	16.17			9.44
洛陽東站	3.51	20.23			16.33
陝州	9.20				0.09
靈寶	10.06				1.10
渑池	12.53				5.21
渭南	15.37				8.59
西安	17.55				12.15

下行車

站名 \ 車次	特別快車			混合列車	
	2	4	6	72	74
西安	0.30				8.10
渭南	3.15				11.47
潼關	6.36				15.33
靈寶	9.09				18.56
陝州	10.30				20.27
洛陽東站	16.30	7.36			4.11
鄭州南站	20.50	11.51			10.27
開封	22.59	13.40			13.12
商邱	3.02				18.50
徐州	7.10		8.53	10.30	0.15
新浦			16.48	20.04	
大浦			↓	20.30	
連雲			18.25		

本路73次與平漢62、72次又本路73、74次與平漢61次在鄭州聯接

本路一次特快與平漢21次又本路一次特快與平漢22次在鄭州相聯接

本路一次及二次特快與瀧平通車301、302次在徐州聯接

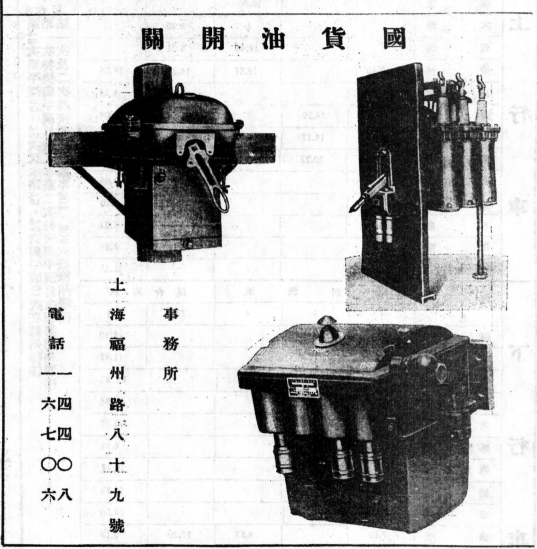

7305

沪杭线各站

本路為服務社會

一律辦理下列業務：

一 接送行李 二 接送包伴

三 指導遊覽 四 代定旅館

五 接送貨物 六 代起貨票

詳細辦法請向車站索閱

京沪沪杭甬鐵路管理局啟

7308

開灤火磚

遠東唯一耐火材料

為英國缸磚學會所定標準出品

是二十餘年研究之結晶

非短時期所能成功

最可靠 最經濟 火度準確 經久耐用

上海開灤售品處 四川路三十三號 電話一五二五三

天廚味精廠股份有限公司

出品：味精，味宗，醬油，精液，澱粉，糊精，飴糖，醬色，哥羅登酸及其他鹼基酸等，

業務部：上海愛多亞路一二三號

電話　八四〇七三

三線轉接各部

天原電化廠股份有限公司出品

事務所　上海榮市路一七六號　電話八〇〇九九

TRADE　ARKM　製造廠

製造廠　上海白利南路四二〇號　電話二九五二三

鹽　　酸	Hydrochloric Acid HCl 22°Bé & 20°Bé
燒　　鹼	Caustic Soda NaOH Liquid & Solid
漂 白 粉	Bleaching Powder Ca(OCl)OH 35%—36%

有無線電報掛號　四二五八『石』　　　英文電報掛號　"ELECOCHEMI"

天盛陶器廠

事務所　上海榮市路一七六號　電話八〇〇九〇

製造廠　上海龍華鎮計家灣　電話（市）六八二四九

精製各種上等化學耐酸陶器

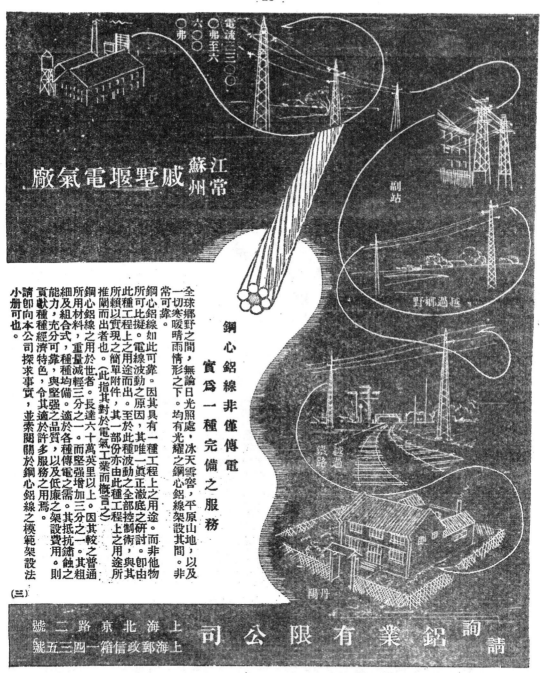

7313

廣 告 索 引

工 THE JOURNAL 程
OF
THE CHINESE INSTITUTE OF ENGINEERS
FOUNDED MARCH 1925—PUBLISHED BI-MONTHLY
OFFICE: Continental Emporium, Room No. 542, Nanking Road, Shanghai.

中華民國二十五年八月一日出版 工程第十一卷第四號

編輯人 胡樹楫

發行人 裘燮鈞

發行所 中國工程師學會
上海南京路大陸商場五四二號
電話九二五八二號

印刷者 中國科學公司
上海靜安寺路六四九號
電話七一〇四六號

分售處

發行所 南昌 南昌書店

凡明市四邵大街愛廬奇社
上海四馬路上海雜誌公司
南京正中書局南京發行所
上海美蓉街教育圖書社
南昌民德路科學儀器館南昌
太原柳巷內開仁書店
贛州永漢北路上海什誌公司
廣州分店
重慶今日出版照祥社
成都期明書店

定報處 上海南京路大陸商場五四二號
中國工程師學會會刊經理處
上海本會編輯部

收稿處 定戶更改地址或有寄報遺失等情請即函知本會

會員處及定戶通訊 凡會員或與本刊交換者

交換書報 先請向上海本會交換處寄報並請寄上海本會圖書室接洽並請巡寄上海本會圖書室收

請聲明由中國工程師學會「工程」介紹

7316

請聲明由中國工程師學會『工程』介紹

7317

工程

第十一卷第五號　二十五年十月一日

◆

浙贛鐵路玉南段之鳥瞰

福建蓮柄港電力灌溉

配電網新設計法

船塢蓮柄港第一第二兩抽水廠廠間之聯絡堤及2300伏電力線路

7324

天源機器鑿井局

江灣水電路新市路東

電話江灣七二二九號

最近各地鑿井成績之一斑

本局專營開鑿自流深井及探礦工程 局主 于子寬兼工程師昔從各國考察所得 技術成績優異囘國經營十餘載凡鑿本外埠各地工廠學校醫院住宅花園之大 小各井皆堅固靈便水源暢潔適合衛生今擬擴充各埠鑿井探礦營業特添備最 新式鑽洞機器山石平地皆能鑽成自流深井價格克己如蒙惠顧竭誠歡迎

探礦工程

廣東中山縣政府
廣東中山縣建設局
廣州市長堤先施公司
廣州市自來水公司
廣東韶關富國煤礦公司

機器鑿井工程

南京上海銀行
南京市政府
南京海軍部
南京軍部
南京交通部
南京市工務局
上海市公用局
上海市衛生局
上海中央無線電台
中央研究院
上海英商上海自來水公司
實業部上海魚市場
上海港檢疫所
大中華洋火廠
中興養珠路廠
海甯洋行蛋廠
屈臣氏汽水廠

天一味母廠
鑫新化學廠
秦豐罐頭廠
秦康罐頭廠
中國橡皮廠
永和實業廠
順昌橡膠廠
瑞和橡皮廠
正大橡膠廠
大達橡皮廠
大用橡膠廠
華陽紡織廠
永大橡皮廠
麗明染織廠
五豐染織廠
開林公司油漆廠
美龍酒精廠

永固油漆廠
國華染廠
光明染廠
協豐染廠
大華利衛生食料廠
振華油漆廠
崇信紗廠
圓圓紗織廠
安藥棉織廠
中國內衣廠
三友社織造廠
上海印染廠
永安染織廠
永安紗廠
蓬豐染織廠
新新公司
新安公司
中國實業銀行
中英大藥房
大新大酒店
百樂門大飯店
中國旅館
新亞大酒店
新惠社
松江新松江社

光華大學
震旦大學
暨南大學
持志大學
勞働大學
同濟大學
大夏大學
中山大學
復旦大學
立達學校
松江省立中學
復旦平民村
中山路平民村
鑾來大廈
中實新村
靜園
天保里
公益里
上海蕾植牛奶公司
派克牛奶房
華德牛奶場

亞代經銷中外各種鑽鑿開井探礦機器價格特別公道

請聲明由中國工程師學會『工程』介紹

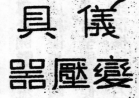

7326

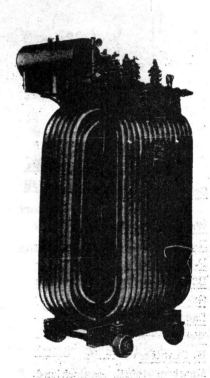

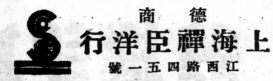

請聲明由中國工程師學會『工程』介紹

7329

鋼心鋁線現在世界上用於傳電者已達六十萬英里以上

英國電區系中之鋼心鋁線連索

英國中央電氣公司對於大不列顛電區系傳電之成績。已令各地電氣工程師咸為大感興趣。如圖所示為英國電區系中之鋼心鋁線連索。中央電氣公司嘗購用鋼心鋁線數千英里之長。而此輕且堅之傳電體。對於運用上之一切需要。均極滿意。

鋼心鋁線質既輕微。力復堅強。而又本來具有高度傳電力。故能令其為全球導電工程家所選用。其低廉之架設費用，抵抗銹蝕之能力，與耐用經久之品質。則貢獻種種經濟特色。適於許多服務之用。本公司備有精美詳明之說明小冊。內載鋼心鋁線之模範架設法。承索即奉。

請詢───

鋁業有限公司

上 海 北 京 路 二 號

上海郵政信箱一四三五號

7331

7332

中國工程師學會會刊

編輯：

黃 炎 （土木）
蓋大酉 （建築）
沈 怡 （市政）
汪胡楨 （水利）
趙曾玨 （電氣）
徐宗涑 （化工）

工 程

總編輯：沈 怡

副總編輯：胡樹楫

編輯：

蔣易均 （機械）
朱其清 （無線電）
錢昌祚 （飛機）
李 儔 （礦冶）
黃炳奎 （紡織）
宋學勸 （校對）

第十一卷　第五號

目　錄

中國工程師學會發行

分售處：

上海徐家匯蘇新書社
上海四馬路作者書社
上海四馬路上海雜誌公司
南京正中書局南京發行所
濟南芙蓉街教育圖書社
南昌民德路科學儀器館南昌發行所

南昌·南昌書店
昆明市四華大街雲瑞書店
太原柳巷街同仁書店
廣州永漢北路上海雜誌公司廣州分店
重慶今日出版合作社
成都開明書店

本刊編輯部啓事

（一）中國工程師學會第六屆年會論文中，宏著頗多，本擬從本期起陸續刊載，因該項論文由論文委員會移送複審委員會評定給獎論文，尚未竣事，致未能從早發表，以快先覩，尚祈本會會員與本刊讀者同予鑒諒！

（二）本期所載孫運璿君著「配電網新計算法」一篇，係應中國工程師學會民國二十四年度朱母獎學金徵文中選之作，請讀者注意！另有應徵論文兩篇，卽王朝偉君所撰之「速度坐標及其應用」及馮寅君所撰之「檣架風應力計算」，將依照審查會之決定在本刊第十二卷發表，特此預告。

中國工程師學會會員信守規條

（民國二十二年武漢年會通過）

1. 不得放棄責任，或不忠于職務。
2. 不得授受非分之報酬。
3. 不得有傾軋排擠同行之行爲。
4. 不得直接或間接損害同行之名譽及其業務。
5. 不得以卑劣之手段競爭業務或位置。
6. 不得作虛僞宣傳，或其他有損職業尊嚴之舉動。

如有違反上列情事之一者，得由執行部調查確實後，報告董事會，予以警告，或取消會籍。

7334

浙贛鐵路玉南段工程之鳥瞰

聶 肇 靈

(一) 概 述

　　杭江鐵路未達到玉山以前,贛省當局鑒於開發交通之重要,已有建設玉萍鐵路之擬議,適值鐵道部改移築路視線,注意揚子江以南交通,除趕修株韶段,完成粵漢棧外,更欲興造東西幹線,以謀西南交通之發展,乃由鐵道部及浙贛兩省政府,商定合作計劃,並得國內金融界之協助,改組杭江鐵路局,組織浙贛鐵路聯合公司。一面管理杭州玉山間之業務,一面興築玉山西行之路線,先以玉山至南昌一段為發靭,自開工以來,屢受匪患水災疫病之侵凌,卒賴羣策羣力,以底於成,不假外力,不借外費,益堅民族自信之心力,窮幹快幹之效果。從此展至萍鄉,南接粵漢,以達廣州,北聯滬杭,而通京平,進而橫貫湘省,西通黔蜀,成為東南幹線之重心,豈僅聯絡浙贛兩省而已哉!

　　本段一切工程計劃,因財力所限,自未能採用部定標準,然以東西幹線為的,又不能沿用杭江成例,乃於短促期間殫精竭慮,別定一格,務期於節省初期建築經費之中,仍能適應事實之需要,而不妨礙將來之擴充與發展。懸此鵠的,奮勉進行,以冀突破艱難環境,而求發揚光大於來茲。除工程設計與施工,分章另述外,其組織系統及經費來源略述如下。

　　浙贛鐵路聯合公司下設浙贛鐵路局,局內秉管業務及工程事項。玉南段工程於測量後,自二十三年六月間,成立玉南段工程處,設處主任一人,由副總工程司,代理總工程司侯家源先生兼領。下設總務,工務兩組,各設主任一人,工務組主任,由正工程司兼充。組內分設工事,設計,橋梁,地畝四股,每股置股主任一人,由副工程司兼充。下置副工程司,幫工程司,工務員,繪圖員,課員,事務員,實習員,雇員,練習生等各級職員。於杭州,玉山,上饒,橫峯,弋陽,貴溪,東鄉,梁家渡,各設無線電台一處,以便工程上之接洽,而俾消息之靈通,觀各台報務之繁閒,各置報務員二人或三人。自二十四年二月間,開始籌備掛設電報電話線,成立電訊工程隊一隊,設隊長一人,由電務工程司兼充。下置電務員,事務員,監工,工匠各若干人。至四月間,向外洋訂購之各橋鋼料,分批運到,而承包製造鋼梁商家工廠,均在上海,爲謀檢驗監造之便利,設駐滬監造鋼梁團,置主任一人,工程司六人。五月間因全段路基土石方工程,將次第竣工,釘道工程,行將開始,爲收分段迅進之效,乃將全段劃分四區,察酌工程進展情形,先後成立釘道隊四隊,各置隊長一人。除第一,第二兩隊,係採用包工制,僅置監工雇員一二人外,其第三,第四兩隊,爲僱工自做,故於監工雇員之外,僱用工人若干名。總務組分設事務,材料,會計三股,每股置股主任一人,下置課員,事務員,雇員等各級職員。旋爲運輸工程材料便利起見,由材料股於玉山,鷹潭,梁家渡設材料所三處,九江設轉運所一處,各置所主任一人,職員,料夫,小工各若干人。又爲便於與江西各方接洽計,於南昌設辦事處,置主任一人,職員若干人。由玉山至南昌間,劃分爲四總段,每總段復劃分四分段,每總段置總段長一人,由正工程司或副工程司兼充。下各置副工程司或幫工程司一二人,工務員二人會計員材料員各一人,事務員,雇員各二人。每分段置分段長一人,由副工程司或幫工程司兼充。下各置幫工程司一人,工務員三人,監工二人。并於各重要橋梁,設橋工所。計第一總段,有信河及靈沙溪橋工所二處。第二總段,有貴溪橋工所。第三總段,有鄒家埠橋工所。第四總段,有撫河支流

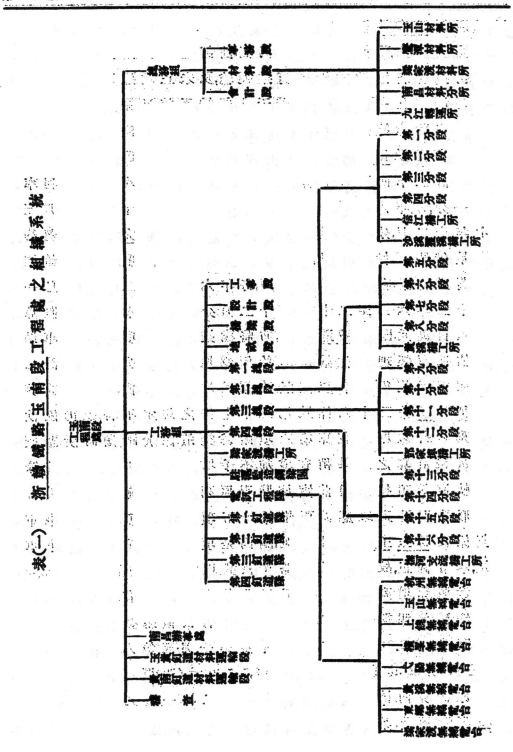

表(一)　浙贛鐵路玉南段工程處之組織系統

橋工所惟蔡家渡橋,工程較大,該橋工所,直隸屬於工務組。每橋工所,置主任一人,職員若干人。五月間,因釘道工程開始,成立玉貴,貴南兩釘道材料運輸段,辦理釘道運輸,及未正式通車前,臨時營業事項。各置主任一人,及職員若干人。組織系統另見表(一)。

玉南段建築經費,係由鐵道部發行第一期鐵路建設公債一千二百萬元及財政部會同鐵道部發行玉萍鐵路公債一千二百萬元,共計二千四百萬元,分向銀行團息借現金八百萬元,利率為週年一分,每年六月及十二月底,付息一次。自二十三年六月至二十七年十二月,分期還清本息。又與德商奧脫華夫廠,訂立契約,由該廠墊借購買材料(鋼軌,枕木,鋼橋,車輛,機件等項)款,以價值國幣八百萬元為限,利率為週年七厘,每年六月及十二月底,付息一次。自二十三年六月至二十八年十二月,分期償還本息。原送概算為一千六百萬元,嗣奉鐵道部令,飭將建築費第三項線路及車站用地,補估地價,經理事會議決,以給價為原則。擬定先給半數,計二十八萬四千元,旋復奉令,以關於收用民地,先以半價,列入概算核與土地征用法第三十六條及第三十七條之規定不符,應仍依法將全價列入,并以原送概算第四項路基築造,係於踏勘時所懸擬,核與測量後計算之結果稍有增加,不予增列,不足以資應付。其餘橋工及軌道等項,按照目前實施狀況,原列概算亦難敷用;乃復按實際情形,分別增列,以應需要。惟第十五項車輛一項,原定機車車輛計劃,係按杭玉玉南兩段編列,嗣因是項計劃書第八項機車車輛數量,奉令修正,故該項預算,略予核減,以資撙注。總計16,591,603.00元,較原送概算,增列591,603.00元。又先後奉令補列者,計有四款:(一)歸還鐵道部測勘費,10,483.00元。(二)撥付公債基金委員會二十三年度經費8,692.00元及二十四年度第一月至第八月經費5,800.00元。(三)公債及其他借款利息1,003,795.00元。(四)匯費5,000.00元。同時復於原概算內,核有必須加列者,又有二款(一)第九項下鋼軌等件,由德運滬運費,保險費;原擬包括在料價之內,因購料委員會與奧

路玉南段建築費概算

10	11	12	13	14	15	16	17	18	19	20
建築及附屬器	車站及房屋	絡橫器版	特別橫版	應件之設備	車 輛	維持費	船過卷船	浮水設備品	建築時利息	兌 換
191,074.00	540,300.00	368,900.00		378,907.00	2,196,860.00	214,508.00			1,011,445.00	5,000.00
652.00	1,844.00	1,259.00		1,293.00	7,498.00	732.00			3,450.00	17.00
1.05	2.97	2.03		2.09	12.10	1.18			5.56	0.03

各項分期付息還本表

(2) 玉邦鐵路公債			付還本息共計	分 配	
年息六厘	還 本 額	付還本息總額		銀 行 團	德 公 司
			120,000.00	80,000.00	40,000.00
360,000.00			360,000.00	120,000.00	240,000.00
360,000.00			1,110,000.00	480,000.00	630,000.00
360,000.00	600,000.00	960,000.00	2,047,500.00	1,417,500.00	630,000.00
342,000.00	600,000.00	942,000.00	2,007,000.00	1,377,000.00	630,000.00
324,000.00	600,000.00	924,000.00	1,966,500.00	1,336,500.00	630,000.00
306,000.00	600,000.00	906,000.00	1,926,000.00	1,296,000.00	630,000.00
288,000.00	600,000.00	888,000.00	1,885,500.00	1,255,500.00	630,000.00
270,000.00	600,000.00	870,000.00	1,845,000.00	650,000.00	1,195,000.00
252,000.00	600,000.00	852,000.00	1,804,500.00	128,424.00	1,676,076.00
234,000.00	600,000.00	834,000.00	1,764,000.00		1,764,000.00
216,000.00	840,000.00	1,056,000.00	1,963,500.00	720,000.00	516,874.00
190,800.00	840,000.00	1,030,800.00	1,915,800.00		
165,600.00	840,000.00	1,005,600.00	1,868,100.00		
140,400.00	840,000.00	980,400.00	1,820,400.00		
115,200.00	960,000.00	1,075,200.00	1,892,700.00		
86,400.00	960,000.00	1,046,400.00	1,841,400.00		
57,600.00	960,000.00	1,017,600.00	1,790,100.00		
28,800.00	960,000.00	988,800.00	988,800.00		
4,096,800.00	12,000,000.00	16,096,800.00	31,636,800.00	8,860,924.00	9,211,950.00

8,860,924.00

加：銀行團應收 18,072,874.00

项目	1	2	3	4	5	6	7	8	9
名　称	线路费	筹备费	路地	路基隧道	隧道	桥工	路镇保障	电报及电话	轨道
账款	914,480.00	137,705.00	509,700.00	1,388,546.00		3,236,540.00	76,610.00	295,387.00	5,710,701.00
每公里数	3,121.00	470.00	1,740.00	7,265.00		11,046.00	261.00	1,008.00	19,490.00
百分率	5.03	.76	2.80	13.15		17.80	.42	1.63	31.40

备　考　　建筑费资本支出总计18,176,663.00元
　　　　　资本支出每公里约合61,146.00元

	年月日	公债票面额	年息六厘	还本额	付还本息总额	公债票面额
		(1) 第一期铁路建设公债				
1	23- 6-30	12,000,000.00	120,000.00		120,000.00	
2	23-12-31	12,000,000.00	360,000.00		360,000.00	12,000,000.00
3	24- 6-30	12,000,000.00	360,000.00	750,000.00	1,110,000.00	12,000,000.00
4	24-12-31	11,250,000.00	337,500.00	750,000.00	1,087,500.00	12,000,000.00
5	25- 6-30	10,500,000.00	315,000.00	750,000.00	1,065,000.00	11,400,000.00
6	25-12-31	9,750,000.00	292,500.00	750,000.00	1,042,500.00	10,800,000.00
7	26- 6-30	9,000,000.00	270,000.00	750,000.00	1,020,000.00	10,200,000.00
8	26-12-31	8,250,000.00	247,500.00	750,000.00	997,500.00	9,600,000.00
9	27- 6-30	7,500,000.00	225,000.00	750,000.00	975,000.00	9,000,000.00
10	27-12-31	6,750,000.00	202,500.00	750,000.00	952,500.00	8,400,000.00
11	28- 6-30	6,000,000.00	180,000.00	750,000.00	930,000.00	7,800,000.00
12	28-12-31	5,250,000.00	157,500.00	750,000.00	907,500.00	7,200,000.00
13	29- 6-30	4,500,000.00	135,000.00	750,000.00	885,000.00	6,360,000.00
14	29-12-31	3,750,000.00	112,500.00	750,000.00	862,500.00	5,520,000.00
15	30- 6-30	3,000,000.00	90,000.00	750,000.00	840,000.00	4,680,000.00
16	30-12-31	2,250,000.00	675,00.00	750,000.00	817,500.00	3,840,000.00
17	31- 6-30	1,500,000.00	45,000.00	750,000.00	795,000.00	2,880,000.00
18	31-12-31	750,000.00	22,500.00	750,000.00	772,500.00	1,920,000.00
19	32- 5-31					960,000.00
			3,540,000.00	120,000,000.00	15,540,000.00	

※本期银行团及德公司应缴本息之确数应俟到期清还时核实计算

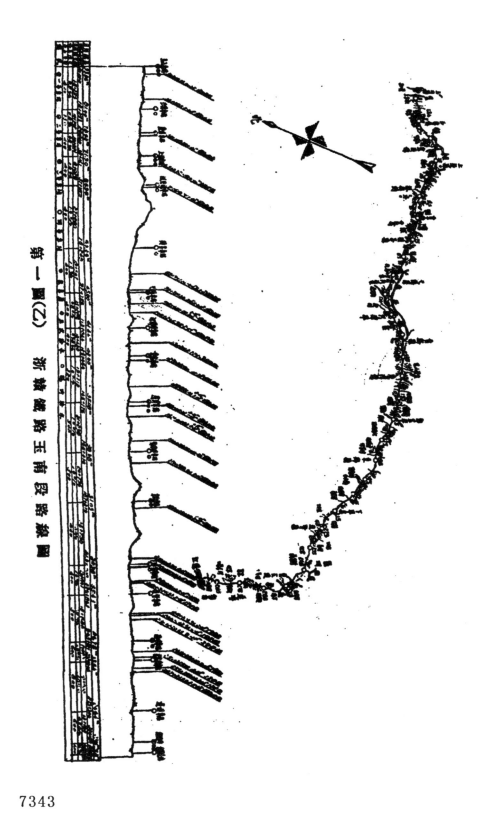

第一圖（乙）　浙贛鐵路玉南段路線圖

脫華夫公司所訂合同,將該兩項費用,規定由局照付,自應按全部料價加列百分之十,計 351,290.00 元。(二)機車四項,奧脫華夫公司開價甚高,原列數目,恐覺不敷。又由德運滬運費保險費,亦應一併列入,共計200,000.00元。以上六款,共計 1,585,060.00元,故實際預算,總數,共計 18,176,663.00 元。但其中公債利息,將來仍可由收入部份,債票利息,約九十六萬元,轉眼相銷,實增之數,亦不過一百一十餘萬元耳。按鐵道部二十二年份調查,各國有鐵路,平均每一實有公里原價,以北甯路為最高,計 261,849.59 元。以平綏路為最低,計 67,385.87 元。各路平均為118,859.62 元。至玉南段每一實有公里,約為 55,000.00 元。實較國有各路最低者尤少。玉南段建築費概算及借墊款項分期付息還本表,見表(二)及(三)。

(二)　設　計

(一)鐵路　本段正綫全長 ,291.77 公里。綫路之最小曲綫半徑,規定為 300 公尺,惟在特殊情形之下,為避免巨大工程起見,此項規定得減為不得小於 250 公尺。同向曲綫間公共切綫規定不得小於 100 公尺,異向者不得小於50公尺。非經特別許可,並不得用複曲綫或反向曲綫。最大坡度達同曲綫上坡度折減率,規定為百分之一。其餘曲綫之超高度,豎曲綫之設計,均按照部定國有鐵路標準辦理。第一圖示浙贛鐵路之位置及玉南段路綫。

(二)路基　本段路基本擬遵照部定建築標準辦理,嗣以經費支絀,復查歐美各國鐵路路基寬度,較我國部定標準為小者甚多,因定填土寬度為5公尺,挖土寬度為4.5公尺;填土旁坡普通土質為2:3,遇土質鬆軟之處則為1:2。挖土旁坡則隨地質而異,土質為1:1,軟石為2:1,硬石為4:1。第二圖示土工路基之剖面,第三圖示石工路基之剖面。

(三)橋涵

(甲)橋梁　本段路綫係繞徑江西之信,撫,贛三河流域。計自

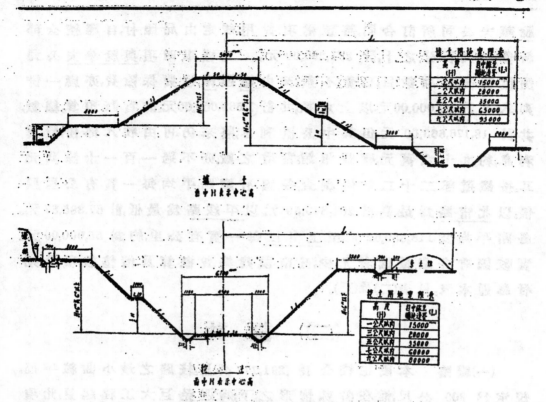

第二圖　浙贛鐵路玉南段路基土方標準剖面

玉山至將軍嶺間路線,長約 200 公里,所經爲信河流域,自將軍嶺至沙埠潭與達塘間路線,長約 65 公里,所經爲撫河流域。從此至南昌約 27 公里間,路線所經,爲贛河流域。

全線橋梁除贛河流域因里程甚短無巨大橋工外,跨越信河之大橋,計有二處。其一係在玉山附近信河與玉琊溪會合之下游數百公尺處,建 20 公尺孔鋼鈑梁十孔橋一座,長 200 公尺,自信河南岸跨至北岸。其二係在貴谿縣下游里許,建 30 公尺孔鋼板梁 13 孔橋一座,計長 390 公尺,路線遂由河之北岸復轉至南岸。此外,信河流域內尚有靈溪橋,長 120 公尺,上碗港橋長 112 公尺,鄧家江橋,長 200 公尺。

撫河流域之大橋,計有梁家渡及撫河支流二座。梁家渡橋係 35 公尺孔鋼鈑梁式,共 14 孔,全長 490 公尺。兩旁並附設公路懸臂,

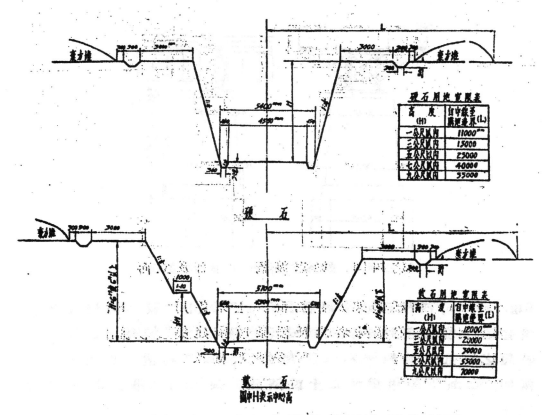

第三圖　浙贛鐵路玉南段路基石方標準剖面

以便行駛汽車;是為全線最大之橋梁。至撫河支流,係五孔30公尺孔之鋼鈑梁橋,計長 150 公尺。

　　本段各種橋式除少數小橋,其上部建築,採用淨混凝土或鋼筋混凝土拱圈,鋼筋混凝土箱形涵洞或T形鋼筋混凝土板梁外,橋孔較大之橋,均用鋼板梁或工字梁;惟梁家渡橋因徇江西公路處之請,設計鐵路公路聯合橋(第四圖),其鋼鈑梁梁頁(C. to C. of Girders)為2.8公尺,兩旁伸建三角形之懸橋架,橋面總寬為12.72公尺,映行火車敷設鋼軌之寬度為4.88公尺,兩旁各建2.88公尺寬之汽車道一條,其外為1.04公尺寬之人行道。

　　各橋下部建築分淨混凝土(Massive Concrete),鋼筋混凝土(Reinforced Concrete),鋼架(Steel Tower)及鋼筋混凝土架(Reinforced

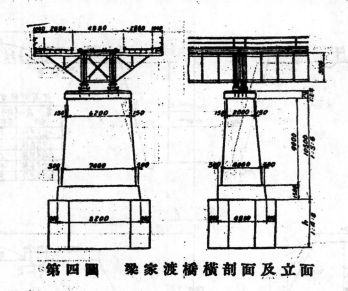

第四圖　　梁家渡橋橫剖面及立面

Rigid Frame) 四種。鋼架及鋼筋混凝土架係用於較小河流洪水位
與普通水位相差懸殊者。此種橋梁墩座建築費較廉,因此可採用
較短之橋孔,甚爲經濟。本段所築此項橋梁,其建價最低者每公尺
僅 600 元,如下部用淨混凝土或鋼筋混凝土,則建築費當在900元
以上。

　　各橋鋼鈑梁及工字梁均係按古柏氏 E—35 號活載重設計,
俟將來列車有更須增重之必要時再行加固。此外他種橋梁上部
及所有各式之下部建築,均係按古柏氏 E—50 號活載重設計。全
部建築均係永久式;其他風力,牽引力,以及河流水擊力等,均按照
國有鐵路橋梁規範書,並參攷歐美最新鐵道橋梁規範書計算之。

　　(乙)水管　全段所用水管,計分爲三種:

　　1. 由工段自造之洋灰水管。

　　2. 由上海恆美水管公司購買之洋灰水管(R.C.Hume Pipe)。

　　3. 鞲紋水管(Acme Toncan Iron Pipe)。

　　所有自製水管,一呎徑及十五時三角形者用1:2:4 淨混凝土,
其餘槪用1:2:4 混凝土成分之鋼筋混凝土製造。恆美水管則係用
1:1½:2½ 混凝土成分之鋼筋混凝土。混凝土應力之規定, 1:2:4 者爲

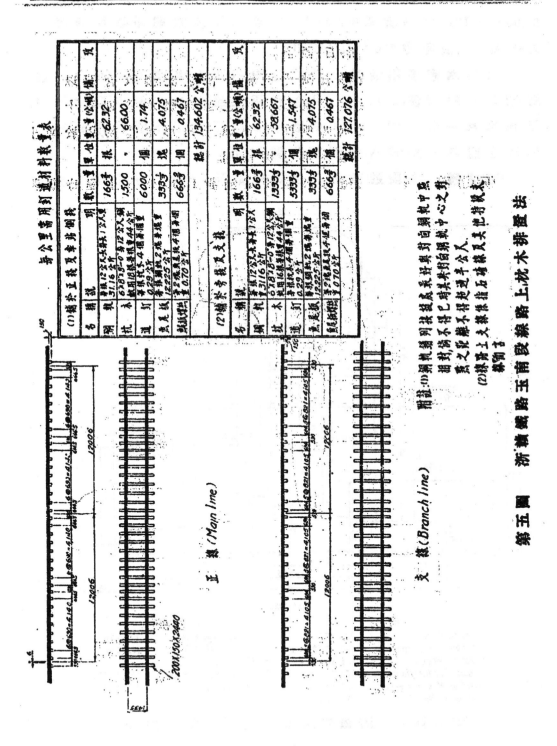

每公里需用材料表

(1)標準正軌及車舶鋼軌

名　稱	説　明	數　量	單位	重量（公噸）	備考
鋼　軌	每根12公尺重85公斤長75公尺 31.16公斤	1665	根	62.32	
枕　木	6.819-0.9公尺軌重44公斤	1500	‧	66.00	
道　釘	每根尺3-4個每個重	6000	個	1.74	
魚尾板	每根每根2個重 12.225公斤	5335	塊	4.075	
魚尾螺絲	每2根4根4個每個 0.70公斤	6665	個	0.467	

總計 134.602公噸

(2)鋼軌另裝及支線

名　稱	説　明	數　量	單位	重量（公噸）	備考
鋼　軌	每根12公尺重75公尺	1665	根	62.32	
枕　木	0.7.819-0.9公尺44公斤	1535	‧	58.667	
道　釘	0.29公斤	5335	根	1.547	
魚尾板	每根每2個每個重 12.225公斤	3335	塊	4.075	
魚尾螺絲	每2根4根4個每個 0.70公斤	6665	個	0.467	

總計 127.076公噸

正　線（Main line）

支　線（Branch line）

20,000#/口",1:1¼:2½者爲30,000#/口"。至水管載重則係按照豎壓力
2,000#/口',橫壓力670#/口'設計。

　　恆美水管多用於砂石缺乏運輸不便之處,螺紋管則以其運
送較易安裝較便,故沿綫匪區,多利用之。至自製水管則分十五吋
三角形,及一呎,二呎,三呎,四呎圓徑各種。三角形水管均用於填土
低淺之處,其他則視當地情形,分別使用。

　　(四)道碴　本段道碴每公里規定鋪設1,870公方。工程時期暫

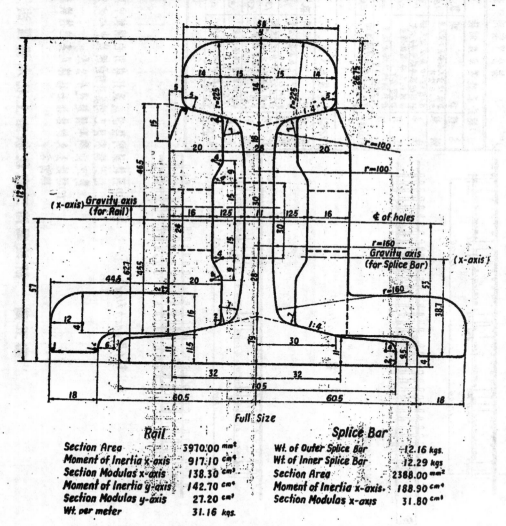

Full Size

Rail		Splice Bar	
Section Area	3970.00 mm²	Wt. of Outer Splice Bar	12.16 kgs.
Moment of Inertia x-axis	917.10 cm⁴	Wt. of Inner Splice Bar	12.29 kgs.
Section Modulas x-axis	138.30 cm³	Section Area	2388.00 mm²
Moment of Inertia y-axis	142.70 cm⁴	Moment of Inertia x-axis	188.90 cm⁴
Section Modulas y-axis	27.20 cm³	Section Modulas x-axis	31.80 cm³
Wt. per meter	31.16 kgs.		

第六圖(甲)　浙贛鐵路玉南段之鋼軌及配件

鋪四成,計每公里 548 公方。道碴種類,分碎石,卵石,河沙,碎磚等,或由沿線開山採取,或就附近溪河挑揀,均以能就地取材,俾資撙節為原則。道碴材料之供給,計分包商承辦及向農民徵購二種,鋪設則均係由本段道班班辦理。

(五)軌枕　本段所用軌枕,計洋松枕木五十四萬根,國產本松四萬根。尺寸係 150 公厘×200 公厘×2440 公厘(6″×8‴×8′—0″),正綫每12公尺長整軌用枕木 18 根,支線每整軌用枕木 16 根(參閱第五圖)。

(六)鋼軌及配件　本段鋼軌係採用德製之 "Preussen No. 10",每公尺重31.16 公斤,標準長度為12公尺。其他魚尾板長度螺絲及道釘尺寸等均係採用部定標準。全段共用鋼軌 22,200 公鐓;魚尾板 1500 公鐓;螺絲 180 公鐓道釘 620 公鐓(參閱第六圖甲及乙)。

(七)軌距及啣接法　本段軌距係採用部定標準,即 1435 公厘,(4′—8½″)。鋼軌啣接法,在站內為相對聯接,在站外則為交錯聯接。

(八)車站設備　本段全段車站凡十九處。均按當地物產,商業,人口,交通狀況並預測他日發展狀況,以定等級,而車站設備之繁簡,亦以此決定。設計原則在力求節約中復顧及適當之觀瞻及應付營業之需要。計全段一等車站,二等車站各一,三等車站五,四等車站十二。

車場佈置,係按下列原則設計:

(1) 客車除交會外均應停靠第一月台。

(2) 特快及直達車以沿正綫行駛為原則。

(3) 特快及直達車僅停靠三等及三等以上之車站,區間車及慢車則無論何等車站均須停留,以便旅客上下。

各站車站房屋均按照等級分別設計。至給水設備則係依照機車容水量及需水量設計。全段共計設置正式水站七處。又為行駛釣道及初期營業之小型機車起見,復設臨時水站七處。所有正式給水設備水塔,均按當地情形或用木製,或用鋼筋混凝土建築。水塔吸水管係用 5 吋生鐵管,出水管均用 4 吋生鐵管,供水管則

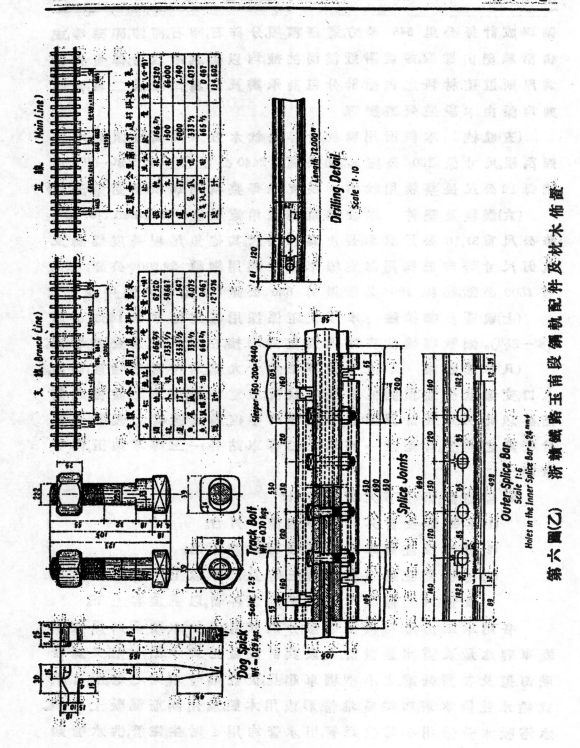

正線 (Main Line)

支線 (Branch Line)

Drilling Detail
Scale 1:10

Length 72000″

Sleeper:150×200×2440

Splice Joints

Outer-Splice Bar
Scale 1:6

Holes in the Inner Splice Bar = 24 m/m

Track Bolt
Wt.=0.70 kgs   Scale 1:25

Dog Spick
Wt.=0.291 kgs

第六圖(乙)　浙贛鐵路玉南段鋼軌配件及枕木佈置

用10吋洋灰恆美水管,蓋以恆美水管價值較生鐵管約低30％而強度則不相上下也。水塔高度及水管直徑之設計,係以每分鐘出水4立方公尺爲準。水鶴係根據最新式之 Balance Valve 式設計,開關需時僅一秒鐘。由本局設計繪製圖樣後,交由國內廠家承造。

　　本段車站設備除上述者外,復在上饒,蘆潭,南昌三站各建機車房一座,每座附設小機廠一所,以便小規模之機車修理。機車之出入,以26公尺上承式鋼鈑梁轉車盤轉移之。此項機車房長32公尺,寬4.6——8.2公尺。每間可容杭玉段小機車二輛或26公尺之大機車一輛。轉車盤四周設置混凝土坑,中心則採用硬鋼製造之輥軸。

　　至於其他貨站,倉庫,辦公室,員工宿舍等項工程,亦均按需要情形,審度經濟狀況分別設計。又全段設置混凝土灰坑七處,木製煤台三處,各站站台邊牆,則視當地產料情形,或用木製,或用磚砌,或用混凝土建造。

　　(九)機務設備　本段雖爲杭玉段之展築,但兩段基本設備頗多不同。杭玉段鋼軌每碼重25磅,橋梁載重爲 E—25,本段鋼軌每碼重63磅,橋梁載重爲 E—35,最大軸重亦各別。故杭玉段機車輕小,車輛爲15公鏇,挽鈎亦低,本段現採用較重軌道,各種機務設備自應採用部定標準。但杭玉,玉南二段同爲貫通浙贛二省之幹線,無論基本設備如何不同,兩段聯運,則爲絕對需要。杭玉小型機車行駛玉南,自屬毫無問題,但本段機車重大若行駛杭玉段,不特路軌不能承受,即兩段車輛之互相聯絡,亦因挽鈎高低不同而屬不可能。故在杭玉段未更重軌之前,不得不勉爲設計一過渡辦法,庶幾此項車輛在目前可以行駛二段,將來杭玉段更換重軌後,復能稍加改造而完全適合於重軌經通盤計畫,決定四種原則:

　　1. 本段客貨車全用高鈎,機車用雙鈎。

　　2. 本段客貨車構造務求輕小,俾能行駛杭玉段。

　　3. 本段客貨車待杭玉段更軌後以極低費用改造爲標準重

軌所用之車輛。

4. 杭玉段客貨車於一年內改造爲高釣車。

又本路原有機廠，僅西貴江邊一處，設備簡陋殊不足以應機車車輛修理之需要在杭玉段完成之時，已有在玉山建築總機廠之議迨本段展築，此項需要盆形迫切。惟關於建築地點，至是情形變易，玉山在本路之重要性已失，遂復詳加攷慮以資妥善。其初在玉山建造之意，係以該站爲鐵路之一端，嗣復爲輕軌重軌之交點，但該站路線與縣城對江相隔，材料運輸人工及供應均感不便。此外本路要站尚有南昌杭州二處，杭州附近已有滬杭甬路之閘口機廠，自不宜再設大規模之機廠。南昌爲江西省會列車必達之終點，杭玉段機車駛往修理亦甚便利。將來南萍段展築，尤屬全綫樞要且他日贛省境內修築鐵路之計劃實行後，南昌更爲各綫中心，原與本路聯軌各路之機車車輛均可委由該廠修理，故本路機廠遂決定設置於南昌。至於機廠佈置之設計，經參酌近代趨勢，工作管理效率，決採用縱式復爲顧及本路財力起見，視需要之緩急，擬定分期建築計劃，酌分三期每期五年，期於十五年內全部完成。

（十）電務設備　本段興築之時，因沿綫匪氛未靖，交通不便，爲便利督促工程計經呈准交通部在本路沿綫擇要設置無線電台，計先後設立八座。至關於有線電報電話綫路之檢製，程式之規定，材料之預算同時亦經分別進行。所有電信程式大都遵照交通部關於長途電報電話之規定。有線電報機件廢除紙條，而採用音響應於購置維持均能節省經杭籌計劃，預計業務之需要，設九號銅綫一對，爲行車電話之用，十一號銅綫二對，爲運務及長途之用，八號鐵綫一條，爲電報之用。後因玉山上饒間通車，業務頗繁，復就餘料增設十一號銅綫一對。至桿木選擇，規定須質料堅實，無巨節孔節者，梢徑爲 5 吋，長度則分 24 呎，28 呎，32 呎三種，以期適合各種地形。又以沿綫機件頗多，特籌設修理所一處置新式機件工具，以備修理之用，並在玉山設置放大站俾話音得以清晰。

表(四)　浙贛鐵路玉南段各廠所名稱及分期建築

號數	名稱	長(呎)	寬(呎)	面積(平方呎)	建築期	號數	名稱	長(呎)	寬(呎)	面積(平方呎)	建築期
1	組立	300	80	24000	工	40	鐵車砂打	100	20	2000	Ⅱ
2	鈑金	300	80	24000	工	41	貯物室	60	20	1200	Ⅱ
3	電機器	600	50	30000	工	42	事務室	40	20	800	Ⅱ
4	輕機器	300	50	15000	工	43	鐵車油漆	200	90	18000	Ⅱ
5	工具場	300	50	15000	工	44	事務室	60	15	900	Ⅱ
6	燒焊及鍛洗	200	50	10000	工	45	電氣	140	15	2100	Ⅱ
7	預備品配給	200	50	10000	工	46	調漆	100	15	1500	Ⅱ
8	劃模及鉚釘	200	50	10000	工	47	罐鑢	100	15	1500	Ⅱ
9	組立場事務室	40	20	800	工	48	木車油漆	200	135	27000	Ⅱ
10	組立場貯物室	60	20	1200	工	49	造車	200	45	9000	Ⅱ
11	鈑金場貯物室	60	20	1200	工	50	木工	200	45	9000	Ⅱ
12	鈑金場事務室	40	20	800	工	51	事務室	60	15	900	Ⅱ
13	風閘修理	80	20	1600	工	52	鋸木及木倉	200	45	9000	Ⅱ
14	小工具存放	120	20	2400	工	53	乾房	60	20	1200	Ⅱ
15	鈑工場事務室	60	20	1200	工	54	鍛冶及彈簧	200	80	16000	Ⅱ
16	鑄熔場	160	20	3200	工	55	事務室	40	20	800	Ⅱ
17	貯物室	60	20	1200	工	56	貯物室	80	20	1600	Ⅱ
18	銅工	80	20	1600	工	57	助力房	160	30	4800	工
19	材料事務室	60	30	1800	工	58	號誌及义道	160	15	2400	Ⅲ

No.	名称				类	No.	名称				类
20	总仓库	200	100	20000	工	59	机车制造	160	60	9600	Ⅲ
21	卸料平台	80	20	1600	工	60	机车准备	100	30	3000	Ⅱ
22	车辆领料	100	20	2000	工	61	机车计量	80	20	1600	Ⅲ
23	废物室	60	20	1200	工	62	管室	80	30	2400	Ⅱ
24	车房室	40	20	800	工	63	技工养成所	50	30	1500	Ⅱ
25	钳工镟型	200	45	9000	工	64	试验室	50	20	1000	Ⅱ
26	车轮车盘	200	45	9000	工	65	总办公楼	100	50	5000	Ⅱ
27	检查事务所	60	15	900	工	66	参考陈列室	50	30	1500	Ⅱ
28	车棚浮动	200	45	9000	工	67	守卫	30	20	600	工
29	客车修理	200	90	18000	工	68	查工	20	20	400	工
30	事务室	40	15	600	工	69	区车	70	20	1400	工
31	区物室	60	15	900	工	70	更衣浴室	180	50	9000	工
32	货车修理	340	180	61200	工	71	集会食堂	180	50	9000	工
33	事务室	40	15	600	Ⅱ	72	炊事场	50	20	1000	工
34	区物室	60	15	900	Ⅱ	73	火道夹肠	15	10	150	工
35	清库	60	30	1800	工	74	平式转车台	500	80	40000	工
36	副生品	100	40	4000	Ⅱ	75	载梁起重机	890	90	80100	Ⅲ
37	模型	60	40	2400	Ⅱ	76	外场起重机	430	60	25800	工
38	车房室	40	30	1200	工	77	机车棚向台			6362	
39	钳工场	200	90	18000	工	78	职员宿舍			88200	

各项建筑物总面积与厂基建面积之比为 707664 : 1852000 = 38 % 强

(三)　施　工

(一)路基　本段爲求施工迅捷計,在測量完竣之後,即就原有測量隊測量里程組織總分段,以便同時分別施工.關於路基土方工程,玉山上饒間暨貴谿南昌間均先後於廿三年七月八月分別發包.惟饒貴一段,因奉令改經信河北岸,其時匪氛猶熾,施測較遲,迨至十月間始獲將該段土石方工程發包承築.在十一月間分別開工後,其他各處尚獲順利進行,惟饒貴間信河北棧以殘匪未清,時出滋擾,甚至搆殺本路及包商員工,因之工程進展時受阻碍.嗣經向當地駐軍接洽保護,並在該段沿線,擇要建築碉堡二十八處,分兵駐守,始克繼續進行.同時又以該段農民既罹匪患,復受旱災,流離失所,生機斷絕,迭奉江西省政府電令籌辦工賑,藉資救濟,經與當局商洽決定:盡量雇用當地農民,以工代賑.惟以該處人民,對於土石方工程毫無經驗,祇得令工段及包商盡量容納,以百分之七十爲比率,擇較平易之地段,發交築造,並隨時監督指揮,庶於工程及民生,兩有裨益.經工段督促包工趕趲,進展頗速,不意二十四年六月間,沿棧忽遇六十年來未有之洪水,已成工程屢被冲毀,坍壞甚多後復繼以疫病侵凌,員工罹病死亡者爲數至巨,嗣後雖經竭力救濟,盡夜趕修,然全部工程竣工日期已大受影響矣.各分段路基土石方數量見表(五)

(二)橋涵水管　本段共有橋涵85座,計三百公尺以上鋼鈑梁橋 2座,三百公尺以下百公尺以上鋼鈑梁橋 5座,百公尺以內鋼鈑梁或工字梁橋45座,十公尺以內混凝土拱橋 7座,六公尺以內鋼筋混凝土涵洞24座,廿公尺以內鋼筋混凝土板橋 2座;另有各種徑口之水管 683 座.鋼鈑梁平均單價每公尺爲一千元,鋼筋混凝土板橋爲一千四百五十元,混凝土方涵洞爲一千九百五十元,而混凝土拱橋單價最高達每公尺二千二百元.水管每處則平均合三百元.

表（五）　浙赣铁路玉南段路基土石方数量

段别	管路里程	土工 填土	土工 挖土	石工 软石	石工 硬石填	道路 土工	道路 石工	掺道土方	总计 土工	总计 石工	每公里平均数量 土工	每公里平均数量 石工
第一分段	0.000－18.600	394,000	21,300	8,600	10,100	1,400	1,500	11,700	428,400	20,200	23,030	1,086
第二分段	18.600－39.300	610,600	86,000	18,700	9,700	45,000	3,800	19,100	760,700	32,200	36,740	1,555
第三分段	39.300－55.600	332,600	162,200	11,300	4,900	9,500		4,600	508,900	16,200	29,420	936
第四分段	55.600－70.800	278,400	210,900	16,500	7,100	9,000		2,100	500,400	23,600	32,920	1,553
第五分段	70.800－84.000	310,700	153,900	11,800	5,100	8,400		600	473,600	16,900	35,880	1,280
第六分段	84.000－97.000	223,900	54,400	7,900	3,300	8,500		1,840	288,640	11,200	22,200	860
第七分段	97.000－115.000	574,400	122,700	12,100	5,200			9,800	706,900	17,300	39,270	960
第八分段	115.000－137.300	693,400	160,100	10,600	5,300			12,800	866,300	15,960	38,850	713
第九分段	137.300－156.000	409,500	110,400	14,500	21,700			2,900	522,800	36,200	27,960	1,935
第十分段	156.000－175.400	300,800	76,700	9,500	9,500			4,000	381,500	19,000	19,665	980
第十一分段	175.400－194.400	258,200	98,900	12,300	12,300			11,100	368,100	24,600	19,370	1,300
第十二分段	194.400－211.900	262,500	113,800	56,800	18,900	9,400		2,800	388,500	75,700	22,200	4,330
第十三分段	211.900－230.900	294,000	124,500			10,500		4,000	433,000		22,790	
第十四分段	230.900－250.600	382,500	50,200			5,100		3,200	441,000		22,385	
第十五分段	250.600－270.600	420,500	227,200					2,800	650,500		32,525	
第十六分段	270.600－292.000	316,500	36,300					8,600	361,400		16,890	
共　计		6,062,500	1,809,400	190,600	113,100	106,800	5,300	101,940	8,808,640	209,000		

（甲）水管　　水管鑄造工程,經招標後,以開價過高取消,嗣經分別詢價,亦終無成議。後乃指派專員,負責主辦,規定水管工隊組織暫行辦法,及核定各項鑄管包工,單價,一面將全稜應需工具模型鋼筋洋灰等項通盤籌劃,購發各段。復以恆美水管 (Hume Pipe) 質良價廉,緻紋鋼管(Acme Toncan Iron Pipe)運輸便利,宜於匪區,均酌購若干備用。嗣各方籌備就緒,卽行分段開鑄,所用模型之數量,約當水管節數百分之四,托板數量則為模型數量之三倍。大約鑄管一天後拆卸內模,兩天後拆卸外模,十天後移去托板,四星期後卽可陸續安裝。恆美及緻紋兩類水管則只須運達工地後安裝,施工較易,規定水管工價見表(六)。

（乙）小橋　　本段各小橋工程,均經招商承包,嗣因開價過昂,未克成議。後經設法分別詢價,歷經磋商,始克先後將第一,第二兩分段小橋下部工程發交業新公司承包,第五,第六兩分段小橋下部工程發交協和公司承包,第九分段小橋下部工程發交中華興業公司承包,第七,第八,第十,第十一,第十二等五分段小橋下部工程則由裕民公司領料包修,而第三,第四,第十三,第十四,第十五,第十六等六分段,始終因議價不合,只得僱工自做。其各小橋上部鋼樑則分別發包大中華機器廠王源來廠承辦。惟包商能力有限,設備不全,同一包商所承包之各工程,勢不得同時進展,因之工程大部均在雨季施工,困難孔多。嗣經本路多方協助,始底於成。自做工程因半在匪區,半係交通不便之地,且在招商詢價失敗後方開始籌備河水乾涸之時,亦未克施工,然奮力趕趲,幸未延誤,

（丙）大橋　　本段大橋凡七,為信河,沙溪,靈溪,貴溪,鄧家埠,梁家渡,撫河支流橋等,一律係上承式鋼飯樑,分別發交新中覆記中南及大昌公司承辦。其中信河,沙溪,靈溪,鄧家江四橋基礎施工之時,適河水乾涸之秋,且河底淤沙甚淺,極易開挖,施工甚易,貴溪,梁家渡,撫河支流三橋基礎施工時,遭遇困難最巨。撫河支流橋係木樁基,每樁計長 17 公尺,河底砂層雜有碎石甚多,木樁下擊不易,尤以

表(六)　規定水管工價

1. 鑄造包工單價

管徑	單位	工作限度			扎鐵工價	鑄造工價安拆模型在內	附註
		鑄造	運輸材料	運輸做成水管			
1'△	節	完成	500 M	—	—	$0.30	表中所列價格若無特
1'φ	節	完成	500	—	—	$0.30	別情形不得超過
2'φ	節	完成	500	—	$0.10	$0.70	
3'φ	節	完成	500	—	$0.15	$1.20	
4'φ	節	完成	500	—	$0.25	$1.60	

2. 運輸包工單價

材料名稱	單位	運輸距離	單價	附註
水泥	桶	1公里	$0.20	仝上欄
石子	方	1公里	$3.60	
沙	方	1公里	$3.00	
鐵筋	噸	1公里	$1.20	每噸為2240磅

3. 鋪水管雜裏工工資

職稱	僱用人數	單位	最高工資	最低工資	支最高工資之最多人數	附註
春工	1	日工	$0.90	$0.70	1	各組工資自以所僱工
木工	2	日工	$0.70	$0.60	1	人技藝為準故每組所
鐵工	2	日工	$0.70	$0.60	1	要亦有高低但以此表
大工	6	日工	$0.60	$0.50	3	為最高數
小工	10	日工	$0.45	$0.40	5	
合計	21	日工				

用送樁(Follower)後為甚。貫溪河流溜急,江水頻漲,尋常工作時,墩座水深常在 5 公尺以上,而河床與石層間之沙層又薄,故各墩施打之(Wakefield)式木板樁,其外圍雖用泥石等物設法圍護,仍常遭洪水冲失或拔起,即全橋依賴之抽水機,電力發動機,打樁船只以及各項材料,亦曾被冲失損壞。梁家渡橋河床以下至石層間之淤沙甚厚,防水工程採用鋼鈑樁及鋼筋混凝土沉箱(第七圖)兩種,鋼鈑樁因河底石層不平,且為碎石所格,未克全部到達石層面,致開挖

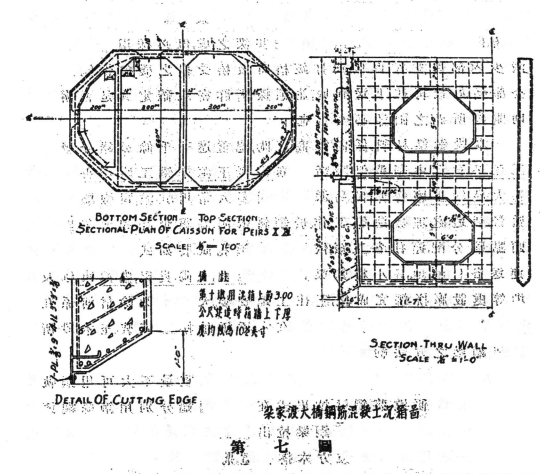

BOTTOM SECTION　　TOP SECTION
SECTIONAL PLAN OF CAISSON FOR PEIRS X XI
SCALE 6"=1'-0"

備 註
第十墩用沉箱上為 3.00
公尺建造時箱牆上下厚
度均為 10 英寸

DETAIL OF CUTTING EDGE

SECTION THRU WALL
SCALE 6"=1'-0"

梁家渡大橋鋼筋混凝土沉箱圖

第 七 圖

時鈑樁下部向內灣曲,翹沙顏劇,沉箱分四節鑄成,隨挖隨沉,所經上層數公尺時,情形良好,但沉至最後 2 公尺時,則愈深愈形難下,細砂自箱底翹入,因之抽水工作時患失效,工作實至困難。橋基施

工時,防水設備爲道孔多就本段各橋施工時所得之經驗,土場料
省工簡,至爲經濟,但只適用於旱季及開挖不深之處,木板樁在開
挖2——5公尺橋基處頗爲合宜,但易生裂縫漏隙,且開挖後逐層
安裝內部支撐,亦頗費時日,又未裝支撐之先,易被水冲,均其弱點。
本段貴溪橋施工時所採用之「先立板樁骨架,再依傍之下擊板樁」
方法,似可採用。混凝土沉箱用於開挖5公尺以上10公尺以內之
地,頗著成效,但箱壁斜度必大,分量必重,內部支撐必少,藉利下沉,
惟遇石層凹凸不平,則沉箱被格不下,補救至爲困難,係其大弊。鋼
鈑樁,因經濟關係,只能用於開挖甚深之處,但必採用適當者,一以
減少內部之支撐,再以減打鈑樁時鈑樁受損之機會,惟鋼鈑樁必
全部播好後再往下送到底,並應探續詳審以確定其是否辦到,否
則開挖所過之困難必至巨也。

　　本段鋼梁材料,係向德商訂購,總重達五千餘公鐵,分發新中
工程公司,大中華造船廠,新恆泰鐵廠,王源來鐵工廠,中央鐵工廠,
鐵大昌鐵工廠等承做。另派工程司多人常川駐滬,司檢驗分配及
監督製造,處理發運等工作。於鋼料抵滬,海關允許起運後,即在碼
頭點驗分配,運往各工廠,依圖裁切鑽孔試裝如式後,即分別編號
運送各目的地。各小橋鋼梁則分在玉山,弋陽,貴谿,鷹潭,東鄉及溫
圳等處設廠拼鉚完成後,運往工地安裝。大橋鋼梁除信河係在玉
山拼鉚運赴工地安裝外,均各在本橋橋址拼鉚安裝。至本段所有
安裝鋼梁之方法約如下述:

　1.小橋鋼梁　（一）8公尺以下之鋼梁重量不大,可用鋼軌兩
　　　根爲便道,將鋼梁拉出,或在鋼梁兩端分別用鋼絲繩連於
　　　兩紋車上懸空將鋼梁拉出後,置於正確位置。（二）鋼梁較
　　　長者用道木墩或方木搭便道,將鋼梁拉出。

　2.大橋鋼梁　（一）利用鋼架或木架便橋法以預製之兩孔長
　　　與鋼梁等高之鋼架梁一具下設活橇由土方推落使跨越
　　　兩孔將平車上推來之鋼梁落於正確位置後,架高鋼梁,取

出平車,再拖鋼架往前一孔空出地位,使鋼梁落至墩座上。安裝信河橋20公尺鋼鈑梁時,即用此法。(二)利用把竿 本段所用把竿方法,計有三種:(子)獨柱把竿:用兩根30公分×30公分×12,20公尺方木組成。把竿之兩端及中部,均用鋼絲繩或鐵箍捆住,將其立於橋孔中間,稍向前傾歪,以免吊梁時鋼梁與把竿緊靠,增加阻力。其基礎則觀當地情形而定。把竿頂端有浪索八根,分繫四方,以防意外。本段裝吊鄧家江橋鋼梁時,即用此法。先將鋼梁移放孔下,斜置兩墩之間;另在此獨柱把竿竿頂及竿腳上分繫三輪滑車四部,中穿7/8吋鋼絲繩一端郇於所欲吊鋼梁之中部,一端與絞車連繫,利用此手絞車將鋼梁吊起,並略高於橋墩。此時旋正鋼梁位置,使漸漸落至墩上。(丑)雙柱把竿:係利用兩獨柱把竿,分立於橋孔兩頭中綫上,吊梁之鋼絲繩,則郇在鋼梁之兩端。鋼梁先祇做成兩梁頁(Girders),在墩座兩旁分別吊起,均置墩座之後。再加卿上下支撐架 本段撫河支流橋曾用此法。(寅)人字把竿:此即雙柱把竿加以改良,用之顏穩。係用30公分×30公分×12,200公尺方木四根做成。每兩根頂部削成斜面,用螺銓撐緊,下部展開成人字形,井加橫帶,以防滑開。該竿組成後仍各置於橋孔兩端,竿頂向墩旁傾斜。另於竿後備可活動之鋼絲繩一,鋼梁全安吊較墩座為高時,即用此鋼繩將把竿絞向後仰,再將鋼梁落於墩座上。撫河支流橋曾用此法。梁家渡橋為工程便利計,更將此人字把竿分立於橋墩上以吊鋼梁。另有(卯)利用三角鋼架一法,為如貴谿大橋所用者 鋼梁在路基上全孔鉚裝完竣之後,即拖拉上橋,於梁前端用螺銓裝一三角鋼架,長18公尺,重6公噸,連鋼梁本身共長48公尺,於橋孔兩邊墩座頂頂先搭道木堆,高與路基平。鋼梁向前懸空拉出12公尺時,重心尚未出路基端,而鋼架前端已抵橋孔他端橋墩上,再前進至鋼梁到達適宜地位後,將鋼架螺銓解開前拉,使與梁脫離,然後將鋼梁落於橋墩上。

以上各法,互有短長。第一法祇能逐步施工,最速時亦祇能兩端並進,係其弱點。且橋孔較大時便橋重量亦甚可觀,故亦不甚相宜。但施工簡單,危險性小。獨柱把竿亦稱便利,冒險性亦較大。雙柱把竿因鋼梁上吊時鋼梁兩端與墩身磨擦,阻力甚大,亦具危險性。人字把竿橋孔較大時用之最為安全可靠。至如貴谿大橋所用之結連三角鋼架一法,頗適宜於橋孔較大,河流湍急,或搭架便道不易之處,惟初架微嫌迂緩耳。

(三)軌道鋪設　本段路綫所經之玉山南昌兩處,交通便利。其中途之廈潭溫圳兩地,並有水道可通。為求工程完成迅速計,將釘道材料及機車車輛先期分別運達上列各地組織四個釘道工隊鋪設軌道。其開工月日及所管轄里程,則視各分段路基工程進行之情況橋工完成之先後及材料運輸之難易而異其旨趣。至鋪釘軌道之施工方法,大別之約為下列兩端:

(甲)應車運送材料　本段第一釘道隊係用此法,材料列車須妥為組合;最先鋼軌車,次枕木車,再次配件車,末為機車。此蓋求各項材料能利用機車送達最遠之可能地點而減少人工之運輸,因之金錢時間,兩可節減。材料列車旨後方開達上地時,仍由機車緩緩倒頂列車前進,直至距未釘好軌道約39公尺處為止,方以工人六名至八名將鋼軌由列車上順次推落於路基之一旁,另用工人數班,專司輪流扛抬鋼軌之職。俟鋼軌落於路基上即速扛起,置於前方業已排列之枕木上,隨落隨扛,川流不息。路基之另一旁,則備運輸枕木及其他配件之孔道。枕木由工人連續肩置異前方路基上,另由方板者二人依所規定枕木排列之標準而排列之。其他配件則分別散放沿路基各適宜地點。俟鋼軌置上枕木,即由上螺絲者先將魚尾板結連,隨由鏈手順序將道釘打入半節,以保持正確之軌距。每根鋼軌下枕木設有相間三分之一道釘為度。如是軌道巳铺钉达40公尺时,即将材料列车缓缓前进,仍以距最前方30公尺处为度,再依前法铺钉,暨续进展至相当距离时,另组锤手四班至六班,在材料列车后方,用起道橇将轨道顶起,道钉拔出,枕木重新排整,轨距精确校正后,将每枕木上四颗道钉完全打入,勿使遗漏,钢轨接头螺铨亦尖为上紧,铺轨工作方始告成。

(乙)平车输送材料　本段其他各钉道队均用此法。材料列车自后方开到工地后,视路基之情况,及工地距材料厂所之远近,而将列车上钉道材料分批卸下,堆存于两旁路基上,然后将列车后退,堆存路基上之材料,用手推平车一辆,先装钢轨及配件在前,再次装枕木,车两辆后随,同时推至最前方。除用工人廿名分屑枕木外,另用工人十二名,将钢轨向前分两边拉出,落于顶先排列之枕木上,并将钢轨顺次排对,轨距校正,使之相近。嗣后再将载重平车前推,依同法办理,枕木车亦随之前进。陆续排列于路基之上。方板者,上螺丝者,锤钉者则均随手推平车后分别工作,将轨道各式铺设。

上两项施工方法互有优劣,大抵前法因儘量利用机车送料,所费工款较后法为低,进展速度亦较大。且在材料列车返回后方,至铺轨道之时间,可利用安装钢梁,则时间经济,当不在少。惟工地距后方较远,则在卸空材料列车返回后方而无新装料车前进之际,运料工人无所事事,为一缺点。为求减少此项靡费起见,机车车辆故需要较多。且轨道上道钉不全时,即有行车危险,尤以湾道及下坡道为甚。施工时果用何法为宜,当以机车车辆之设备,路基桥工之状况,及铺轨速度之需要而定取舍。

本段铺轨成续,平均每队每日约1.3公里,每公里约需工款97元,最高速率每日每队曾钉2.5公里,最高效率每公里祇费工款60元,亦云廉也!

至於钉道工队之组织,当视每日所需之速度而定,表(七)所载,系安日钉一公里半工队之大概组织。

表（七） 釘道工隊之組織

工作類別	工　別	機車釘道人數	平車釘道人數	附　　　註
1.釘道部份	工　目	1	1	
	副工目	3	3	
	錘　手	30	30	
	上螺絲	6	6	
	畫　線	2	2	
	方　板	6	6	
	雜　工	14	10	
	共　計	62	58	
2.卸車部份	副工目	1	0	由材料列車上將材料卸
	卸　鐵	8	0	下用平車釘道時不用此
	卸　木	6	0	人辦理
	共　計	15	0	
3.裝料部份	副工目	0	1	將材料分裝小平車用騾
	裝　鐵	0	12	車釘道時直接運去無此
	裝　木	0	6	項工作
	共　計	0	19	
4.運料部份	副工目	1	1	
	運　軌	16	7	
	運　木	20	8	
	共　計	37	16	
5.舖道部份	工　目	1	1	用機車釘道時舖軌工程
	拉　軌	0	14	卸由運料工人辦理故祇
	排　木	0	12	設工目一人指揮之
	共　計	1	27	
6.其他部份	水　工	3	3	
	鐵　工	3	3	
	雜　工	10	10	
	共　計	16	16	
全　部	合　計	131	136	

　　(四)其他工作　本段車站,共十九處。一切站房,灰坑,轉車盤,給水設備,倉庫,員工宿舍以及機車房,煤台,月台等建築工程,均於設計完竣後分別招標詢價分發各包商承辦,或令由各工段雇工自做。本路指派工程司指導監督,勞力體想,工程進行,顏為順利。至掛接電線及桿木之裝設,經組織電訊工程隊,專責進行。

　　關於工程時期軌道維持,係由各分段於釘道到達前三日卽組織道班飛班等,維護軌道安全。至路基石碴,亦經先期分別徵購及發包開採,分途並進,俾免躭誤鋪碴,而影響於行車安全。

福建蓮柄港電力灌溉

鮑國寶

導　言

福建蓮柄港利用電力灌溉農田五萬餘畝,裝置 810 馬力電動機,爲國內較大電力灌溉事業之一。作者服務於福州電氣公司,故該處供電線路之設計及敷設,歸作者主持。對於灌溉需用機械及電氣設備之選擇及裝置,則由閩建設廳主辦,而作者亦多所贊襄。故不揣謭陋,將該處灌溉工程梗略,報告於下。關於供電線路方面,言之較詳。至於土木工程方面,則前海軍蓮柄港溉田局曾有第一期報告之編印,故本報告祇述其要略。

蓮柄港灌溉事業略史

福建長樂縣爲產米之區,其西南一帶,爲閩江支流灌溉所及,稻田歲二穫,常卜豐收。唯在縣治南約五里,有地名蓮柄港,因四圍山脈環抱,以達於海,致山海間之一大平原,長約十公里,廣四公里餘,爲山脈所遮,不能得閩江灌溉之利,稻作所穫,不及其他田畝十之三。古代人民,即有鑿山開港之議。宋聯馬林安,上其事於朝,指撥全邑錢糧爲開鑿費用。唯山石堅硬,所用工具又屬簡陋,故開鑿三年,成効甚微,林安亦由是獲罪。其後雖屢有開港灌溉之議;均無實地測量與具體計劃爲依據。直至民國六七年間,始由福建水利局與福州電氣公司合聘日本工程師實地測量設計,然因工大費鉅,復致中輟。

　　民國十六年,海軍當局主閩政,設立蓮柄港溉田局,以實施溉田之計劃。該局參用水利局圖柒,分工程爲二期。第一期鑿山開港,安設抽水機,以灌溉苦旱最甚之田五萬餘畝。第二期延長渠道增置抽水機,加灌田四萬畝,並築造海堤,開沿海灘地爲農田。其第一期工程,自十六年三月開始測量購地,五月興工,於十八年二月完成,共用去開辦費約一百零六萬元。開機灌溉後,成績頗佳。迨至民國二十年,因徵收水費糾紛,發生暴動,機器多被毀壞。雖秩序不久即恢復,而機器損壞過甚,未易修理,灌溉事業遂致停頓數年之久。

　　廿三年冬,閩建設廳有復興蓮柄港溉田工程處之組織,以舊機損壞過甚,修理需款頗巨,決定改用電力爲原動力。廿四年二月,建廳向各銀行接洽借款購置電動機,修理抽水設備,整理渠道,並令福州電氣公司敷設輸電線路,以供蓮柄港灌溉用電。八月中線路完成,開機抽水,晚稻收穫,賴以維持,蓮柄港灌溉事業自此復興。

灌溉工程概要

1.　水源水量及落差

　　灌溉所需之水,係取自營前港。該港爲閩江支流,每秒流量計六十餘立方公尺。參考當地農民之估計,及中外各地之經驗,在稻田需水最殷時,如每日工作廿四小時,則每秒每立方公尺之流量,足以溉田 19600 畝。按抽水機每日工作二十小時計算,則六萬畝稻田之最大需水量,爲每秒 3.68 立方公尺。取水地點,低潮高出水面約 0.6 公尺,灌溉區域之農田,距取水處最近者約 3660 公尺,地面高出海面約 9.7 公尺,距取水處最遠者約十九公里,地面高出海面約 4.3 公尺,估計每公里約需 0.38 公尺之落差,以輸送水流,規定抽水總落差 (total static head) 爲 11.6 公尺。

2.　未改用電力前之機械設備

　　因地勢關係,採用二級抽水制度,每級抽高 5.8 公尺,各設抽水機廠。第一機廠設在距營前港約1650公尺,有天然河道與該港相通,並加以疏濬,使寬度及坡度均衡。第一機廠之抽水機,將水抽入2300公尺之聯絡渠道。渠底寬三公尺,堤高2.14公尺,兩邊坡度爲1與2之比,渠底傾斜三千分之一,其容量每秒可輸送7.36立方公尺之水流渠之終點爲第二機廠。第一機廠進水與出水方面之落差,視潮水之高低而異,最高爲5.8公尺。第二機廠進水與出水方面之落差,則常爲5.8公尺。

兩機廠之設備完全相同,各有臥式離心抽水機一具,與四汽缸四衝程式之狄斯爾引擎(Diesel engine)相聯接,速度每分鐘250轉,能量爲400馬力,抽水總落差6.3公尺時(包括水管阻力等),抽水量爲每秒3.68立方公尺。另裝置抽氣機(air pump)一具,用皮帶與柴油機聯接,爲抽水機開機時引水之用。每機廠內各裝置容量五噸之起重機一具,以便利機件之安裝及拆修。廠外各裝置容量二百二十餘噸之鐵板蓄油池一具,以儲蓄燃油。

8. 渠道

蓮柄港灌溉渠道之佈置,略如第一圖。第一機廠之抽水機,抽

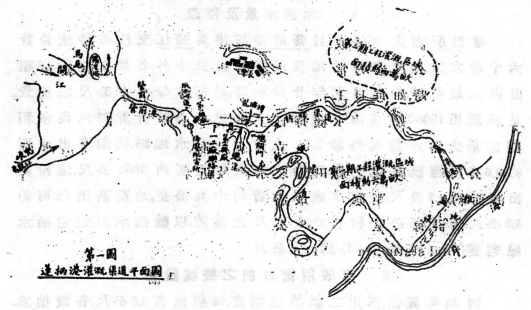

第一圖
蓮柄港灌溉渠道平面圖

水入聯絡渠。第二機廠之抽水機，由聯絡渠抽水入總渠，總渠長11
00公尺，底寬2.14公尺，堤高1.98公尺，兩邊爲1與1之比，其中一
段橫斷山脈之中心，長約4600公尺，純係巖石，開鑿最深處約15公
尺，爲灌田局土木工程最艱鉅之工作。施工時間歷時凡十九個月，
工程費約十萬元。

總渠之終點爲總水閘。經水閘後，水路分爲左右二幹線渠道，
沿山麓而行，水由渠道經分水門傾瀉入田，兩渠道共有分水門68
座。左幹線渠道計長19100公尺，右幹線渠道計長11600公尺，全線取
三千分之一之傾斜，其容積因需要水量之不同，逐漸減少。由幹線
渠道直接灌溉之田約萬五千餘畝。其餘田畝之灌溉，則賴天然水
道轉送水流。

4. 灌田局建設費決算約數

根據蓮柄港灌田局第一期報告，該局建設費決算約數如第
一表。

第　一　表

項　　　　目	金　　　額	佔全部費用百分數
機器	$201,000	19.1%
廠屋，水池，油槽及其他建築	214,200	20.3
渠道（包括開山鑿石工程）	248,400	23.3
暗渠明渠橋樑水門等	61,100	5.8
購地	48,100	4.6
其他	192,600	18.2
工程時期利息	91,600	8.7
總共	$1,057,000	100%

改用電力後機械設備之增改

1. 改用電力之理由

(一)費用之比較

(A)油機

(a)設備費 原有油機損壞不堪清查圖件均缺,據原報造廠估計,全部修理費在十萬元以上,又原有大油機二具,其中一具已全壞需購置新者需款八千元。茲姑以設備費八萬元為比較標準。

第二期擴充工程每廠需配抽水機一座,裝建運輸不便,地土浮鬆,土水工程及運費所需甚鉅。以前墾制港墾田局局配模范費共約二十萬元,近年機價較廉,茲估計為十五萬元。

(b)折舊率 油機壽命較電動機為短,茲假定折舊率為8%。

(c)每小時用油 假定每機實用馬達為 310 馬力,每馬力每小時用油為 0.13 立方,用攝每小時共需用油112 公斤。此係根據華經濟之計算,據墾田局過去之經驗,實際用油較此為多。

(d)每噸油價 假定為九十元。

(e)每年機油費 假定開邊運轉點為 1200 小時,則

第一期機油費 = $\frac{1200 \times 112}{1000} \times 90 = \$12,100$

第二期機油費 = $2 \times 12100 = \$24,200$

(B)電動機

(a)設備費 第一期購電動機二具連附屬設備等,共計約需二萬三千元。

第二期需購電動機二具抽水機二具,連附屬設備等共計約需五萬元。

(b)折舊率 假定為6%。

(c)每小時用電 約五百度。

(d)每度電費 每年用電五十萬度以下,每度電費五分。

每年用電五十萬至一百萬度,超過五十萬度之度數,每度電費四分。

每年用電一百萬度以上,超過一百萬度之度數,每度電費三分半。

(e)每年電費 假定用機運轉點為 1200 小時。

第一期電費 $500 \times 1200 = 600,000$度

$500,000 \times .05 + 100,000 \times .04 = \$29,000$

第二期電費 $1000 \times 1200 = 1,200,000$度

$500,000 \times .05 + 500,000 \times .04 + 200,000 \times .035 = \$52,000$

(C)每年費用比較如第二表。

第 二 表

	第 一 期		第 二 期	
	油 機	電 動 機	油 機	電 動 機
利　　息	$7,680	$2,210	$22,080	$7,010
折　　舊	6,400	1,380	18,400	4,380
電　　費	—	29,000	—	52,000
燃 油 費	12,100	—	24,200	—
潤 滑 油	3,000	500	6,000	3,000
修理及雜費	4,000	2,000	8,000	4,000
工　　資	6,000	3,000	9,000	4,500
共　　計	$39,180	$38,090	$87,680	$74,890

　　由第二表,得結論如下：(一)第一期工程,修理油機與改用電力,費用相差不多。(二)第二期工程,每廠添購抽水機一具,則改用電力,較用油機為經濟。

(二)裝機時間之比較

　　電動機機件簡單,裝配極易,機器運到後,約二星期即可裝竣應用。如修理舊有柴油機,匪特購辦零件,繁瑣牽纏,需時較多,即機件運到之後,卽發工作,亦較裝配新機更為費時。蓮柄港農民渴望溉田事業之復興,故建廳為應付此種需要,決意改用電力。

(三)灌溉以外原動力之需要

　　長樂縣城及營前鎮,距第一機廠均不及四公里。雖各設有電廠,唯無力擴充發電設備,以致有供不應求之現象。蓮柄港既通電,則擴展線路至該二處,需欵不多,二處之電量問題可以解決。現長樂縣已於廿五年五月通電,營前鎮供電問題亦在接洽之中。

　　長樂縣原係產米之區,溉田事業完成後,產米增加,礱米鼕穀,均需用多量之動力。

(四)其他問題

除上列數點之外,電動機管理簡單,開關便利,運用可靠,燃料毋須購自國外等,均為改用電力之優點。福州電氣公司於計三年完成三千在新發電所,儲量充足,每度電燃煤費用在國幣一分以下。故擴充輪路,藉助荒田事業之復興,亦可推銷多餘之電力,於國家經濟,不無裨益。

2. 抽水機及附屬設備之修改

抽水機情形尚好,修理較易,為節省設備費起見,仍修理使用。重要機件,向原製造廠蘇爾壽公司定購,修理工作則委託福州電氣公司工場代辦。因油機機件笨重,搬運困難,更動基礎,費工更多,故不移動油機,而於抽水機之他端(距油機較遠之一端),另築基礎,加長房屋,以裝置電動機。並更換抽水機之總軸,其與油機聯接之一端,設計仍舊,唯卸除聯接盤(coupling)之螺絲,軸之他端則予以加長並裝置聯接盤,與減速齒輪聯接,以接受電動機之動力。

引水用之抽氣機,原用煤油機運轉。因煤油機已損壞,乃另配5馬力之電動機以運轉之。

抽水機之出水管,原裝有調節水閘(gate valve)一具,用人工開關,頗不便利,現改用電力運轉。

抽水機之出水管,均無逆瓣(check valve)之裝置,每值供電線路發生障礙,水流倒灌,抽水機逆轉,速度逐漸增高,頗為危險,故於出水管口,加裝逆瓣,以免除此項困難。

8. 電動機及附件

(一)電壓之選擇　輸電電壓係採用三萬伏,必須用變壓器降低電壓,以適合於電動機之用。為求設備費之經濟與管理之集中計,祇設降壓配電所一處。然因一二兩機廠,相距離2300公尺,須用高壓分配電流,故電動機電壓擬於2300伏及6600伏二者中選定一種,查若用較低之電壓,則更須降壓一次,殊不經濟,以供電線路之經濟而論,應採用6600伏電壓。但因下列各種原因,決定採用2300伏電壓:

(a)閩地天氣潮濕,用較低電壓較為穩安。

(b)2300 伏之電動機及控制設備,價值較 6600 伏者為廉。

(c)福州原用 2300 伏電壓,現擬改為 6600 伏,拆下之線路設備, 可利用者頗多。

(d)附近可以用電之城鎮,距離不遠,用電無多,2300 伏電壓可 以應付。

(二)電動機式樣　電動機係採用同期感應式(synchronous induction motor),以求供電線路之經濟。機為奧國愛林電機廠(Elin) 製造,其構造與滑圈式感應電動機(slip ring induction motor)相類, 但同軸上附裝直流勵磁機一具。開機時旋轉子線路(rotor circuit) 接入電阻,一如滑圈式感應電動機開動之狀,及速度增高至將近 同期速度(synchronous speed)時,將勵磁機發出之直流送入旋轉子, 使其速度自動增至同期速度。並可增減直流之數量,以調整電動 機之電力因數,其行動時之特性,與同期電動機相同。此機開動電 流在滿載電流一倍半之內,滿載效率約百分之九十五,電力因數 可由滯後(lagging) 90 %,調整至越前(leading) 90 %,且管理簡單,開 動便利,實兼有同期與感應電動機之優點。機之能量為 400 馬力, 速率每分鐘 1200 轉,週率 60 週波,電壓 2300 伏。在第一期工程時期 電動機電力周數可調整至 100 %,以後擴充設備時,擬購感應電 動機,以期簡單,屆時可調整同期電動機之勵磁,使電流越前,以求 全部電力因數之增高。

電動機及抽水機之間,裝置減速齒輪(reducing gear),以減低 速度至每分鐘 250 轉,俾適合抽水機之用。減速齒輪之效率,在百 分之九十八以上,故電動機與齒輪之總效率,較之單用每分鐘257 轉之低速電動機為高,而總價則反較廉也。

(三)控制設備　電動機之開動器為油浸式之電阻,柄移至 最後位置時即將直流接入旋轉子。開動器與總開關間有互鎖(inlock)裝置,若開動器不在開機位置時總開關不能閉合。

電動機之控制設備,為鐵板掩護式,裝有自動油開關,所裝副關,過載及跌壓 (overload and under-voltage) 保護裝置,並裝有電壓表,電流表,電力因數表.電力因數之調整設備,亦同裝在一處.隔離開關與自動油開關間,有互鎖裝置,以維持一定之開關程序。

供電線路工程

1. 供電線路容量

線路容量以能供給蓮柄港第一二期灌溉工程及附近鄉鎮電燈電力用電之需要為標準。

第一期灌溉用電	600Kw.
第二期灌溉用電	600Kw.
附近鄉鎮用電	300Kw.
共	1500Kw.

電電壓

福州配電高壓為 6600 伏,必須升高電壓至 13200 伏或 30000 伏,以送電至蓮柄港.茲假定線路容量為 1500 瓩,電力因數為 95%,輸電線路長度為 23 公里,比較 13200 伏及 30000 伏電壓所需之銅線如第三表:

第 三 表

電　　　　壓	13200伏	30000伏
銅線截面	.10方英寸	.035方英寸
滿載時電壓降落	6.5%	3.6%
銅線總重量	60,600公斤	13,800公斤
銅線挺價(每公斤國幣八角)	$48,500	$11,0000
每年線路損失(每年滿載1200小時)	71,500度	59,400度

全線櫥子及控制設備之費用不多,自以採用三萬伏較為經濟,且福州電氣公司原定計劃,尚擬送電他處,是三萬伏電壓之採用,更為必要。

3. 線路系統

　　第二圖表示線路系統之大略。發電所至蓮柄港所經過之路徑，最初一段爲繁盛之街道，不適宜於較高電壓之通過，故從發電所起，用6600伏電壓償電至三汊街，線路長4.35公里。該處地較空曠，附近均係稻田，設配電所於此，升高電壓至31500伏，送電至蓮柄

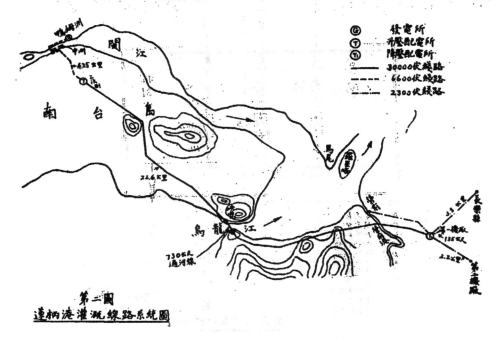

　　第二圖
　　蓮柄港灌溉線路系統圖

港，線路長22.6公里於該處設配電所，降低電壓至2300伏，送電至第十二機廠及長樂縣，供電光電力之用。

4. 升壓配電所

　　升壓配電所之設計以簡單經濟爲原則，線路路如第三圖。變壓器及三萬伏線路均裝置屋外以簡省建築費用。6600伏控制設備，則裝置於6.10公尺長×4.25公尺寬×3.5公尺高之小室內，室之西，植一8.85公尺高之鐵架，爲6600伏來線及供給附近鄉區之6600伏出線碼頭之用，每線各裝置屋外式避雷器一具，並於6600伏來線上裝置隔離開關一具，以備修理控制室設備時隔斷電流之用。從鐵架上之電線接入控制室，係用地纜。控制室內控制設備，係電

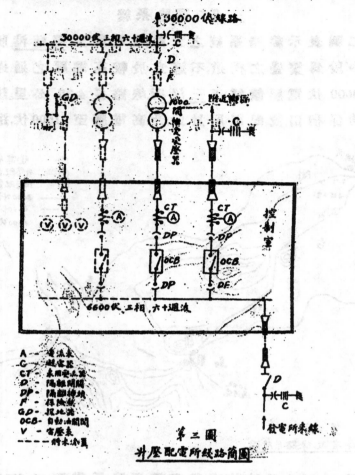

第三圖
升壓配電所線路簡圖

A ── 電流表
C ── 避電器
CT ── 變流變壓器
D ── 隔離開關
DP ── 隔離掣柄
F ── 保險絲
GD ── 接地器
OCB ── 自動油開關
V ── 電壓表
──── 將來本圖

板挂護式油開關可描下,以與銅排(bus bars)隔離,俾便檢查及修理,設備頗簡單,來線祇裝地接接頭匣一具,直接與銅排連接。其餘設備,現祇有開關板二副,一副控制變壓器之低壓方面,一副則控制供給附近鄉區之 6600 伏線路,每副開關板裝置下列設備:

　　自動油開關一具,容量 300 安培斷流容量 50000 開維安

　　變用變流器二具

　　電流表及三一開關各一具

　　變壓器為戶外油浸式裝置於控制室之南,接線法低壓方面用三角形(delta),高壓方面用星形(star),均不接地。容量為 1000 開維安或實依據運柄灌第一期工程及附近城續用電,750 開維安

之容量已足應付,但因設計線路時,電氣公司當局有送電他處之計劃,故裝置較大容量之變壓器,以備此項之需要。

變壓器之低壓方面,用地纜接入控制室。高壓方面,現直接連接架空線路,裝有避雷器,以保護變壓器。將來添置第二具變壓器時,擬添裝30000伏之銅排。每變壓器之高壓方面,各裝隔離開關一副,保險絲一副。並擬於銅排上接一高低壓均接地之扼電圈(earthing choke coil),以為探地之用。

5. 降壓配電所

降壓配電所之佈置,與升壓配電所相似,其線路略如第四圖。

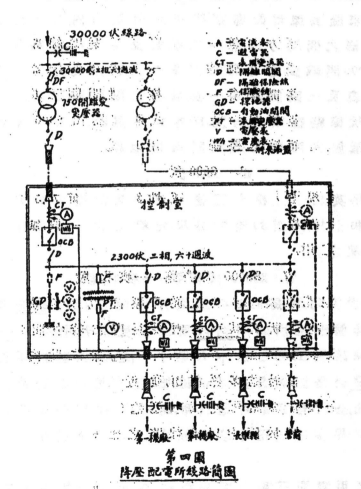

第四圖
降壓配電所線路簡圖

變壓器亦係戶外油冷式,容量為 750 開維愛。接線方法,高壓方面係用三角形,低壓方面用星形,均不接地。高壓線捲有調整頭四個,每個可調整電壓百分之 2.5。

變壓器之高壓方面裝置單極隔離保險絲(disconnecting fuse)三具,低壓方面裝置隔離開關三具。三萬伏線路盡頭處裝單極避雷器三具,將來擴充設備時,擬添裝三萬伏銅排。

控制室內設備為鐵板掩護箱式 (steel plate enclosed cubicle type)。現裝有控制箱五具,一具內裝置單相表用變壓器二具,及電壓表一具,其餘各箱電表之電壓線捲用電,亦均由此二具變壓器供給。將來擬添探地設備,亦裝在此開關箱內。其餘控制箱四具,控制變壓器之低壓方面,第一二機廠及長樂縣線路,每箱裝置斷流容量 25000 開維愛之自動油開關一具,表用變流器二具,電度表一具,電流表及三路開關各一具,單極隔離開關三具。

2300 伏線路盡頭處,均裝戶外式避雷器。由 2300 伏架空導線及變壓器低壓方面接入控制室,均用地纜。

6. 6600 伏

導線用英規十九根十三號硬性銅線,截面 77.5 方公厘。電桿用鐵筋三和土桿,桿距 30 至 37 公尺,北線路之一段,兼作供給市內用電饋電線之用。

7. 30000 伏線路——峽北段

30000 伏線路,共長 22.6 公里。從升壓配電所至峽兜為峽北段,從峽兜至降壓配電所為峽南段,兩段長度相若。中間為峽兜之 730 公尺過江線,該項工程已於本刊第十一卷第二號內報告,茲不贅。

峽北段線路經過處多係稻田,唯近峽兜一公里餘之一段,係崎嶇之山地,全段有公路可通汽車,運輸尚便。線路依公路之大路方向敷設,唯桿多植於田中,以求線路之縮短,兼避免與電訊線路並行。

電桿係用鐵筋三和土製,桿距 85 公尺。每十桿至十五桿置鐵桿一條,以為錨桿(anchor pole)。線路轉角處亦用錨桿。長度超過14公尺之電桿,均用鐵桿。

三和土桿之設計,略如第五圖。桿頂能受 250 公斤之拉力,每

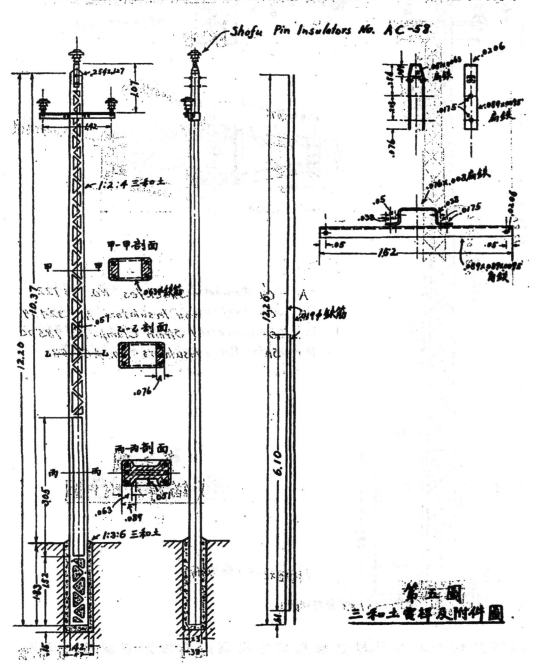

第 五 圖
三和土電桿及附件圖

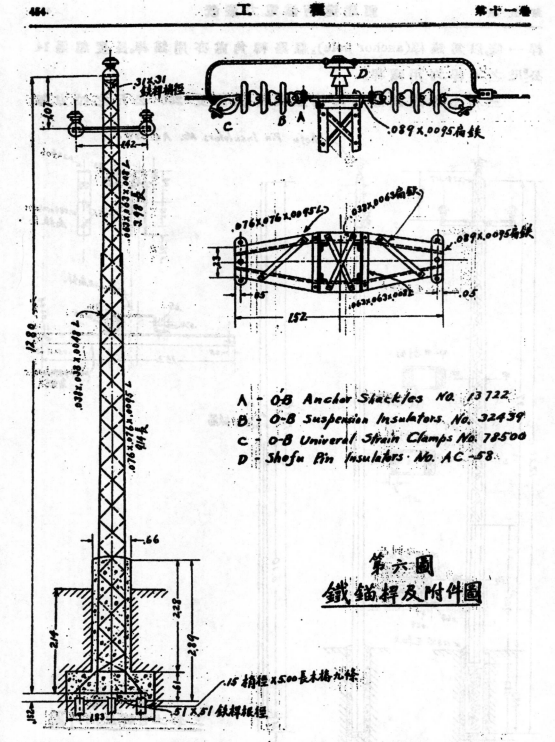

.089×.0095扁鉄

.076×.076×.0095角鉄
.038×.0063扁鉄
.089×.0095扁鉄
.063×.063×.008角鉄
152

A - O·B Anchor Shackles No. 13722
B - O·B Suspension Insulators No. 32439
C - O·B Univeral Strain Clamps No. 78500
D - Shefu Pin Insulators· No. AC-58

第六圖
鐵錨桿及附件圖

.15 桐徑×5.00 長木椿九條
.51×51 鉄桿振桿

桿重量約 760 公斤。桿之橫載面採用空心長方形,以減輕重量,唯

7382

地面下 .31 公尺至地面上 2.74 公尺之一段,則用工字形,以免登桿太易發生危險也。

　　鐵錨桿之設計,略如第六圖。桿頂能受 1000 公斤之拉力,足以支持導線斷一條時鐵桿兩邊導線之不平均拉力。線路轉角在20度以內錨桿不用扳線 (guy),轉角超過 20 度,仍加裝扳線。全部鐵桿,均用 4 公分直徑, 1.5 公尺長之鍍鋅鐵管接地。

　　線路直線上電桿所用礙子,係直脚式 (pin type),乾弧電壓135,000 伏,濕弧電壓 90,000 伏,均經過 110,000 伏之電壓試驗。錨桿上所用礙子,係掛式 (Suspension type),每串用三隻,每隻直徑 25.4 公分,乾弧電壓八萬伏,濕弧電壓五萬伏。

　　導線用英規七根十四號硬性裸銅線,截面 22.6 方公厘。導線間之橫面間隔,為 1.42 公尺。

　　設計所假定之風力,為每小時風速 113 公里,每方公尺平面受風壓98公斤。假定最低溫度為攝氏表零下二度。導線之安全率為二,卽在最高風速及最低溫度時,導線之最大拉力,為耐拉強度之一半。

8. 80000 伏線路——峽南段

　　峽南段線路經過處,半係山地,半係稻田,尙未有公路,運輸甚不便。線路經過河道甚多,導線與水面須有相當之間隔,以便舟楫通行,故導線佈設在同一橫平間上,以減低電桿之高度。

　　沿線路直線之電桿,係用雙行之木桿(Htype)。桿為福建杉木,梢徑 150 公分,根徑 360 公分,桿長大部分係 12.2公尺,間亦用13.7及 15.2 公尺者。木桿埋地1.83 公尺,兩桿距離1.83 公尺,距離載導線之橫擔下 4.5公尺裝 .051×.051×.0063 角鐵之橫撑一條,以增加兩桿之勁度。桿距大部半由 85公尺至 100 公尺,唯營前港過河線桿(參閱第七圖),距 185 公尺,為峽南段最大之桿距。

　　導線亦用英規七根十四號硬性裸銅線,唯營前港過河線及其附近一段,共長 565 公尺,用英規十九根十六號硬性裸銅線,截

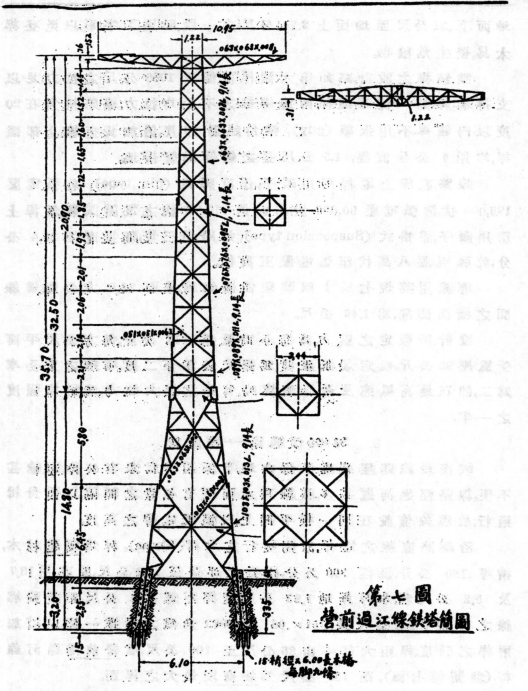

第七圖
營前過江線鐵塔簡圖

面 38.7 方公厘。

9.　2300伏線路

由降壓配電所至第一二機廠之線路,用福建杉木桿,梢徑 14 公分,長度 10.7 公尺,埋地深度 1.68 公尺,桿距 46 公尺,導線用英規十九根十四號硬性裸銅線,截面 60.47 方公厘。礙子則利用福州市拆下之舊礙子。

由降壓配電所用 2300 伏電壓饋送電流至第一二機廠,直接供給 400 馬力電動機用電。每廠廠外各置變壓器架,裝置單相 10 開維愛變壓器二具,用 220 伏開口三角形 (open delta) 接法,供給小電動機及電燈用電。

供給長樂縣用電,係用 13 公厘梢徑 9.15 公尺長之杉木桿,桿距 46 公尺,導線用英規八號硬性裸銅線,截面 12.97 方公厘。

10.　施工概況

民國廿五年一月閩建設廳與福州電氣公司立約供電,當卽進行設計及定購材料。三月十五日開始測量線路,豎立木桿。但不久卽經過雨季,工作進行頗緩。四月中開始製三和土桿,平均每日約製三條,五月底全部製成,開始豎立。其始進行頗速,每日豎桿四條至六條唯其中一段,鄉民藉口妨礙風水,要求改道,糾紛多時工作停頓。後經官廳調解,始克繼續進行。故至七月中旬,始克進行放線工作。工作進行甚速,雖其間經過三日之颶風,仍能於廿四日內全部完畢。同時峽兜過江線之鐵塔亦完工。唯過江線放線工程,較為困難,費時三日,始克完成。變壓器於八月初始運到,控制設備則通電時尚未運到,祇得先借用舊有設備,進行臨時裝置,先行通電。八月十七日全線工作完成,施行檢驗,於十九日開始供電。總計自定約至通電經過六個月廿七日,實在施工時期,則五個月零三日耳。其中經過天時及人事上之困難甚多,幸能於規定期限七個月內完成。

測量線路,豎立木桿,及放線工作,係自僱工匠一班,由技師率領工作。至運桿,製三和土桿,豎立三和土桿及鐵桿,則分項招工承包,以求迅速。鐵桿則為由福州電氣公司工場製造。

供電綫路設備費統計

1. 供電綫路重要材料

第四表　蓮柄港綫路重要材料 (730 公尺過河綫工程除外)

項目	材料名稱	數量		簡　單　說　明	製造廠
升壓配電所	升壓變壓器	1	具	1000 Kva, 6600/31500 volt, outdoor, type	德國 Siemens
	控制設備	2	副	Steel plate enclosed, vertical isolation type switchgear	英國 General Electric Co.
	6600伏避雷器	6	具	Cathode drop arresters	德國 Siemens
	30000伏避雷器	3	具	Cathode drop arresters	德國 Siemens
	地綫	60	公尺	.06 and .15 sq. in. steel tape armoured lead covered paper insulated cable.	英國 British Insulated Cables
三萬伏綫路	銅綫	68	公里	7/14 S.W.G. hard drawn bare copper wire	日本住友
	銅綫	1.8	公里	19/16 S.W.G. hard draun bare copper wire	日本住友
	直脚礙子	834	隻	40,000 volt pin type insulators	日本松風
	掛式礙子	162	條	每串 10 in. suspension insulators 三隻	美國 Ohio Brass
	鐵筋三和土樁	122	條	長 12.2 及 13.7 公尺	廣州電氣公司
	鐵樁	30	條	35.6 公尺二條, 其餘 12.2 至 20.6 公尺	廣州電氣公司
	木樁	216	條	福建杉木, 長 12.2 至 15.2 公尺	廣州各木行
降壓配電所	降壓變壓器	1	具	750 Kva, 31500/2300 volt outdoor type	德國 Siemens
	控制設備	5	副	non-drauw out steel plate enclosed cubicle type switchgear	英國 British Thomson Houston
	30000伏避雷器	3	具	Cathode drop arresters	德國 Siemens
	2300伏避雷器	9	具	Oxide film arresters	美國 G.E.Co.
	30000伏保險絲	3	具	Out door expulsion type disconnecting fuse with arcing horns	英國 B.T.H.
	地綫	83	公尺	.06 and .15 sq. in. steel tape armoured lead covered paper insulated cable	英國 British Insulated Cables
部電所底至橫琴一	木樁	56	條	福建杉木, 長 10.7 公尺	廣州各木行
	銅綫	7.4	公里	19/14 S.W.G. bare hard drawn copper wire	日本住友
	礙子	186	隻	廣州城拆下舊礙子	
	變壓器	4	具	10 Kva, 2300/230 volt	日本芝浦

供電綫路所用重要材料均分項選擇分向各國名廠定購, 以

求設備之適宜,及設備費之節省。重要材料之數量及製造廠名另見第四表。

3. 供電線路設備費

　　本工程線路設備費之分析,頗難正確,且因會計制度之求完善,編製統計更為困難。茲將供電線路設備費分項列表於下(第五表)。

　　全部設備費,雖力求經濟,但以下列各原因,仍多超出預算之處。

(1)施工時期,適值農忙,值樺放穢,妨礙甚多。故工作效率既差,意外費用亦鉅。

(2)測試線路,雖努力避免各種障礙,但仍不免經過樹林菜園及坟墓多處。剪伐樹木,為建設高壓線路所必須,值樺埋點,又難均避過公私坟地,故入事糾紛,發生多次,尤以風水之迷信,最難解決。數線路既定後,屢次改道,電桿既值後,屢次遷移,工科之耗費頗鉅。

(3)線路經過山地太多,且峽南段無公路,運輸困難。木樺平均運費每條在一元以上。三和土樺因農事關係,不能在樺位旁製造,每條運費六元一角。峽兜附近一段,三和土樺係就樺位旁製造,唯地勢太高,搬運模板及材料,所費甚鉅。

(4)趕工太急,設計時間太少。

(5)峽南段河道太多,除烏龍江之730公尺,及螢前港之183公尺通江線外,尚有小河多處,以致需用高鐵桿多條。

(6)施工時間,經過雨季,洪水及颶風,以致工作多有妨礙。

蓮柄港灌溉事業之經濟

　　據蓮柄港溉田管理委員會所定廿五年份暫行徵收水費標準,一等田每年每畝徵收二元,二等田每畝一元,三等田每畝五角,四等田免費。預計廿五年可收水費約五萬元,以後增高收費率,收入當更可增加。每年收入,除去電費,修理費,管理費等,尚可應付復築滧田工程費(約十三萬元)利息及逐漸還本之需。若將海軍蓮柄港滧田局所投資之一百餘萬元合併計算,則投資之直接利益至溥。

　　然此項灌溉事業,係由政府舉辦,應按全部經濟計算。據海軍蓮柄港滧田局之估計,每畝田經灌溉後,平均每年可增收四石,是全部田畝每年可增收約二十萬石,以穀價每石四元計,每年可增收八十萬元。故以農民所得利益而論,二年內所增收入,已超過全部投資之數。是此項灌溉事業,實為利益優厚之事業。

　　電氣公司之投資約計十一萬元,每年利息折舊按百分之十六計算,約需一萬七千餘元。假定每年售電六十萬度,電費收入約二萬九千元,除去燃煤費六千元(每度以一分計),利息折舊一萬七千餘元,及修理管理費外,或可稍有盈餘。若灌溉工程擴充至第二期,則更為經濟。電氣事業以服務國家社會為宗旨,對此種有利於國計民生之事業,自應竭力協助,祇求成本之可以維持,自不能與尋常營業純以牟利為目的者相提並論也。

第五表　逢柄港線路工料費統計

分　類	項　　目	數　　量	金　　額	附　　註
升壓配電所	土地	四畝	$1000	
	房屋	控制室一所 工人宿舍一所	1505	
	升壓變壓器	1000KvA	6850	
	控制設備		2692	
	避雷設備		1600	
	地線		570	
	雜項		320	
	共		$14,537	
三萬伏線路	鐵桿	30條	$13,711	
	鐵筋三合土桿	122條	10,114	
	木桿	216條	3,460	
	電桿附屬設備		4,400	
	直脚礙子	824隻	3,460	
	掛式礙子	162串	3,020	
	銅線(附架線)	69.8公里	11,815	
	豎桿拉線工資		2,700	
	雜項		902	
	共		$53,582	
峽兜過江工程	峽北鐵桿		$11,390	
	峽南選桿		2,630	
	導線		2,230	
	雜項		520	
	共		$16,770	

7389

種類	項目	工量	造價	附記
降壓配電所	土地	600方公尺	—	
	建築	控制室一所 工人宿舍一所	1,260	
	升壓變壓器	750KvA	6,590	
	控制設備		4,395	
	避雷設備		1,266	
	地纜		770	
	雜項		607	
	共		$14,892	
降壓配電所至第一三硬嚴線路	木桿	56條	$560	
	電桿附屬設備		213	
	礙子		116	
	銅線	7.4公里	2600	
	避雷器		494	
	豎桿拉線工資		250	
	雜項		300	
	共		$4,533	
其他費用	車旅運渝		$1,708	本公司汽車費用,未算在內補價伐樹及農田損失等
	意外損失		2,172	
	雜項		976	
	共		$4,856	
總共			$109,170	

配電網新計算法*

孫　運　璿

　　本計算法是作者在哈爾濱某校作配電網設計時,推演而得的。曾將一部份發表於校刊內,中俄同學,多喜用之後校刊因時局關係而停刊,本篇亦未能全部登載。今特將其重新整理發表,以求方家弁正,藉以示留哈諸學友!

　　本篇所述之諸計算法,皆係演算法,其圖解法因限于時間未能寫校。日後當另行發表。

(1) 總　　論

　　配電網因其供電情形之不同,可分為閉合式 (圖—a) 及散開式二種。(圖—b) 閉合式配電網之各幹線,可由數條電所同時供給電流。故雖啓斷某段電路時 (或某段幹線斷裂時),其餘各段用戶之電流,仍可繼續供給,不致驟然停頓。此外此種配電網工作又極富彈性 (卽當負載激烈變動時,配電網各點之電壓升降甚微)。雖設備及管理較繁,然各大電廠多採用之本篇所述者亦卽此種配電網之計算法閉合式配電網之計算甚繁,計算之方法亦甚多。主要者可分為二種:第一種計算法欲求電流分佈情形,須解算若干聯立方程式,其未知數或為電流量或為電壓。此種計算法之優點,為其對任何形狀之配電網,皆可使用其缺點為演算複雜。第二種計算法係將網形逐漸化簡後,求出各段之電流值,然後再遞回原

---

*本篇經中國工程師學會審定,給予二十四年度朱母紀念獎學金。

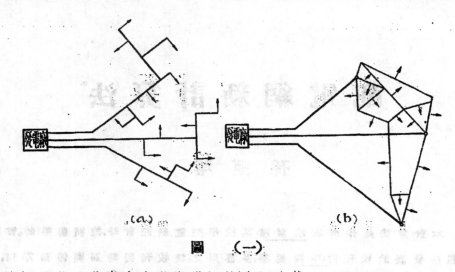

(a)　　　　　　　　　　　　　(b)

圖　（一）

形。此法之優點為演算簡易,其缺點則為無一定之演算格式,對於
繁雜之網形,反復變換,每易混亂。作者所擬之計算法,約介於二者
之間。其特點有二:

一　勿須解算方程式。

二　按電網之形狀分為數類,各列表計算之。

配電網計算之繁難,由於電流之分佈與各段幹線之阻抗有
關,亦卽與各幹線之橫截面積有關。惟各幹線之截面面積有時亦
為未知項。故有若干計算法,事先須擬定各段幹線之粗細,然後按
求出之電流量,校閱最大之電壓降落,是否合宜若所得之電壓降
落過大或過小時,則須另行擬定幹線粗細,重新計算,故計算者多
苦之。

本計算法事先可不必擬定幹線粗細,惟須取各段幹線之粗
細皆相等,俟求出各段之電流量後,再由最大降壓之條件,求出各
幹線應其之截面面積。各段幹線粗細皆相等之配電網之優點有
三:

一　購置費較廉(同一重量之電線,種類愈多,購置費亦愈昂。)

二　將來電線因故拆下後,仍為一整根電線,可用於他處。

三　按裝及修理較易。

故現時人煙稠密之城市中,多用此種配電網。

倘各幹線之截面面積皆為已知數,(例如已裝好之配電網)而欲校閱其最大之電壓降落時,本計算法仍可引用。

此外在下述之各計算法內,曾假設各饋電所之電壓相等,因當設計時,各饋電線之終點電壓(即饋電所電壓),皆令其相等。設因某種原因,各饋電所之電壓不能相等時,則應在已求出之電流量上加因電壓相差而引起之均衡電流。

今將各配電網之計算法,按其節點之多寡,依次述之於後。

(2) 一節點配電網之計算法

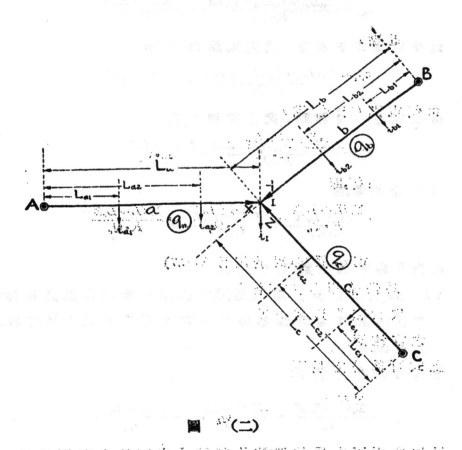

圖 　(二)

圖(二)內之A,B,C—為三電壓相等之饋電所(後簡稱為饋電

點)

I —爲節點; i_1 —爲節點 I 處之負載

$i_{a1} i_{a2} i_{b1} i_{b2} i_{c1} i_{c2}$ —爲各幹線之負載

L_a, L_b 及 L_c —爲各幹線之長度

Q_a, Q_b 及 Q_c —爲各幹線之橫截面積

今試求各幹線內之電流量。設各電流之方向皆由饋電點流向節點 I, 其量則爲 X, Y 及 Z (觀圖二)。此三電流既皆滙聚於 I 點,則由各饋電點(A, B 或 C)至節點 I 處之電壓降落應相等。

由饋電點 A 至節點 I 處之電壓降落爲:

$$s_{AI} = \frac{i_{a1}L_{a1} + i_{a2}L_{a2} + L_a \cdot X}{K \cdot Q_a} = \frac{\Sigma_a iL + L_a X}{K \cdot Q_a}$$

由饋電點 B 至節點 I 處之電壓降落爲:

$$s_{BI} = \frac{i_{b1} \cdot L_{b1} + i_{b2} \cdot L_{b2} + L_b Y}{K \cdot Q_b} = \frac{\Sigma_b iL + L_b Y}{K \cdot Q_b}$$

由饋電點 C 至節點 I 處之電壓降落爲:

$$s_{CI} = \frac{i_{c1} \cdot L_{c1} + i_{c2} \cdot L_{c2} + L_c Z}{K \cdot Q_c} = \frac{\Sigma_c iL + L_c Z}{K \cdot Q_c}$$

三者應相等,即

$$\frac{\Sigma_a iL + L_a X}{K \cdot Q_a} = \frac{\Sigma_b iL + L_b Y}{K \cdot Q_b} = \frac{\Sigma_c iL + L_c Z}{K \cdot Q_c}$$

式內 K 爲電導係數(對於銅線 $K=57$)

ΣiL　爲供給用戶之電流量(i)乘該用戶距饋電點之距離(L)之代數和,普通稱爲某幹線之電流矩;例如 $\Sigma_a iL$ 爲幹線 A-1 之電流矩。

上式可簡書之於下:

$$\frac{\Sigma_a iL + L_a X}{Q_a} = \frac{\Sigma_b iL + L_b Y}{Q_b} = \frac{\Sigma_c iL + L_c Z}{Q_c}$$

又按啓爾可夫氏法則;流入節點 I 之電流之和應等於自此

點流出之電流之和,卽

$$X+Y+Z=i_1$$

今將上列二式合書於下:

$$\frac{\Sigma_a iL+L_a X}{Q_a}=\frac{\Sigma_b iL+L_b Y}{Q_b}=\frac{\Sigma_o iL+L_o Z}{Q_o}\Bigg\}$$
$$X+Y+Z=i_1 \quad\quad\quad\quad (1)$$

上列之聯立方程式卽爲計算一節點配電網之基本方程式。

設已知各幹線之橫截面積(卽 Q_a,Q_b,Q_o 爲已知數),而欲校閱最大之電壓降落時,則(1)式可改寫於下:

$$\Sigma'_a iL+L'_a X=\Sigma'_b iL+L'_b Y=\Sigma'_o iL+L'_o Z\Bigg\}$$
$$X+Y+Z=i_1 \quad\quad\quad\quad (2)$$

式(2)內之

$$L'_a=\frac{L_a}{Q_a};\ \Sigma'_a iL=\frac{\Sigma_a iL}{Q_a}$$

$$L'_b=\frac{L_b}{Q_b};\ \Sigma'_b iL=\frac{\Sigma_b iL}{Q_b}$$

$$L'_o=\frac{L_o}{Q_o};\ \Sigma'_o iL=\frac{\Sigma_o iL}{Q_o}$$

自式(2)內可求出 X,Y 及 Z 之值,(若得負值時,則係表示電流之方向應與擬定者相反。)及其實在之滙聚點。然後可校閱其電壓降落是否大於規定值。

若式(1)內之 Q_a,Q_b 及 Q_o 爲未知數時,則設 $Q_a=Q_b=Q_o=Q$

式(1)可簡書於下:(Q_a,Q_b 及 Q_o 相消)

$$\Sigma_a iL+L_a X=\Sigma_b iL+L_b Y=\Sigma_o iL+L_o Z\Bigg\}$$
$$X+Y+Z=i_1 \qu\quad\quad\quad (3)$$

自式(3)內可求出 X,Y 及 Z 之值,然後按許可之最大電壓降落條件,求出各幹線應具之橫截面積 Q。

式(2)及(3)性質完全相同。此種聯立方程式視其解法如何,可得二不同之計算法。茲分述之於下。

(A)第一計算法

取聯立方程式(3)或(2)作以下解法:

$$\Sigma_a iL + L_a X = \Sigma_b iL + L_b Y = \Sigma_c iL + L_c Z \Big\}$$
$$X + Y + Z = i_1$$

$$\Sigma_a iL - \Sigma_b iL + L_a X = L_b Y; \quad Y = \frac{\Sigma_a iL - \Sigma_b iL}{L_b} + \frac{L_a}{L_b} X$$

$$\Sigma_a iL - \Sigma_c iL + L_a X = L_c Z; \quad Z = \frac{\Sigma_a iL - \Sigma_c iL}{L_c} + \frac{L_a}{L_c} X$$

今將已知數代以單字,即設

$$\frac{\Sigma_a iL - \Sigma_b iL}{L_b} = \alpha'_1 \; ; \quad \frac{L_a}{L_b} = \beta'_1$$

$$\frac{\Sigma_a iL - \Sigma_c iL}{L_c} = \alpha''_1 \; ; \quad \frac{L_a}{L_c} = \beta''_1$$

則得:

$$X = O + 1 \cdot X$$
$$Y = \alpha'_1 + \beta'_1 \cdot X \text{————————(4)}$$
$$+ \quad Z = \alpha''_1 + \beta''_1 \cdot X \text{————————(5)}$$
$$X + Y + Z = \Sigma\alpha_1 + \Sigma\beta_1 \cdot X = i_1$$

故

$$X = \frac{i_1 - \Sigma\alpha_1}{\Sigma\beta_1} \text{————————(6)}$$

若節點無負載時,即 $i_1 = o$. 則

$$X = -\frac{\Sigma\alpha_1}{\Sigma\beta_1} \text{————————(7)}$$

自式(6)或(7)內可求出 X 之值,然後再由(4),(5)二式內求出 Y 及 Z 之值。

觀式(4)及(5)可知 Y 及 Z 之值皆係於 X,故當計算時每一節點皆應取一幹線以為主幹線(例如本情形內 $A-1$ 為主幹線),然後

俟來求出 α 及 β 之值。

上述之計算法,可列表演算之。表之格式如下:

表 (二)

節點號數	幹線名稱	ΣiL	$\Sigma_a iL - \Sigma iL$	L	$\dfrac{\Sigma_a iL - \Sigma iL}{L}$ (a)	$i - \Sigma a$	$\dfrac{L_a}{L}$	電流量 算式	數值
	A-1主	$\Sigma_a iL$	O	L_a	$\bar{O}$		1	$X = \dfrac{i_1 - \Sigma a_1}{\Sigma \beta_1}$	……
1	B-1	ΣiL	$\Sigma_a iL - \Sigma_b iL$	L_b	α_1'	$i_1 - \Sigma a_1$	β_1'	$Y = \alpha_1' + \beta_1' \cdot X$	……
	C-1	$\Sigma_b iL$	$\Sigma_b iL - \Sigma_c iL$	L_c	α_1''		β_1''	$Z = \alpha_1'' + \beta_1'' \cdot X$	……
	⋮	⋮	⋮	⋮	⋮		⋮		
					Σa_{10}		$\Sigma \beta_1$		i_1

表內 $A-1$ 為主幹線,故對於彼:

$$\Sigma_a iL = \Sigma iL = \Sigma_a iL - \Sigma_a iL = 0; \quad \frac{L_a'}{L} = \frac{L_a}{L_a} = 1.$$

例(一)

與件:有簡單之配電網一,如圖(三)所示。各幹線之負載及長度,

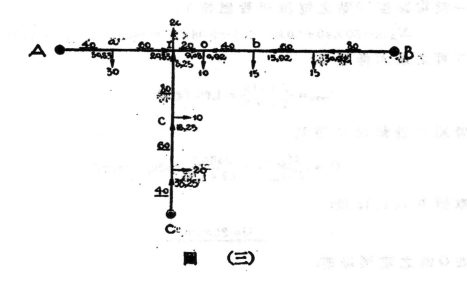

圖　(三)

圖(三)皆已標明。饋電所之電壓等於 110 伏特。最大降壓應為 3%。設各幹線之粗細皆相等,試求幹線應具之截面面積。

算法:先將各幹線之電流矩求出:

$$\Sigma_a iL = 30 \times 40 = 1200 \text{ 安培一公尺}$$

$$\Sigma_b iL = 10 \times 180 + 15 \times 140 + 15 \times 80 = 5100 \text{ 安培一公尺}$$

$$\Sigma_c iL = 20 \times 40 + 10 \times 100 = 1800 \text{ 安培一公尺}$$

將求出各值代入表(一)內,然後依次計算之:

表　(一)

饋點號數	幹線名稱	ΣiL	$\Sigma_a iL - \Sigma iL$	L	$\dfrac{\Sigma_a iL - \Sigma iL}{L}$	$i = \Sigma a$	$\dfrac{L_n}{L}$	電流量 算式	數量
o	A-I主	1200	0	100	0		1	$X = \dfrac{42,84}{2,055} =$	20,83
I	B-I	5100	−3900	200	−19,5	42,84	0,5	$Y = −19,5 + 0,5 \cdot X =$	−9,08
	C-I	1800	−600	180	−3,34		0,555	$Z = −3,34 + 0,555 \cdot X =$	8,25
					−22,84		2,055		20,00

電流之匯聚點為 O (觀圖三)該點之電壓降落亦最大。由任意一饋電點至 O 點之電流矩皆應等于:

$$M_{A-O} = 30 \times 40 + 20,83 \times 100 + 9,08 \times 2) = 3464,6 \text{ 安培一公尺}$$

許可之最大降壓等:

$$\varepsilon_{max} = \frac{3 \times 110}{2 \times 100} = 1,65 \text{ 伏特}$$

幹線之橫截面積等於

$$Q = \frac{M_{A-O}}{K \cdot \varepsilon_{max}} = \frac{3464,5}{57 \times 1,35} = 36,8 \ m.m.^2$$

取標準截面面積:

$$Q = 35 m.m.^2$$

在 O 點之電壓降落:

$$-\varepsilon_0 = 1.65 \times \frac{36.8}{36} \fallingdotseq 1.73 \text{ 伏特}$$

(B)第二計算法

取聯立方程式(3)作以下解法:

$$\left.\begin{array}{l} \Sigma_a iL + L_a X = \Sigma_b iL + L_b Y = \Sigma_c iL + L_c Z \\ X + Y + Z = i_1 \end{array}\right\} \qquad (3)$$

$$L_a\left(\frac{\Sigma_a iL}{L_a} + X\right) = L_b\left(\frac{\Sigma_b iL}{L_b} + Y\right) = L_c\left(\frac{\Sigma_c iL}{L_c} + Z\right)$$

設:
$$\frac{\Sigma_a iL}{L_a} = i_a; \quad \frac{\Sigma_b iL}{L_b} = i_b; \quad \frac{\Sigma_c iL}{L_c} = i_c$$

則:
$$L_a(i_a + X) = L_b(i_b + Y) = L_c(i_c + Z)$$

又設:
$$i_a + X = X'$$
$$i_b + Y = Y'$$
$$i_c + Z = Z'$$

則:
$$\left.\begin{array}{l} L_a \cdot X' = L_b \cdot Y' = L_c \cdot Z' \\ X' + Y' + Z' = i_1 + i_a + i_b + i_c = I_1 \end{array}\right\}$$

$$X' = \frac{L_a}{L_a} X'$$

$$Y' = \frac{L_a}{L_b} X'$$

$$+ \quad Z' = \frac{L_a}{L_c} X'$$

$$X' + Y' + Z' = L_a \cdot \Sigma_a \frac{1}{L} \cdot X' = I_1$$

$$X' = \frac{I_1}{L_a \cdot \Sigma_a \frac{1}{L}} \qquad (8)$$

同樣可得:

$$Y' = \frac{I_1}{L_0 \cdot \Sigma_1 \frac{1}{L}} \quad\text{..................................(9)}$$

$$Z' = \frac{I_1}{L_0 \cdot \Sigma_1 \frac{1}{L}} \quad\text{..................................(10)}$$

知 X', Y' 及 Z' 之值可由下式求出 X, Y 及 Z 之值:

$$\left. \begin{aligned} X &= X' - i_a \\ Y &= Y' - i_b \\ Z &= Z' - i_c \end{aligned} \right\} \quad\text{..................................(11)}$$

此法亦可列表計算之格式如表(二)。

表　(二)

節點 線段	幹線 名稱	$\Sigma i L$	L	$\frac{1}{L}$	$\Sigma i L \times \frac{1}{L}$	I	$\frac{1}{\Sigma \frac{1}{L}}$	$\frac{I}{\Sigma \frac{1}{L}}$	$\frac{I}{L \cdot \Sigma \frac{1}{L}}$	電　流　量
1	A-1	$\Sigma_a i L$	L_0	$\frac{1}{L_0}$	i_a				X'	$X = X' - i_a$
	B-1	$\Sigma_b i L$	L_0	$\frac{1}{L_0}$	i_b	I_1	$\frac{1}{\Sigma_1 \frac{1}{L}}$	$\frac{I_1}{\Sigma_1 \frac{1}{L}}$	Y'	$Y = Y' - i_b$
	C-1	$\Sigma_c i L$	L_0	$\frac{1}{L_0}$	i_c				Z'	$Z = Z' - i_c$
				$\Sigma \frac{1}{L}$					I_1	i_1

　　此計算法與佛利克氏計算法頗相似,惟演算之手續不同,今舉一例以明之。

例(二)

　　與件與例(一)相同(參閱圖三),試求出各幹線內之電流量。

　　各幹線之電流矩,前例皆已求出。今列下表(表三)計算之:

表　(三)

節點號數	幹線名稱	ΣiL	L	$\dfrac{1}{L}$	$\dfrac{\Sigma iL}{L}$	I	$\dfrac{1}{\Sigma\frac{1}{L}}$	$\dfrac{I}{\Sigma\frac{1}{L}}$	$\dfrac{1}{L\cdot\Sigma\frac{1}{L}}$	電　流　量
1	A-1	1200	100	0,01	12				32,83	$X = 32,83 - 12 = 20,83$
	B-1	5100	200	0,005	25,5	67,5	48,66	3283	16,42	$Y = 16,42 - 25,5 = -9,08$
	C-1	1800	180	0,00555	10				18,25	$Z = 18,25 - 10 = 8,25$
				0,02055					67,50	20,00

(3) 二節點配電網之計算法

設有二節點之配電網一如圖(四)所示各幹線之長度,負載等圖上皆已標明。(仍用以前之字母代表)節點 I 與饋電點 A,B 及 C 相連接;節點 II 與饋電點 D,E 及 F 相連接。二節點間更由幹線 $I-II$ 互相聯接。設各饋電點之電壓皆相等,試求各幹線內之電流量。各幹線內之電流量及其方向圖上皆已標明。(注意:電流方向皆假設由饋電點流向節點;幹線 $I-II$ 內之電流方向可任意指定)

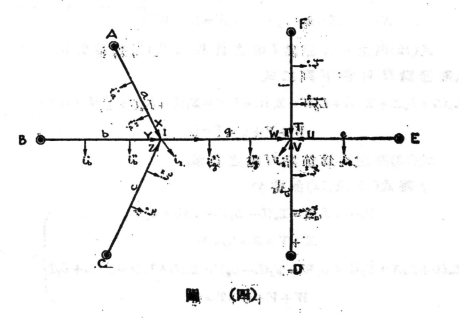

圖　(四)

設　$\Sigma_n iL =$ 為幹線 $A-I$ 對饋電點 A 之電流矩;$L_a =$ 為該幹線之

長度

$\Sigma_b iL$ ——爲幹線 $B-I$ 對饋電點 B 之電流矩；L_b ——爲該幹線之
　　長度

$\Sigma_c iL$ ——爲幹線 $C-I$ 對饋電點 C 之電流矩；L_c ——爲該幹線之
　　長度

$\Sigma_o iL$ ——爲幹線 $I-II$ 對節點 I 之電流矩；L_o ——爲該幹線之
　　長度

$\Sigma_d iL$ ——爲幹線 $D-II$ 對饋電點 D 之電流矩；L_d ——爲該幹線之
　　長度

$\Sigma_e iL$ ——爲幹線 $E-II$ 對饋電點 E 之電流矩；L_e ——爲該幹線之
　　長度

$\Sigma_f iL$ ——爲幹線 $F-II$ 對饋電點 F 之電流矩；L_f ——爲該幹線之
　　長度

對節點 I 可書下列二式：

$$\left.\begin{aligned}\Sigma_a iL + L_a X &= \Sigma_b iL + L_b Y = \Sigma_o iL + L_o Z\\ X+Y+Z &= i_1 + i'_g + i''_g + W = I_{1g} + W\end{aligned}\right\}\text{———(12)}$$

式(12)內之 i_1 爲節點 I 處之負載；i'_g 及 i''_g 爲沿幹線 $I-II$ 之負載。對節點 II 可書下列二式：

$$\left.\begin{aligned}\Sigma_o iL + L_o X + \Sigma_g iL + L_g W &= \Sigma_d iL + L_d V = \Sigma_e iL + L_e U = \Sigma_f iL + L_f T\\ W+V+U+T &= i_2\end{aligned}\right\}\text{———(13)}$$

式(13)內之 i_2 爲節點 II 處之負載。

今將式(12)及(13)合書於下：

$$\left.\begin{aligned}\Sigma_a iL + L_a X &= \Sigma_b iL + L_b Y = \Sigma_o iL + L_o Z\\ X+Y+Z &= I_{1g} + W\\ \Sigma_o iL + L_o X + \Sigma_g iL + L_g W &= \Sigma_d iL + L_d V = \Sigma_e iL + L_e U = \Sigma_f iL + L_f T\\ W+V+U+T &= i_2\end{aligned}\right\}\text{———(14)}$$

式(14)爲計算二饋點配電網之基本方程式。今舉二不同之計算法分述於後。

(A)第一計算法

取聯立方程式(14)作以下解法:

節點 I:

$$\Sigma_a iL + L_a X = \Sigma_b iL + L_b Y = \Sigma_c iL + L_c Z$$
$$X + Y + Z = I_{10} + W$$

$$L_b Y = \Sigma_a iL - \Sigma_b iL + L_a X; \quad Y = \frac{\Sigma_a iL - \Sigma_b iL}{L_b} + \frac{L_a}{L_b}\cdot X$$

$$L_c Z = \Sigma_a iL - \Sigma_c iL + L_a X; \quad Z = \frac{\Sigma_a iL - \Sigma_c iL}{L_c} + \frac{L_a}{L_c}\cdot X$$

$$X = \frac{\Sigma_a iL - \Sigma_a iL}{L_a} + \frac{L_a}{L_a} X = 0 + 1\cdot X$$

$$Y = \frac{\Sigma_a iL - \Sigma_b iL}{L_b} + \frac{L_a}{L_b} X = \alpha'_1 + \beta'_1 X$$

$$+ \quad Z = \frac{\Sigma_a iL - \Sigma_c iL}{L_c} + \frac{L_a}{L_c} X = \alpha''_1 + \beta''_1 X$$

$$X + Y + Z = \Sigma_1 \frac{\Sigma_a iL - \Sigma iL}{L} + \Sigma_1 \frac{L_a}{L}\cdot X = \Sigma\alpha_1 + \Sigma\beta_1 \cdot X = I_{10} + W$$

由此
$$X = \frac{(I_{10} - \Sigma\alpha_1) + W}{\Sigma\beta_1} = \frac{I_{10} - \Sigma\alpha_1}{L_a \Sigma_1 \frac{1}{L}} + \frac{W}{L_a \Sigma_1 \frac{1}{L}} \quad\text{——(15)}$$

節點 II:

$$\Sigma_a iL + L_a X + \Sigma_g iL + L_g W = \Sigma_d iL + L_d V = \Sigma_e iL + L_e U = \Sigma_f iL + L_f T$$
$$W + V + U + T = i_2$$

將 X 之值代入得

$$\Sigma_g iL + \frac{I_{10} - \Sigma\alpha_1}{\Sigma_1 \frac{1}{L}} + \frac{W}{\Sigma_1 \frac{1}{L}} + \Sigma_g iL + L_g W = \Sigma_d iL + L_d V = \Sigma_e iL + L_e U$$

$$= \Sigma_f iL + L_f T$$

設

$$\Sigma_a iL + \frac{I_{1\theta}-\Sigma a_1}{\Sigma_1 \frac{1}{L}} + \Sigma_\theta iL = \Sigma_{a-\theta}iL \Biggr\}$$

$$L_\theta + \frac{1}{\Sigma_1 \frac{1}{L}} = L_{a-\theta} \Biggr\} \quad\text{………(16)}$$

則

$$\Sigma_{a-\theta}iL + L_{a-\theta}W = \Sigma_d iL + L_d V = \Sigma_e iL + L_e U = \Sigma_f iL + L_f T$$

$$W = \frac{\Sigma_{a-\theta}^{\;1}iL - \Sigma_{a-\theta}iL}{L_{a-\theta}} + \frac{L_{a-\theta}}{L_{a-\theta}}W = 0 + 1 \cdot W$$

$$V = \frac{\Sigma_{a-\theta}iL - \Sigma_d iL^1}{L_d} + \frac{L_{a-\theta}}{L_d}W = \alpha_2' + \beta_2'W \quad\text{………(17)}$$

$$U = \frac{\Sigma_{a-\theta}iL - \Sigma_e iL}{L_e} + \frac{L_{a-\theta}}{L_e}\overset{.}{W} = \alpha_2'' + \beta_2''W \quad\text{………(18)}$$

$$+ \quad T = \frac{\Sigma_{a-\theta}iL - \Sigma_f iL}{L_f} + \frac{L_{a-\theta}}{L_f}W = \alpha_2''' + \beta_2'''W \quad\text{………(19)}$$

$$W + V + U + T = \Sigma\alpha_2 + \Sigma\beta_2 \cdot W = i_2$$

$$W = \frac{i_2 - \Sigma\alpha_2}{\Sigma\beta_2} \quad\text{………(20)}$$

自式(20)可求出 W 之值,再由(15),(17),(18),(19)四式求出 X,V, U 及 T 之值。知 X 之值,則 Y 及 Z 之值亦不難求出之矣。今將演算之手續,述之於下:

1. 先標明電流之方向:電流之方向應設由饋電點流向節點,二節點間之電流方向,可任意指定。
2. 求出各幹線之電流矩。若幹線之截面已知,此電流矩即應以該幹線之截面面積除之。(若截面面積皆相等時,即不必除。)
3. 每一節點應取任意一幹線為主幹線(惟主幹線上所擬定之電流方向,須流向此節點)然後列下表(表四)計算之。

表（四）

節點連絡	幹線名稱	ΣiL	$\Sigma iL - \Sigma iL$	L	$\dfrac{\Sigma iL - \Sigma iL}{L}$ (a)	$I - \Sigma a$	$\dfrac{L_a}{L}$ (β)	$\dfrac{1}{\Sigma\beta}$	$\dfrac{1}{\Sigma\frac{1}{L}}$	$\dfrac{I - \Sigma a}{\Sigma\frac{1}{L}}$	電流量
I	$A\text{-}I$ 主	$\Sigma_a iL$	0	L_a	~ 0		$\dfrac{1}{\Sigma\beta_1}$				$X = \dfrac{(I_{1g} - \Sigma a_1) + W}{\Sigma\beta_1}$
	$B\text{-}I$	$\Sigma_b iL$	$\Sigma_a iL - \Sigma_b iL$	L_b	a_1'	$I_{1g} - \Sigma a_1$	β_1	$\dfrac{1}{\Sigma\beta_1}$	$\dfrac{1}{\Sigma_1\frac{1}{L}}$	$\dfrac{I_{1g} - \Sigma a_1}{\Sigma_1\frac{1}{L}}$	$Y = a_1' + \beta_1' \cdot X$
	$C\text{-}I$	$\Sigma_c iL$	$\Sigma_a iL - \Sigma_c iL$	L_c	a_1''		β_1''				$Z = a_1'' + \beta_1'' \cdot X$
II	$A\text{-}I\text{-}II$ 主	$\Sigma_{a\text{-}g} iL$	0	$L_{a\text{-}g}$	0		1				$W = \dfrac{i_2 - \Sigma a_2}{\Sigma\beta_2}$
	$D\text{-}II$	$\Sigma_d iL$	$\Sigma_{a\text{-}g} iL - \Sigma_d iL$	L_d	$a'x$	$i_2 - \Sigma a_2$	$\beta'x$	$\dfrac{1}{\Sigma\beta_2}$	—	—	$V = a'x + \beta'x \cdot W$
	$E\text{-}II$	$\Sigma_e iL$	$\Sigma_{a\text{-}g} iL - \Sigma_e iL$	L_e	$a''x$		$\beta''x$				$U = a''x + \beta''x \cdot W$
	$F\text{-}II$	$\Sigma_f iL$	$\Sigma_{a\text{-}g} iL - \Sigma_f iL$	L_f	$a'''x$		$\beta'''x$				$T = a'''x + \beta'''x \cdot W$

當列表計算時須注意聯接二節點之幹線（幹線 I-II）之特殊情形，設電流之方向係由 I 流向 II 時，則此幹線之電流矩應為

$$\Sigma_{a\text{-}g} iL = \Sigma_a iL + \Sigma_g iL + \frac{I_{1g} - \Sigma a_1}{\Sigma_1 \frac{1}{L}}$$

其長度應取

$$L_{a\text{-}g} = L_a + \frac{1}{\Sigma_1 \frac{1}{L}}$$

為引起計算時注意起見，此幹線之名稱特以三字標誌之（A-I-II），以表示計算之順序。當求出各幹線之電流量後，可自圖內求出電流之匯聚點，其最大之電壓降落即在此點。

例（三）

有配電網一如圖（五）所示，各幹線之負載，長度及橫面面積（即圓圈內之數目）圖上業已標明。二饋電點 S_1 及 S_2 之電壓皆等于 $220\,v.$ 求各幹線內之電流量及其最大之降壓。

先將各幹線之電流矩求出：

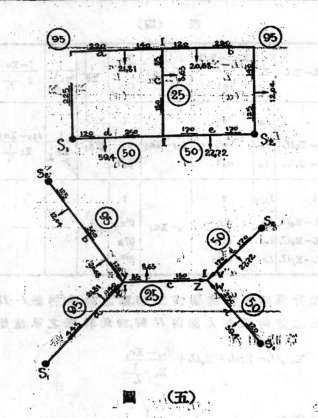

圖　　（五）

$\Sigma_a iL = 21{,}81 \times 445 = 9700$ 安培一公尺

$\Sigma_b iL = 12{,}04 \times 125 + 20{,}68 \times 485 = 11536$ 安培一公尺

$\Sigma_c iL = 8{,}63 \times 85 = 733$ 安培一公尺

$\Sigma_d iL = 59{,}4 \times 120 = 7125$ 安培一公尺

$\Sigma_e iL = 27{,}72 \times 170 = 4715$ 安培一公尺

$$\frac{\Sigma_a iL}{Q_a} = \frac{9700}{95} = 102{,}2; \qquad \frac{L_a}{Q_a} = \frac{585}{95} = 6{,}16$$

$$\frac{\Sigma_b iL}{Q_b} = \frac{11536}{95} = 121{,}6; \qquad \frac{L_b}{Q_b} = \frac{605}{95} = 6{,}37$$

$$\frac{\Sigma_c iL}{Q_c} = \frac{733}{25} = 29{,}36; \qquad \frac{L_c}{Q_c} = \frac{265}{25} = 10{,}6$$

$$\frac{\Sigma_d iL}{Q_d} = \frac{7125}{50} = 142{,}6; \qquad \frac{L_d}{Q_d} = \frac{370}{50} = 7{,}4$$

$$\frac{\Sigma_a iL}{Q_a} = \frac{4715}{50} = 94,25; \qquad \frac{L_a S}{Q_a} = \frac{340}{50} = 6,8$$

表　（五）

管路重載	輸線名稱	ΣiL	$\Sigma_a iL - \Sigma iL$	L	$\frac{\Sigma_a iL - \Sigma iL}{L}$	$I - \Sigma_a$	$\frac{L_a}{L}$	$\frac{1}{\Sigma \frac{1}{L}}$	$\frac{I - \Sigma_a}{\Sigma \frac{1}{L}}$	電　流　量
I	$S_1\text{-}I$主	102,2	0	6,16	0		1			$X = (11,68 - 2,93) \times 0,508$ $= 4,45$
						11,68		0,508	3,13	36,6	
	$S_2\text{-}I$	121,6	$-19,4$	6,37	$-3,05$		0,967			$Y = -3,05 + 0,967 \times 4,45$ $= 1,25$
II	$S_1\text{-}I\text{-}II$主	168,16	0	13,73	0		1			$Z = 14,34 \times 0,205 = -2,93$
	$S_2\text{-}II$	142,6	25,56	7,4	3,46	$-14,34$	1,856	0,205	—	$W = 3,46 - 1,856 \times 2,93$ $= -2,01$
	$S_3\text{-}II$	94,25	73,91	6,8	10,88		2,02			$V = 10,88 + 2,02 \times 2,93$ $= 4,94$

今將求得之電流量標於圖上(觀圖六)

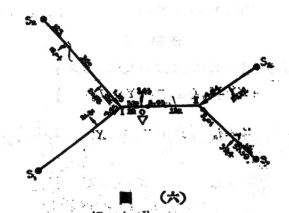

圖　（六）

在此配電網內電流之匯聚點有二節 O 點及 A 點

O 點之電壓降落等於

$$s_0 = s_1 + s_{10} = \frac{12,04 \times 125 + 20,68 \times 485 + 1,25 \times 605}{57 \times 95} + \frac{5,70 \times 85}{57 \times 25}$$

$$= 2.27 + 0.34 = 2.61 v$$

往返二線之總降壓等於：$2 \times 2.61 = 5.22 v$ 約為發電點電壓之

$$\frac{5.22 \times 100}{220} = 2.38\%$$

A 點之電壓降落等于：

$$s_A = \frac{57.39 \times 120}{57 \times 50} \approx 2.41 v$$

幹線之總體積等等（一铺）

$$V = [95 \times (605 + 585) + 25 \times 265 + 50 \times (370 + 340)] \times 10^{-4} \approx 155.2 \text{ 公斤}$$

(B)第二計算法

取聯立方程式(14)作以下解法：

$$\left.\begin{array}{c} \Sigma_a iL + L_a X = \Sigma_b iL + L_b Y = \Sigma_c iL + L_c Z \\ X + Y + Z = I_{10} + W \\ \Sigma_a iL + L_a X + \Sigma_a iL + L_a W = \Sigma_d iL + L_d V = \Sigma_a iL + L_a U = \Sigma_f iL + L_f T \\ W + V + U + T = i_2 \end{array}\right\} \quad\text{—(14)}$$

節點 I

$$\left.\begin{array}{c} \Sigma_a iL + L_a X = \Sigma_b iL + L_b Y = \Sigma_c iL + L_c Z \\ X + Y + Z = I_{10} + W \end{array}\right\}$$

$$L_a \left(\frac{\Sigma_a iL}{L_a} + X \right) = L_b \left(\frac{\Sigma_b iL}{L_b} + Y \right) = L_c \left(\frac{\Sigma_c iL}{L_c} + Z \right)$$

設

$$\frac{\Sigma_a iL}{L_a} = i_a \quad ; \quad X + i_a = X'$$

$$\frac{\Sigma_b iL}{L_b} = i_b \quad ; \quad Y + i_b = Y'$$

$$\frac{\Sigma_c iL}{L_c} = i_c \quad ; \quad Z + i_c = Z'$$

則

$$L_a \cdot X' = L_b \cdot Y' = L_c \cdot Z'$$

$$X' + Y' + Z' = X + Y + Z + i_a + i_b + i_c$$

設
$$I_{10} + i_a + i_b + i_c = I'_{10}$$

則
$$X' + Y' + Z' = I'_{10} + W$$

$$X' = \frac{L_a}{L_a} X'$$

$$Y' = \frac{L_a}{L_b} X'$$

$$Z' = \frac{L_a}{L_c} X'$$

$$X' + Y' + Z' = L_a \Sigma_1 \frac{1}{L} X' = I'_{10} + W$$

故
$$X' = \frac{I_{10}'}{L_a \Sigma_1 \dfrac{1}{L}} + \frac{W}{L_a \Sigma_1 \dfrac{1}{L}}$$

同樣
$$Y' = \frac{I_{10}'}{L_b \Sigma_1 \dfrac{1}{L}} + \frac{W}{L_b \Sigma_1 \dfrac{1}{L}}$$
$$\left.\right\} \quad\text{———(21)}$$

$$Z' = \frac{I_{10}'}{L_c \Sigma_1 \dfrac{1}{L}} + \frac{W}{L_c \Sigma_1 \dfrac{1}{L}}$$

$$\left.\begin{array}{l} X = X' - i_a \\ Y = Y' - i_b \\ Z = Z' - i_c \end{array}\right\} \quad\text{———(22)}$$

節點　II

$$\left.\begin{array}{l} \Sigma_a iL + L_a X + \Sigma_g iL + L_g W = \Sigma_d iL + L_d V = \Sigma_f iL + L_f U = \Sigma_f iL + L_f T \\ W + V + U + T = i_2 \end{array}\right\}$$

將　X' 之值代入得

$$L_a \cdot X' + \Sigma_g iL + L_g W = \Sigma_d iL + L_d V = \Sigma_f iL \times L_f U = \Sigma_f iL + L_f T$$

$$\frac{I_{10}'}{\Sigma_1 \dfrac{1}{L}} + \frac{W}{\Sigma_1 \dfrac{1}{L}} + \Sigma_g iL + L_g W = \Sigma_d iL + L_d V = \Sigma_f iL = L_f U = \Sigma_f iL + L_f T$$

7409

$$\left(L_g + \frac{1}{\sum_4 \frac{1}{L}}\right)\left(\frac{\sum_g iL + \frac{I_W'}{\frac{1}{\sum_4 \frac{1}{L}}}}{L_g + \frac{1}{\sum_4 \frac{1}{L}}} + W\right) - L_e\left(\frac{\sum_e iL}{L_e} + V\right) - L_o\left(\frac{\sum_o iL}{L_o} + U\right)$$

$$= L_f\left(\frac{\sum_f iL}{L_f} + T\right)$$

設

$$L_g + \frac{1}{\sum_4 \frac{1}{L}} = L_W \; ; \quad \sum_g iL + I_W' \cdot L_W = \sum_W iL$$

$$\frac{\sum_W iL}{L_W} = i_W' \; ; \quad \frac{\sum_e iL}{L_e} = i_e'$$

$$\frac{\sum_o iL}{L_o} = i_o \; ; \quad \frac{\sum_f iL}{L_f} = i_f$$

又設

$$W + i_W = W' \quad ; \quad V + i_e = V'$$
$$U + i_o = U' \quad ; \quad T + i_f = T'$$

則可得:

$$L_W \cdot W' = L_e \cdot V' = L_o U' = L_f T'$$
$$W' + V' + U' + T' = W + V + U + T + i_W + i_e + i_o + i_f = I_2'$$

式内之

$$I_2' = i_W + i_e + i_o + i_f + i_f$$

$$W' = \frac{L_W}{L_W} \cdot W'$$

$$V' = \frac{L_W}{L_e} \cdot W'$$

$$U' = \frac{L_W}{L_o} \cdot W'$$

$$+ \quad T' = \frac{L_W}{L_f} \cdot W'$$

$$W' + V' + U' + T' = L_W \cdot \frac{1}{L} \cdot W' \cdot \frac{1}{L}$$

由此:

$$W' = \frac{I_2'}{L_W \sum_{11} \frac{1}{L}} \quad\quad (32)$$

$$V' = \frac{I_2'}{L_d \Sigma_{\mathrm{II}} \frac{1}{L}} \tag{24}$$

$$U' = \frac{I_2'}{L_e \Sigma_{\mathrm{II}} \frac{1}{L}} \tag{25}$$

$$T' = \frac{I_2'}{L_f \Sigma_{\mathrm{II}} \frac{1}{L}} \tag{26}$$

$$\left. \begin{aligned} W &= W' - i_{tg} \\ V &= V' - i_d \\ U &= U' - i_e \\ T &= T' - i_f \end{aligned} \right\} \tag{27}$$

知 W 之值後,可由式(21)及(22)求出 X,Y 及 Z 之值矣。

計算時所列之表,其格式如表(六)。

表　（六）

節點號數	輪輻名稱	ΣiL	L	$\frac{1}{L}$	$\frac{\Sigma iL}{L}$	l	$\frac{1}{\Sigma \frac{1}{L}}$	$\frac{l}{\Sigma \frac{1}{L}}$	換算電流量	實在電流量
I	A-I	$\Sigma_a iL$	L_a	$\frac{1}{L_a}$	i_a	i'_{tg}	$\frac{1}{\Sigma_1 \frac{1}{L}}$	$\frac{l'_{tg}}{\Sigma_1 \frac{1}{L}}$	$X' = \dfrac{l_{tg}' + W}{L_a \Sigma_1 \frac{1}{L}}$	$X = X' - i_a$
	B-I	$\Sigma_b iL$	L_b	$\frac{1}{L_b}$	i_b				$Y' = \dfrac{l_{tg}' + W}{L_b \Sigma_1 \frac{1}{L}}$	$Y = Y' - i_b$
	C-I	$\Sigma_c iL$	L_c	$\frac{1}{L_c}$	i_c				$Z' = \dfrac{l_{tg}' + W}{L_c \Sigma_1 \frac{1}{L}}$	$Z = Z' - i_c$
II	A-I-II	$\Sigma_{tg} iL$	L_{tg}	$\frac{1}{L_{tg}}$	i_{tg}	l_2'	$\frac{1}{\Sigma_{\mathrm{II}} \frac{1}{L}}$	$\frac{l_2'}{\Sigma_{\mathrm{II}} \frac{1}{L}}$	$W' = \dfrac{l_2'}{L_{tg} \Sigma_{\mathrm{II}} \frac{1}{L}}$	$W = W' - i_{tg}$
	D-II	$\Sigma_d iL$	L_d	$\frac{1}{L_d}$	i_d				$V' = \dfrac{l_2'}{L_d \Sigma_{\mathrm{II}} \frac{1}{L}}$	$V = V' - i_d$
	E-II	$\Sigma_e iL$	L_e	$\frac{1}{L_e}$	i_e				$U' = \dfrac{l_2'}{L_e \Sigma_{\mathrm{II}} \frac{1}{L}}$	$U = U' - i_e$
	F-II	$\Sigma_f iL$	L_f	$\frac{1}{L_f}$	i_f				$T' = \dfrac{l_2'}{L_f \Sigma_{\mathrm{II}} \frac{1}{L}}$	$T = T' - i_f$

表內之 I 為各節點之換算負載,(即假設各幹線之負載,皆集中於節點)。

對第一節點:　　　$I = i_1 + i_9' + i_9'' + i_4 + i_5 + i_6 = I_{10}'$

對第二節點:　　　$I = i_2 + i_{10} + i_6 + i_8 + i_7 = I_2'$

又對於聯接節點之幹線,計算時宜特別注意之。例如幹線 I-II 在表內以 A-I-II 代表之,其電流矩應等:

$$\Sigma iL = \Sigma_{10} iL = \Sigma_9 iL + \frac{I_{10}'}{\Sigma_1 \dfrac{1}{L}}$$

其長度則應取:　　$L = L_{10} = L_9 + \dfrac{1}{\Sigma_1 \dfrac{1}{L}}$

例(四)

試上例內各幹線之橫截面積皆為未知數,試由最大降壓條件求出各幹線之橫截面積:設發電點之電壓為 220 伏特,而線之許可降壓為 2.4%

設電流方向係由節點 I 流向節點 II,各幹線之電流矩,上例內已求出:　　$\Sigma_2 iL = 9700$; $\Sigma_9 iL = 11536$; $\Sigma_6 iL = 733$; $\Sigma_4 iL = 7125$;
$\Sigma_5 iL = 4715$。

表 (七)

	幹線名稱	ΣiL	L	$\frac{1}{L}$	$\frac{\Sigma iL}{L}$	I	$\Sigma \frac{1}{L}$	$\frac{I}{\Sigma \frac{1}{L}}$	換算電流量	實在電流量
I	S_1-I	9700	585	0.00171	16.6	44.73	297.5	13200	(44.33+Z)×0.508	17.0−16.6=0.4
	S_2-I	11536	605	0.00165	19.1				(44.33+Z)×0.491	16.4−19.1=−2.7 (−2.67)
II	S_1-I-II	13932	562.5	0.00178	24.8	57.92	134.7	7800	13.9	13.9−24.8=−10.9
	S_2-II	7125	370	0.00270	19.27				21.1	21.1−19.27=1.83
	S_3-II	4715	340	0.00294	13.85				22.92	22.92−13.85=9.07
									57.92	0

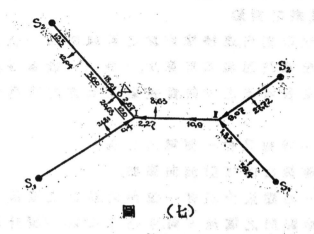

圖　（七）

自圖(七)可求出電流之匯聚點為O。由饋電點S_2至O點之電流矩等于：

$$M_{so} = \Sigma_s iL = 12,04 \times 125 + 18,01 \times 485 = 10231 \text{ 安培—公尺}$$

每端許可之電壓降落等于 $\dfrac{2,4 \times 220}{2 \times 100} = 2,64$ 伏特

各幹線之截面積應皆等于：

$$Q = \frac{10231}{57 \times 2,64} = 68 \text{ 平方公厘} (m.m^2)$$

取標準面積： $= 70 \ m.m^2$

O點之實在降壓等於：

$$\varepsilon_0 = \frac{2,64 \times 68}{70} = 2,56 \ v$$

銅線之總體積等於：

$$V = 70 \times (585 + 605 + 265 + 370 + 340) \times 10^{-2} = 151,5 \text{ 公斤}$$

(4) 多節點配電網之計算法

多節點之配電網視其節點相互連接之形狀如何,可分為枝形配電網及圜形配電網二種。此二種配電網之計算法,各不相同,故分述之。

(甲)枝形配電網之情形

在此種配電網內,連接諸節點之幹線,恆成一枝形。今取一四節點之枝形配電網而觀其計算法。(圖八)欲求各幹線內之電流量,先應擬定各電流之方向。當擬定電流方向時,應注意下列數項:

1. 每一幹線只有一個電流方向。
2. 電流恆由饋電點流向節點。
3. 每一節點最少須有一流向此節點之電流。
4. 二節點間之電流方向,可任意指定。(視計算之習慣而定。最好能合諸電流匯聚於一節點而其餘節點之計算手續又大約相同)

側如圖(八)內 X, Y, Z, Q, P, W 及 V 之方向皆係由饋電點流向節點; U, S, T 三電流之方向,則皆匯聚於節點 4。

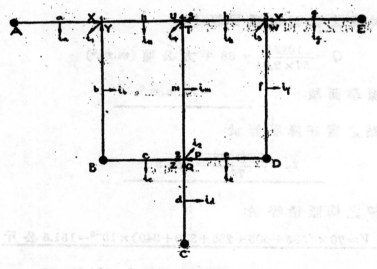

圖　(八)

解:

$\sum i_4 L_4$——為幹線 $4-1$ 對饋電點 4 之電流矩; L_4——為該幹線之長度。

$\Sigma_b iL$ — 為幹線 $B-1$ 對饋電點 B 之電流矩; L_b — 為該幹線之長度。

$\Sigma_c iL$ — 為幹線 $B-2$ 對饋電點 B 之電流矩; L_c — 為該幹線之長度。

$\Sigma_d iL$ — 為幹線 $C-2$ 對饋電點 C 之電流矩; L_d — 為該幹線之長度。

$\Sigma_e iL$ — 為幹線 $D-2$ 對饋電點 D 之電流矩; L_e — 為該幹線之長度。

$\Sigma_f iL$ — 為幹線 $D-3$ 對饋電點 D 之電流矩; L_f — 為該幹線之長度。

$\Sigma_g iL$ — 為幹線 $E-3$ 對饋電點 E 之電流矩; L_g — 為該幹線之長度。

$\Sigma_h iL$ — 為幹線 $4-4$ 對節點 3 之電流矩; L_h — 為該幹線之長度。

$\Sigma_m iL$ — 為幹線 $2-4$ 對節點 2 之電流矩; L_m — 為該幹線之長度。

$\Sigma_n iL$ — 為幹線 $1-4$ 對節點 1 之電流矩; L_n — 為該幹線之長度。

按圖(八)內所標之電流方向，可書下列聯方程式:

節點 1:
$$
\begin{cases}
\Sigma_a iL + L_a X = \Sigma_b iL + L_b Y \\
X + Y = U + I_m
\end{cases}
$$

節點 2:
$$
\begin{cases}
\Sigma_c iL + L_c Z = \Sigma_d iL + L_d Q = \Sigma_e iL + L_e P \\
Z + Q + P = T + I_{2m}
\end{cases}
$$

節點 3:
$$
\begin{cases}
\Sigma_f iL + L_f W = \Sigma_g iL + L_g V \\
W + V = S + I_{3m}
\end{cases}
$$

節點 4:
$$
\begin{cases}
\Sigma_a iL + L_a X + \Sigma_n iL + L_n U = \Sigma_c iL + L_c Z + \Sigma_m iL + L_m T \\
\quad = \Sigma_f iL_f + L_f W + \Sigma_h iL + L_h S \\
U + T + S = i_4
\end{cases}
$$

$\cdots\cdots(28)$

式(28)內之

$$I_{1m} = i_1 + i_n$$

$$I_{2m} = i_2 + i_m$$

$$I_{3m} = i_3 + i_n$$

今將此聯立方程式之二計算法述之於後。

(A)第一計算法

節點 1

$$\left.\begin{array}{l} \Sigma_a iL + L_a X = \Sigma_b iL + L_b Y \\ X + Y = U + I_{1m} \end{array}\right\}$$

$$X = 0 + 1 \cdot X$$

$$+ \quad Y = \frac{\Sigma_a iL - \Sigma_b iL}{L_b} + \frac{L_a}{L_b} X$$

$$X + Y = \Sigma a_1 + \Sigma \beta_1 X = U + I_{1m}$$

$$X = \frac{I_{1m} - \Sigma a_1}{\Sigma \beta_1} + \frac{U}{\Sigma \beta_1}$$

設 $\qquad \dfrac{1}{\Sigma \beta_1} = \gamma_1 \quad ; \quad \dfrac{I_{1m} - \Sigma a_1}{\Sigma \beta_1} = \delta_1$

則 $\qquad \therefore \quad X = \delta_1 + \gamma_1 \cdot U$ $\qquad\qquad\qquad$ (29)

節點 2

$$\left.\begin{array}{l} \Sigma_a iL + L_a Z = \Sigma_d iL + L_d Q = \Sigma_e iL + L_e P \\ Z + Q + P = T + I_{2m} \end{array}\right\}$$

$$Z = \frac{\Sigma_a iL - \Sigma_a iL}{L_a} + \frac{L_a}{L_a} Z = 0 + 1 \cdot Z$$

$$Q = \frac{\Sigma_a iL - \Sigma_d iL}{L_d} + \frac{L_a}{L_d} Z = a_2' + \beta_2' Z$$

$$+ \quad P = \frac{\Sigma_a iL - \Sigma_e iL}{L_e} + \frac{L_a}{L_e} Z = a_2'' + \beta_2'' Z$$

$$Z + Q + P = \Sigma \frac{\Sigma_a iL - \Sigma iL}{L} + \Sigma \frac{L_a}{L} Z = \Sigma a_2 + \Sigma \beta_2 \cdot Z = I_{2m} + T$$

$$Z = \frac{I_{2m} - \Sigma\alpha_2}{\Sigma\beta_2} + \frac{T}{\Sigma\beta_2}$$

設　　　　$\dfrac{1}{\Sigma\beta_2} = \gamma_2$　；　$\dfrac{I_{2m} - \Sigma\alpha_2}{\Sigma\beta_2} = \delta_2$

$$Z = \delta_2 + \gamma_2 \cdot T \quad\text{----------------------------(30)}$$

節 點　3

$$\left.\begin{array}{l} \Sigma_f iL + L_f \cdot W = \Sigma_g iL + L_g \cdot V \\ W + V = S + I_{3h} \end{array}\right\}$$

$$W = \frac{\Sigma_f iL - \Sigma_f iL}{L_f} + \frac{L_f}{L_f} \cdot W = 0 + 1 \cdot W$$

$$V = \frac{\Sigma_f iL - \Sigma_g iL}{L_g} + \frac{L_f}{L_g} \cdot W = \alpha_3' + \beta_3' \cdot W$$

$$W + V = \Sigma \frac{\Sigma_f iL - \Sigma iL}{L} + \Sigma \frac{L_f}{L} \cdot W = \Sigma\alpha_3 + \Sigma\beta_3 \cdot W = I_{3h} + S$$

$$W = \frac{I_{3h} - \Sigma\alpha_3}{\Sigma\beta_3} + \frac{S}{\Sigma\beta_3}$$

設　　　　$\dfrac{1}{\Sigma\beta_3} = \gamma_3$　；　$\dfrac{I_{3h} - \Sigma\alpha_3}{\Sigma\beta_3} = \delta_3$

$$W = \delta_3 + \gamma_3 \cdot S \quad\text{----------------------------(31)}$$

節 點　4

$$\left.\begin{array}{l} \Sigma_e iL + L_e X + \Sigma_n iL + L_n U = \Sigma_c iL + L_c Z + \Sigma_m iL + L_m T \\ = \Sigma_f iL + L_f W + \Sigma_h iL + L_h S \\ U + S + T = i_4 \end{array}\right\}$$

將 式 (29)(30)(31) 代 入 上 式 內,則 得

$$\Sigma_e iL + L_e \cdot \delta_1 + L_e \cdot \gamma_1 \cdot U + \Sigma_n iL + L_n U = \Sigma_c iL + L_c \cdot \delta_2 + L_c \cdot \gamma_2 \cdot T + \Sigma_m iL + L_m T$$

$$= \Sigma_f iL + L_f \cdot \delta_3 + L_f \cdot \gamma_3 \cdot S + \Sigma_h iL + L_h S$$

設　　　　$\left.\begin{array}{l} \Sigma_e iL + L_e \cdot \delta_1 + \Sigma_n iL = \Sigma_{en} iL; \quad L_e \cdot \gamma_1 + L_n = L_{en} \\ \Sigma_c iL + L_c \cdot \delta_2 + \Sigma_m iL = \Sigma_{cm} iL; \quad L_c \cdot \gamma_2 + L_m = L_{cm} \\ \Sigma_f iL + L_f \cdot \delta_3 + \Sigma_h iL = \Sigma_{fh} iL; \quad L_f \cdot \gamma_3 + L_h = L_{fh} \end{array}\right\}$$

附

$$\Sigma_{\alpha n} iL + L_{\alpha n} \cdot U = \Sigma_{\alpha n} iL + L_{\alpha n} \cdot T = \Sigma_{fn} iL + L_{fn} \cdot S \Big\}$$
$$U + T + S = i_4$$

$$U = \frac{\Sigma_{\alpha n} iL - \Sigma_{\alpha n} iL}{L_{\alpha n}} + \frac{L_{\alpha n}}{L_{\alpha n}} U = 0 + 1 \cdot U$$

$$T = \frac{\Sigma_{\alpha n} iL - \Sigma_{\alpha n} iL}{L_{\alpha n}} + \frac{L_{\alpha n}}{L_{\alpha n}} U = \alpha_4' + \beta_4' \cdot U$$

$$+ \quad S = \frac{\Sigma_{\alpha n} iL - \Sigma_{fn} iL}{L_{fn}} + \frac{L_{\alpha n}}{L_{fn}} U = \alpha_4'' + \beta_4'' \cdot U$$

$$U + S + T = \Sigma \frac{\Sigma_{\alpha n} iL - \Sigma iL}{L} + \Sigma \frac{L_{\alpha n}}{L} \cdot U = \Sigma \alpha_4 + \Sigma \beta_4 \cdot U = i_4$$

$$U = \frac{i_4 - \Sigma \alpha_4}{\Sigma \beta_4} \tag{32}$$

表 (八)

回路 層數	導體 名稱	ΣiL	$\Sigma_{\alpha} iL - \Sigma iL$	L	$\dfrac{\Sigma_{\alpha} iL - \Sigma iL}{L}$	$1 - \Sigma \alpha$	$\dfrac{L_{\alpha}}{L}$	$\dfrac{1}{\Sigma \beta}$	$\Sigma \dfrac{1}{L}$	$\dfrac{1 - \Sigma \alpha}{\Sigma \frac{1}{L}}$	電流值
I	A-I主	$\Sigma_{\alpha} iL$	0	L_{α}	0	$i_{1m} - \Sigma \alpha_1$	1	$\dfrac{1}{\Sigma \beta_1}$	$\Sigma_1 \dfrac{1}{L}$	$\dfrac{i_{1m} - \Sigma \alpha_1}{\Sigma_1 \frac{1}{L}}$	$X = \dfrac{(i_{1m} - \Sigma \alpha_1) + U}{\Sigma \beta_1}$
	B-I	$\Sigma_{\delta} iL$	$\Sigma_{\alpha} iL - \Sigma_{\delta} iL$	L_{δ}	α_1'		β_1'				$Y = \alpha_1' + \beta_1' \cdot X$
II	B-II主	$\Sigma_{\alpha} iL$	0	L_{α}	0	$i_{2m} - \Sigma \alpha_2$	1	$\dfrac{1}{\Sigma \beta_2}$	$\Sigma_2 \dfrac{1}{L}$	$\dfrac{i_{2m} - \Sigma \alpha_2}{\Sigma_2 \frac{1}{L}}$	$Z = \dfrac{(i_{2m} - \Sigma \alpha_2) + T}{\Sigma \beta_2}$
	C-II	$\Sigma_{\delta} iL$	$\Sigma_{\alpha} iL - \Sigma_{\delta} iL$	L_{δ}	α_2'		β_2'				$Q = \alpha_2' + \beta_2' \cdot Z$
	D-II	$\Sigma_{\delta} iL$	$\Sigma_{\alpha} iL - \Sigma_{\delta} iL$	L_{δ}	α_2''		β_2''				$P = \alpha_2'' + \beta_2'' \cdot Z$
III	D-III主	$\Sigma_{f} iL$	0	L_{f}	0	$i_{3m} - \Sigma \alpha_3$	1	$\dfrac{1}{\Sigma \beta_3}$	$\Sigma_3 \dfrac{1}{L}$	$\dfrac{i_{3m} - \Sigma \alpha_3}{\Sigma_3 \frac{1}{L}}$	$W = \dfrac{(i_{3m} - \Sigma \alpha_3) + S}{\Sigma \beta_3}$
	E-III	$\Sigma_{\delta} iL$	$\Sigma_{f} iL - \Sigma_{\delta} iL$	L_{δ}	α_3'		β_3'				$V = \alpha_3' + \beta_3' \cdot W$
IV	A-I-IV主	$\Sigma_{\alpha n} iL$	0	$L_{\alpha n}$	0	$i_4 - \Sigma \alpha_4$	1	$\dfrac{1}{\Sigma \beta_4}$	—	—	$U = \dfrac{i_4 - \Sigma \alpha_4}{\Sigma \beta_4}$
	B-II-IV	$\Sigma_{\alpha n} iL$	$\Sigma_{\alpha} iL - \Sigma_{\alpha n} iL$	$L_{\alpha n}$	α_4'		β_4'				$T = \alpha_4' + \beta_4' \cdot U$
	D-III-IV	$\Sigma_{fn} iL$	$\Sigma_{f} iL - \Sigma_{fn} iL$	L_{fn}	α_4''		β_4''				$S = \alpha_4'' + \beta_4'' \cdot U$

自(32)式內求出 U 之值後,其餘各電流量亦不難依表求出之。

上述之計算法,亦可列表計算之。格式如表(八)。

表內第四節點之各電流量皆係由節點流來,故計算時應特別注意,即對於彼等之電流矩及長度應由積電點算起。例如電流 U 係由節點 I 流來,其電流矩及長度等于:

$$\Sigma_{an}iL = \Sigma_{a}iL + \Sigma_{n}iL + \frac{I_{2n} - \Sigma a_1}{\Sigma_1 \frac{1}{L}} \;;\quad L_{an} = L_{n} + \frac{1}{\Sigma_1 \frac{1}{L}}$$

(B)第二計算法

取聯立方程式(28)作以下解法:

$$\underline{\text{節點} \quad 1}$$

$$\left.\begin{array}{c} \Sigma_{a}iL + L_{a}X = \Sigma_{b}iL + L_{b}Y \\ X + Y = U + I_{1n} \end{array}\right\}$$

$$L_{a}\left(\frac{\Sigma_{a}iL}{L_{a}} + X\right) = L_{b}\left(\frac{\Sigma_{b}iL}{L_{b}} + Y\right)$$

設

$$\frac{\Sigma_{a}iL}{L_{a}} = i_a \quad;\quad X + i_a = X'$$

$$\frac{\Sigma_{b}iL}{L_{b}} = i_b \quad;\quad Y + i_b = Y'$$

X' 及 Y' 稱為換算電流量。

$$\left.\begin{array}{c} L_{a} \cdot X' = L_{b} \cdot Y' \\ X' + Y' = U + i_a + i_b + I_{1n} = U + I_{1n}' \end{array}\right\}$$

上式內之:
$$\left\{\begin{array}{l} I_{1n} + i_a + i_b = I_{1n}' \\ X' = \frac{L_{a}}{L_{a}} \cdot X' \\ Y' = \frac{L_{a}}{L_{b}} \cdot X' \end{array}\right.$$

$$X' + Y' = \Sigma_1 \frac{L_a}{L} \cdot X' = L_a \cdot \Sigma_1 \frac{1}{L} \cdot X' = U + I_{1n}'$$

$$X' = \frac{U + I_{1m}}{L_a \cdot \Sigma_1 \frac{1}{L}} \Big\} \qquad X = X' - i_a \Big\}$$

$$Y' = \frac{U + I_{1m}}{L_b \cdot \Sigma_1 \frac{1}{L}} \Big\} \qquad Y = Y' - i_b \Big\}$$

節　點　2

$$\Sigma_c iL + L_c Z = \Sigma_d iL + L_d \cdot Q = \Sigma_e iL + L_e P \Big\}$$
$$P + Q + Z = T + I_{2m} \Big\}$$

$$L_c \Big(\frac{\Sigma_c iL}{L_c} + Z \Big) = L_d \Big(\frac{\Sigma_d iL}{L_d} + Q \Big) = L_e \Big(\frac{\Sigma_e iL}{L_e} + P \Big)$$

設

$$\frac{\Sigma_c iL}{L_c} = i_c; \qquad \frac{\Sigma_d iL}{L_d} = i_d; \qquad \frac{\Sigma_e iL}{L_e} = i_e$$

$$Z + i_c = Z'; \quad \Big\{ \quad Q + i_d = Q'; \quad P + i_e = P'$$

則

$$L_c \cdot Z' = L_d \cdot Q' = L_e \cdot P'$$
$$Z' + Q' + P' = I_{2m} + i_c + i_d + i_e + T = I_{2m}' + T \Big\}$$

$$Z' = \frac{L_c}{L_c} Z'$$

$$Q' = \frac{L_c}{L_d} Z'$$

$$+ \quad P' = \frac{L_c}{L_e} Z'$$

$$Z' + Q' + P' = L_c \Sigma_2 \frac{1}{L} \cdot Z' = I_{2m}' + T$$

$$Z' = \frac{I_{2m}' + T}{L_c \cdot \Sigma_2 \frac{1}{L}} \Bigg\}$$

$$Q' = \frac{I_{2m}' + T}{L_d \cdot \Sigma_2 \frac{1}{L}} \Bigg\} \cdots (33) \qquad Q = Q' - i_d \Bigg\} \cdots (33)'$$

$$T' = \frac{I_{2m}' + T}{L_e \cdot \Sigma_2 \frac{1}{L}} \Bigg\}$$

$$Z = Z' - i_c \qquad P = P' - i_e$$

<u>節點　3</u>

$$\Sigma_f iL + L_f \cdot W = \Sigma_g iL + L_g \cdot V \Big\}$$
$$W + V = S + I_{sh}$$

$$L_f \left(\frac{\Sigma_f iL}{L_f} + W \right) = L_g \left(\frac{\Sigma_g iL}{L_g} + V \right)$$

設

$$\frac{\Sigma_f iL}{L_f} = i_f \quad ; \quad W + i_f = W'\Big\}$$

$$\frac{\Sigma_g iL}{L_g} = i_g \quad ; \quad V + i_g = V'\Big\}$$

$$L_f \cdot W' = L_g \cdot V'\Big\}$$
$$W' + V' = I_{sh} + i_f + i_g + S = I_{sh}' + S$$

$$I_{sh} + i_f + i_g = I_{sh}'$$

$$W' = \frac{L_f}{L_f} \cdot W'$$

$$+ \qquad V' = \frac{L_g}{L_g} \cdot W'$$

$$W' + V' = L_f \cdot \Sigma_g \frac{1}{L} \cdot W' + I_{sh}' + S$$

$$W' = \frac{I_{sh}' + S}{L_f \cdot \Sigma_g \frac{1}{L}} \Bigg\}$$

$$V' = \frac{I_{sh}' + S}{L_g \cdot \Sigma_g \frac{1}{L}} \Bigg\} \hspace{1cm} (34)$$

$$W = W' - i_f \Bigg\}$$

$$V = V' - i_g \Bigg\} \hspace{1cm} (34)'$$

<u>節點　4</u>

$$\Sigma_e iL + L_e X + \Sigma_n iL + L_n \cdot U = \Sigma_i iL + L_e Z + \Sigma_m iL + L_m T$$
$$= \Sigma_f iL + L_f \cdot W + \Sigma_h iL + L_h S \Bigg\}$$
$$U + T + S = i_k$$

$$L_e \cdot X' + \Sigma_n iL + L_n U = L_e \cdot Z' + \Sigma_m iL + L_m T = L_f W' + \Sigma_h iL + L_h \cdot S$$

將　　X', Z' 及 W' 之值代入得

$$\frac{I_{2n}'}{\Sigma_1 \frac{1}{L}} + \frac{U}{\Sigma_1 \frac{1}{L}} + \Sigma_n iL + L_n \cdot U = \frac{I_{2m}'}{\Sigma_2 \frac{1}{L}} + \frac{T}{\Sigma_4 \frac{1}{L}} + \Sigma_m iL + L_m T$$

$$= \frac{I_{2h}'}{\Sigma_3 \frac{1}{L}} + \frac{S}{\Sigma_4 \frac{1}{L}} + \Sigma_h iL + L_h \cdot S$$

設

$$\Sigma_n iL + \frac{I_{2n}'}{\Sigma_1 \frac{1}{L}} = \Sigma_n' iL; \quad L_n + \frac{1}{\Sigma_1 \frac{1}{L}} = L_n'$$

$$\Sigma_m iL + \frac{I_{2m}'}{\Sigma_2 \frac{1}{L}} = \Sigma_m' iL; \quad L_m + \frac{1}{\Sigma_2 \frac{1}{L}} = L_m'$$

$$\Sigma_h iL + \frac{I_{2h}'}{\Sigma_4 \frac{1}{L}} = \Sigma_h' iL; \quad L_h + \frac{1}{\Sigma_4 \frac{1}{L}} = L'_h$$

則

$$\Sigma_n' iL + L_n' \cdot U = \Sigma_m' iL + L_m' \cdot T = \Sigma_h' iL + L_h' S$$

$$L_n'\left(\frac{\Sigma_n' iL}{L_n'} + U\right) = L_m'\left(\frac{\Sigma_m' iL}{L_m'} + T\right) = L'_h\left(\frac{\Sigma_h' iL}{L_h'} + S\right)$$

又設

$$\frac{\Sigma_n' iL}{L_n'} = i_n'; \quad \frac{\Sigma_m' iL}{L_m'} = i_m'; \quad \frac{\Sigma_h' iL}{L_h'} = i_h'$$

$$U + i_n' = U'; \quad T + i_m' = T'; \quad S + i_h' = S'$$

則

$$\left.\begin{array}{l} L_n' U' = L_m' \cdot T' = L_h' \cdot S' \\ U' + T' + S' = i_t + i_n' + i_m' + i_h' = I_t \end{array}\right\}$$

$$U' = \Sigma \frac{L_n'}{L_n} \cdot U'$$

$$T' = \frac{L_n'}{L_m'} \cdot U'$$

$$S' = \frac{L_n'}{L_h'} \cdot U'$$

$$U' + T' + S' = L_n' \Sigma_4 \frac{1}{L} \cdot U' = I_4$$

$$\left. \begin{array}{l} U' = \dfrac{I_4}{L_n' \cdot \Sigma_4 \frac{1}{L}} \\[3mm] T' = \dfrac{I_4}{L_m' \cdot \Sigma_4 \frac{1}{L}} \\[3mm] S' = \dfrac{I_4}{L_h' \cdot \Sigma_4 \frac{1}{L}} \end{array} \right\} \cdots (35) \qquad \left. \begin{array}{l} U = U' - i_n' \\[3mm] T = T' - i_m' \\[3mm] S = S' - i_h' \end{array} \right| \cdots (35)$$

表 （九）

線形曲線数	線輪名形	ΣiL	L	$\frac{1}{L}$	$\frac{\Sigma iL}{L}$	I	$\frac{1}{\Sigma\frac{1}{L}}$	$\frac{I}{\Sigma\frac{1}{L}}$	換算電流量	實在電流量
I	A-I	$\Sigma_a iL$	L_a	$\frac{1}{L_a}$	i_a	I_{1m}'	$\frac{1}{\Sigma_1 \frac{1}{L}}$	$\frac{I_{1m}'}{\Sigma_1 \frac{1}{L}}$	$X' = \frac{I_{1m}' + U}{I_a \cdot \Sigma_1 \frac{1}{L}}$	$X = X' - i_a$
	B-I	$\Sigma_b iL$	L_b	$\frac{1}{L_b}$	i_b				$Y' = \frac{I_{1m}' + U}{L_b \cdot \Sigma_1 \frac{1}{L}}$	$Y = Y' - i_b$
II	B-II	$\Sigma_c iL$	L_c	$\frac{1}{L_c}$	i_c	I_{2m}'	$\frac{1}{\Sigma_2 \frac{1}{L}}$	$\frac{I_{2m}'}{\Sigma_2 \frac{1}{L}}$	$Z' = \frac{I_{2m}' + T}{L_c \cdot \Sigma_2 \frac{1}{L}}$	$Z = Z' - i_c$
	C-II	$\Sigma_d iL$	L_d	$\frac{1}{L_d}$	i_d				$Q' = \frac{I_{2m}' + T}{L_d \cdot \Sigma_2 \frac{1}{L}}$	$Q = Q' - i_d$
	D-II	$\Sigma_e iL$	L_e	$\frac{1}{L_e}$	i_e				$P' = \frac{I_{2m}' + T}{I_e \cdot \Sigma_2 \frac{1}{L}}$	$P = P' - i_e$
III	D-III	$\Sigma_f iL$	L_f	$\frac{1}{L_f}$	i_f	I_{3h}'	$\frac{1}{\Sigma_3 \frac{1}{L}}$	$\frac{I_{3h}'}{\Sigma_3 \frac{1}{L}}$	$W' = \frac{I_{3h}' + S}{L_f \cdot \Sigma_3 \frac{1}{L}}$	$W = W' - i_f$
	E-III	$\Sigma_g iL$	L_g	$\frac{1}{L_g}$	i_g				$V' = \frac{I_{3h}' + S}{I_g \cdot \Sigma_3 \frac{1}{L}}$	$V = V' - i_g$
IV	A-I-IV	$\Sigma_n' iL$	L_n'	$\frac{1}{L_n'}$	i_n'	I_4	$\frac{1}{\Sigma_4 \frac{1}{L}}$	$\frac{I_4}{\Sigma_4 \frac{1}{L}}$	$U' = \frac{I_4}{L_n' \cdot \Sigma_4 \frac{1}{L}}$	$U = U' + i_n'$
	B-II-IV	$\Sigma_m' iL$	L_m'	$\frac{1}{L_m'}$	i_m'				$T' = \frac{I_4}{L_m' \cdot \Sigma_4 \frac{1}{L}}$	$T = T' - i_m'$
	C-III-IV	$\Sigma_h' iL$	L_h'	$\frac{1}{L_h'}$	i_h'				$S' = \frac{I_4}{L_h' \cdot \Sigma_4 \frac{1}{L}}$	$S = S' - i_h'$

計算表之格式如表(九)。

例(五)

今有五節點之配電網一如圖(九)所示各段長度及負載圖上皆巳載明設各段幹線之橫截面積皆相等試用上述之二計算法求出各幹線內之電流量。

第一計算法:

先將電流之方向標明(如圖 十所示)然後求出各段幹線之電流矩:

$$\Sigma_{A-1}iL = 150 \times 10 = 1500;\qquad \Sigma_{B-2}iL = 40 \times 10 = 900;$$

$$\Sigma_{B-1}iL = 20 \times 80 = 1600;\qquad \Sigma_{C-1}iL = 30 \times 10 = 300;$$

$$\Sigma_{E-1}iL = 10 \times 65 = 650;\qquad \Sigma_{D-2}iL = 40 \times 25 = 1000;$$

$$\Sigma_{D-3}iL = 80 \times 20 = 1600;\qquad \Sigma_{F-4}iL = 40 \times 25 = 1000;$$

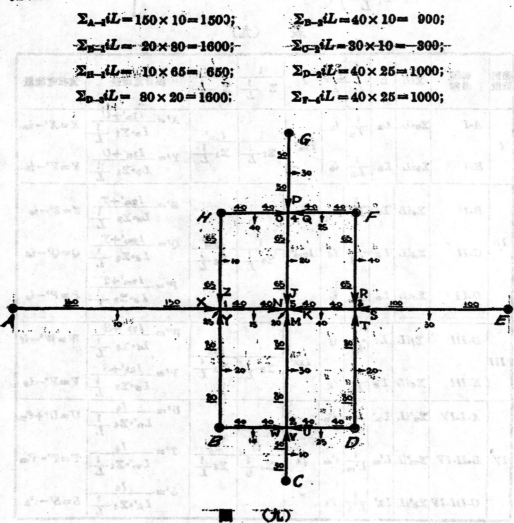

圖　　(九)

$$\Sigma_{E-8}iL = 100 \times 30 = 3000; \qquad \Sigma_{G-4}iL = 50 \times 30 = 1500;$$

$$\Sigma_{F-8}iL = 65 \times 40 = 2600; \qquad \Sigma_{H-4}iL = 40 \times 40 = 1600;$$

$$\Sigma_{1-5}iL = 40 \times 15 = 600; \qquad \Sigma_{E-8}iL = 80 \times 30 = 2400;$$

$$\Sigma_{8-8}iL = 40 \times 40 = 1600; \qquad \Sigma_{4-8}iL = 65 \times 20 = 1300;$$

今列表(十)計算之

表 （十）

	線路名稱	ΣiL	$\Sigma_8 iL - \Sigma iL$	L	$\dfrac{\Sigma_8 L - \Sigma L}{L}$	$-\Sigma\alpha$	$\dfrac{I_8}{L}$	$\dfrac{1}{\Sigma\beta}$	$\dfrac{1}{\Sigma\dfrac{1}{L}}$	$\dfrac{I-\Sigma\alpha}{\Sigma\dfrac{1}{L}}$	電　流　量
1	A-1主	1500	0	300	0	25,000	1	0,1928	56	1980	$X=(34,085+7,5)\times0,1928=8,01$
	B-1	1600	−100	160	−0,625	−5,915	1,875				$Y=1,875\times8,01-0,625=14,43$
	H-1	650	850	130	6,54	−19,085	2,31				$Z=2,31\times8,01+6,54=25,06$
						+15,000					
						34,085					
					4,915		5,185				47,50
2	B-2主	400	0	80	0		1	0,3	24	860	$W=(35,83+7,9)\times0,3=13,115$
	C-2	360	100	60	1,67	5,63	1,33				$V=1,33\times13,115+1,67=19,17$
	D-2	1000	−600	80	−7,5	+30	1				$U=13,115-7,5=5,615$
						35,83					
					−5,83		3,33				37,90
3	D-3主	1600	0	190	0		1	0,33	52,8	2890	$T=(54,68-7,3)\times0,33=15,63$
	E-3	3000	−1400	200	−7,0	−14,68	0,8				$S=15,63\times0,8-7,0=5,55$
	F-3	2600	−1000	130	−7,68	+40	1,23				$R=15,63\times1,23-7,68=11,52$
						54,68					
					−14,68		3,03				32,70
4	F-4主	1000	0	80	0		1	0,357	28,55	930	$Q=(32,5+11,9)\times0,357=15,85$
	G-4	1500	−500	100	−5,0	12,5	0,8				$P=15,85\times0,8-5,0=7,7$
	H-4	1600	−600	80	−7,5	+20,0	1				$O=15,85-7,5=8,35$
						32,5					
					−12,5		2,8				31,90
5	A-1-5主	4080	0	138	0		1	0,2735	—	—	$N=27,485\times0,2735=7,5$
	B-2-5	3660	420	184	2,285	7,485	0,75				$M=7,5\times0,75+2,285=7,9$
	D-3-5	6090	−2010	132,8	−15,13	+20,000	1,038				$K=7,5\times1,038-15,13=−7,3$
	F-4-5	3230	850	158,55	5,36	27,485	0,868				$J=7,5\times0,868+5,36=11,90$
					−7,485		3,656				20,00

表——(十一)

管路段数	管段名称	ΣiL	L	$\dfrac{1}{E}$	$\dfrac{\Sigma iL}{L}$	l	$\dfrac{l}{\Sigma\frac{1}{L}}$	$\dfrac{l}{\Sigma\frac{1}{L}}$	换算電流量	实在電流量
1	A-1	1500	300	0,00333	5				$X'=(60+7,5)\times58\times0,00333=13,00$	$X=13,0-5=8$
	B-1	1600	160	0,00624	10	20 15 +25 60	(58)	2480	$Y'=67,5\times58\times0,00624=24,45$	$Y=24,45-10=14,45$
	H-1	650	130	0,00768	5				$Z'=67,5\times58\times0,00768=30,05$	$Z=30,05-5=25,05$
				0,01725	20				67,50	47,50
2	B-2	400	80	0,0125	5				$W'=(52,5+7,9)\times24\times0,0125=18,10$	$W=18,1-5=13,1$
	C-2	300	60	0,0167	5	22,5 +30,0 52,5	24	1260	$V'=60,4\times24\times0,0167=24,2$	$V=24,2-5=19,2$
	D-2	1000	80	0,0125	12,5				$U'=60,4\times24\times0,0125=18,1$	$U=18,1-12,5=5,6$
				0,0417	22,5				60,4	37,9
3	D-3	1600	160	0,00624	10				$T'=\dfrac{(85-7,3)\times52,8}{160}=25,6$	$T=25,6-10=15,6$
	E-3	3000	200	0,005	15	45 +40 85	52,8	4490	$S'=\dfrac{(85-7,3)\times52,8}{200}=20,5$	$S=20,5-15=5,5$
	F-3	2600	130	0,00768	20				$R'=\dfrac{(85-7,3)\times52,8}{130}=31,6$	$R=31,6-20=11,6$
				0,01892	45				77,7	32,7
4	F-4	1000	80	0,0125	12,5				$G'=\dfrac{(67,5+11,9)\times28,55}{80}=28,35$	$Q=28,35-12,5=15,85$
	G-4	1500	100	0,0100	15,0	47,5 +20,0 67,5	28,55	1930	$P'=\dfrac{79,4\times28,55}{100}=22,7$	$P=22,7-15,0=7,7$
	H-4	1600	80	0,0125	20,0				$O'=\dfrac{79,4\times28,35}{80}=28,35$	$O=28,35-20,0=8,35$
				0,0350	47,5				79,4	31,9
5	A-1-5	4080	138	0,00724	29,6				$N'=5120\times0,00724=37,1$	$N=37,1-29,6=7,5$
	B-2-5	3660	184	0,00543	19,9	115,65 +20,0 135,65	37,74	5120	$M'=5120\times0,00543=27,8$	$M=27,8-19,9=7,9$
	D-3-5	6090	132,8	0,00752	45,8				$K'=5120\times0,00752=38,5$	$K=38,5-45,8=-7,3$
	F-4-5	3230	155,55	0,00629	20,35				$J'=5120\times0,00629=32,25$	$J=32,25-20,35=11,9$
				0,02648	115,65				135,65	20,0

第二計算法:

　　將圖(九)內所載各值及上巳求出之電流矩值,填入表(九)內而計算之(表十一)。

　　今將電流分佈之情形以圖(十)示之。

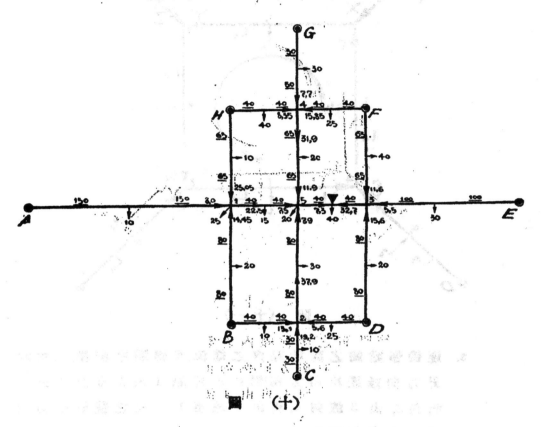

圖　　(十)

(乙)圓形配電網之情形

　　在此種配電網內,連接諸節點之幹線,組成一圓形(任意多角形或圓等)。凡組成圓形之節點,恆與相鄰之二節點相連接。其基本方程式與枝形配電網之方程式性質不同,故其計算法亦略異。今取一四節點之圓形配電網而計算之。(圖十一)

　　第一步先應參照下列數項將電流方向標明:

　　　1. 每一節點只能有一個電流方向。

　　　2. 電流恆由饋電點流向節點。

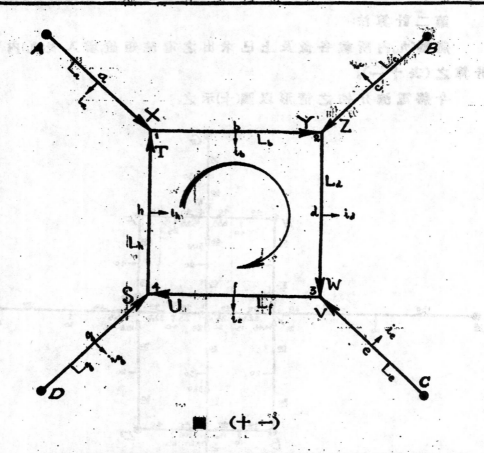

圖 (十一)

3. 連接節點間之幹線內之電流,皆應順序流動。(順時針方向或逆時針方向)例如由節點 1 流向節點 2,由 2 流向 3,由 3 流向 4,再由 4 流至 1。節點之號數亦應與電流之方向順序。

按已標明之電流方向,可書下列方程式:

$$\Sigma_a iL + L_a \cdot S + \Sigma_h iL + L_h \cdot T = \Sigma_a iL + L_a \cdot X; \quad X + T = Y + \Sigma_b i$$
$$\Sigma_a iL + L_a \cdot X + \Sigma_b iL + L_b \cdot Y = \Sigma_a iL + L_a \cdot Z; \quad Y + Z = W + \Sigma_d i$$
$$\Sigma_a iL + L_a \cdot Z + \Sigma_a iL + L_a \cdot W = \Sigma_a iL + L_a \cdot V; \quad V + W = U + \Sigma_f i$$
$$\Sigma_a iL + L_a \cdot V + \Sigma_f iL + L_f \cdot U = \Sigma_a iL + L_a \cdot S; \quad U + S = T + \Sigma_h i$$

上列之聯立方程式,可用下法解之:

　　　　　1. 節點 1

$$\Sigma_g iL + L_g \cdot S + \Sigma_h iL + L_h \cdot T = \Sigma_a iL + L_a \cdot X$$

$$L_h \cdot T = \Sigma_a iL - (\Sigma_g iL + \Sigma_h iL) + L_a \cdot X - L_g \cdot S$$

$$T = \frac{\Sigma_a iL - (\Sigma_g iL + \Sigma_h iL)}{L_h} + \frac{L_a}{L_h} X - \frac{L_g}{L_h} \cdot S$$

設

$$\frac{\Sigma_a iL - (\Sigma_g iL + \Sigma_h iL)}{L_h} = \alpha_1' \quad ; \quad \frac{L_a}{L_h} = \beta_1' \quad ; \quad \frac{L_g}{L_h} = \gamma_1'$$

則

$$T = \alpha_1' + \beta_1' \cdot X - \gamma_1' \cdot S \quad\text{------(36)}$$

$$+ \quad X = 0 + 1 \cdot X - 0$$

$$\overline{T + \quad X = \Sigma \alpha_1 + \Sigma \beta_1 \cdot X - \Sigma \gamma_1 \cdot S = Y + \Sigma_b i}$$

故

$$Y = (\Sigma \alpha_1 - \Sigma_b \cdot i) + \Sigma \beta_1 \cdot X - \Sigma \gamma_1 \cdot S \quad\text{------(37)}$$

式 (37)內之 $\Sigma_b i$ 爲沿幹線 1—2 之負載,今設

$$\Sigma \alpha_1 - \Sigma_b i = \Sigma' \alpha_1$$

$$Y = \Sigma' \alpha_1 + \Sigma \beta_1 \cdot X - \Sigma \gamma_1 \cdot S \quad\text{------(37)'}$$

2. 節點 2

$$\Sigma_a iL + L_a \cdot X + \Sigma_b iL + L_b \cdot Y = \Sigma_c iL + L_c \cdot Z$$

將式(37')代入,則得

$$\Sigma_a iL + L_a \cdot X + \Sigma_b iL + L_b \cdot \Sigma' \alpha_1 + L_b \cdot \Sigma \beta_1 \cdot X - L_b \cdot \Sigma \gamma_1 \cdot S = \Sigma_c iL + L_c \cdot Z$$

$$(\Sigma_a iL + \Sigma_b iL + L_b \cdot \Sigma' \alpha_1) + (L_a + L_b \cdot \Sigma \beta_1) \cdot X - L_b \cdot \Sigma \gamma_1 \cdot S = \Sigma_c iL + L_c \cdot Z$$

設

$$\left.\begin{aligned} \Sigma_a iL + \Sigma_b iL + L_b \cdot \Sigma' \alpha_1 &= \Sigma_{ab} iL \\ L_a + L_b \cdot \Sigma \beta_1 &= L_{a2} \\ L_b \cdot \Sigma \gamma_1 &= L_{a2} \end{aligned}\right\}$$

則

$$(\Sigma_{ab} iL - L_{a2} \cdot S) + L_{a2} X = \Sigma_c iL + L_c \cdot Z \quad\text{------(38)}$$

$$Z = \frac{\Sigma_{ab} iL - \Sigma_c iL}{L_c} + \frac{L_{a2}}{L_c} \cdot X - \frac{L_{a2}}{L_c} \cdot S \quad\text{------(38)'}$$

$$+ \quad Y = \quad \Sigma' \alpha_1 \quad + \Sigma \beta_1 \cdot X \quad - \Sigma \gamma_1 \cdot S$$

$$\overline{Z + Y = \quad \Sigma \alpha_2 \quad + \Sigma \beta_2 \cdot X \quad - \Sigma \gamma_2 \cdot S = W + \Sigma_d i}$$

故

$$W = (\Sigma \alpha_2 - \Sigma_d i) + \Sigma \beta_2 \cdot X - \Sigma \gamma_2 \cdot S = \Sigma' \alpha_2 + \Sigma \beta_2 \cdot X - \Sigma \gamma_2 \cdot S \quad\text{------(39)}$$

3.　節點　3

$$\Sigma_a iL + L_e \cdot Z + \Sigma_d iL + L_d \cdot W = \Sigma_e iL + L_e \cdot V$$

將式(38)及(39)代入,則得:

$$(\Sigma_{a2} iL - L_{a2} \cdot S) + L_{a2} \cdot X + \Sigma_d iL + L_d \cdot \Sigma' a_2 + L_d \cdot \Sigma\beta_2 \cdot X - L_d \cdot \Sigma\gamma_2 \cdot S = \Sigma_e iL + L_e \cdot V$$

設
$$\left. \begin{array}{l} \Sigma_{a2} iL + \Sigma_d iL + L_d \cdot \Sigma' a_2 = \Sigma_{a3} iL \\ L_{a2} + L_d \cdot \Sigma\beta_2 = L_{a3} \\ L_{a3} + L_d \cdot \Sigma\gamma_2 = L_{a3} \end{array} \right\}$$

則
$$(\Sigma_{a3} iL - L_{a3} \cdot S) + L_{a3} \cdot X = \Sigma_e iL + L_e \cdot V \quad\text{——————(40)}$$

$$V = \frac{\Sigma_{a3} iL - \Sigma_e iL}{L_e} + \frac{L_{a3}}{L_e} \cdot X - \frac{L_{a3}}{L_e} \cdot S \quad\text{——————(41)}$$

$$+\quad W = \qquad \Sigma' a_2 \qquad + \Sigma\beta_2 \cdot X \quad - \Sigma\gamma_2 \cdot S$$

$$V + W = \qquad \Sigma a_3 \qquad + \Sigma\beta_3 \cdot X \quad - \Sigma\gamma_3 \cdot S = U + \Sigma_f i$$

故
$$U = \Sigma' a_3 + \Sigma\beta_3 \cdot X - \Sigma\gamma_3 \cdot S \quad\text{——————(42)}$$

4.　節點　4.

$$\Sigma_e iL + L_e \cdot V + \Sigma_f iL + L_f \cdot U = \Sigma_g iL + L_g \cdot S$$

將式(40)及(42)代入,則得:

$$\Sigma_{a3} iL - \Sigma_{a3} \cdot S + L_{a3} \cdot X + \Sigma_f iL + L_f \cdot \Sigma' a_3 + L_f \cdot \Sigma\beta_3 \cdot X - L_f \cdot \Sigma\gamma_3 \cdot S = \Sigma_g iL + L_g \cdot S$$

設
$$\left. \begin{array}{l} \Sigma_{a3} iL + \Sigma_f iL + L_f \cdot \Sigma' a_3 = \Sigma_{a4} iL \\ L_{a3} + L_f \cdot \Sigma\beta_3 = L_{a4} \\ L_{a3} + L_f \cdot \Sigma\gamma_3 = L_{a4} \end{array} \right\}$$

則
$$(\Sigma_{a4} iL - L_{a4} \cdot S) + L_{a4} \cdot X = \Sigma_g iL + L_g \cdot S$$

$$S = \frac{\Sigma_{a4} iL - \Sigma_g iL}{L_g} + \frac{L_{a4}}{L_g} \cdot X - \frac{L_{a4}}{L_g} \cdot S \quad\text{——————(43)}$$

$$+\quad U = \qquad \Sigma' a_3 \qquad + \Sigma\beta_4 \cdot X \qquad - \Sigma\gamma_4 \cdot S$$

$$S + U = \qquad \Sigma a_4 \qquad + \Sigma\beta_4 \cdot X \qquad - \Sigma\gamma_4 \cdot S = T + \Sigma_h i$$

$$T = (\Sigma a_4 - \Sigma_h i) + \Sigma\beta_4 \cdot X - \Sigma\gamma_4 \cdot S$$

設　　　　　　　$(\Sigma \alpha_4 - \Sigma_n i) = \Sigma' \alpha_4$

則　　　　　　　$T = \Sigma' \alpha_4 + \Sigma \beta_4 \cdot X - \Sigma \gamma_4 \cdot S$

同時自式(36)巳知 $T = \alpha_1' + \beta_1' \cdot X - \gamma_1' \cdot S$

故　　$\Sigma' \alpha_4 + \Sigma \beta_4 \cdot X - \Sigma \gamma_4 \cdot S = \alpha_1' + \beta_1' \cdot X - \gamma_1' \cdot S$

或　　$(\Sigma \gamma_4 - \gamma_1') \cdot S = (\Sigma \beta_4 - \beta_1') \cdot X + (\Sigma' \alpha_4 - \alpha_1')$

$$S = \frac{(\Sigma \beta_4 - \beta_1')}{(\Sigma \gamma_4 - \gamma_1')} X + \frac{\Sigma' \alpha_4 - \alpha_1'}{(\Sigma \gamma_4 - \gamma_1')} \quad\quad (44)$$

同時自式(43)巳知

$$S = \left(\frac{\Sigma_{o4} iL - \Sigma_g iL}{L_g} + \frac{L_{o4}}{L_g} \cdot X \right) \cdot \frac{L_g}{L_g + L_{o4}}$$

設　　$\dfrac{\Sigma_{o4} iL - \Sigma_g iL}{L_g} = \alpha_4'$　；　$\dfrac{L_{o4}}{L_g} = \beta_4'$　；　$\dfrac{L_{o4}}{L_g} = \gamma_4'$

則　　　　　　$S = \dfrac{\alpha_4'}{1 + \gamma_4'} + \dfrac{\beta_4'}{1 + \gamma_4'} \cdot X \quad\quad (45)$

由(44)及(45)可書:

$$\frac{\Sigma \beta_4 - \beta_1'}{\Sigma \gamma_4 - \gamma_1'} \cdot X + \frac{\Sigma' \alpha_4 - \alpha_1'}{\Sigma \gamma_4 - \gamma_1'} = \frac{\beta_4'}{1 + \gamma_4'} \cdot X + \frac{\alpha_4'}{1 + \gamma_4'}$$

故

$$X = - \frac{\dfrac{\Sigma' \alpha_4 - \alpha_1'}{\Sigma \gamma_4 - \gamma_1'} - \dfrac{\alpha_4'}{1 + \gamma_4'}}{\dfrac{\Sigma \beta_4 - \beta_1'}{\Sigma \gamma_4 - \gamma_1'} - \dfrac{\beta_4'}{1 + \gamma_4'}} \quad\quad (46)$$

$$S = \frac{\alpha_4'}{1 + \gamma_4'} + \frac{\beta_4'}{1 + \gamma_4'} \cdot X$$

知 X 及 S 之値後,其餘之未知數亦迎刄而解矣。

今設節點之數目爲 n 時,則由饋電點流向第一節之電流量

等

$$X = - \dfrac{\dfrac{\Sigma'\alpha_m \div \alpha_1'}{\Sigma\gamma_m' - \gamma_1'} - \dfrac{\alpha_m'}{1+\gamma_m'}}{\dfrac{\Sigma\beta_m - \beta_1'}{\Sigma\gamma_m - \gamma_1'} - \dfrac{\beta_m'}{1+\gamma_m'}} \quad\text{———(47)}$$

由饋電點流向最末一節點之電流量(即 n 節點)等於

$$S = \dfrac{\alpha_m'}{1+\gamma_m'} + \dfrac{\beta_m'}{1+\gamma_m'} \cdot X \quad\text{———(48)}$$

計算時所用表之格式如表(十二):

自表(十二)內可書下列二方程式:

$$\begin{cases} T = \Sigma'\alpha_4 + \Sigma\beta_4 \cdot X - \Sigma\gamma_4 \cdot S = \alpha_1' + \beta_1' \cdot X - \gamma_1' \cdot S \\ S = \alpha_4' + \beta_4' \cdot X - \gamma_4' \cdot S \end{cases}$$

解此二方程式得:

$$X = - \dfrac{\dfrac{\Sigma'\alpha_4 - \alpha_1'}{\Sigma\gamma_4 - \gamma_1} - \dfrac{\alpha_4'}{1-\gamma_4'}}{\dfrac{\Sigma\beta_4 - \beta_1'}{\Sigma\gamma_4 - \gamma_1} - \dfrac{\beta_4'}{1+\gamma_4}} \left.\vphantom{\begin{matrix}1\\1\\1\\1\end{matrix}}\right\}$$

$$S = \dfrac{\alpha_4'}{1+\gamma_4} + \dfrac{\beta_4'}{1+\gamma_4} \cdot X$$

今舉例明之。

例六　今有四節點之配電網一如圖(十二)所示,試求該配電
網內電流分佈之情形。

$$\dfrac{108}{50} = 2.16 \; ; \quad \dfrac{85}{50} = 1.7 \; ; \quad \dfrac{60}{35} = 1.71 \; ; \quad \dfrac{60}{70} = 0.857$$

$$\dfrac{40}{70} = 0.572 \; ; \quad \dfrac{90}{35} = 2.57 \; ; \quad \dfrac{80}{50} = 1.6 \; ; \quad \dfrac{60}{25} = 2.4$$

表（十二）

記號線路名稱	ΣiL	$\Sigma_{ai}L - \Sigma iL$	L_a	$\dfrac{\Sigma_{ai}L - \Sigma iL}{L}$	$\dfrac{L_a}{L}$	流至本節點之電流量 係 及 附加	Σ'_a	由本節點流至他節點之
1 A-1主	$\Sigma_{a1}L$		L_a	0	1	X	$\Sigma\alpha_1 - \Sigma i$	電流量 $Y = \Sigma'\alpha_1 + \Sigma\beta_1 \cdot X - \Sigma\gamma_1 \cdot S$
D-4-1	$\Sigma_{a1}L + \Sigma_{a1}L + L_a \cdot S$	$(\Sigma_{a1}L - \Sigma_{a1}L) - L_a \cdot S$	L_a	$\alpha_1' - \gamma_1' \cdot S$	β_1'	$T = \alpha_1' + \beta_1' \cdot X - \gamma_1' \cdot S$		電流矩 $L_9 \cdot Y = L_9 \cdot \Sigma'\alpha_3 + L_9 \cdot \Sigma\beta_1 \cdot X - L_9 \cdot \Sigma\gamma_1 \cdot S$
2 A-1-2主	$\Sigma_{a2}L - L_{a2} \cdot S$	0	L_{a2}	0	1	$Y = \Sigma'\alpha_1 + \Sigma\beta_1 \cdot X - \Sigma\gamma_1 \cdot S$	$\Sigma\alpha_3 - \Sigma i$	電流量 $W = \Sigma'\alpha_2 + \Sigma\beta_2 \cdot X - \Sigma\gamma_2 \cdot S$
B-2	$\Sigma_{a2}L$	$(\Sigma_{a2}L - \Sigma_{a2}L) - L_{a2} \cdot S$	L_b	$\alpha_2' - \gamma_2' \cdot S$	β_2'	$Z = \alpha_2' + \beta_2' \cdot X - \gamma_2' \cdot S$		電流矩 $L_6 \cdot W = L_6 \cdot \Sigma'\alpha_3 - L_6 \cdot \Sigma\beta_2 \cdot X - L_6 \cdot \Sigma\gamma_2 \cdot S$
3 B-2-3主	$\Sigma_{a3}L - L_{a3} \cdot S$	0	L_c	0	1	$W = \Sigma'\alpha_3 + \Sigma\beta_3 \cdot X - \Sigma\gamma_3 \cdot S$	$\Sigma\alpha_3 - \Sigma i$	電流量 $U = \Sigma'\alpha_3 + \Sigma\beta_3 \cdot X - \Sigma\gamma_3 \cdot S$
C-3	$\Sigma_{a3}L - L_{a3} \cdot S$	$(\Sigma_{a3}L - \Sigma_{a3}L) - L_{a3} \cdot S$	L_c	$\alpha_3' - \gamma_3' \cdot S$	β_3'	$V = \alpha_3' + \beta_3' \cdot X - \gamma_3' \cdot S$		電流矩 $L_{10} \cdot U = L_{10} \cdot \Sigma'\alpha_3 + L_7 \cdot \Sigma\beta_3 \cdot X - L_7 \cdot \Sigma\gamma_3 \cdot S$
4 C-3-4主	$\Sigma_{a4}L - L_{a4} \cdot S$	0	L_g	0	1	$U = \Sigma'\alpha_3 + \Sigma\beta_3 \cdot X - \Sigma\gamma_3 \cdot S$	$\Sigma\alpha_4 - \Sigma i$	電流量 $T = \Sigma'\alpha_4 + \Sigma\beta_4 \cdot X - \Sigma\gamma_4 \cdot S$
D-4	$\Sigma_{a4}L$	$(\Sigma_{a4}L - \Sigma_{a4}L) - L_{a4} \cdot S$	L_g	$\alpha_4' - \gamma_4' \cdot S$	β_4'	$S = \alpha_4' + \beta_4' \cdot X - \gamma_4' \cdot S$		

表（十三）

接續號數	聯絡號數	$\Sigma z_i L$	$\Sigma z_{0i} L - \Sigma z_i L$	L	$\dfrac{\Sigma z_{0i} L - \Sigma z_i L}{L}$	$\dfrac{L_0}{L}$	式	數值	$\Sigma' a$	由本聯絡所得最後公式之驗算	
1	A-1主	0	0	2,16	0	1	$Y=1,272 \cdot X$	34,1		已知 $Z=2,272 \cdot X-75$	
	B-1	0	0	1,7	0	1,272		43,35	−75	故 $1,71 \cdot Z=3,092 \cdot X-128,7$	
2	A-1-2主	−128,7	0	6,052	0	1	$Z=2,272 \cdot X-75$	2,35		故 $W=-188,65+4,792 \cdot X-0,667 \cdot S$	
	B-A-2	$1,6 \cdot S$	$-128,7-1,6 \cdot S$	2,4	$-53,65-0,667 \cdot S$	2,52	$T=2,52 \cdot X-0,667 \cdot S-53,65$	10,05	−188,65	故 $0,851 W=-161,1+4,11 \cdot X-0,572 \cdot S$	
3	A-1-2-3主	$-290,5-0,572 \cdot S$	0	10,162	0	1	$W=4,792 \cdot X-0,667 \cdot S-188,65$	47,6		故 $U=-706,65+22,592 \cdot X-1,667 \cdot S$	
	C-3	0	$-290,5-0,572 \cdot S$	0,572	$-908-1,00 \cdot S$	17,8	$V=17,8 \cdot X-1,00 \cdot S-508,0$	64,3	−706,65	故 $2,57 \cdot U=-1818+58,15 \cdot X-4,29 \cdot S$	
4	A-1-2-3-4主	$-2108,5\pm4,662 \cdot S$	0	68,312	0	1	$U=-706,65+22,592 \cdot X-1,667 \cdot S$	6,70		故 $T=-2056,65+45,312 \cdot X-4,707 \cdot S$	
	B-4	0	$-2108,5-4,662 \cdot S$	1,6	$-1320-3,04 \cdot S$	42,72	$S=-1320+42,72 \cdot X-3,04 \cdot S$	33,35	−2056,65	故	

$$X = -\frac{-2056,65+53,65-\dfrac{4,707-0,667}{65,312-2,52}}{\dfrac{4,707-0,667}{42,72}} + \frac{1320}{1+3,04} = 34,1 \text{ 立方米}$$

$$X = \frac{1320+42,72 \times 34,1}{1+3,04} = 33,35 \text{ 立方米}$$

$$S = \frac{-1320+42,72 \times 34,1}{1+3,04} = 33,35 \text{ 立方米}。$$

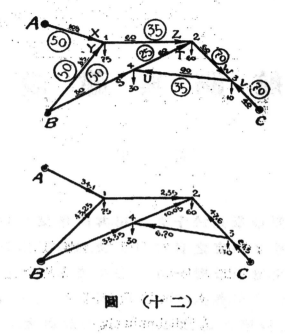

圖 （十 二）

(五) 結 論

配電網之計算方法甚多,究竟某種計算法較爲便利,則須視電網之形狀及演算者之習慣而定;惟對於網形複雜之配電網,則所有之計算法,皆覺繁難。故近年來,歐美各國漸用機械方法,以代替人力演算。

國人對於配電網一項,多不甚注意。殊不知配電網設計之遷當與否,不僅與合理的供給用戶電力有關,卽與整個發電設備的經濟上及將來使用上,亦皆有莫大影響。

作者不揣譾陋,發表此文,深欲國人對此加以注意,若能因此引出諸電工界先進有價值之大作,則更不勝盼企之至矣!

航測與建設

周　尚

弁言　航測術肇始於十九世紀,其時藉氣球以攝照片,但因設備簡陋,攝影難有一定之目標與系統,加以製圖乏術,所攝照片亦未能合乎實用。迨至公曆一九〇〇年,德人 Pulfrich 氏發明立體觀察法,一九〇八年,奧人Scheimplug氏發明剌正儀,一九一〇年,Orel氏根據立體觀察法之原理,發明立體製圖儀(Stereoautograph)後,航攝始具有應用之價值。歐戰時,各國用以測取敵軍陣地形勢,以作攻守之策,頗著成効,斯術乃大有進步。吾國創辦航測,以浙江省水利局為最早,後以經費關係,不久即行停頓。繼其後者,有陸地測量總局之航空測量隊,其組織與設備,頗為完全,工作成績亦佳,惟以經費有限,與機械人員不敷分配,未能盡量發展,以應各方之需要。作者對航測術雖無深切之研究,然以近來航測術之驚人發展,有益於建設事業之改進,頗願與國內人士共相研討之。至於關於航測之著作,歐美各國出版極夥,而我國則甚少見,故特先將航測機械,製圖種類,先作一簡略之介紹,以供應用者之參考。

攝影器械　航空測量所用之攝影機,曰航攝儀。有焦距長短數種,各視欲製地圖或照片圖之用途及比例尺如何,而定應用之種類。航攝儀均裝有捲運軟片,及開放快門之自動設備。片幅亦分數種,今日大都採用 18×18 公分者,普通所用之航攝儀為單鏡頭,暗匣每只均可裝軟片60公尺,可攝影三百張。此外尚有合數個單鏡頭以製成雙鏡頭,四鏡頭或多鏡頭航攝儀者。多鏡頭航攝儀之目的在擴大像角,而使在一基點上攝取含有較大面積之影片。惟最近蔡司廠又發明所謂一種寬角航攝儀者,僅具一特種單鏡頭,其像角之大與多鏡頭不相上下,影片製圖與所需人工材料,則較多鏡頭之航攝儀經濟多多,以是多鏡頭航攝儀有漸趨淘汰之勢。

今日航空測量所攝之影片大都為垂直影片。垂直云者,即航攝儀之光軸在攝影時向下垂直於所攝地面之謂也。此種影片已具地圖之形式,易於轉製眞正之地圖。航攝之法,先在欲測之區域內,分佈航線,然後按此攝測連續影片。攝影時,為避免發生脫漏起見,於連續影片之間,使前後片之重複,至少應有百分之五十,普通前後重複為百分之六十六,相鄰影片間,左右重複為百分之三十至四十。如是,則測區各部皆有相當重疊,不致發生缺漏,增加製圖之困難。

製圖 航攝影片製圖種類有三:(一)鑲嵌圖,(二)糾正圖,(三)等高線圖。

鑲嵌圖 假定飛機於航測時,常能保持其同一之高度,并使航攝儀之光軸垂直於地面,則所得之影片,其比例尺相等,且均為眞正與地面垂直之照片。惟事實上,飛機在空中,無論在高度或兩側方面,均不免邊動,故各張影片鮮能適合垂直影片之理想條件。高度若有變動,則所攝比例尺不能一致,攝影機光軸如有傾斜,則影片各部分即發生偏斜,但苟能於攝影時力加留意(此即攝影師之技術),則所攝影片尚能於相當限度內,保持與理想適合之條件。故為節省測量經費或擴大測量範圍計,此種影片除將其比例尺略予更正,使其劃一外,至攝影時所生之微小偏斜及有似誤差,暫可不顧。依此製成之鑲嵌圖,雖其比例尺不能完全準確,但已能得一極佳之一覽全圖,較諸用人工所測,而用近似法所製之調查地圖已優良多矣。鑲嵌圖最大之優點,即在各種地形上之各部份均能詳載無遺,若欲使人工所測之地圖,亦有同等之成果,則非詳細測量不為功。

　　鑲嵌圖之誤差,普通在二百與三百分一之間,約倍於人工所測之地圖,但每平方公里所需之經費與時間,若採用適當之航攝儀,則可節省十餘倍。故各地缺乏地圖者,先利用此法以製平面圖,殊爲經濟。

　　糾正圖　欲將上述之航攝照片製成精確之照片圖,則須先消除各張照片在攝影時所生之誤差,即所謂糾正是也。

　　此種誤差,一由於各影片上比例尺之參差,一由於攝影時攝影機軸之傾斜,故欲求各片之一致,當加以糾正,使各片之比例尺相等,并使與攝影機光軸眞眞垂直時所攝之照片無異,糾正此項誤差之儀器,曰糾正儀,裝有精細之自動設備。惟糾正照片每張至少需有四控制點,以便據以糾正爲任何比例尺之垂直照片。此項控制點在不久之前,倘須實地施測,先製成與擬製之航測圖同一比尺之三角網圖(控制點即三角點),以作糾正時之根據,故影響於航測工作之進行及經費顏巨。

　　年來各測量專家,爲減少測量控制點之煩瑣工作,及節省經費起見,積極研究改善,最近已發明微差高程儀(Statoskop)及地平線攝影儀(Kammera mit Horizontabbildung),以補航攝儀之不足,微差高程儀可將飛機高度即比例尺之變化,同時連續紀錄,以爲改正之根據,地平線攝影儀可於攝影時在航測儀之光軸任何傾斜程度之下,將天然之地平線影同時攝於每幅照片之縱橫各邊上,由二張相連屬影片中所攝得之地平線影,與航測儀眞正垂直時照片上地平線應有之位置相較(是項地平線之位置明示於照片上),即可直接求得當時航測儀光軸之斜度,可不全藉地面控制點以確定攝影機光軸之差誤,按此求得之差誤,將照片放於糾正儀上施以糾正,即得吾人所欲比例尺之正影,此種新儀器可將測量控制點之工作減少十分之九,故在各種航攝儀上若附設此項設備,於整個航測經費,大可節省。

　　以經過糾正手續之照片製成照片圖,則其比例尺絕對正確,且地面上所有物貌,可一如其實在情形,悉數攝入,較諸普通地圖有過之無不及。惟在高山起伏之區,高低相差甚巨,可發生比例尺之誤差,一如攝影時飛機高度不一致之弊,不能得同等之精度。此項比例尺誤差,雖可糾正之,但按目前之技術程度,困難尚多。

　　等高線圖　用航攝照片繪製等高線圖,係根據相屬照片立體製圖之原理。所用儀器,曰自動立體製圖儀,其原理雖屬簡單,而構造甚形複雜(參觀航空測量常刊三九頁至七三頁)。製圖時,將空中攝影之一對照片,放入此具有光學作用而機械化儀器中之投影器上。若底片之方位,與攝影時一刹那間之方位一致,機內即現立體像,否則,在接眼鏡中,發生視差,即方位不正確之誤差。

　　是項誤差,經製圖機內種種巧妙之動作後,即可消滅,而繪出其立體像之縱橫投影於坐標儀內之圖紙上,成為具有高程曲線之等高線圖。在自動立體製圖機中糾正立體像之方位,亦須有陸地測量方法之助,最低限度,須先測定三控制點之高度及方位,以作根據。惟近亦有一種新方法,即所謂「空中三角測量法」,可減省測點工作之大部。

　　空中測量三角法者,即於一區域中僅在小部份易測之地,精測三角鎮數個,其餘大部之三角點,則用連續之航攝底片於自動製圖機內選定之。此法既節經費,又省時間,在足跡難達之山,大有裨益。按現在之航攝技術程度,普通在一百公里以上之距離內,應用空中三角法,已無困難。南昌之土地測量,即利用此法,所得之成績甚佳。在河道測量,此法亦屬可行。蓋平面位置,沿河推進,誤差甚小,而高程常可借水面以改正其差誤。若河道已測水準點,如揚子江者,更可由此檢查,推出三角點之標高而改正之,揚子江水利委員會宜渝段之江道形勢圖,即用此法製成。

　　航測之優點　航測機械與作圖種類,吾人既已明其概略,但欲應用之,則航測所具之特性與優點,亦須有相當之認識,爰舉其重要數端而申述之。

7439

　　普通測量工作之難易，須視地面之情形而定，例如廣泛之平原與起伏之山地比較，則前者易而後者難。而飛機測量，則殆與擬測之地勢無關，卽在山川險阻，盜匪嘯擾之區，爲普通人工所不能測者，飛機均能測之，此其優點一。

　　地面情狀複雜，普通測量祇能擇其重要者，測製圖形，而航測者有一次之飛攝，均能表現無遺，其眞實與完備，非普通測量所能及。且人工測量，往往以所用測繪人員之不當，發生僞造記載，虛繪地形等事。卽測繪人員均屬可靠，而地圖亦須賴目力與手術描繪，如畫師之繪像。而航測則藉機械縮繪，如照相師之照相，故前者來自手術，後者攝自鏡頭，其像眞程度，自不可同日而語，此其優點二。

　　航空測量之製圖範圍及精度，均可按吾人之需要而隨時酌定之，譬如吾人欲先覩一區域之大概，再作局部之計畫時，則可先攝照片，僅製鑲嵌圖航盤研究後，認爲某處有製詳圖之必要時，再檢取原攝照片以製該地之精確地圖。是項方法，既速又省，誠非普通測量方法所能辦到也，此其優點三。

　　至於節時省費，尤爲航測之特長，若與人工測量相較，其比例數大抵隨測圖比例尺之大小及航測所用之儀器而異，比例尺愈大，則航測所需之經費及時間，與人工測量所需者相較，其差數亦愈大。在航測本身則用多鏡頭或廣角儀者，又較單鏡頭爲經濟。玆將陸地測量總局航空測量隊，前在贛東匪區航測五萬分一地形圖所用之經費與時間與人工測量者，作一比較，列表於下：

	人工測量	航　空　測　量			備　考
		單鏡頭	雙鏡頭	五鏡頭	
面積(每幅以方里計)	1656	1656	1656	1656	此表取自航空測量圖刊一九二頁
經費 {作業取	1000元	750元	500元	350元	
薪俸	1080	320	244	33	
總計	2080	1080	744	563	
完成時間(以一人計)	十八個月	五個半月	四個月又四日	三個月又六日	

上列同樣之面積,若用七鏡頭或九鏡頭,或用最近蔡司廠所製之特種單鏡廣角攝影機,其時間與經費之節省,更足驚人。此係就五萬分一之地形圖而言,若以千分之一之清丈圖而作比較,則航測之經濟性,尤為顯著。航空測量方面,據航空測量隊西江分隊前年實測南昌縣籍地圖之報告,測量費連薪給在內每畝為七分四厘,其後且減至五分四厘,人工測量方面,據江蘇地政所載,每畝初為一元五角,後則減至三角。廣東全省清丈隊每畝測量費,聞為小洋六角左右(按參謀本部航測隊過去之成績,航測與人工測量所需經費之比率視各地情形而異,約自 1:8 至 1:6)。至所需時間,在江蘇廣東每人每日作業力約十一畝半,航測方面,則平均每人每日之作業力有三百十畝之多。以上係就吾國目前之成績而言,苟將來設備完美,組織健全,則航測之經濟,將更甚於此,此其優點四。

再就精度而言,人工所測之地形圖,其誤差至少為五百至一千分之一,而航測之糾正圖,可達一千至二千分之一,等高線圖,則可達四五千分之一,即鑲嵌圖亦可達二百至三百分之一。據航空測量隊在一萬分一航測地形圖,經糾正後,嚴密檢查之結果,其平面位置之誤差,均在半公厘以內,其地貌之相似,曲線之準確,則尤為人工測量所不及,此其優點五。

航測之用途　航空測量既有偉大之優點,自應設法利用之,不但在軍事國防有重大之價值,在土地行政與建設工程,均深合經濟之原則。茲僅就整理土地,測量路線,及河工與防洪方面申言之。

整理土地,必需有大比例尺之地圖(約一千至二千分之一),人工測量之不經濟,既如前述,即就技術上而言,如地貌之形狀,田畝之大小,生產力之概況等,均非普通測量所能辨,故大規模之土地測量,非設法利用航測不為功。在範圍廣大之土地,而欲施以農事水利,如排洩灌溉等工程,而僅欲作初步計劃者,航測亦頗適宜。因攝取照片後,即可製成鑲嵌圖,而觀其全部之形勢與物貌及生產情形如何,使計劃原則,適合於實際情况。

　　路線測量,利用航測方法,更有補益,因在空中選擇路線,其優劣與經濟之判斷,遠非在平地上眼力所能及。航測時,苟認路線有局部更變之必要,即可將航測面積展覽,以供選擇與研究,所增之測量費有限,而對於路線之經濟與否,則可作詳切之比較。

　　航空測量在水利上已有顯著之成効者,爲洪水時期受災面積,及泛濫情形之攝取,以供堵防及研究改善之用。遇此危急情形時,普通測量方法,即欲測一草圖,亦感困難。因洪浪遍地,路途被阻,測量人員,無從着脚也。

　　航測事業在河工方面,尙須助其發展,參謀本部航空測量隊,現已可以三元五角之代價,測製一平方公里之鑲嵌圖(苟用蔡司廠新式之寬角航測儀,其費用尙可低於此,現全國經濟委員會已購此項儀器)。是項鑲嵌圖,僅足供初步之研究,如某地適宜於蓄洪庫或水力之建築,某地適合於港埠之開闢,某段河道應採何種原則以整理之等等無不可由該項地圖內得其大概。

　　再以吾國幹支各流所達範圍之寬,苟欲先明其全河之形勢,以謀局部之整治,航測方法尤爲適宜。蓋可按吾人之需要程度如何,分段製成或草或詳之地圖。即以草圖而論,其像眞之程度,如上游之山谷石灘,中下游河床內所有之狀態,仍能明示無遺,對於整理之方針,大有裨益。且在初步計畫,爲節省經費,幷求其速成起見,沿岸所有之地形,祇須求其詳備,而無須求其十分精確,但使地形與水文之關係,得由圖中求得之足矣。在目前情形,欲求圖之精確,甯求圖之廣博,因經糾正之航測圖,與鑲嵌圖相較,其時間與經費之差別亦頗大也。蓋河道各部之狀况,或與時變化,若閱時過久,則圖雖精,有時僅存歷史之價值,如僅製鑲嵌圖,則費廉而時省,卽遇變遷,重測之經費,亦爲有限。

　　總上所述,航空測量實爲測量方面最經濟而妥善之方法,而先製鑲嵌圖尤合於吾國之環境。

機 械 的 年 齡

沈 觀 宜

機械如同人類一樣,經過長時期的工作,也會由少壯漸漸變成老大,以至於死亡。在工廠管理方面,我們不但應當把機械的年齡一一紀錄起來,並且還要想法預爲推測。這在工廠會計上,估量機械所存在的價值及計算它的折舊的數目時,均有很大的用處。

推測機械的年齡,當然也可以用一種理論的公式來計算;但是造成機械損壞的因子究竟太多,初不祗僅僅以材料受着磨擦及發熱所發生的損耗一項,便可槪括其餘;倘若把其他的因子暫且不顧,那麼這一種抽象的公式,究竟沒有多大的用處。在我們沒有尋出一種普遍可以適用的公式之前,最簡單的方法,還是根據工程界多少年所積下來實際的經驗,作爲推測機械年齡的根據。然後再視其各種情形不同的程度,略爲加減一下,雖不見得十分準確,但在工廠會計上也就可以應用了。

凡一機械經過長時間的使用,必有損耗。損耗的程度至於不能再行使用時,便爲它的年齡終止之期。但是這個年齡,也還是它的一種理論的年齡。因爲機械的損壞,也就如人類的身體得了疾病一樣。人類的疾病可以醫治,機械的疾病當然也可以使它恢復健康,這就是修理的工作。修理的技術愈高明,則機械的壽命愈能延長得久。尋常一種機械遇有障礙時,可以略加修理便好;倘修理還不濟事,便掉換其可以代替的小部分,就可仍舊工作下去。倘修理至無從修理,掉換至無可掉換之時,那麼總是它實際的年齡終止之時。這實際的年齡所以也可以名之為技術的年齡。

　　但是在工廠管理上,我們斷定機械的年齡,不能單單依據此實際的技術年齡。我們還要顧到另一方面,這就是每一機械的經濟年齡。

　　凡一機械經過修理之後,由技術方面言之,只要其仍可使用,便算了事。由經濟方面言之,則當問其所需要的修理工作是如何及其費用是多少;如需掉換可以代替的部分,也先要問它的價格的高下。把種種的代價和修理或掉換後該機械所可以達到的工作效率,互相比較一下,問一問是否值得。倘若認為這種辦法是為不值得的,是為不經濟的,那麼該機械的技術年齡雖然還可以延長下去,但是它的經濟年齡不能不宣告終止了。

　　簡單言之,凡一機械不能再得到經濟的利益以後,即為達到其經濟年齡之期。有時因外來經濟情形的變動,某一種的機械雖未曾損壞,可是它的經濟年齡不能不認為已經到頭。這種情形是常有的,我們可舉例如下:

　　(一)倘有新式改良之同類的機械發現於市場之上,因其工作效率較舊式的為大,其購辦的費用雖所需甚多,但由工作效率方面著想,反較廉於舊機械之維持費,修理費及利息等等之所需。到了此時,舊式機械之經濟年齡便已達到。

　　(二)倘本企業的出品受著市場變動的影響,其工廠必須改組,因此機械有停廢的必要,則在此時它的經濟年齡也就達到了。

　　由上所述,我們可以知道經濟年齡的意義,在工廠會計上所佔的重要性。至於判斷每一機械在工廠中尚可使用若干年,則當仍以技術年齡為估算的基礎。

　　每一機械的上述兩種年齡當然甚有差別。技術年齡的第一點,當視其構造的式樣而異。其構造是精巧而複雜的呢或是龐拙而簡單的呢;其為高速率的呢或為低速率的呢;它的技術年齡便因此而異。其次則視製造的材料之為何等種類;最後則視工廠內

使用及保護的方法以及每日所擔荷的工作是如何。凡日夜開工
的機械,其損耗的程度自較只開日工者爲加倍。歸結說起來,關於
技術年齡的測定,應注意上述三點:(一)構造的式樣;(二)製造的材
料;(三)使用的方法是也。

　每日工作的時間之多寡,旣與機械的技術年齡,發生直接的
關係,所以我們必當規定一種標準的工作時間,而以每日八小時
爲根據。過此者或不及者,其年齡均依此各爲加減。例如吾人從經
驗中制定某種機械的技術年齡爲二十年,即謂此機械在此時期
內都在合理的管理(保護及使用)之下,每日工作八小時,到二十年
後始完全損壞不可用,僅餘其材料的價值而已。儻每日工作只爲
四小時,則其年齡可加至一倍爲四十年;如或日夜不斷開工,則其
工作爲廿四小時,而年齡最多只能按七年計算了。

　　鍋爐的年齡,普通是以三十年爲限。惟從各種工廠統計中,我
們遇見許多超過此種年齡的紀錄。其原因實由於工作時間之不
一致;加以開工之時,各個鍋爐並非同時並用,此皆不可以不察。

　　從實際上我們得到一些經驗將各種機械分爲若干類,各標
明其平均的年齡,以資應用。此種平均的年齡,係合技術的和經濟
的兩觀念而言。但是市場的變動,受着新式機械所生的影響,此一
點則沒有包括在內。因爲新式機械的產生爲時甚驟,新舊兩種的
機械其中時間的距離,總較我們下列的平均年齡爲短也。工程界
對於機械的平均年齡之意見,頗有出入大概是以二十五年爲接
近的數目。所有的發力機及工作機亦都不大離此數,其他的機械
種類亦都在此數的上下,我們可以分爲十一類列擧於下:

　(一)蒸汽機,蒸汽放射輪及煤氣機:二十年至二十八年。

　(二)煤油機(智氏發動機):十四年至二十年。

　(三)發電機,變壓器及所屬的電纜:廿年至三十年。

　(四)鍋爐(註一)及水力放射輪:十四年至三十年。

　(五)各種起重機,電梯及簡單的農作機:廿四年至三十年(有時

可至三十五年。

(六)各種傳遞機構廿年至廿四年。

(七)電動機,抽水機,木作機,棉紡機及棉織機十八年至廿一年。

(八)汽車,汽車發動機,汽船發動機,含有化學作用之儀器和機械,以及電表,蓄電池,電燈設備,各種製造磚瓦,洋灰,磁器,玻璃的機械十三年至十六年。

(九)製造火藥和爆炸藥品的機械八年至十一年。

(十)各種鐵管及銅管的年齡甚難斷定,各隨其原料及安裝使用的方法甚有分別。一般的技術年齡可延至五十年。但爲求安全起見,只宜以十年至廿五年爲準,此年數亦適用於空中的電線。

(十一)金屬的煤氣設備亦各隨其地方的情形而異,大概以十年至廿五年爲準。

我國公營及民營的工廠,其中的機械,超過上列的年齡者,實非少數。此種情形在國營事業的某種工廠中尤爲昭著。許多機械由技術方面言之,雖可以勉强延長壽命,但是其工作的效率甚低,大有老態龍鍾不堪卒歲的情勢。所以由經濟方面言之,覺得太不合理。固知許多振頓的計畫多半是力不從心,惟是我們不可不認識已有的錯誤。

(註一)鍋爐的年齡關係于其構造的種式,分別甚大。倘有鍋爐能超過三十年者,則或因其長時間未曾使用,或本爲較高之汽壓而造,嗣後只能供低汽壓之用,或則所需要修理的費用早已超出其所能得到的效率,其經濟的年齡早已達到了。

7447

7449

7451

英國「茂偉」連座透平發電機已裝置者

數逾壹百五拾！曷故？

因──價廉

可省廠房建築及底脚費

用汽少而經久耐用

附件不用馬達拖動不受外電慮響

開車簡便可省工人

可供給低壓汽爲烘熱之用藉以省煤

及其他種種利益

欲知此種透平發電機之詳細情形請駕臨

安利洋行機器部

總行 上海沙遜房子三樓（電話一二四三〇）

分行 漢口 天津 重慶 香港

7452

天廚味精廠股份有限公司

業務部：上海愛多亞路一二三號

電話 八四〇七三

三線轉接各部

出品：味精，味宗，醬油精液，澱粉，糊精，飴糖，醬色，哥羅登酸及其他鹼基酸等上

天原電化廠股份有限公司出品

事務所 上海榮市路一七六號
電話 八〇〇九九

 TRADE ARKM 製造廠

製造廠 上海白利南路四二〇號
電話 二九五二三

鹽酸	Hydrochloric Acid HCl 22°Bé. & 20°Bé
燒鹼	Caustic Soda NaOH Liquid & Solid
漂白粉	Bleaching Powder Ca(OCl)OH 35%—36%

有線電報掛號 四二五八『石』

無

英文電報掛號 "ELECOCHEMI"

天盛陶器廠

事務所 上海榮市路一七六號
電話 八〇〇九〇

製造廠 上海龍華鎮計家灣
電話（市）六八二四九

精製各種上等化學耐酸陶器

隴海鐵路簡明行車時刻表

民國二十四年十一月三日實行

上行車

站名＼車次	特別快車			混合列車	
	1	3	5	71	73
連雲			10.00		
大浦				8.20	
新浦			11.46	9.01	
徐州	12.40		19.47	18.25	19.05
商邱	17.18				1.36
開封	21.36	14.20			7.04
鄭州南站	23.47	16.17			9.44
洛陽東站	3.51	20.23			16.33
陝州	9.20				0.09
靈寶	10.06				1.10
潼關	12.53				5.21
渭南	15.37				8.59
西安	17.55				12.15

下行車

站名＼車次	特別快車			混合列車	
	2	4	6	72	74
西安	0.30				8.10
渭南	3.15				11.47
潼關	6.36				15.33
靈寶	9.09				18.56
陝州	10.30				20.27
洛陽東站	16.30	7.36			4.11
鄭州南站	20.50	11.51			10.27
開封	22.59	13.40			13.12
商邱	3.02				18.50
徐州	7.10		8.53	10.30	0.15
新浦			16.48	20.04	
大浦			↓	20.30	
連雲			18.25		

本路73次與平滬62、72次又本路73、74次與平滬61次在鄭州聯接

本路一次特快與平滬21次又本路二次特快與平滬22次在鄭州相聯接

本路一次及二次特快與滬平通車301、302次在徐州聯接

膠濟鐵路行車時刻表　民國二十五年六月一日改訂實行

下　行　各　車　計　定　運　轉　客　貨　列　車

正太鐵路簡明行車時刻表

民國25年3月28日實行

站名	距站公里	票價各等	101 石三 各等區間車	7 石三 大等混各等合車	3 石膳 大車普各等通車	241 石三 獲三 區等間車	1 石膳 大車快各等車車	261 石三 獲三 慢二等間車	238 獲三 石三 區等間車	4 大膳 石車 普各等通車	256 獲三 石三 間等車	8 大三 石三 混等合車	1.2 大各 榆等混各等間車	大糖 石隊 普各等通車	大站屬站 中票各等	大站瀬站 至票各公里
石家莊	0	0		7.26	8.03	8.34	11.27	15.00	4.27	16.03	21.05	22.02		7.26	3.05	243
獲鹿縣	17	0.30		8.10	8.33	9.07	11.50	15.36	1.57	15.87	20.33	21.3		0.54		227
南河頭	44	0.70		9.48	9.36		12.35			14.44		20.08		5.24	3.00	199
井陘縣	57	0.90		10.51	10.04		12.53			14.24		19.38		4.54	2.80	186
娘子關	74	1.15		12.08	10.56		13.48			13.45		18.45		3.50	2.55	119
陽泉縣	121	1.85		16.08	12.48		15.30			12.08		16.41	18.26	1.85		122
壽陽縣	161	2.45		19.03	14.46		17.25			10.42		13.54	15.45	0.13	1.25	83
榆次縣	218	3.30		21.13	16.37		19.6			8.30		10.50	13.26	21.39	0.40	26
太原	243	3.65		22.00	17.18		19.38			7.45		9.52	15.45	20.10	0	0

榆谷支線

站名	距離公里	票價三等	2001 混各等合車	2003 混各等合車	2005 混各等合車	2002 混各等合車	2004 混各等合車	2006 混各等合車
榆次縣			8.40	16.46	21.20	8.20	12.40	20.50
太谷縣	36	0.55	9.45	17.51	22.25	7.12	11.32	19.42

時刻係廿四小時制　除終點站外　均為開行時刻

注意

各等票價比例
二等票價係三等票價之二倍
頭等票價係三等票價之三倍

臥車水位票價
頭等每夜下鋪4.50元
二等{ 下鋪 3.00元　上鋪 2.50元 }

7457

北寧鐵路簡明行車時刻表　中華民國廿五年一月一日重訂

41次 各等	71次 各等	3次 各等	23次 各等	301次 各等	5次 各等	305次 頭二等	401次 各等	1次 各等	73次 頭三等	75次 頭三等	下行	站名	上行	2次 各等	302次 各等	6次 各等	72次 各等	42次 各等	24次 各等	402次 頭三等	306次 頭二等	74次 頭三等	76次 頭三等
5.45	7.10	9.30	13.00	15.35	17.10	20.00	20.10	21.15				北平前門開到		9.25	10.00	11.38	16.35	18.25	22.30	23.40	23.15		
6.04	7.56		13.16			20.26	20.54					豐臺			9.36		16.03		22.15	23.13			
6.20	9.01	10.00	13.30		17.23	22.10	21.40					廊坊 古開		9.02			17.23	18.03	22.02	22.17	22.50		
6.44	10.24		13.48				21.58					楊村		8.43		13.53	15.15	17.05					
7.29	12.59	14.37			21.20							天津總站到		8.05		11.42	14.14	16.10	19.55				
8.03	13.48	14.53	15.20	18.20		21.15						天津西站開		7.43		10.28	15.41	16.22	18.31				
8.36	15.35						23.16	1.29	8.44			塘沽		7.21		9.01	15.20	17.30					
9.14	17.45	15.47	19.13		19.10	22.24	23.42	2.24				唐山											
9.23		15.55	19.18	17.51	19.18	22.32	4.00	0.50	12.10	6.45		古冶		6.56	7.45	7.08	12.46	14.55	16.35				
10.38		16.05	18.00		23.00		23.50	2.24	14.17	8.30		灤縣		6.45	7.35	9.40	13.46	14.00	15.48				
11.46		14.00	18.13	19.00			24.00		14.40			昌黎		6.30	7.05	6.20	14.00	16.00	19.45	20.15	20.45		
12.34		13.04	17.06				3.43	3.12		7.25		北戴河		5.30		10.45	13.46	15.20	19.32			7.39	10.10
12.47		14.55	16.05				3.30	3.15		6.45		秦皇島				10.23	12.46	14.55	16.34			4.50	5.51
12.52		11.44	19.18					3.12	14.40	8.30		山海關到		3.15	3.10	10.30	13.05	16.20	18.35	20.54	21.51		7.39
13.06		11.52	19.29					2.58	14.17	7.25				3.15	3.30	10.10	13.01	16.17					10.45
13.39		15.11	19.54					2.07				平泉		2.55		9.44	12.34	15.50					11.33
14.29		16.07	20.28					1.01		10.06		錦州		2.30		8.45	11.55	15.07				17.26	
15.32	16.49	16.49	21.18					0.31	12.30	13.18		新民		1.32		7.40	11.14	14.22	13.59				13.20
15.56		17.22	21.37					6.24				皇姑屯		0.01		7.12						14.33	
16.16		17.42	21.55					6.47		14.24	15.30		瀋陽		23.42		6.54	10.43	13.45			10.20	12.46	
16.43			22.17					7.16			16.07				23.09		6.25					10.20	11.45	
17.08		18.00	22.35					7.40	8.20						22.40		6.00				13.00		

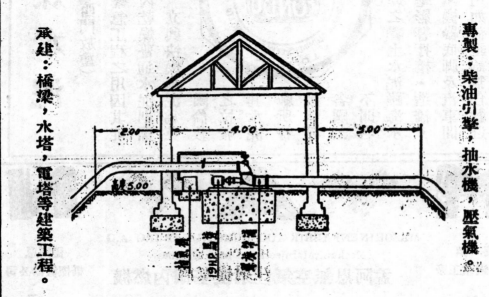

工 THE JOURNAL 程
OF
THE CHINESE INSTITUTE OF ENGINEERS
FOUNDED MARCH 1925—PUBLISHED BI-MONTHLY
OFFICE: Continental Emporium, Room No. 542. Nanking Road, Shanghai.

中華民國二十五年十月一日出版
工程第十一卷第五號

編輯人 沈 怡

發行人 裘燮鈞

發行所 中國工程師學會
電話七四五七七號

印刷者 中國科學公司
電話九二五八二號
電話九二五八二六四九號

分售處

發行所
南昌民德路科學儀器館南昌
發行所
澳門荷蘭園南屏女音書館
南京正中書局附南京發行所
上海四馬路上海雜誌公司
上海四馬路作者書社
上海南京路大陸商場新書社
上海泌家渡底新書社

南昌 南昌書店
廣州永漢北路上海什誌公司
廣州分店
成都明明書店
重慶今日出版合作社

定報處
一南京大陸商場
五四二號

收稿處
上海本會編輯部

會員及定戶通訊
中國工程師學會刊經理處
凡會員或定戶更改地址或有寄報遺失等請即函知上海本會

交換書報
凡欲與本刊交換書報者請向上海本會接洽並請先寄樣本交換書報概請逕寄上海本會圖書室收

請聲明由中國工程師學會『工程』介紹

7463

瞰鳥橋江塘錢

工　程

第十一卷第六號　二十五年十二月一日

❖

錢塘江橋工程：

中國工程師學會發行

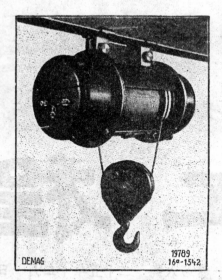

7466

7467

美 商 愼 昌 洋 行

建 築 工 程 部
建 築 工 程 師

承 建 各 項
鋼 料 工 程

房屋鋼架　　　　　　飛機棚廠

無線電塔　　　　　　水閘工程

水塔油池　　　　　　橋樑工程

上海圓明園路二十一號　電話一二五九〇

總 行

北平 漢口 青島 濟南 廣州 天津 香港

分 行

本行承建膠濟鐵路鋼橋二十二孔之一

7471

FROST, BLAND & CO., LTD.

ENGINEERS & MERCHANTS.

33, Szechuen Road, Shanghai.

BROAD FLANGE
BEAMS

MOTORS

SPECIALISTS IN LUBRICATING OILS

Sole Agents for:—

Century Electric Co.	—	Electric Motors.
R. A. Skelton & Co, Steel & Engineering Ltd.	—	Broad Flange Beams for Economical construction of Bridges & Buildings.
E. C. D. Limited	—	Sodium Hyperchlorite plant for Water purification.
L. M. Van Moppes & Sons	—	Industrial Diamonds for Rock Boring & All Industrial purposes.
Washington-Eljer Co.	—	High grade American Sanitary Ware.
United States Radiator Corp.	—	"Capital" Heating Boilers.
Hill, Aldam & Co., Ltd.	—	Sliding door gear of all types.

英 商 德 康 有 限 公 司

上海四川路三三號

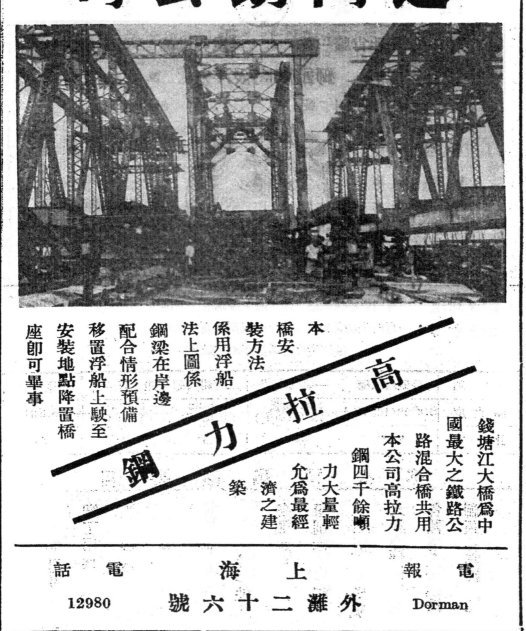
7475

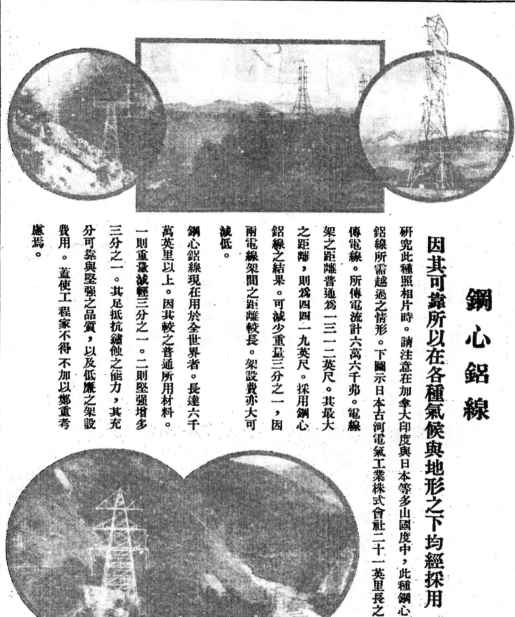

鋼心鋁線

因其可靠所以在各種氣候與地形之下均經採用

研究此種照相片時。請注意在加拿大印度與日本等多山國度中，此種鋼心鋁線所需越過之情形。下圖示日本古河電氣工業株式會社二十一英里長之傳電線。所傳電流計六萬六千弗。電線架之距離普通為一三一二英尺。其最大之距離，則為四四一九英尺。採用鋼心鋁線之結果。可減少重量三分之一，因兩電線架間之距離較長。架設費亦大可減低。

鋼心鋁線現在用於全世界者。長達六千萬英里以上。因其較之普通所用材料。一則重量減輕三分之一。二則堅強增多三分之一。其足抵抗鏽蝕之能力，其充分可靠與堅強之品質，以及低廉之架設費用。蓋使工程家不得不加以鄭重考慮焉。

7477

7478

中國工程師學會會刊

編輯：

黃 炎 （土木）
董大酉 （建築）
沈 怡 （市政）
汪胡楨 （水利）
鮑國珏 （電氣）
徐宗涑 （化工）

工 程

總編輯：沈 怡

副總編輯：胡樹楫

編輯：

蔣易均 （機械）
朱其清 （無線電）
錢昌祚 （飛機）
李 敏 （礦冶）
黃炳奎 （紡織）
宋學勤 （校對）

第十一卷 第六號

錢塘江橋工程專號

中國工程師學會發行

分售處

上海徐家滙蘇新書社
上海四馬路作者書社
上海四馬路上海雜誌公司
南京正中書局南京發行所
濟南芙蓉街教育圖書社
南昌民德路科學儀器館南昌發行所

南昌 南昌書店
昆明市四郎大街雲瑞書店
太原柳巷街同仁書店
廣州永漢北路上海雜誌公司廣州分店
重慶今日出版合作社
成都開明書店

中國工程師學會會員信守規條

（民國二十二年武漢年會通過）

1. 不得放棄責任，或不忠于職務。
2. 不得授受非分之報酬。
3. 不得有傾軋排擠同行之行為。
4. 不得直接或間接損害同行之名譽及其業務。
5. 不得以卑劣之手段競爭業務或位置。
6. 不得作虛偽宣傳，或其他有損職業尊嚴之舉動。

如有違反上列情事之一者，得由執行部調查確實後，報告董事會，予以警告，或取消會籍。

工程雜誌投稿簡章

一　本刊登載之稿，概以中文為限。原稿如係西文，應請譯成中文投寄。

二　投寄之稿，或自撰，或翻譯，其文體，文言白話不拘。

三　投寄之稿，望繕寫清楚，並加新式標點符號，能依本刊行格繕寫者尤佳。如有附圖，必須用黑墨水繪在白紙上

四　投寄譯稿，並請附寄原本。如原本不便附寄，請將原文題目，原著者姓名，出版日期及地點，詳細敘明。

五　稿末請註明姓名，字，住址，以便通信。

六　投寄之稿，不論揭載與否，原稿概不檢還。惟長篇在五千字以上者，如未揭載，得因預先聲明，並附寄郵費，寄還原稿。

七　投寄之稿，俟揭載後，函酬本刊。其尤有價值之稿，從優議酬。

八　投寄之稿，經揭載後，其著作權為本刊所有。

九　投寄之稿，編輯部得酌量增刪之。但投稿人不願他人增刪者，可於投稿時預先聲明。

十　投寄之稿請寄上海南京路大陸商場542號中國工程師學會新工程編輯部。

本刊徵稿啟事

　　本刊預定自十二卷一號起,刷新內容,除原有論著部分外,另加「外論譯薈」,「工程新聞」,「書報評論」等欄,並訂有徵稿辦法,為酬給潤貲標準。茲將該項辦法附刊於後,尚希　國內工程界源源惠寄鴻文,以光篇幅,不勝盼企之至!

　　再下期集稿期為本年十二月二十日,並祈　注意!

工程雜誌徵稿辦法

一.「論著」欄

甲.徵稿標準

1. 關於國內實施建設工程之報告。
2. 關於國內現有工業情形之報告。
3. 關於國內工程界各種試驗結果之報告。
4. 關於土木工程方面研究心得之論著。

　　每篇字數以二千至二萬為率

乙.酬勞辦法

　　此類稿件,擬請工程界工業界同志義務供給,概不酬潤,僅贈雜誌五冊,單行本三十份,但如經投稿人預先聲明,贈送單行本份數,亦可酌加。

二.「外論譯薈」欄

甲.徵稿標準

　　凡外國文工程雜誌登載之文字,有關新學理或新設施而刊行尚未逾半年(自投稿時推算)者,均可摘要介紹,每篇字數以不逾二千為率,投稿人最好附送原稿,以便參考,稿內應註明原著人姓名,及發表刊物之卷號及出版年月。

乙.酬勞辦法

凡刊登之稿件,每千字酬潤費二元至四元。

三.「國內工程簡訊」欄

甲.徵稿標準

1. 關於國內實施建設工程進行情形之簡單報告。
2. 關於國內現有工業有所改進時之簡單報告。
3. 關於國內工程界各種試驗結果之簡單報告。

每則字數以不逾二千為率。

乙.酬勞辦法

凡直接投登之稿件,(未在其他刊物發表者)每則酬潤費五角至一元五角,或每千字酬潤費一元至三元。

四.「國外工程簡訊」欄

甲.徵稿標準

摘譯最近出版外國文報紙雜誌所刊載之國外重要工程報告或新聞。(稿內須註明原刊物名稱及出版年月。)

每則字數以不逾二千為率。

乙.酬勞辦法

同(三)(乙)

五.「書報評論」欄

甲.徵稿標準

新出版中外重要工程書籍,或中外工程雜誌內有價值作品之批評,或按期介紹。

每則字數以不逾一千為率。

乙.酬勞辦法

凡刊登之稿件,每則或每千字酬潤費一元至三元。

六.備考

甲.其他辦法,參照「工程雜誌投稿簡章」。

乙.凡按字數酬給潤費之稿件,附有圖照者,照刊出後所佔地位折合字數,一併計算。

丙.工程雜誌編輯部將不徵投稿人同意,將稿件轉送其他工程刊物發表,其給酬等辦法,悉依該刊物投稿章則之規定。

錢塘江橋一年來施工之經過

茅 以 昇

　　本橋設計及籌備經過,已詳本刊第九卷第三四兩期,現所進行工程,即其中第二計畫之實施。正橋橋礅由康益洋行承包,正橋鋼樑由道門朗公司承包,北岸引橋及公路由東亞工程公司承包,南岸引橋由新亨營造廠承包,原定工費五百萬元,工期兩年半。自去歲四月間,材料工具開始到工積極進行以來,迄今一載有奇,所經工程上設備上及人事上之種種困難,無從縷述。所當自幸者,即所定計畫,既可實施,而工費工期,亦不致超出預算,尚足告慰關心人士耳。

(一)　施工研究

　　本橋施工方法,下列各篇均有說明,茲先將研究經過,披露如次:

(甲) 沉箱

　　本橋工程以正橋橋礅為最艱巨。設計伊始,材料不甚充分,施工方法,覺以鋼鈑圍堰為最經濟,故即以此法招標。其後屢經研究,並參證去歲圍堰沖陷之經驗,乃悉改用氣壓沉箱浮運法,幸告成功。所經階段,有可陳述者:

　　(一) 圍堰與沉箱　橋礅入土甚深,如用鋼鈑圍堰,其長度須達26公尺(85呎),方能穩妥。此項長椿,訂購需時,打工不易,且江底土質附着力甚大,拔起尤為困難,倘竟不克拔起,則每礅需鈑一套,既

7483

不經濟,且阻遏江流過甚,增劇冲刷;益以圍堰支撐（Bracing）之不易（因受風力水力之面積較大）,堰內打椿之困難（因椿須穿過支撐）,封底前椿頭情形無由察看（祇憑潛水夫之報告）,封底抽水後水浮力之危險（因冲刷關係水深可達20公尺）,種種情形,皆不逮氣壓沉箱之適用,

（二）開口沉箱與氣壓沉箱　北岸石層,坡度甚陡,開口沉箱不易奠基;南岸石層甚低,若悉用開口沉箱,則需費過鉅,若參用木椿,則打工困難,較氣壓沉箱為尤甚。

（三）鋼飯沉箱與混凝土沉箱　鋼飯沉箱,在浮運時為一船,就位後即混凝土之模殼;且質輕料堅,便於工作,自可採用.惟(1)須與木椿同向外洋定購,沉箱一切工作,為之延誤.(2)錢江山水潮汛,俱甚汹湧,沉箱浮游時,最易冲走,而鋼箱全部,係於浮游中澆築,占時既久,勢難安全.(3)在有基椿之橋墩處,須先將木椿打妥,鋼箱就位後,方能澆築箱內之混凝土,故打椿與澆築,不易同時進行.(4)鋼飯沉箱工料,為較混凝土沉箱昂貴。

（四）混凝土沉箱就地澆築與澆築後浮運　江中就地澆築,須用鋼飯圍堰.本橋之第一,第十四,及第十五三號橋墩,本擬用此方法.惟第十四,十五兩墩處,水流甚急,冲刷極劇,致將圍堰冲陷;而用極長之鋼飯,需款又屬不貲,故不若岸上澆築之經濟;益以前述打拔飯椿之困難,工期上恐亦不免延誤。

（五）岸上澆築之船塢法滑道法及吊運法　船塢法利用水力,築箱之處,須在深塢;而本橋兩岸,皆有流沙,開塢時隨挖隨淤,永無竣日,故無從採用.滑道法亦須開挖,且沉箱甚多,一齊排列,滑道坡度既大（至少1:18）,則較遠沉箱,距地必高,其建築及滑移方法,均顯不易.至吊運法則在塢中之土木建築較少,大部工款,耗於吊車設備,而吊車則能處處可用;且搬運沉箱時,進退固可如意,即降落水中後,亦尚可吊起檢驗,或加修理,為前兩法所萬不能辦到者。

（六）沉箱施工方法

（子）起吊　起吊沉箱，可從箱底用鋼梁數根，承托全重；或在箱之邊牆內，預置鋼條若扇骨，將全箱懸起。前法於起運前，須將各梁一一插入箱底，再聯結於吊車；沉箱出閘（卽浮出吊車）後，又須將各梁撈起，一一鬆解，手續甚繁。後法則於扇骨交接處，安置一鈎，起吊放落，均極便利。惟托梁法着力在箱底，不影響內部之應力，比較安全，故予採用。

（丑）轉運　沉箱吊起後，因吊車之推動，徐徐轉運。吊車設計關鍵，在車架之剛勁（Rigidity），及架脚之着力點。因沉箱重量着力處，在吊車上梁之兩點，而此兩點與車輪着力處，不成直綫；故上梁彎成弓狀，而在車旁三棱架接筍處，引起甚大之撓率（Moment）。此撓力足使整個吊車走形，發生危險；應付之法，或在接筍處加入斜桿（Knee Brace），或將上梁切面之惰率（Moment of Inertia）加大；因後法便於工作，故經採用。至架脚之着力點，從理論言，應以車輪與軌道相切處爲最安，但事實上不易辦到。故在架脚置一橫木，橫木下置車輪，卽以此橫木中心點，爲沉箱重量着力點。車輪下本可用單軌。因軌之切面積過鉅，不易置辦，改爲每輪雙軌。第一座沉箱轉運時，頗見安全；至第二座時，則發現兩軌略有高低，因之吊車兩旁之三棱架亦可斜傾；或同向內，或各向外，或共倒一邊；而以第三現象爲最危險。因於架脚，特用三角形鋼撑加固，使一脚雙軌不平之影響，爲他脚鋼撑所抵禦，嗣後逐無問題。故吊車單軌雙軌之利害，頗堪研究。

（寅）入水　沉箱駛至便橋盡頭，降落入水，其動作頼托梁懸桿上之螺旋機。此套設備，前在津浦黃河橋應用時，人力卽可推動，並無困難。本橋沉箱較重，照其能力設計，而臨時竟生阻礙，不得不改用電力，故廠家出品之宣傳，有時不可盡信。

（卯）出閘　沉箱入水浮起後，拖出吊車時之工作，悉頼錨，纜，絞車，等之操縱；其要點在保護吊車及便橋之安全，不使沉箱因水流或風力而與之衝擊。沉箱降落後，位於兩便橋之間，每邊所留隙地，僅合 8 公寸,故立錨宜遠,收放纜索,務須迅速,使箱之出闸(途径),幾成直棧。

(辰)浮運　沉箱出闸後,浮運至橋礅地點,因係方形,水之阻力甚大,拖挽不易,故應利用江潮,順流而下,拖船從旁相助,僅為導入路棧而巳。在潮大時,箱之鐵錨,並不卸去,使在泥中拖帶,以便減少速度。

(巳)就位　至橋礅地點後,沉箱須錨碇於準確位置,方可沉底。而錨碇方法,殊費研究。高箱六錨,稍一移動,六纜均須收放。此六錨前後兩錨,應在箱之上下游,固無問題;其餘四錨,則可於箱之兩旁,各置兩錨,與橋之中心線平行;或在箱之四角,每斜向一錨,使成交叉;各有利弊,以用第一法較妥。

(午)沉底　沉箱就位後,須從速沉至江底,免為急流冲動;或用水壓法,或僅逐漸澆混凝土之重量,或兩法兼用。因橋礅之澆築,須在沉箱填築以後,如用水壓法,則沉箱內須備儲水隔間,體重必須大增,陸運不甚經濟;但悉賴混凝之重(須 1500 噸方能沉底),則因澆築關係,(如箱梁填築後須經三日方續澆礅柱)需時又不免較久。現雖採用澆築法,但於必要時,可於木堰內放水加重,使箱暫沉江底,俟水小時,再抽水續澆,一面改用加大之混凝土錨(每個重 10 噸,內有水冲管),以免水冲移走之危險。

(未)入土　沉箱既至江底,即可安放氣柜,拆卸箱上圍堰,開始入土下沉。此時因柴排障碍及土軟關係,箱位極易移動,須多次施測,方可進行。如相差不多,在 2 公寸左右者,可俟入土後,先僅一邊開挖,則沉箱下降,自可矯正。又以軟土水浸,氣室易為填塞,開挖工作,總須經相當時間,方能正常進行。

(乙)打樁

本橋南部九礅,石層甚深,其上淤泥沙礫,綜錯相間,達二十一層之多,四十餘公尺之厚。原計畫採用百呎木樁,上載橋礅,自係經濟辦法,惟開工伊始,因沙礫層關係,打樁極為困難,經重不足則樁不下,過重則樁裂,幾於束手。因念泥沙阻力既大,其安全壓力及阻擦力,必有可觀。倘竟廢樁不用,將橋礅沉降至氣壓法所許深度,或亦一法。從鑽探結果,在此深度(—20公尺)各礅地質,大部係「澱泥帶沙」(Silt with Sand),尚屬硬層,至泥沙之比例,則不一致,究能勝任若干壓力,非經精細試驗,難有把握(因含水關係,普通試驗不能遽定)。惟知沙泥如此之厚,而無善黏土(Clay),其透水性及靜抗力(Passive Resistance)必大,例以普通土樣壓力,則每平方英尺如加以平均兩噸之壓力,或不爲多,而全礅載重,即可勝任;因是有兩種主張:(1)仍照原議將木樁設法打下,(2)不用木樁,但將各礅(第七至十五號)沉至—20公尺之硬層(加深8公尺)。爲取決起見會有將「天然土樣」,(Sample in Natural State)寄往歐美「土質試驗室」(Soils Laboratory)研究之意。惟時不我待,且照第二法,即礅底土質不惡,而其下軟層透水,倘受他處影響,整個橋礅或覺有偏陷之危險。故一面採取土樣備用,一面仍研究打樁方法。最後賴水冲法之改善,打樁幸告成功,此問題始告一結束。然土樣現仍送往試驗,用備將來之參考。打樁既經成功,則照此打法能否達到設計之載重,亦當研究。本橋每礅160樁,樁距1.15公尺,礅底寬12公尺,長18公尺,故樁之承量,端賴樁底之頂力。但僅以樁尖之面積論,每樁自難勝任其所分擔之重,惟水冲法並不影響樁之下部,(21公尺係汽錘打下)從土力學立場,應將160樁,連同樁間原土,視作圈集一體之基礎,所有載重,由礅身經此集圈,而達基礎之全面積;俟全基工竣,自行校正,臻於穩妥時,其實際上之壓力線,當可如電燈泡狀,層遞分佈於基底及四週,隨時保持其均衡之狀態,應不致有悖於設計時之原意也。

水中打樁法有二,一爲建築臨時棧台(Stage),上鋪軌道,使樁架能縱橫移動,以便依行列進行;一爲置樁架於浮船,浮船移動,則隨地皆可打樁。兩法皆有利弊,惟以機船打樁較速且用途較廣,因決用此法並以工期短促,擬三礅同時打樁,特定製機船兩艘,船頭立活動鋼臂(Boom),長37公尺,上懸導樁架(Lead),長30公尺,內置椿鞋等,共重25噸,椿架可伸至江底,其重量足保椿之垂直;船前暨立臨時平台,上記排椿之相互位置,以便測定各椿地點。

打椿次序,因送椿拔出後,中留一孔,降椿易於傾斜,因有兩種提議:一法先將各椿打完,然後用送椿一一頂下,似此則因椿架活動區域,較大於兩椿距離,頂椿次序,斜向兩行,均須間隔一椿,分四次進行,方能將全部頂竣;一法打椿時即行頂下,惟隔一兩行,再打他椿,使送椿孔隙,有機填滿;本已決用第一法,嗣以水沖法成功,孔隙不成問題,仍改依縱橫方'向,依序進行。

有木椿之橋礅,根據以往記載,原定沉至 −12公尺,但經繼續測驗,金以圍堰沖刷之經驗,顧慮中心三礅(第七,八,九,號)之深度,仍有不敷。但欲深沉礅底,則以設備關係,椿頭打至 −12公尺後,不能繼續再打,如礅底沉至此深度後,仍須下沉,則所有遺留之椿頭,均須在沉箱氣室中,片段截去;或用電鋸,或用電焚,或用炸藥,均非易事。每礅 160椿,應如何截去,沉箱速率方不致大減,經多時研究,始決採電鋸'法。

(丙)鋼梁安裝

正橋鋼梁安裝,原用翅臂法(Cantilevering),雖鋼重因此增加,但省去安裝所需之臨時建築,仍較經濟。嗣以橋礅工期縮短,各礅同時進行,完成次序,先後不一,翅臂法無從採用,祇得改用浮運法,每隣接兩礅完竣,即安一孔;錢江有潮沙關係,應無甚困難。惟施工時,仍遇不少問題:

(1) 鋼梁全部運到時,尚無隣近兩礅完全竣工者;故鋼梁拼鑲後,須有臨時安置之所,以待浮運。按照施工程序,各礅完成之期,甚為密近,故待運鋼梁,必不止一座,勢須先將各梁一一拼鑲完竣,方免誤期,而如何安置若干待運之鋼梁,則頗費研究。每座鋼梁長,66公尺,重 260噸,橫排占地太多,直排搬運不易;幸錢江北岸沖刷影響尚小,因用木椿棧道兩行,相距66公尺,另造鋼梁托車,長 8公尺,將已拼鋼梁托起,一一送出,平列於棧

道之上；似此則七八座鋼梁，均可拼齊待運，一座浮出，再運他
座，各梁之拼鑲工作，不致稍有停頓；

(2)浮運時當然用船，但兩船或三船；鐵船或木船，深船或淺船，各
有利弊，經研究結果，決用木質淺船兩艘，均係特製，每船可載
重600噸；

(3)近岸兩孔，因水過淺，如用船則須挖泥，如搭臨時木架，則所費
太鉅，現決仍用浮運法；

(4)浮運賴潮，而一月之中，高潮不過數日，若汛期祇安一孔，未免
遲緩，故須多備頂梁工具，庶可在同一汛期，安裝兩孔；

(5)工地油漆三道，每次油漆何時最妥，曾經考量，現定裝配後一
道，安裝後一道，公路路面完成後一道。

(丁)引　橋

兩岸引橋，以瀕江橋礅之工程較鉅；北岸之礅，係用開頂沉箱
法，下沉時不免歪斜，校正為難。設計時對於「分室沉箱」及「井筒沉
箱」，各加考量，最後以井筒較小，易於控制，且所費較廉，故經採用。
南岸之礅，係用圍堰木樁法，對於鋼鈑樁（長15公尺），應否拔出，木
樁（長30公尺）應打深度，封底時積水處置（因有流沙），均經多時
研究，始定最後辦法。

北岸各礅，雖較簡單，但以石層坡度甚大，上覆土質內夾流沙，
開挖橋基時，既須切石，又防流沙，工作不易；又打樁時，所遇困難，亦
與正橋無殊。南岸數礅，亦因流沙關係，開挖時曾遇極大困難，嗣用
木質圍堰禦水，堰內日夜開挖，所遇泥水，不斷抽乾，封底時並用富
於洋灰之混凝土，方告成功。

引橋盡頭須與現有之鐵路公路聯絡，其整個建築，並須為天
然風景之陪襯，故橋頭平台之設計，橋欄燈桿之佈置，及路口進道
之式樣，均經再三審慎，期其簡單美觀無悖於經濟之原則。

（二）　施工憑藉

　　本橋施工,以利用大地自然力,為第一要義,所籌工具及設備,
皆因地因時,控制輔導此偉大之自然力,供我驅使而已。

　　(一)水　(子)橋礅沉箱,因賴水之浮運,所需工作階段得於陸上
完成大半,較諸全部水中工作,不僅工費時間,兩俱經濟,且在浮運
之前,水中不生阻礙,於江流及交通,俱有莫大裨益;所稱困難者:

(1)錢江水位因潮汐關係,每月潮落兩次,變動甚速,若以江水論,
　　最高時約在三月下旬,達八公尺以上,最低時,在七月中,約四
　　公尺餘,沉箱吃水五公尺,故常感水位不足;

(2)江底變遷無常,或淤或刷,冬季水小流緩,江底淤漲,沉箱不易
　　出閘;夏季山洪暴發,冲刷過甚,沉箱又難於就位;

(3)沉箱形如方船,龐然大物,水壓及風力俱強,浮運時如值溜急
　　風緊,則易生危險;

(4)沉箱就位後加重下沉時,箱底過水漸急,倘兩端冲刷不一,箱
　　身便易欹斜,甚或傾倒,

以上(1)(2)兩點,可利用潮水之助力,(3)點須審選天時,(4)點則賴柴
排(沉箱就位前沉底)及石枕(沉箱就位後臨時填塞)拖護,幸能一一
解決。

　　(丑)正橋基樁,因賴水冲法之助,得深入泥層,而無折裂或欹斜
之弊,前華德爾博士為此橋設計時,因用37公尺之樁,曾引為顧慮,
經分詢美國各大建築公司徵詢意見,均以如此長樁,非藉水力冲
射不可,但應如何實施,則主張不一,大都贊成每樁兩管,分親樁頭,
本處打樁時,初亦擬用兩管,但如何轉置,因樁與接樁共長50公尺,
大是問題,若置於樁外,則拔起不易,每樁廢兩管,殊不經濟,若於樁
旁各抽一槽,安置水管,則不僅樁之面積減小,且亦費工太多。經多
方試驗並改良設備,始決用「一管先冲」之法,其概要如下:

　　管長43公尺　　　管徑3英寸　　　管尖1¼英寸
水壓每平方英寸250磅　　　水量每分500加侖

將水管先冲至相當深度時拔起,再將木樁插入,祇憑重量,壓至水

冲深度,再行錘下,結果異常圓滿。

(寅)鋼梁安裝,因賴水之浮運,已可縮短工期,且梁上公路係混凝土建築,如將木模及鐵筋工作,先於鋼梁上完成,一俟浮運安裝後,即行澆灌混凝土,則公路通車時期,亦可大爲提早。

(卯)柴排掩護江底,爲減免冲刷最有效之辦法。編成後賴水之浮運,得達橋墩地點,其中蘆柴功用,初爲增加浮力,沉底後壓碎,浮力消失,轉爲牽掣柴梢之工具。

(辰)他如鋼鈑圍堰因水壓力而搤緊,打木樁時因水之上流而引起油滑作用等,更屬意外收穫。

(二)潮　　錢江潮素負盛名(流速最大每秒1.60公尺),橋工爲之受阻,同時亦蒙其益:

(1)沉箱浮起時,賴漲潮之水(每日潮水漲落在夏季達3公尺),浮運時賴退潮之溜;

(2)鋼梁船運時賴潮漲,安裝時賴潮落;

(3)山水大發時,江流湍急,無時或停,賴漲潮時逆流之抵銷,得稍舒喘息,加緊工作;

(4)潮汛有定期,工作程序,賴以天然督促,以補人事之不足。

(三)空氣　　氣壓沉箱法,賴空氣之壓縮性,與水力抵抗,不僅使江底基礎得以如意佈置,且可親目察看,增進信心,洵爲他法所不及。又沉箱開挖時,遇無甚黏性之土質,可藉吹氣法 (Blow Out Process),利用氣壓,將泥沙排出,較之人工挖土,省費省時,最爲經濟。惟吹氣管內時生障礙,如何能使其久用不停,仍在研究改良中。

(四)重力　　沉箱陸運時,因重而穩,不慮風力;到橋頭時,因重降落,入水浮運;就位後澆築墩墻,因重下沉(橋墩最重者8000噸,最輕者6600噸);防禦冲刷之柴排因重沉底隨刷隨緊;打樁用之水冲管,因重入孔,愈冲愈深;混凝土澆灌時,因重下墜,分佈各處,等;皆利用重力之例。

（三）　施工驗證

任何工程,因天時地利關係,僅憑一紙設計,決難實施順利,若其環境特殊,工作艱巨,則初步實施,更無異於嘗試。本橋施工方法,如600噸沉箱之平軌陸運,30公尺木樁之打埋江底,橋墩挖土同時用氣壓法進行者,達七座之多,不但在國內為創見,即國外亦鮮比擬。能否準時告成,在開工伊始,雖有極强之信心,究不敢認確有把握。故一面積極進行,一面仍籌失敗善後之策,歷經種種困難:如

(1) 沉箱便橋木樁,排比甚密,原冀樁間淤塞,不意冲刷特甚,適得其反,及將冲刷防止,又轉為過分淤塞,阻礙浮運;

(2) 沉箱吊車轉運時,因雙軌不平,引起攲斜危險;

(3) 沉箱在吊車降落時,因螺旋機人工失效,工作停頓;

(4) 沉箱就位後,因水急常致走錨;

(5) 打樁時,初賴錘擊,倘樁身歪斜,即須拔出重打,異常遲緩;

(6) 打樁機船兩艘,一艘於來杭途中沉沒;

(7) 氣壓挖土前,須先清理江底之障礙,如過江電綫,柴排,軟泥等,而下沉時,仍須保持其校正之位置;

以及各種工具不斷發生之障礙,在最嚴重時期,若不持以毅力,幾有考慮更張之必要。嗣經潛心研究,逐步進展,一切問題,幸告解決,所有方法,屢經試用,時至今日,可云完全驗證;無論如何,技術上之成功,業是事實,此同人數載辛勤,所最堪自慰者。

所謂驗證,非徒指本橋工程,得以實施而滿足;蓋一切困難之解決,不外利用科學原理,加以人事設備;此種設備,因地制宜,不必一成不變,所可寶貴者,仍在利用此原理之經驗,甚或推及其他問題,亦得意外收穫,則本橋不僅有助於交通,抑足為工程上之一小小貢獻矣。

（四）　施工成績

　　本橋工作,需用特殊工具及方法,且大部在水中或江底進行,其初工人未經訓練,工具日在改良,時作時息,效率低微;治方法純熟,逐日見進步,茲將各重要工作之成績,截至執筆時止,列表於後:

工作種類	最　　低	最　　高
水中打樁(30公尺)	22小時內14人打1根	24小時內14人打30根
澆灌混凝土	每28小時內106人打213英方	13小時內64人打35英方
頂運沉箱(吊車速度)	3小時47分內30人推行29呎6吋	3小時內34人推行187呎
降落沉箱(螺旋機速度)	5小時內16人降落6吋	5小時半18人降落6呎6吋
浮運沉箱(自由運至就位)	72小時16人	3小時16人
氣壓挖土	8小時內20人平均2○英方	8小時內20人平均3.6英方
打鋼鈑樁	8小時內15工共打下7吋	11小時內15工共打下435吋
鑲取鋼梁	20人24天	20人16天
鉚釘	11小時內6人鉚9釘	5小時內18人鉚610釘
沉寘井箱	20小時14人2吋	6小時12人18吋

錢塘江橋橋礅工程

羅 英

錢塘江橋橋礅北岸十座,江中十五座,兩岸五座,共計三十座(參閱第一圖)。建築方法,分爲六種。(一)普通開挖法。因石層離地面不深,故橋礅可直接置於石層上。建築 D 至 F_4 六座即用此法。(二)基椿法。因石層較深,故用基椿,而橋礅直接置於基椿上,傳達石層,或藉椿皮擦力而承托橋礅。建築橋礅 C_1,C_2 及 I 至 J_2,共五座,即用此法。(三)開口「沉箱」(Caisson) 法。因石層較深,礅底又須深入河底,故用此法,藉免冲刷。且沉箱可以就地澆築,徐徐在內挖土下沉,以至石層,橋礅卽置於其上。建築橋礅 A,B 兩座,卽用此法。(四)氣壓沉箱法。因石層較深,而流沙層又厚,乃於沉箱製造工作室,爲挖土工作之所。在工作室內,施用壓氣排水,俾在內挖土,使沉箱下沉,達至石層。建築江中第一號至第六號橋礅,卽用此法。(五)氣壓沉箱及基椿並用法。因石層甚深,雖用氣壓沉箱,亦難達到石層,乃先用逐椿,使 90—100 呎之基椿,深入河底,打至石層,然後用氣壓沉箱法,使礅底置於椿頂上。建築第七號橋礅至第十五號橋礅,卽用此法。(六)鋼飯圍堰及基椿法。因石層甚深,而礅底又須經過淤泥流沙層,故先用鋼飯椿建築圍堰,然後將淤泥流沙層挖去,卽行打椿,基椿打畢,卽澆築礅基,而鋼飯椿圍堰,成爲礅基之一部。建築橋礅 G,H 兩座,卽用此法。

本橋橋礅所採用許多方式,幾將建築橋礅各方式包括無遺,一爲土質關係因地制宜,一爲期限甚促藉此可就所有機件工具

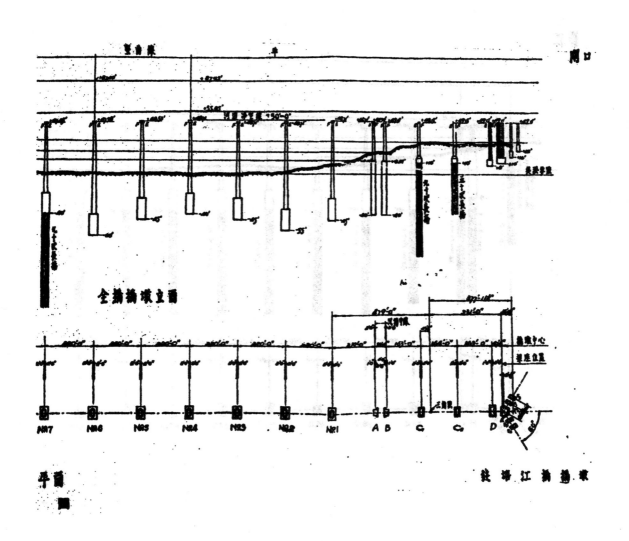

全桥桥墩立面

平面

钱塘江桥桥墩

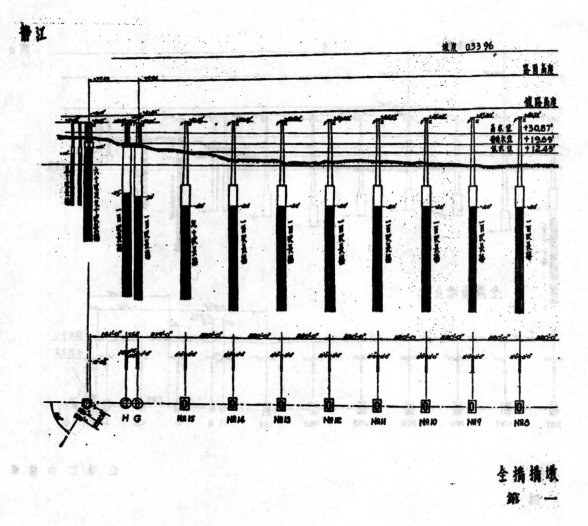

全橋橋墩
第　一

同時進行。所有經過變遷情形,略述如次:

（一）原施工計劃

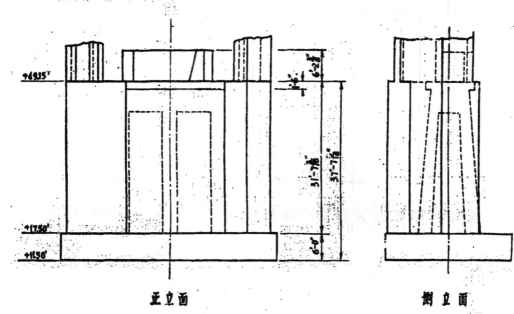

正立面　　　　　　　　　　　　側立面

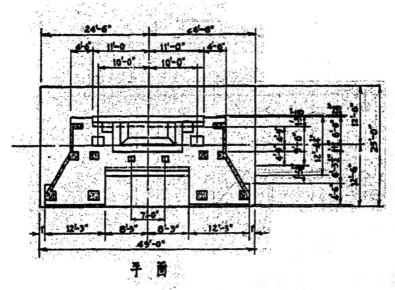

平面

第二圖　橋墩 D

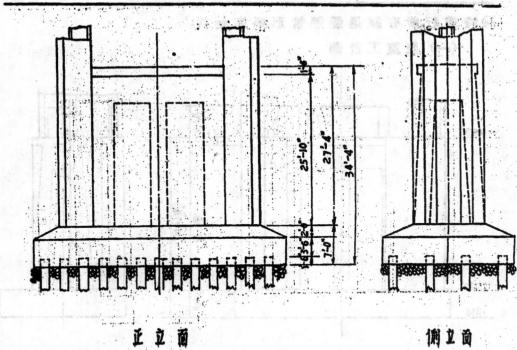

正 立 面　　　　　　　側 立 面

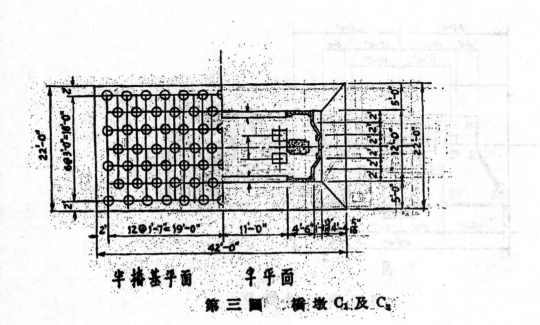

半 搖 蓋 平 面　　　　半 平 面

第 三 圖　　橋 墩 C_1 及 C_2

北岸引橋靠北六墩(D至F)用開挖式,直接置於石層(第二圖)。中間兩墩(C₁及C₂)用50—90呎長木樁,墩底置於基樁上(第三圖)。最向沉於置高兩墩,用擊式開口沉箱,下沉至石層,而墩底置於沉箱上

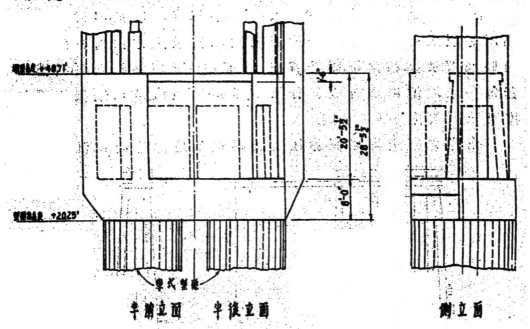

半前立面　　半後立面　　　　　側立面

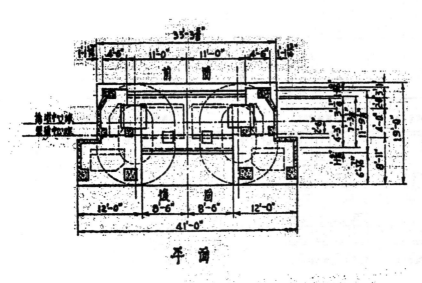

平面

第四圖　橋墩A及B

（第四圖）。

　　江中橋礅,第一號至第六號,用鋼鈑築圍堰。將水抽出,即就地
澆築氣壓沉箱。橋礅建於沉箱上,下沉至石層。第七號至第十五號
橋礅,先用鋼筒送樁,將 90—100 呎長木樁打至石層後,即建築鋼鈑
圍堰等項工作,與建築第一號至第六號橋礅之方法,同樣進行,不
過堰底置於基樁之上,而非石層（第五圖）。所用鋼鈑圍堰,只備四
套,每一礅牆澆出水面後,即行拔出,重用於他礅。是以鋼鈑樁,須打
拔至三四次之多（第七圖）。

　　南岸先築土堤,以便靠江兩礅得以就地澆築開口沉箱,迫沉

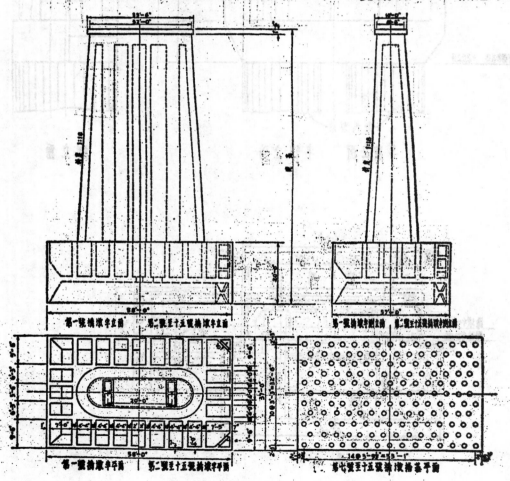

第 五 圖　正橋橋礅

箱沉至高度(−25)—(−30)呎時,即穿過沉箱打100呎長基椿。靠南三礅,先開挖至規定深度時,即打 50—90 呎長基椿,礅底置於基椿上(第六圖)。

照此計劃進行,全部橋礅工作,如能順遂無阻,工作日期,須卡

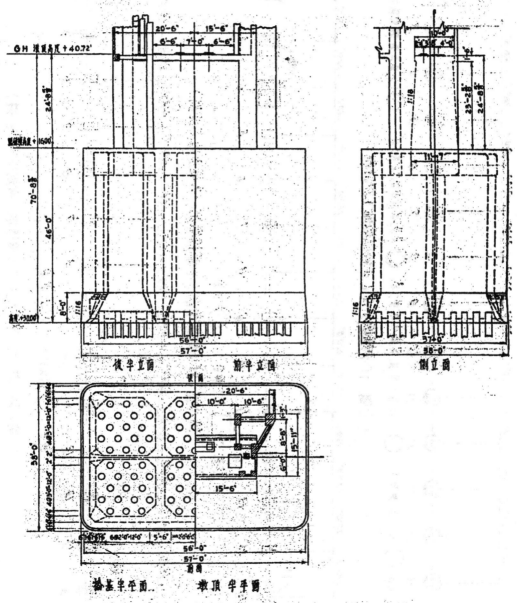

第 六 圖　　橋 墩 G-H （鋼筋洋灰開頂型礅）

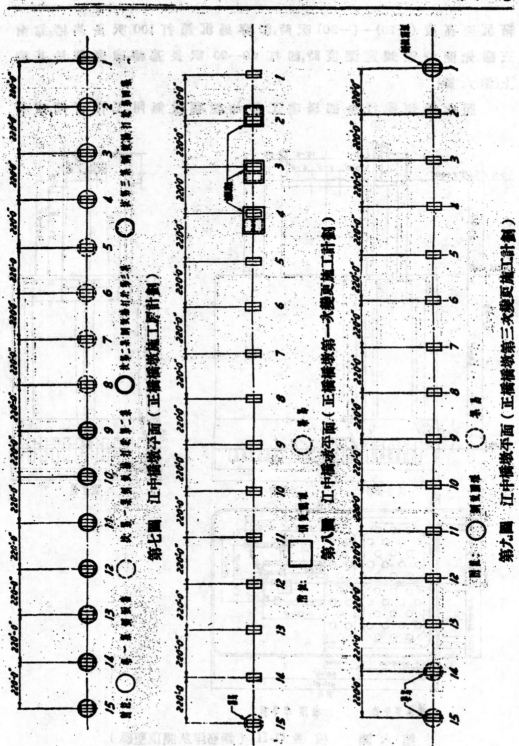

百十五天,始能完成。全橋通車,至少約須八百四十天。

　（二）第一次變更施工計劃

　　按照原來施工計劃,臨時之半年,旋舉　令橋墩工作時間不得超過四百天,而承辦人亦覺貿然允諾遞辦。惟查購實外洋材料,以及籌備工具時間,至少亦須三個月,若縮減工作時間至四百天,是無異將實際工作日數減去三分之二,此第一次變更施工計劃之所由來也。

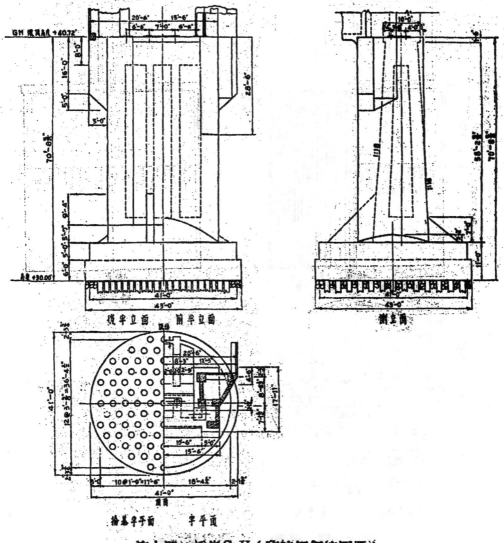

第十圖　橋墩G-H（臨時鋼飯橋圍堰）

　　查施工原計劃,北岸橋礅工作,本在四百天之內完成,無須變更,但江中橋礅,則時間上相差太遠。乃就原來計劃所用材料工具,設法縮短工作時間,始則擬用四套鋼飯樁,改築一據築沉箱大塢,以便先在塢內澆築沉箱,同時進行打樁工作。如此,既可省去每礅打圈礅拔圈礅之工作,而速度亦隨之增加。惟鋼飯塢過大,阻礙冰

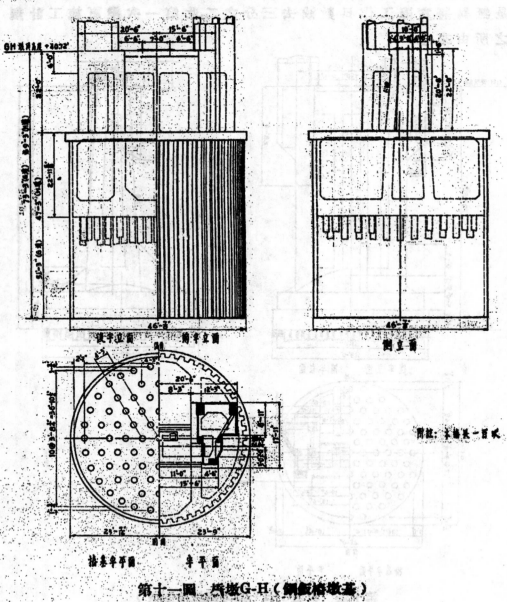

第十一圖　橋墩G-H（鋼飯樁墩基）

流甚巨,且江底淤泥甚深,倘非特別設法,週圍保護,恐難期安全,而支撐工作,亦屬不易。乃改就第二號及第三號橋礅處,建築鋼鈑圍堰,其大小可容沉箱兩座。第四號橋礅處建築同樣圍堰,可容沉箱三座。如此,先澆築七座沉箱,同時開始打樁工作,迨混凝土沉箱凝結堅固後,乃將圍堰拔開一面,次第浮泅,分置於第一號第五號至第九號,及第十四號橋礅處。然後將圍堰關閉,重行澆築沉箱七座,其中三座,即就地用氣壓下沉,其他四座,浮泅於第十號至第十三號橋礅處。第十五號橋礅處,河底甚高,乃於打樁畢,填築小島。沉箱即就地澆築,然後下沉(參閱第八圖)。至於南岸橋礅除 H, G 兩座外,其餘均能於四百天完畢。至於 G, H 所用之開口沉箱,乃改用鋼鈑圍堰,先挖土至規定高度時,即打100呎長基樁,打畢,就地澆築礅基。迨礅牆高出水面,即將鋼鈑樁拔去,完成礅牆上部工作(參閱第十圖)。後以最南三礅地勢低窪,大水時亦有被浸沒之虞,故修築臨時土堤,將南岸引橋各礅槪行包圍,故 G, H 兩礅所用之鋼鈑樁,因以改短,將鋼鈑圍堰用作永久建築,於施工上固可增加速率,而工料價值,亦可稍省(參閱第十一圖)。惟此第一次變更施工計劃,其橋岸完成時間,雖可減少一百十五天,但照規定四百天期限,仍多二百天,乃不得不有第二次變更之施工計劃。

(三) 第二次變更施工計劃

南北兩岸橋礅工作,既能於四百天內完成,無須變更,惟江中橋礅,仍逾限二百天,乃擬採用鋼鈑沉箱,(參閱第十二圖)。其施工方法,與第一次變更施工計劃約略相同,不過先在相當地點,製造鋼鈑沉箱,以代鋼筋混凝土沉箱,浮泅至各礅處,澆築混凝土下沉。其法至便,不過需時四百六十五天,雖仍屬逾限,但以此種繁難工程,如再欲求速,幾為經濟合理化之建築所不許,故決定按照此種計劃進行。無如相當大小之鋼鈑角鐵,國內無有現貨,如向外洋訂購,又須增加時間至少三閱月,是以鋼鈑沉箱法,仍不能解決。

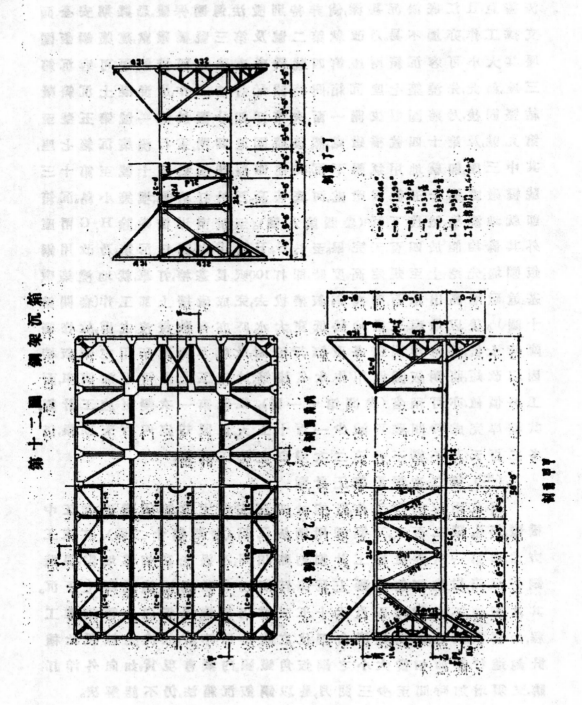

第十二圖　　鋼架沉箱

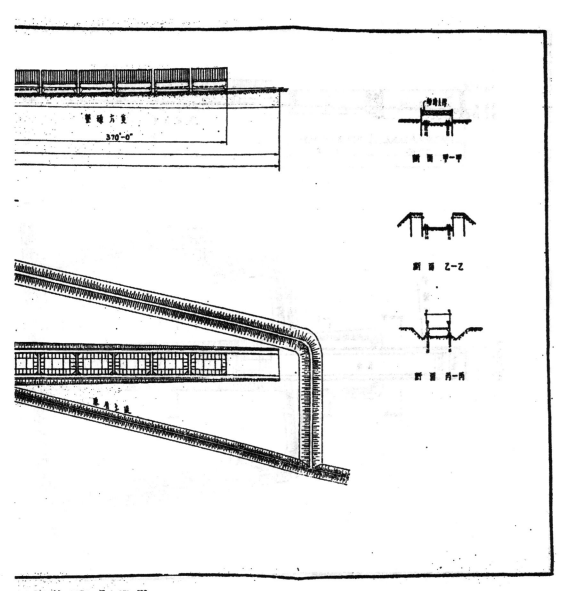

整箱方度
370'-0"

断面 甲—甲

断面 乙—乙

断面 丙—丙

運沉箱（整礁）滑道

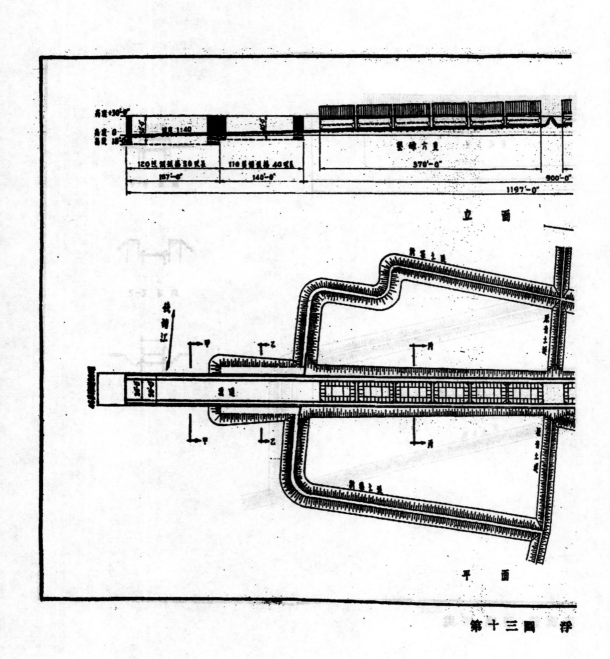

立　面

平　面

第十三圖　浮

7508

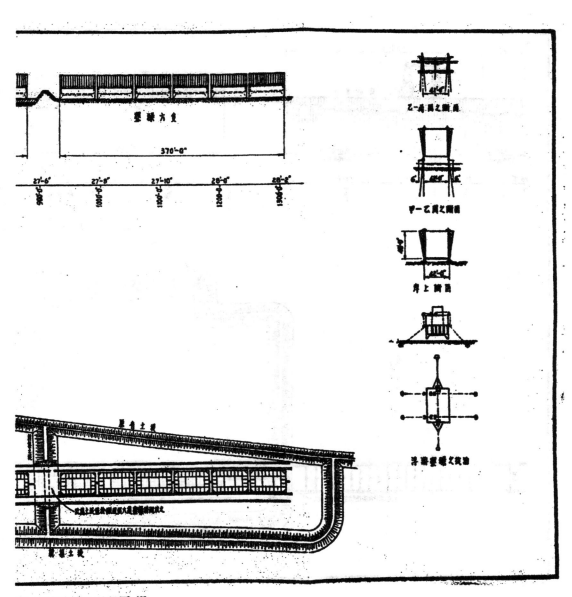

沉箱（墨緣）便道

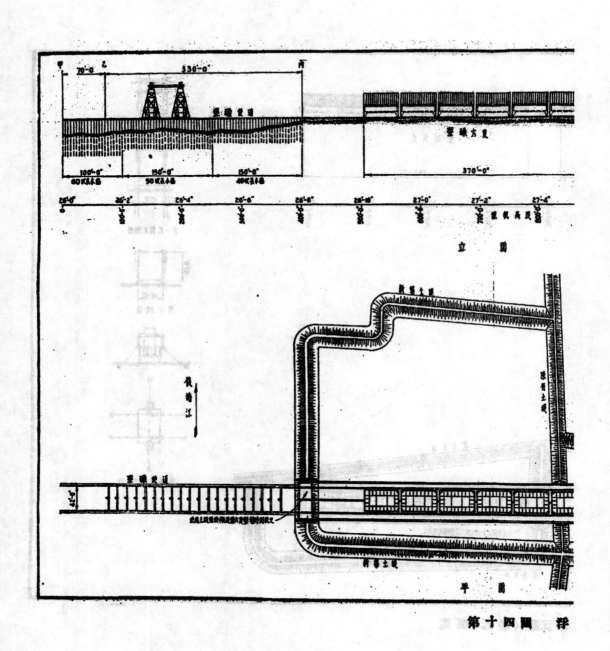

立 圖

平 圖

第十四圖 浮

（四）第三次变更施工计划

江中桥墩欲求依限完成，必须打椿工作与浇筑沉箱，同时并进，故最后乃采用浮运沉箱滑道法（参阅第十二图）。于桥址附近，择临江深水处，建筑沉箱滑道，俾混凝土沉箱，得随坡道滑下入江，然后浮泅至桥墩处，用气压法下沉。在浇筑沉箱之时，同时开始打椿工作，第一号桥墩，仍采用围堰，因钢钣椿已购，而添设天气箱又稍需时日也。第十四，十五两号桥墩，河底较高，恐浮泅增加困难，故仍采用筑岛办法（参阅第九图）。虽时间仍有逾限，但为急起直追起见，亦不能再事游移，故最后即采用此方法。

（五）实际施工方法

施工计划，虽经详细研究，一再改善，但因实地状况往往须临时变更。是以建筑滑道计划，筹谋时以为尽善尽美，讵知忽遇流沙，施工遽受影响，为免大事更张而迅赴事功及因地制宜起见，乃将滑道改为便道，滑映沉箱，改用吊车搬运（参阅第十四图）。因此沉箱本身重量，必须设法减轻，是以沉箱设计，又须根本变更（参阅第五图）。至于搬运沉箱吊车，并无现成工具可以购买，又须另行设计制造，以应需要。种种艰难，波折叠生蹉跎时日，固非局外人所得而知。第十四，十五两号桥墩筑岛，骨用钢钣椿围堰，藉资坚固，无如当夏大水，竟致坍陷，是以最后复将第十四，十五两墩亦采用浮泅沉箱，与其他十二墩同样办理南北两岸桥墩，因土堤被大水冲破数次，虽倘能依序进行，而时间上不免稍有延误。

钱塘江底，变迁靡定，水位高低涨落无常，且江水东流，海潮西上，流向瞬变益增困难。此后施工方法，能否株守不改，实难预断。查国内建筑桥梁工程，其与本工程相似者，当推津浦铁路黄河大桥。兹将与本桥异同之处列表如下，藉资比较。

由附表观之，本桥桥墩工作，固较黄河桥为难，而费用又约少一百万两，是以在此预算范围之内，再三研究施工方法，屡次变更施工计划，终熟达到规定工作之期限，良有以也。然倘能不逾黄河

附　表

項　目	黃　河　橋	錢　塘、江　橋
全橋長	1255.20公尺	1334.35公尺
橋墩橋座數	十三座	三十座
建築橋墩方法		
普通開挖無基樁	無	六座
普通開挖有基樁	九座,用15公尺長樁	五座,用15-27公尺長樁
開口沉箱	無	二座
氣壓沉箱	一座	六座
氣壓沉箱及基樁	三座,用17公尺長樁	九座,用30公尺長樁
鋼飯圓筒及基樁	無	二座,用30公尺長樁
高水面距最深基底	33公尺	52公尺
基　樁	1160根	1966根
大水時江底最深處	8.00公尺	21.00公尺
小水時江底最深處	四座橋臺處2.40公尺 其餘各處均無水	6.80公尺
江底冲刷	無記錄	12.00公尺
工作時間	全橋四十個月完成 橋墩三十一個月完成	到已工作一年中,尚未完工
全橋費用	4,545,000兩	預算5,000,000元 約合3,500,000兩

橋工作之日數,於工程建築記錄中,似尚有進步,至所用特別施工
方法,(如打樁送樁頂至水面下七十餘尺,並深入江底四五十尺。
搬運,及浮洄六百餘噸之沉箱,等項工作)更可作爲新穎之紀錄。

錢塘江橋鋼樑工程

梅 暘 春

本橋鋼樑,計正橋 66 公尺 (216 呎) 單式樑 16 孔,北岸引橋 49 公尺 (160 呎) 拱樑 3 孔,15 公尺(48 呎)鈑樑 1 孔,及 14 公尺 (45 呎)鈑樑 1 孔。南岸引橋 49 公尺 (160 呎) 拱樑 1 孔及 15 公尺(48 呎)鈑樑 1 孔。共計用普通建築鋼(即炭鋼) 1200 噸,銃鋼 3500 噸。

正 橋

(一)鋼料

普通橋架爲外力誘生內部之應力,不外軸向拉力,軸向壓力,撓率應力及剪力等四種。建築材料,具有特殊性質,能承担各項應力者當以鋼鐵爲最佳。新近發明之銃鋼 (Chromador Steel),其質較普通建築鋼爲强。於選擇鋼料之先,特詳爲比較,以資選擇。

(1) 軸向拉力

准許軸向拉力之强度,可由二點决定之,一爲最大拉力,一爲最小彈性限(Yielding Point)。最大拉力高,則安全率增。最小彈性限

表 (一)

	最小彈性限 (磅/平方吋)	最大承拉力 (磅/平方)	八吋內伸長 之百分數	面積減少率
銃 鋼	53700	91800	27.40	66.7%
炭 鋼	35200	59600	34.70	63.5%
比 率	1.53	1.54	0.64.5	1.05

7513

高,則變形機會少。是以欲知鋼料之強弱,比較此二點足矣。據勞柏氏(Gilbert Roberts)之試驗報告如表(一)。

(2) 軸向壓力

軸向壓力之強弱,不但與質料有關,且因其桿件之長短粗細而異。所謂長短粗細,通常以 $\dfrac{L}{r}$ 表之若近至 200,各種鋼料之承粗力幾相等。是以軸向壓力之比較,非若軸向拉力之簡單而顯明。勞柏氏就 10″×8″×55#, 10″×5″×30# 二種支桿及 10″×5″×30# 與 9″×3/8″ 鈑組成之桿(各支桿之尾端概用鉸鏈銜結)試驗之結果如表(二)。

表 （二）

$\dfrac{L}{r}$	最大應力(磅/平方吋)		比　率
	鎳　　鋼	炭　　鋼	
20	42600	29000	1.47
30	41500	28400	1.47
40	40000	27650	1.45
50	38200	26800	1.43
60	35600	25700	1.39
70	38800	24400	1.34
80	28300	22800	1.29
90	25600	21100	1.22
100	22400	19100	1.17
110	19200	17100	1.12
120	16700	15300	1.09

由表(二)可知鎳鋼軸向壓力,實強於炭鋼,惟隨 $\dfrac{L}{r}$ 而高下,不及軸向拉力差別之顯著而已。

(3) 撓率應力

鋼之撓率應力,可用鋼標試之炭鎳二鋼之強弱差別,據勞柏氏之試驗報告,如表 (三)。

表 (三)

截　面	跨度	最大載重 (磅)		叚鋼與炭鋼強度之比較
		叚　鋼	炭　鋼	
16″×6″×50#	20′	94100	57800	
		90700	60300	
		84900	57800	1.53
		平均 89900	平均 58600	
12″×5″×30#	12′	84500	47700	
		81000	49000	
		82900	51100	1.68
		平均 82800	平均 49300	
2—16″×6″×50#		41450	25220	
	20′	41550	27840	
2—14″×½″		40900	25300	1.58
		平均 41300	平均 26120	

表 (四)

材　料	鉚釘拉力强度 (磅/平方吋)	鉚合後紅釘剪力之强度(磅/平方吋)	剪力强度與拉力强度比較
標準炭鋼	56000	44800	.8
	63000	52900	.84
高拉力炭鋼	73700	67200	.91
叚　鋼	66500	66400	1.00
	73000	52600	1.02
	78000	78900	1.01
	82300	80600	.99

註:以上之鉚釘,徑為 1 吋,長 4 吋,用水力鉚模鉚之。

(4) 剪力

橋樑之各部,因剪力之强弱而左右其設計者,除橫縱樑之壓板外,唯鉚釘而已。鉚釘乃連絡主桿之要件,其影響於建築物之堅固,猶鑲環之於鐵鍊也。如主桿强而鉚釘弱,則應力無從傳達,雖强何益。如鉚釘弱而數量增,則淨截面減弱。是以欲顯銳鋼之特長,其主桿決不可以炭鋼鉚合,而銳鋼所製鉚釘,其剪力之增强(與炭鋼鉚釘相較),亦決不可少於拉力之所增者。根據麥柏氏之報告,其比較如表(四)。

從上表得標準炭鋼鉚釘剪力之强度,平均為21.8噸/平方吋,銳鋼為34.6噸/平方吋,其比為1.54,本處為求更準確起見,又請本處檢驗工程司在道門朗公司重作試驗,其結果如下:

銳製鉚釘在將損壞時之單位剪力為71000磅/平方吋

在將損壞時之單位承力為17600磅/平方吋

在至彈性限之單位剪力為69500磅/平方吋

鉚釘應力若用人工鉚合,多受工人技術之影響而有高低,本處將於工地鉚合時復作試驗,以覘其究竟。

綜觀各項比較,銳鋼本質之優强已無疑問,惟對於經濟方面,尚須加以研究。

鋼料建築之全部費用可分為五項,各項所佔之百分比略如下:

1. 設計費		5 %
2. 材料費		50 %
3. 鑄製費		20 %
4. 運費		10 %
5. 配裝費		15 %

設計費與鋼之强弱絕無關係,不隨鋼料而增減,材料費則銳鋼單位價格貴於炭鋼。至於鑄製,運輸,配裝等費,則因銳鋼質强,淨重與鉚合工作減少,自可節省。但無論如何,橋架之單位價格,決不

能以 (3)(4)(5) 三項費用之節省,而償第(2)項之損失。故欲明鉻炭二鋼孰爲經濟,尙須於全體重量之減輕與單位價格之增加計算之。

從應力之比較,知軸向拉力撓率應力及剪力鉻鋼强於炭鋼至 50％ 以上,根據市價,則鉻鋼僅貴於炭鋼20％。以得償失,似綽有餘裕。惟就軸向壓力而言,或當別論。所幸本橋橋樑主桿 $\frac{L}{r}$ 常在 40-70 之間,在此種情形之下,鉻鋼强度仍較炭鋼高出40％左右,故尙不致虧負。至於上下禦風連結架與中部連結架等 $\frac{L}{r}$ 在100以外者,及其他桿件按應力計算所需之截面,小於規範書所限定者,則以炭鋼代之。總之取長捨短,以鉻鋼爲主料,全部費用必較純用炭鋼爲廉,至於因淨重減小而減輕橋墩負擔之利益,猶未計及。

根據上列理由,本橋正橋鋼料以鉻鋼爲主,而以炭鋼爲輔。其分配之法,於下節論之。

(二)設計

錢塘江橋爲鐵路與公路聯合橋,公路與鐵路之配置,影響於桁樑之經濟者至巨。本處不嫌繁複,詳加探討,所作設計共達七種;七種之中有五種不同之配置(參閱工程第九卷 341—345 頁)。最後始定採用 216 呎雙層華倫式(Warren) 桁樑。所以然者,以其橋墩總價與桁樑總價大致相等,合乎建橋經濟之條件。故及後金價稍有低落,又以採用鉻鋼,遂致桁樑總價小於橋墩矣。

桁樑高度爲 10.7公尺(35呎),約爲跨度六分之一(普通規定爲五分之一至七分之一)。上下弦桿之總重爲75噸,腰桿之總重爲65噸,但上樑直托公路路面,省去二道縱樑,而上弦之重量爲之增加約及 7 噸。若於上下弦總重之中,將此 7 噸減去,則上下弦僅以 3 噸重於腰桿。若僅就桁樑本身之經濟,當可加高一二呎。但公路路面加高,則引橋勢將爲之增長。又本橋鐵道淨空高度爲6.7公尺(22呎),故此高度非徒不便加高,亦不宜再減。

　　公路路面寬度為6.1公尺(20呎)，故桁梁之寬度亦決定為6.1公尺(20呎)。人行道活載重較輕，故決採用翅梁(Cantilever)構造，(圖一)。茲將本橋正橋梁設計及繪製之特點陳述如下：

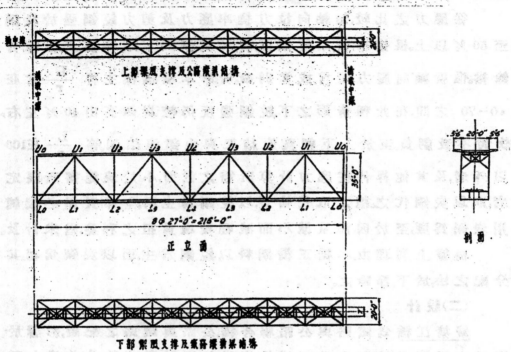

圖(一)　正橋二百十六呎桁架佈置圖

(1) 載重之規定

　　鐵道載重係採部定古柏氏載重五十級。公路載重以15噸汽車為標準。人行道載重，規定每平方呎為80磅。

(2) 准許應力(Allowable Stress)之規定

應力類別	炭　　　鋼	鎳　　　鋼
	磅/平方吋	磅/平方吋
撓曲拉力 F_f	16,000	24,000
軸向拉力 F_s	16,000	24,000
軸向壓力 F_o	$16000-60\dfrac{L}{r}$	$c\left(16,000-\dfrac{L}{r}\right)$
	但 $\leq 14,000$	但 $\leq 21,000$

分肢剪力 F_s	10,000	15,000
廠中機鉚之鉚釘剪力	11,000	16,500
廠中機鉚之鉚釘承力	22,000	33,000
工地機鉚之鉚釘剪力	10,000	15,000
工地機鉚之鉚釘承力	20,000	30,000

嗣以公路鐵路同時發生極大應力之機會極鮮,故鋼料准許單位應力,除單獨承受公路或鐵路載重力者外,均照上表另增加12.5%。

(3) 中部聯結架之負擔

中部聯結架兼作公路之橫梁,除風力外,並傳達公路載重於豎桿(圖二)。

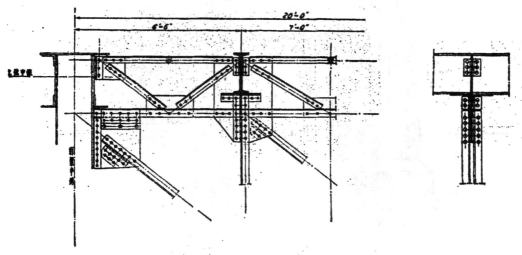

圖(二)　中部聯結架及公路縱梁圖

(4) 上弦禦風支撐

上弦禦風支撐,普通用兩角板或四角板,而聯以聯繫桿(Lattice bar)。本橋以公路縱梁阻礙,不能採用此種配裝,乃改用二個角板,背向拼合而連接於上弦下肢翼(Outstanding flange)之下。又於上弦之上肢翼亦有橫支撐與之聯結。

(5) 蓋板及腰板之厚度

　　根據鐵道部之規定組合,壓桿之蓋板(Cover plate) 及腰板(Web plate)均不得薄於下式所算得之數。

$$t = \frac{pd}{40,000}$$

　　　　式中 t 為　　鋼板最小之厚,
　　　　　　P 為　　軸向壓,
　　　　　　d 為　　肢部聯結處鉚釘之行間距離。

　　上式因不合用於高拉力鋼,故次依據 A.R.E.A. 之規定:

　　蓋板厚度不得小於釘距之四十分一,

　　腰板厚度不得小於釘距之三十分一。

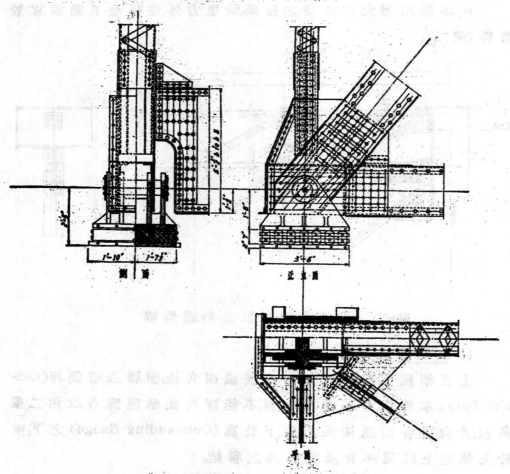

圖(三)　聯結點 L₀ 及橋座圖

(6)鎳炭之採用

因鎳鋼單許單位應力,較炭鋼可增加百分之五十,各部所須之截面均可減少。但按照部頒規範書,各部有規定最小尺寸者。在此限度之中,雖用鎳鋼亦不能減小截面。故鋼桁樑鐵路縱橫樑及公路縱樑雖採用鎳鋼。而禦風支撐中部聯結架及其他細小部分乃採用炭鋼,以求優廉。

(7)支座之佈置

支座鋼樞(Pin)及輥軸(Roller)極易受雨水及塵土之侵蝕,以致轉動不靈,發生意外應力。為防止計,故將下弦之上層伸入輥靴(Shoe)上,再於支座墊板(Bearing Plate)及輥靴旁鑽眼多孔,以便裝蓋油布,掩蔽輥軸,如是則雨水塵土無由侵入矣(圖三)。

(8)下弦及受拉豎桿

下弦角鐵向內相對可使繫鈑厚度減薄,且橫樑(Floorbeam)密貼下弦肢桿,使全部堅勁增加。

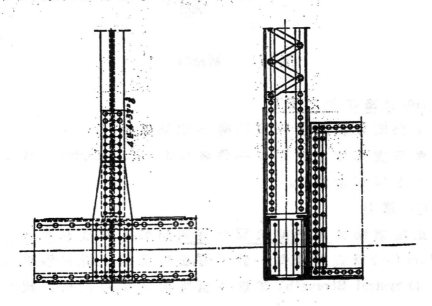

正面　　　　剖面

圖(四)　受拉豎桿及下弦圖

受拉豎桿(Tension Verticles)頗爲細小,因繫飯(Tie Plate)延長
於橫梁之上,足以擴發豎桿之受力面積也(圖四)。

(9) **兩端上弦與支撐**

兩端上弦U_0U_1本無直接壓力,故所用截面最小。爲連結上層
支撐(Top Laterals)計,須與其餘上弦平齊,故用夾角 (Clip Angle) 承
之(圖五)。

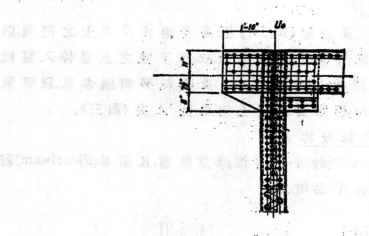

圖(五)　　聯結點U_0圖

(10) **公路縱梁之安置**

公路縱梁須與上弦頂高有一定關係。惟尺寸短小,不能直接
安置禦風支撐架上,故用加勁角鐵 (Stiffening Angle) 連接承托之,
將受力下傳至桁梁上。

(三) **鑄製**

正橋鋼梁由道門朗公司在英國鑄製,本處委託亨特公司(R.
W. Hunt Co.)就近監督,每一鍋熔質,必經化學分析,成鋼後,又須經
強度 (Physical Strength) 試驗。各項實驗結果,均須列表報告,如表
(五)。

第一孔鋼料製成後,照計算之拱度配裝成梁,所有主桿中之
鉚釘孔,均用光孔法光之。然後以此孔之鋼件爲標準,做成模板。後

表(五)　鋼料強度試驗及化學分析報告表

裝置	所試驗材料之種類	彈性限度每平方英寸噸	拉力每平方英寸噸	八英寸之延長百分率	面積縮小之百分率	破裂情形	冷熱灣曲試驗	製造之方法	製造者之化學分析					
									炭	磷	錳	硫	矽	銅
二號	角鐵(炭鋼)．6″×3½″×3/8″	R5	3487	16.9	30.8	25	55.1	絲紋	良好	O.H.B.	0.75	.027	0.48	.036	—	
四號	(炭鋼)鋼鈑(低鋼)6″×3/8″	H	420	24.4	39.3	230	—	絲紋	良好	B.O.H.	0.205	0.039	0.860	.026	.800	0.300

此諸孔桁樑之鋼件鉚釘孔,即以此模板爲規範。

　　因正橋橋樑十六孔完全相同,一模板有用至千餘次者。故所有模板均用鋼鈑製成,更於每釘孔之週圍插硬鋼管一,以備損壞時,可取出更換(圖六)。

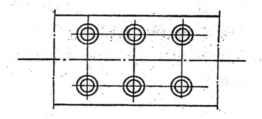

平　面

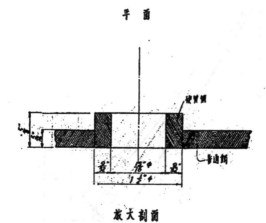

放大剖面

圖(六)　鋼製模板圖

至第十孔桿件成後,再度配裝,如無不合之處,即可證模飯仍屬準確,無須重做,否則當另爲之,以備其餘六孔之用。

至於公路與鐵路縱梁因結構較爲簡單,而又不須與全梁試裝,故由該公司在上海製造本處直接派人監督。

(四) 安裝

安裝方法,頗費研究,欲求工廉而效速,殊屬難事。錢塘江水深泥厚,建搭臨時木架,固非易耶,逐孔搭架安裝,需時尤久。若採用翹臂法,則以橋墩分部完成,未能依序先竣,亦難適用。後經多方研究,決用浮船安裝法。

(1) 拼鑲及鉚合

正橋鋼料,自英國公司直接裝輪,運抵上海吳淞口,改裝火車,由滬杭甬路運抵閘口本橋工地。

卸貨所用起重機車(見圖七),其取貨時最大距離,可達四十呎許,四周旋轉,上下提取,極其靈便。最大載重可達六噸半。凡堆場中鋼料之取置,莫不依仗之。

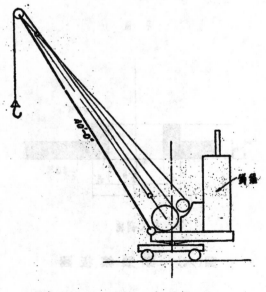

圖(七)　起重機車圖

拼鐵工場(圖八)位於本橋北岸,閘口貨棧附近,南依江岸,北連軌道,運取材料,近在咫尺,工地管理,尤為便利。場寬61呎,長 260 呎,與江岸平行。兩旁築有混凝土基礎,高 2 呎,寬 1 呎,上架鋼軌,為吊架機移動之用。兩端更築垂直於江岸之橋基鋼軌二道,外與木架

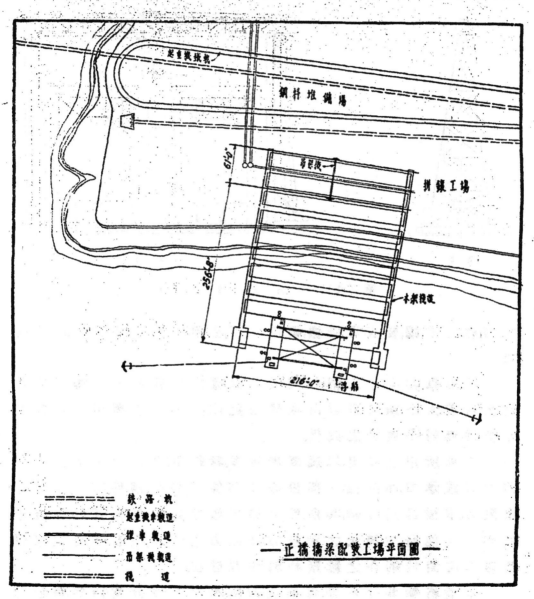

—正橋橋梁配裝工場平面圖—

圖　（八）

棧道相接,用為輸送鋼梁,伸入江心。場中舖設小軌一道,以運送鋼
,場形略向兩邊勞傾斜,蓋免積水也。

　　吊架機(Portal Crane)高 58 呎,長 61 呎(圖九)。最大載重,可達

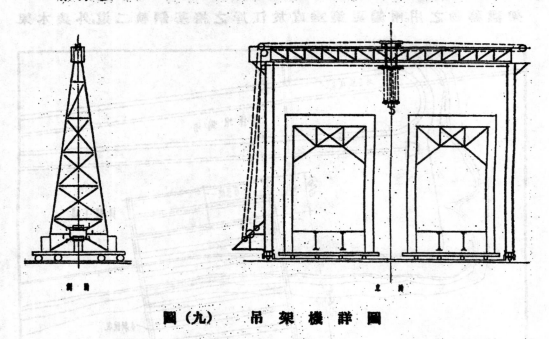

圖(九)　　　吊架機詳圖

15 噸。機之右端,裝有電動機,鋼料上下,全用電力,前後移動,亦甚便
利。

　　手推車共有十二輛,行駛於 2 呎寬之小軌道上,可轉任何角
度之轉道。大小鋼料藉以由堆儲場運往拼鉚工場。應用時僅需人
力推送,無需乎機械之設備。

　　正橋所用之鉚釘,以燒鋼者居多。考鉚釘之作用,一部份固在
其剪力或承力,而其他一部份亦在其能將鉚合鋼件夾緊所生之
摩阻力。本橋採用銃鋼,其所受之應力較普通鉚釘大百分之五十,
故亦望其能發生較大之摩阻力。摩阻力之大小,全在鉚合之緊鬆。
是以本處對於鉚合之鬆緊特別注意監視。

　　本橋桁梁共分八節,每節長 27 呎,桁梁下弦分為四節,每節跨
桁梁二節。故拼鉚之支架除兩端外,須搭建中部支架三座,每孔共

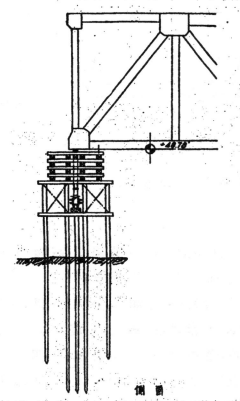

側　圖

圖(十) 搬運正橋橋樑軌道圖

需支架十座。支架全用木料配搭而成,高可六呎許,每架上置螺旋頂(Jack Screw) 二具,藉以校正鋼樑拱度之用。螺旋頂上置特製之鋼板一片,長寬各 2 呎,厚 1 时,下弦桿橫放其上。各架下部基礎,用石片築成。

正橋橋樑最大拱度,爲 2-3/16 时。拼鉚時,先將木料支架上之螺旋頂,用水準儀按拱度圖,測量準確,始行拼鉚。惟支架下之基礎,因各肢桿之逐次加重,稍向下陷,故拼鉚時,須常加複測,予以更正。實際上因全架重量甚鉅,雖有螺旋頂之設備,校正仍甚不易,是以校正拱度,費時甚久,並俟各支架基礎,無下陷現象,方能作最後之校正。拱度既準,鉚合工作,即可開始。

(2) 浮裝

鋼樑在工場拼鉚鉚妥之後,即可運出,暫置木架軌道上。一俟有二毗鄰之橋墩完成後。即用浮船運往安置就位。軌道長共 256 呎,分東西兩道,中心相距 216 呎,全用木樁打入河底,與江岸成直角形,伸入江中水深處(圖十)。

浮裝鋼樑所用之浮船,係由二艘特製船所組成,兩船相距,約一百呎,聯以木架支撐。浮船所用之錨,先於兩橋墩附近拋下(圖十一)。

在軌道上轉運鋼樑,係用鋼托輪兩組(每組四輪)分別承托鋼樑兩端,用手搖輪(或電力)轉動托輪,將鋼樑移至軌道南端江水深

7527

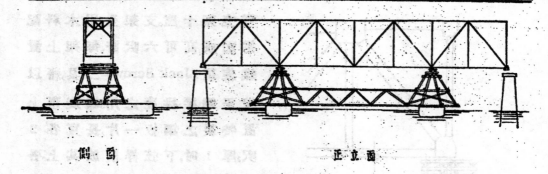

側　面　　　　　　　　　　正立面

圖（十一）　正橋橋梁浮運就位圖

處，以便浮泅而安置。

　　橋墩之高度，為<u>吳淞</u>零點上48.71呎，兩木架軌道之高度則僅30.71呎，與橋墩相差18呎，故於浮運前，須用油起重機(Oil Jock)，將橋梁兩端徐徐頂高，用木料墊入（圖十），俟達相當高度時，將浮船駛入木架軌道之中，於桁梁兩端第三節處，妥為支托，繫牢於浮船上，以俟潮漲，將橋梁托起，離開棧道，然後用鐵繩將浮船與事先拋下江底之鐵錨連結於浮船絞車上，將橋梁漸漸托入橋墩間校準地位。俟潮退之時，橋梁即降至橋座，遂將錨栓塞緊，安裝即告竣矣。

引　橋

（一）鋼料

　　引橋拱梁跨度橋墩中心距為50公尺，即164呎，支座中心距為160呎，比正橋短56呎，而其荷重，又僅為公路及人行道，故所受應力遠不若正橋桁梁之巨。若效法正橋，仍採用高拉力鋼，殊不合算，是以改用炭鋼。

（二）設計

（1）跨度及式樣之選擇

　　兩岸引橋，地質迥異，故橋墩之價值，亦難相同，但為外觀之整齊以及建築之便利計，自以相同為宜，更因工程期限之急迫，故採用同一式樣，以冀進行迅速。

跨度長短,關係經濟美觀至鉅,前後設計共達五種,以資比較。最後始決定採用 160 呎雙框式拱架(圖十二)。

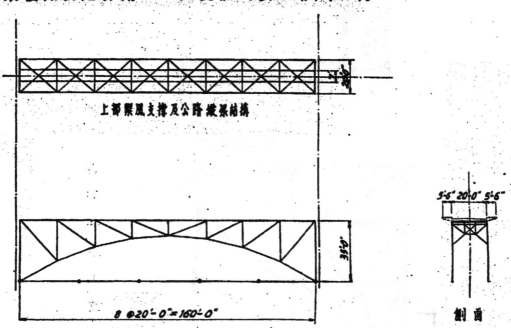

上部禦風支撐及公路橫梁結構

$8 \Phi 20'-0'' = 160'-0''$

正立圖

側面

圖(十二)　引橋一百六十呎拱梁佈置圖

(2) 風力之傳達

因鐵道淨空之限制,下部禦風支撐,無法裝置,乃利用中部聯結架,由下而上,達於上部聯結點,而着力於上部禦風支撐。故豎桿除承受軸向壓力外,尚有禦風之撓曲力。所幸除 $U_o L_o$ 外,豎桿不長,撓曲力亦小,鋼樑設計,未受影響。圖(十三)示風力之傳導。

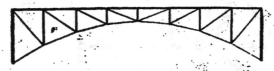

圖(十三)　拱橋風力傳達圖

(3) 縱衝力(Traction)傳達

縱衝力為活載之 10 %,由路面縱梁傳導。因路面縱梁本身及

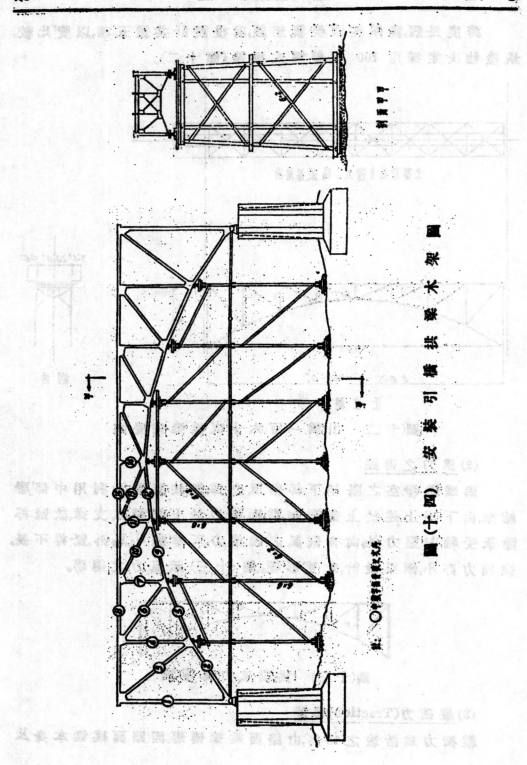

圖 (十 四) 安 裝 引 橋 拱 架 木 架 圖

其聯結之處均甚爲堅固,自可傳導縱衝力於拱樑之二端,然後主樑發生應力,較之由縱樑橫樑,經聯結點而主樑卽生應力者,當屬更爲合理,固不特設計簡單也。

(三)鑄製及配裝

引橋拱樑及鈑樑,由西門子洋行在德國製造,一面由本處委托亨特公司(R. W. Hant)就近監督檢查。每孔均經試裝,然後起運來杭。墩基既成,安裝工作即開始進行。引橋鋼樑,全在陸上,因之安裝工作,亦有異於正橋者。鈑樑短小,自屬易裝。茲僅略述拱樑之安裝如下:

(1) 支座之安裝　橋墩上部,依據測量之結果,預留有支座之錨栓孔。安裝之始,卽測量支座,插放錨栓,惟一端暫不灌實,蓋恐測量與製造容有未盡相符時,須全樑安裝後始可考慮矯正也。

(2) 拼鑲與安裝　爲運輸便利起見,鋼樑肢架,多不在廠中鉚合,其能在平地拼鑲鉚合者,至此遂依照試裝之符號,先行拼鉚,然後起吊綮風架,聯結架等件。拱橋之安裝,既在陸上,鷹架工作應稱便利,惟拱橋下弦節點之高低不等,最高距地面達60呎,搭建臨時木架,亦頗繁難

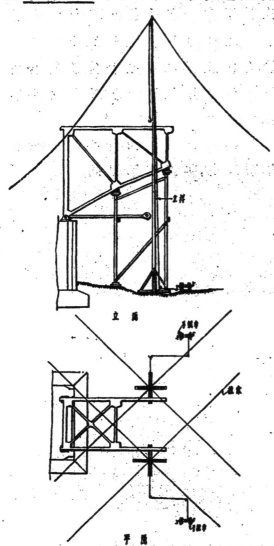

立面

平面

圖(十五)拱樑配裝工具佈置圖

（圖十四）。至於肢架之起吊,係用長約90呎之立桿一對,以絞車鉛絲徐徐吊升(見圖十五)。所有上下弦斜桿豎桿及襯風架聯結架等,均分件裝設,而以螺栓暫爲搖緊,先裝端柱,逐步內移,蓋起吊之立柱,亦可活動者也。俟成其半,再就他端相向進行。

　　(3) 拱度之檢查　　下弦節點,固均有與拱度相若之鷹架支點,惟鷹架載重之後,未必與拱度完全符合。故安裝既竣,拱度之檢查矯正工作仍不可少。拱橋之上弦既平,則鷹架未拆前,各節點之高度可以計算求得之。至此即用水平測量法檢查,並矯正其差異。

　　(4) 鉚合與檢驗　　拱度既適,乃檢視其鉚孔是否完全符合,並旋緊螺絲釘,於是開始鉚合。鉚合工作全用氣壓鉚機。鉚釘之是否良善,自須檢驗。鉚合完成,鷹架遂拆去。

　　(5) 油漆　　在肢架鑲拼安裝時,其啣接之一面,先塗以油漆,全梁安裝完成之後,再全部油漆。此項工作,與正橋鋼梁同。

錢塘江橋浮運沉箱施工概況

李 仲 強

(甲)沉箱概略

氣壓沉箱建築於橋址上游南岸陸地上,距離橋址約五千呎。沉箱全部用鋼筋混凝土做成,長 58 呎,寬 37 呎,高 20 呎。在 7 呎高度之處,有隔板一層。因減輕沉箱重量,以便移運浮游起見,特將全部鋼筋混凝土分二期澆築,第一期在陸地澆築,第二期俟沉箱浮游至指定之橋墩地位後澆築。沉箱上部接做24呎高,6 吋厚之木板圍堰。計每一沉箱在下水時其自身重量及各種附件重量共約五百五十餘噸,其排水深度約在隔板以上八呎半,即沉箱底脚以上十五呎半左右。沉箱建於平地之上,距離地面約 3 呎,四週牆脚之下,用 4 吋見方之短木承托。短木中稜之距離爲 2 呎 6 吋,每一短木之下,置一 8 吋見方,5 呎長之橫枕木,直接放於夯實之地基上面。

(乙)懸掛

沉箱既在陸地,重而且大,移動之法,必先吊起而後可,故採用鋼梁吊車。吊車爲四座鋼梁合組而成,每座鋼梁依 180 噸之載重而設計,高 48 呎。由正面觀之,一肢垂直,一肢斜上,上闊下尖,成三角形;上寬 8 呎,中間橫分六段。由側面觀之,則上狹下闊,下寬25呎,上寬 6 呎,橫分六段,直分五節。兩座鋼梁,相對而立,上面用22吋工字鐵四根橫跨連接,成爲一組,兩組前後排列,下部用4吋/12吋槽鐵四根連成一體,而成 720 噸之吊車(圖一)。

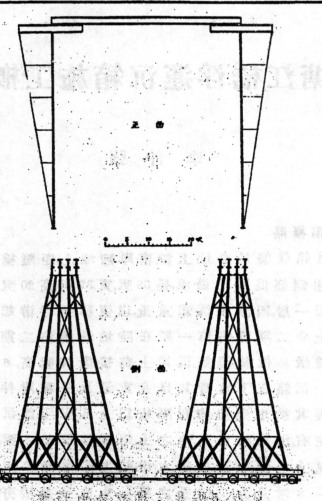

圖(一)　　七百二十噸鋼梁吊車

吊車上每兩根工字鐵兩端上面各放 6 吋/8 吋枕木三層,縱橫平列,再放 3/4 吋厚鋼板一塊,中間有 8 吋直徑之孔一,前後有 5½ 吋直徑之孔二(小孔之用詳於丁節說明)。大孔之上,放形同柱脚之鐵圈一個,鐵圈上放堅硬混合金屬之八角螺絲帽一個,螺絲眼直徑爲 3 吋用 8 吋直徑螺絲懸桿旋入其中,其下端卽以懸掛此沉重之沉箱。計每組鋼梁之上,有四根工字鐵,兩端各置懸桿三根,共六根兩組共十二根,沉箱以六百噸計算,則每根 3 吋直徑懸桿應載重 50 噸,此十二根懸桿之下端用鋼板與鋼栝與其他入

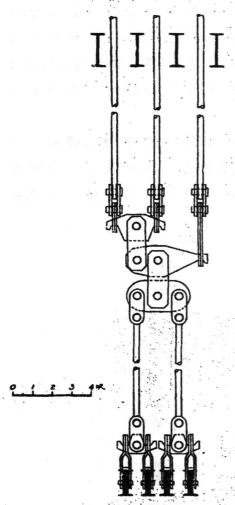

圖(二) 懸桿平均載重之機構

根16吋工字鐵連接,此八根工字鐵即用以承托沉箱者也,

以3吋直徑懸桿載重五十噸,雖僅僅可稱安全,但懸桿上之螺絲間有鬆緊不齊,或架樑稍有不平,以及行動時所受之影響,則各根懸桿受力不均,易生危險,故於每三根懸桿中部連接以橫桿及鋼梢,成一槓桿作用,使各根懸桿得以上下活動,平均受力(圖二)。

懸掛沉箱時,先將四根16吋工字鐵用角鐵及鐵板連成一組,工字鐵中綫距離爲14吋,兩組工字鐵各置於沉箱之下,其中綫距離爲39呎1½吋,然後將吊車移至沉箱中間,再將上懸之十二根懸桿與下面之工字鐵接好。在吊車之上,將螺絲帽旋轉,使懸桿上陞,至托緊沉箱爲止。最後將沉箱下面之4吋見方短木敲去,則沉箱懸於吊車,可任意移動矣。

(丙)推行

沉箱既懸於吊車,吊車動則沉箱動矣。吊車之動,由於下部鐵輪之動,茲先述(一)吊車與鐵輪之連合,次述(二)軌道之設備,再述(三)推動之方法。

(一)每一鋼樑之下,有鐵輪七隻。每一吊車共有鐵輪二十八隻。鐵輪上各有平頂半圓式之鐵凳一座,置於鐵輪橫軸之上。鐵輪與橫軸摩擦之處,用半吋直徑鋼管繞軸旋轉,以減少摩擦阻力。鐵輪

與鐵輪相連之法,則用4吋/12吋槽鐵兩根,中鑿七孔,與軸徑相同,
將七根橫軸兩端插入槽鐵孔中,用螺絲帽旋緊,再將前後兩排槽
鐵用角鐵及螺絲接好,則十四雙鐵輪連成一體矣。鐵輪與吊車相
連之法,則於每七雙鐵凳之上,放12吋見方之長枕木一條,鋼梁直
接放於枕木之上。

　　(二)鐵輪旋轉於軌道之上。此種軌道與普通鐵路軌道稍異,用
90磅鋼軌兩根,並列於14吋見方直枕木之上。兩鋼軌之中線距離
爲9½吋,兩軌道之中綫距離爲44呎。舖軌材料,除用魚尾板及螺絲

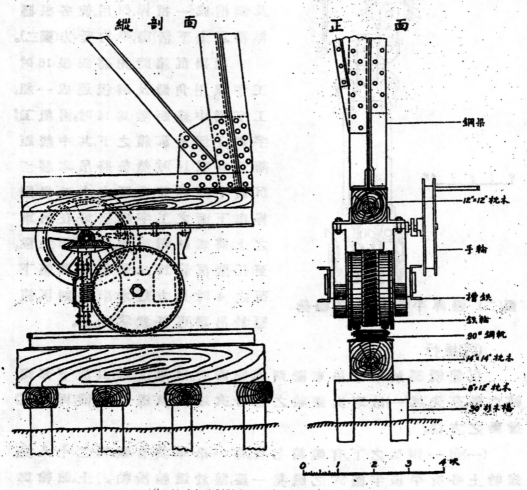

縱剖面　　　　　正面

鋼梁

12″×12″枕木

手輪

槽鐵

鐵輪

90″鋼軌

14″×14″枕木

6″×12″枕木

30″刲木樁

0　1　2　3　4呎

圖(三)　鐵輪及軌道詳圖

外,道釘歊釘於兩軌裏邊,再於兩軌腰間每隔 6 呎 6 吋鑽一小孔,用半吋直徑螺絲鋼條及螺絲帽聯緊(圖三)。

　軌道基礎分爲陸地基礎與江底基礎兩種:

　陸地基礎用30呎長杉木椿,垂直打入地下,以兩根爲一排。兩椿之中線距離爲18吋,各排之中線距離爲 2 呎,每排椿上放 8 吋/12吋之橫枕木一根,椿頂與枕木之間,釘以兩頭尖鐵釘。橫枕木之上,則爲直枕木與鋼軌。

　河底基礎分爲四段,第一段由隄坡伸出江心57呎,因近岸水淺用 40 呎長松椿傾斜打入河底。椿頂緊靠,椿脚相距約 8 呎,以兩根爲一排,每排橫貫 1 吋直徑螺絲鋼條,用螺絲帽聯緊,成一支架。各排中線距離爲 3 呎 4 吋,椿頂接放 14 吋見方直枕木,上舖鋼軌。第二段伸出江心 153 呎,用 50 呎長木椿,第三段伸出 57 呎,用 60 呎長木椿,其做法及距離均與第一段同。前三段每隔 20 呎,用 50 呎長鋼板椿及螺絲,將左右兩支架連緊,中間再釘木椿一根,以資支撐。第四段伸出江心 73 呎,用 60 呎及 70 呎木椿三根,直立成

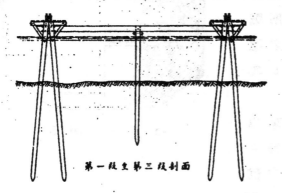

第一段至第三段剖面

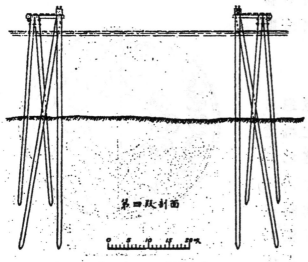

第四段剖面

圖(四)　軌道木架

排,兩根垂直,中央一根樁脚向外傾斜。每排樁頂均用螺絲鋼條貫連,每隔一排加釘傾斜木樁二根,上面聯以橫木,使直立之樁不易搖動。每排樁木之上,接鋪直枕木及鋼軌。各排中線距離為 5 呎。此段左右兩支架之間,則無支撐物,以便沉箱推出後徐徐放下,而無阻礙。河底基礎樁架共伸出江心 340 呎,軌道坡度為 1.5 %(圖四)。

(三)鐵輪直徑為30吋,寬15吋,兩旁有 1 吋厚,1¼吋高之邊線。邊線內為光輪,中為齒輪。在每鐵發之旁,有 26 吋直徑手輪一個,手輪之軸與鐵輪之軸平行,用齒輪聯動機兩組,使手輪與鐵輪間接嚙合。手輪旋轉 140 週,則鐵輪旋轉一週,即鐵輪週緣之速度與手輪週緣之速度成1 與 156 之比。

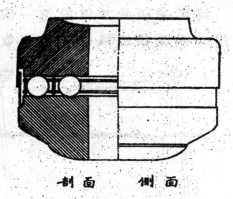

剖面　　側面

沉箱以 600 噸計,吊車以 120 噸計,兩共為 720 噸。每一手輪用一人旋轉,而吊車與沉箱便能在極低之速度向前移動,大約每一小時行 50 呎(參閱圖三)。

(丁)降落

沉箱與吊車沿軌道進行,至第四段河底基礎上之軌道為止,然後開始降落。降落之法,將吊車上十二根懸桿之八角螺絲帽旋轉,利用沉箱與懸桿自身之重力,使之下降。惟旋轉螺絲帽時,有二種阻力,一為螺絲與螺絲帽間之摩擦阻力,二

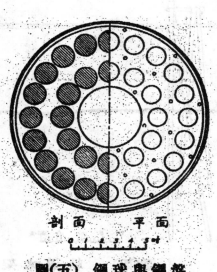

剖面　　平面

圖(五)　鋼球與鋼盤

爲螺絲帽與其下面鐵圈之磨擦阻力。螺絲之內直徑爲3吋，外直徑爲4吋，螺絲紋距爲2/3吋（十七公厘），每隻八角螺絲帽之外套一帶彈簧之螺絲鈑鉗，鈑鉗周圍有十七齒鈑鉗之柄，長4呎。因嫌太短，再接以3吋／8吋之槽鐵，共長15呎6吋。每三根鉗柄，用角鐵連合。拖動角鐵，則三隻螺絲帽同時旋轉。惟螺絲帽與其下面鐵圈之磨擦阻力倘嫌太大，復用一吋半直徑之鋼球三十二隻，壓於螺絲帽與鐵圈之間，以減少磨擦阻力（圖五）。

　　吊車上每邊有六根懸桿，共六根螺絲鉗柄，每三根鉗柄連一角鐵，兩角鐵之間，連以1吋直徑之鋼絲繩。在角鐵之一端，用鋼絲繩一根穿過滑輪，繫於下垂之平衡重物。在角鐵其他一端，用鋼絲繩一根，穿過滑輪，繫於一輪盤上面突出之活動小輪吊車上。另一邊之六根螺絲鉗柄，亦同樣做法。輪盤直徑爲5呎，周圍有齒，與另一18吋直徑之齒輪嚙合。齒輪之軸直立，軸之下部有小齒輪，與一

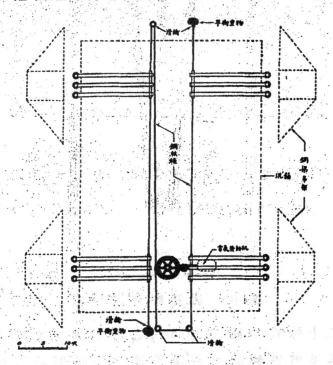

圖(六)　沉箱降落之動作

橫軸上面之螺絲釘嚙合。橫軸連於一部12馬力之電力發動機，電

機開則輪盤旋轉。輪盤旋轉半週，則拖出六根鉗柄，同時放鬆其他

六根鉗柄。放鬆之鉗柄，則由其下垂之平衡重物拖還原處。鉗柄拖

動一次，則移動一齒，移動十七齒，則八角螺絲帽旋轉一周，而懸桿

降落螺絲釘一格，即 2/3 '吋，平均每一小時能降一呎（圖六）。

　　沉箱排水深度爲15呎 6 吋左右。在普通水位時，沉箱由吊車

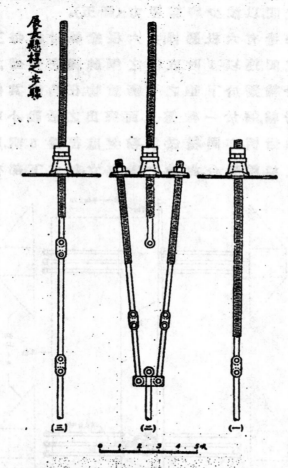

圖（七）　展長懸桿之步驟

起，須降落二十餘呎，始能達到15呎之排水深度。惟懸桿上之螺絲

紋祇有10呎 8 吋，螺絲旋至盡頭，不能再降時，則於吊車上工字鐵

上面之鐵板前後兩小孔中，各穿24吋直徑螺絲懸桿一根，上端用

螺絲帽在鐵板上旋緊，下端與兩塊鐵夾板連接，鐵夾板將第二根3吋直徑載重之懸桿上端夾住。在此時間，兩根2¼吋直徑懸桿可暫時代替第一根3吋直徑載重之懸桿，然後將第一根載重懸桿與第二根拆開，向上旋隆留出5呎8吋之空距，用一根3吋直徑，5呎8吋長之懸桿，連接於第一根與第二根載重懸桿之間。接好之後，即將兩根2¼吋之懸桿拆除。所有十二根載重懸桿均同樣裝接，則可繼續降落五呎有餘，倘接一根不足，則續接二根，三根，至沉箱浮起之後，再將下部之工字鐵繼續降落數吋，使沉箱浮動而無阻礙（圖七）。

沉箱離開吊車之後，承托沉箱之工字鐵須吊起至地面以上，然後吊車可移入續吊其他沉箱。此工字鐵本與懸桿聯接，但工字鐵吊起時，可無須旋轉螺絲帽，使懸桿上升之手續，祇須將每四根相聯之工字鐵兩端各用鋼絲繩懸掛，經過滑輪，與絞車相接。搖動絞車，則工字鐵徐徐上升矣。迨八根工字鐵完全上升，高出地面時，即將吊車推回至第二個沉箱之旁，將四根相聯之工字鐵置於輕便鐵路小車之上，與懸桿拆開，用小車將工字鐵運入沉箱之下，而承托之。其他四根相聯之工字鐵亦然。然後將吊車推進至第二個沉箱中間，再將工字鐵與懸桿聯接，其手續與懸掛第一個沉箱相同。

（戊）浮運

沉箱浮起之後，第一步手續，即將沉箱拖出吊車以外。事先應將沉箱內所需之拋錨設備裝置完備，以便沉箱離開吊車之後即可於江心指定之處拋錨。

拖動沉箱之法，用一滑輪置於江心躉船上，又二滑輪繫於沉箱前面墻外鈎上，以1¼吋直徑鋼絲繩一根，一端繫於沉箱前面墻外鈎上，一端來回穿過三滑輪，再穿過沉箱木堰，繫於沉箱內之絞車。絞車旋繞鋼繩，則沉箱向前移動。在吊車兩旁尚有絞車二部，其鋼繩穿過吊車上之滑輪，繫於沉箱兩旁鈎上，用以校正沉箱之地位,至離開吊車爲止(圖八)。

沉箱內拋錨之設備,共有絞車四部;在沉箱內木圍堰支架之上傭釘木板,木板上裝置絞車,靠前後墻各裝絞車一部,以束制前後兩錨,靠左右墻各裝雙輪絞車一部,每部有鋼繩兩條,以束制左

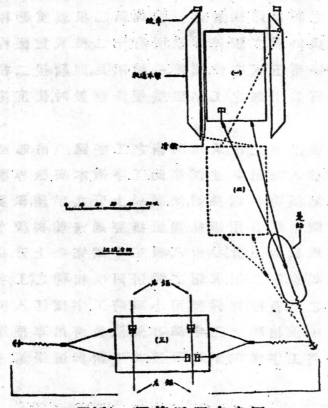

圖(八)　沉箱浮運之步驟

右兩錨。計一沉箱前後二錨,左右四錨。鋼絲繩直徑爲1½吋,穿過木堰處,則用滑輪承轉,故沉箱在江中拋定之後,其地位可隨時用絞車校正(圖八)。

錢塘江橋氣壓沉箱沉奠工程

魯 迺 參

本橋正橋墩底在吳淞水平零點下 12—18 公尺(40—60 呎)之間,深入江底下約六七十呎,墩基所在之處,流沙甚多,不易開挖,審察情形,實以應用沉奠氣箱法為最安全而經濟。

正橋第一號墩氣箱為就地建築,其他橋墩氣箱均先建於南岸工作場上,然後運至江邊,浮於水中,駛至造墩地點,加重下沉。

(甲) 氣箱沉奠情形

第一號墩地位紧近北岸,江底較高,水深最多不過 6 公尺(20 呎),而最淺時,竟可洞見江底,氣箱不能浮運,故採用鋼板圍堰法,先於墩址四周夯打 50 呎長賴森三號鋼板樁 184 塊,做成圍堰,然後將堰內之水抽乾,挖去浮土,填築石子夯實,於廿四年五月廿四日起灌注氣箱混凝土,同年七月七日氣箱工作完畢,復將墩牆築高 12 呎,然後安裝氣壓工具,於九月十八開始挖土下沉。初以圍堰攔水,未用氣壓,迨至十日後,引入江水,始加壓氣。工作晝夜不息,先將挖出之土,填實氣箱外部空隙,以增加其重量,使氣箱徐徐下降。此時對於壓氣之大小須特別注意,蓋氣壓高則浮力過大,氣箱有被浮起而傾倒之虞,氣壓低則泥土之負荷力不足,氣箱有下沉過速之弊。加以江底地質由 +14 呎至 —1 呎一帶,悉為澱泥帶沙,不勝重載,故須打入適當之氣壓,保持平衡狀況。當該墩腳沉至吳淞水平零點時,因使用氣壓過大,以及土質軟硬不匀,遂致氣箱向西

7543

北傾側,其東南角與西
北角高度之差,竟達 5
呎之巨(第一圖),然因
應用壓氣易於控制,故
將吊泥工作暫停,用人
工將工作室內東南角
之泥土移至西北角,然
後將氣壓減少,使氣箱
徐徐下沉,俟其平直後,

第一圖　第一號正橋橋墩傾斜情形

再將氣壓增加,卒得恢復直立狀態,照常工作。氣箱既沉沒於泥土
內,日漸下降,一面續澆墩牆,一面進行挖土。重量增加,則管理較易,
惟因地質由 -1 呎至 -32 呎均爲黏土及澱泥帶沙,其負重力量
極小,故所輸入氣箱內之氣壓實大於理論所需之數值。蓋打入箱
內之氣壓,非徒用以抵抗箱外之水,且利用其浮力以支托氣箱,而
保持工作室內之相當高度,以便挖土。在挖土工作進行期中,曾以
氣管破壞,而壓氣未能照常供給,致使氣箱驟然下沉,直至工作室
全爲泥土填滿。由 -33 呎至 -47 呎爲沙礫及石,其負荷力較大,而
箱內所用氣壓遂得小於理論所需要之數量。惟此時氣箱入土較
深,土質較硬,箱外四周之阻擦力增大,反使箱身不易下沉,又須將
墩牆兩端半圓寰空際部,填以沙泥,增加體重,復將墩脚下面挖空,
而氣箱乃得徐徐下降。茲將該橋墩所用氣壓工具以及工作情形
分別說明於後。

(乙) 壓氣工具及使用方法

(一) 壓氣機

　　壓氣機裝於北岸工場者,共有四部,一爲美國最新空氣自冷
式壓氣機,在百磅氣壓時,每分鐘可供給壓氣 249 立方呎,一部爲
德式舊氣壓機,每分鐘可供給 100 立方呎,造津浦路黃河橋時曾

用之,其餘兩部則爲美國水冷式壓氣機,每分鐘可供給 500 立方

呎。各機之用法,俱係將空氣由壓氣機打入氣櫃,再由該櫃傳至總

氣管,總氣管連接支氣管,支氣管通於工作室。在一號橋墩施工期

間,只用德式舊壓氣機,若遇供給不足,則輔以空氣自冷機。

（二） 氣閘及氣筒

氣閘及氣筒共有七組,每組可接高至 80 呎,其中一組爲孟阿

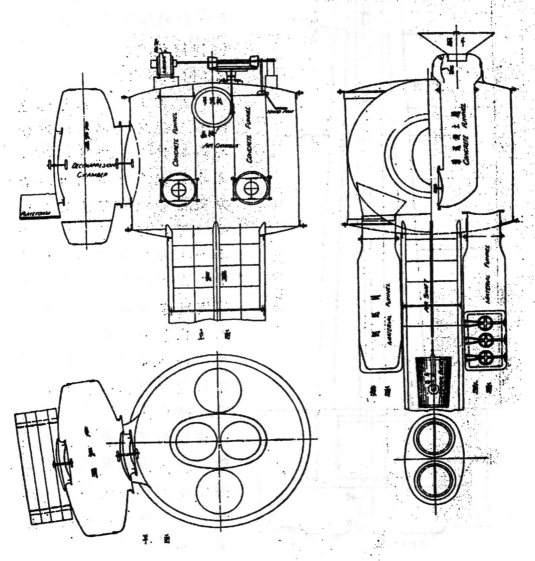

第二圖　　氣閘氣筒裝配略圖

恩公司造黃河鐵橋時所用者,其餘六組,則為在上海所仿造略加
改良,專為造本橋所用者。氣筒上通氣閘,下達工作室,其高度視需
要而定。下置一門,於接高氣筒時關閉之,庶使氣壓得以照常供給
而免沉箱有忽然下降之虞。

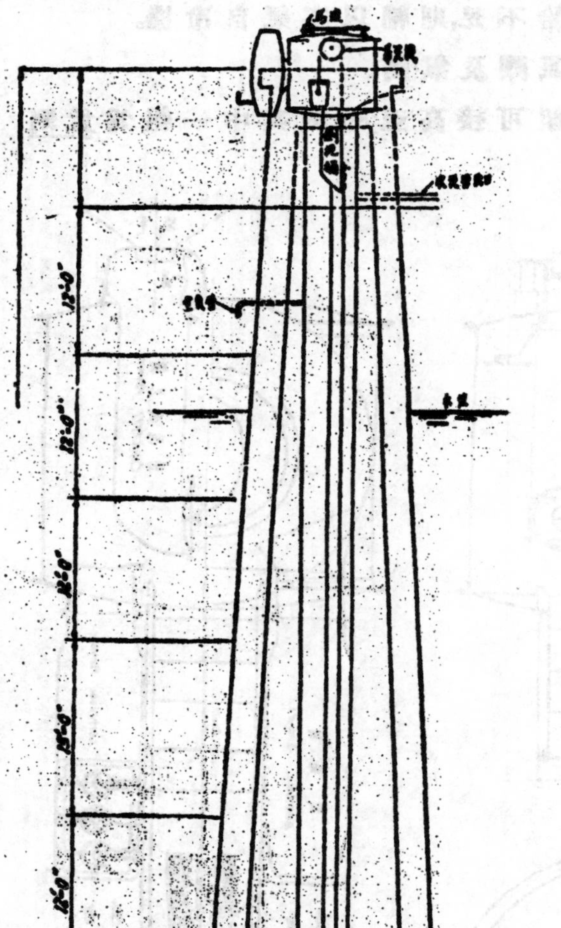

第三圖　工作室內挖土

氣閘內裝置吊泥機及灌注混凝土桶兩堂,並於一旁附設雙氣閘,其下連接倒泥桶兩堂,各分設於氣筒兩旁(第二圖)。

吊泥機為一齒輪形之機器,外連於三馬力之馬達,斗鏈繞於其上,鏈端各繫一泥斗,每泥斗容量為 3.3 立方呎,當一泥斗吊入氣閘內時,他端之泥斗適在工作室中,俟上面工人將倒泥桶內泥土倒出時,工作室內工人可同時將掘出之泥土填入泥斗內,俟裝滿後,則用電光向上示意,而使司吊泥機者,立即開機,於是實泥斗向上升,而空泥斗同時下降,如是反復進行,工作得以連續不斷。至其速度,視氣筒(亦即墩牆)之高矮而定,氣筒低,則吊泥工作快,反之則工作緩(第三圖)。

雙氣閘為工人進入工

作室之孔道,當工人進入變氣閘時,須先將外門關閉,開放氣栓,使壓氣由氣閘逐漸流入變氣閘,俟裏外氣壓相等時,則裏門可以開放,而工人可經氣閘氣筒而進入工作室。反之工人站在變氣閘內,將裏門關好,開放另一氣栓,則壓氣流入大氣內,俟變氣閘內之氣壓與大氣壓力相等,始可開外門而出。

保險變氣閘設於氣箱上部,置有兩門,一道上通墩牆中心空隙部,一道下通工作室,其使法與變氣閘同。

變氣壓時之長短視氣壓之大小而定,約如下表:

氣壓(磅)	8—15	16—27	28—35	35—40
時間(分)	2	10	15	20

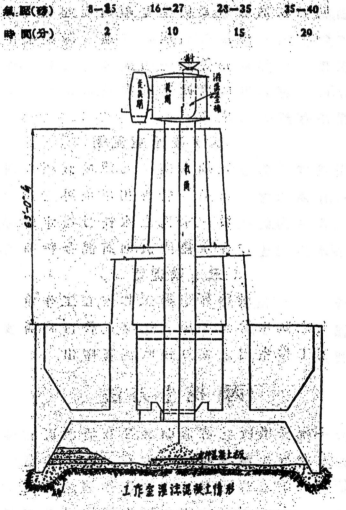

第四圖　　工作室澆注混凝土情形

倒泥桶共有兩隻,附於氣筒兩旁,上門通氣閘,下門通大氣,其容量可盛五泥斗,亦即約1.6立方呎,其上下門開放之法,與變氣閘同。當一桶倒泥時,他桶裝泥,工作連續不斷。

澆注混凝土桶亦有兩隻,附於氣閘內。混凝土由一漏斗倒進,俟倒滿時,將漏斗取去,放置他桶上。閉上門,啓下門,則混凝土經氣筒直落於工作室內。兩桶替換應用,工作連續不斷(第四圖)。

(三)救護氣閘

在最高氣壓時,工人有時得病,其得病之象徵,即四肢關節疼痛,不能行動,同時皮膚發癢。爲醫治是項病症起見,在壓氣機近旁,設有救護氣閘。當工人患是項病症時,可進入救護氣閘,使該室之氣壓先與工作室之氣壓相等,然後將該室之氣壓逐漸減低,至與大氣壓相等,則人體卽可恢復原狀,其在救護氣閘之時間,約爲二時至三時,然亦有至四五時者。

(四)吸水噴泥機

在氣箱頂空隙部,設置抽水機一具,連於直徑6吋管兩隻,一通於儲水池,作爲水之進口,另一管伸出墩牆外邊,爲噴泥道,二者均接通於工作室內,連接於一水栓上,水栓旁連水射機,水射機之功用,爲使清水與泥土拌合,水栓開放,則將混合物噴出。

(五)吹泥管

吹泥管上端伸出墩牆外,下通工作室,在工作室內連一氣栓,以便節制泥土之吹出,當泥土用人工移近管口時,開放氣栓,而泥土則完全利用工作室內之壓氣,經吹泥管壓出。

(丙)挖土方法

挖土方法,視橋墩所處情形而異,凡在橋墩直立時,挖土工作由中間向四方進行。如橋墩向任一方傾斜,或工作室內近該方之泥質較軟,則先在該方對面進行挖土工作,總之務使橋墩直立,以免橋址變移。如墩身不在正位,則亦可沿促進墩身移轉之方向開

挖,而使墩址移近正位。氣箱達到磔石層時挖土工作須特別注意,
否則墩脚混凝土碰裂,其流弊不堪設想。

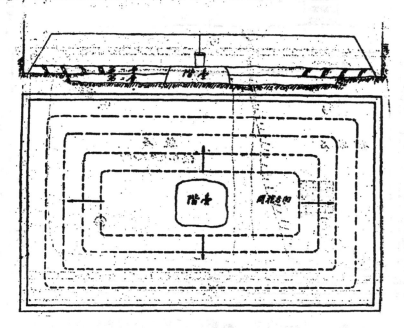

第五圖　　挖土方法（氣箱在泥土層）

　　第五圖所示,為在普通沙泥中挖土方法。先於氣筒底下留一
階台,為放置吊斗之用,然後則由中間向四方推進,俟第一層挖平,
仍由中間向各方開挖第二層,惟在最後須留一階,乃將氣壓減少,
使橋墩下沉,俟沉至相當深度,又將氣壓恢復,使墩身保持其位置。

　　第六圖所示,為在石層中挖土以及最後承載墩脚之方法。

　　開鑿石屑,須將墩脚後面從脚尖下挖空,以備於箱身傾側時,
氣箱四周箱脚與石層間留有充份空隙,箱脚可以移動,不致為石
層之反壓橫力所摧擠,此項橫力異常強大,殊非普通鋼筋混凝土
箱脚所能承受,故惟有避免之一法。

　　氣箱沉至適當石層後,先沿箱脚四周開溝,將鬆石挖平,以備
承載箱脚尖。溝之大小僅足敷工作之用。開挖次序,照第七圖所示,
由 1 至 8 分組循序對稱進行,俾直接承載墩脚之石層面積得以

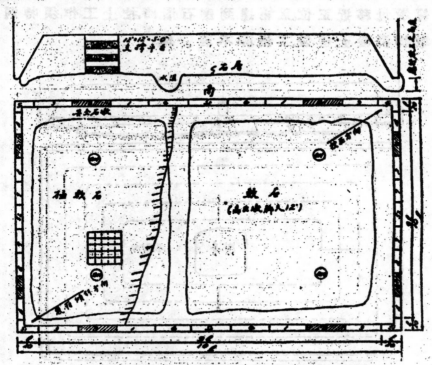

第六圖　　挖土方法（氣箱在石層）及校正橋墩位置法

逐次減小，遞減至最後之際，僅餘墩柱八座，（圖中標 8 者）。將氣壓減少後，此八座墩柱，勢難承受箱上重載，遂為箱重所壓碎，而箱身因而陷落。

（丁）輸出泥土方法

泥土輸出方法約分下述三種：

（一）工人挖土填入吊斗，用機械力吊在氣閘內，再由倒泥桶輸出。每班工人約二十三人。若沉至沙礫層，或石層挖土較難，其人數增至三十餘人。內有機匠二人，專司管理機械，四人在氣閘外扒泥，四人在氣閘內倒泥，其餘工人均在工作室內挖土。如無意外事故，每二十四小時可出土16方，亦即沉箕9吋。

至於每班工作時間，視氣壓高低而異，如下表。

工作時間表

深度	氣壓	工作圖時(小時)			
(呎)	(磅)	入	出	入	淨做時圖
0—16	0—7	6	1	5	11
17—37	?—15	8	—	—	8
38—62	16—27	4	$\frac{1}{2}$	$3\frac{1}{2}$	$7\frac{1}{2}$
63—80	28—35	3	3	3	6
81—93	36—40	2	2	2	4

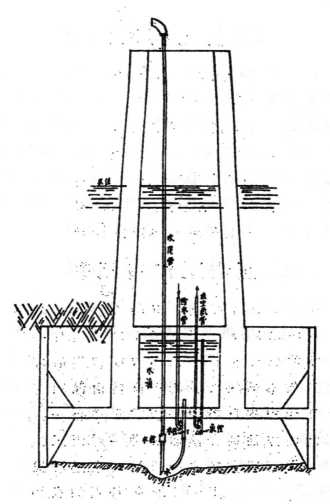

第七圖　　　第二正橋墩吹泥管裝配略圖

（二）吸水噴泥機法。用人工運泥於噴泥機旁，使水射機衝拌泥土，而成泥漿。次開放水栓，使泥漿噴出。所用馬達為七十馬力者，惟據試驗所知，非百四十六馬力不能勝任，故未得良好結果。

（三）吹泥法。吸水噴泥法既不成功，乃改用吹泥法。最初用 6 吋口徑氣管，但以壓氣溢出太多，遂改用 4 吋口徑吹泥管。又以黏土粘着性特強，使用時每將管內填滿，不能工作。最後地質為沙礫層，雖可使用此法，惟又因墩牆外面吹泥管轉頭易為沙礫磨壞，故卒未能時時應用。

(戊) 校正橋墩位置

橋墩既達石層，挖土工作乃先停止，然後即行測量墩趾，而知其應校正之數焉。在工作室近四角處，任取四點，作為水平標準，由此四點量至工作室頂上，則知氣箱傾斜之地位，與夫四周墩腳之水平。在氣箱最低一方，以縱橫木做成臨時平台，以支撐工作室頂板，然後沿墩腳四周，將石分批挖平，作為基礎，並量得該基礎至墩腳各處應行校正之高度。最後，將氣壓減小，使墩腳落於基礎上。如是則墩腳可平，而墩身可直矣（如第六圖所示）。

(己) 灌注工作室混凝土

墩址既定，遂灌注工作室內混凝土。灌注期間，為避免江水浸入工作室起見，將氣壓增高，工人工作仍為六時一班。混凝土每日灌注十八小時，即行停止。其餘六小時，則留備清理黏滯氣筒上之混凝土，以免日久不易敲去。混凝土直接由混凝土桶經氣筒落於工作室，其時工作室內已設置拌板，重行拌合一次，以期水泥與沙石均勻。至於灌注方法，則先澆滿底腳一層，距工作室頂約 6 呎，然後每 6 吋為一批，由四方向中間繼續向上逐層推進，直至全室灌完為止。其近頂板四邊之混凝土，則須特別注意，用搗插棍充份搗實（第四圖）。

(庚) 結論

一號橋墩由吳淞水平＋14.11呎起,沉至－46.35呎止,共沉奠60.46呎,需時155日。平均每日沉奠約5吋。因輸出泥土速度之限制,工程進行,甚為遲緩。若欲加速沉奠工作,勢非另用他種輸泥方法不可。根據實驗結果,應用吹泥管法對於本橋地質似為最適宜,惟須加給水設備。故自第二墩起,在工作室頂上置一水箱,江水由墩牆流入水箱,再經水管射入工作室,利用此項射水將泥沙冲稀,成泥沙漿,經吹泥管內完全壓出。試用效果,日有進境,每日最低限度可出泥土20英方,亦即沉奠1呎。如工作順利,使用熟手,則每日沉奠二三呎亦在意中。茲再將該橋墩所用吹泥管設備,以第七圖說明之。

第八圖　泥沙漿由吹泥管上端吹出情形

在吹泥管旁裝置給水管及空氣管兩組,每組兩管,一管經水箱上端通水池,下端通工作室,一管由水箱直通工作室,二管在工作室連於一管,每管端各設有水栓或氣栓,惟在水管連接一軟橡皮管,以變換水之方向。設水箱內氣壓與大氣同,將甲乙丁栓關閉之,則水由水池經水管流入水箱,以俟水滿,關閉丙栓,開放乙栓,則壓氣經空氣管流入水箱,水箱既已裝滿壓氣,開放丁栓,水可由橡皮管流入工作室,水既用罄,關閉乙丁二栓,開放甲栓,則水箱內壓氣經氣管流出水箱,氣壓又與大氣同,則水又流入水箱。

第八圖示吹泥管上端吹出泥沙漿之情形。

錢塘江橋正橋橋墩打樁工程

卜如默　　何武堪

本橋第一至第六號橋墩之地質硬層,位於高度－12至－20公尺處,無用樁基礎之必要,第七至第十五號橋墩之地質硬層,距地面較深,(－35至－41公尺)須採用木樁基礎。

水面高度,平均約爲＋6公尺左右。該處河底最低處,有達－4公尺以上者,因所有樁頭均須打至－12公尺處,故至少亦須入於河底深8.5公尺,或在平均水位以下18.3公尺。打樁施工方法,約如下述:

打樁進行,用一大機船,長38.4公尺,前部寬12公尺,前端吃水深1.3公尺,尾端吃水深約3.04公尺,其前部裝有一八字形高架(圖一及七),高36.5公尺,架頂附有滑車一組,吊活動導樁架一具,高29公尺,專爲導引樁及樁錘之用。此外尙有滑車五具,亦附於高架上。

圖(一)　機船全影及臨時平台

樁錘係採用某英國打樁鋼料公司之單衝式汽錘,總重5.8噸,有一鋼料樁帽,用兩鐵鍊環附掛於其下端。此錘之昇降,由一主要絞車管制之,以此樁錘,僅可將樁頭擊至高度＋6公尺左右,以其不能沒入水中工作故

也。但所有椿頭,均須至高度-12公尺處,相差尚有18公尺,以是有用送椿之必要。其構造與性質,略如下述:

送椿(圖二)為長20公尺之圓鋼筒,上端裝有鋼套帽一只(圖三),兩旁有大耳絆。其上端周圍曾切去一部,使其大小適能容椿錘,下掛之椿帽套置其上。下端亦接有鋼套筒一段,內口直徑為15吋(圖五),故各椿頭務須預先斬好,使恰能裝入此套筒內。又為椿頭承受送椿起見,套筒內裝有橫鋼隔板一塊。當椿打下時,送椿入於緊密泥中,其插入套筒內之椿頭周圍,每易呈真空現象,拔取送椿時,則較困難。故於橫隔板中央,復裝有自動活門一道,值送椿提起時,送椿筒內之空氣卽將此活門壓開,真空立消,其有助於拔取送椿甚多。

圖(二)　送椿全影

圖(三)　送椿上端套帽

(四圖)　送椿上端套帽縱面影

圖(五)　送椿下端套筒

送椿係懸於一能勝重 6 噸之滑車上,其本身重約 5 噸,送椿置於椿上,或當拔出泥士後拉出導椿架,均賴此滑車之作用.套帽旁另一有眼之耳絆,即專為吊拉時繫繩而備(圖四)。

有時送椿須入泥四十餘呎,因而其周圍之阻力極大,故於八字形高架上,另裝有七輪複滑車兩具,專為吊拔送椿而設。其一附於高架上部,其一裝於甲板上(圖六),其間乃以一直徑 $\frac{7}{8}$ 吋之鋼絲繩經繞連結之.高架之中央,有梯一道,可達頂端,如(圖七)所示.上部之七輪複滑車亦可見於圖中.於此複滑車上,繫有一大單滑車,其上穿有雙頭鋼絲繩一根,直徑為 $1\frac{1}{4}$ 吋,其兩頭均各穿過一大單滑車(係裝於八字形高架頂端者),而垂入前部活懸之導椿架中,再各繞經一大單滑車,復折回至架頂,於此導椿架中之兩大單滑車下,各懸有吊

圖(六)　　七輪複滑車

翠重物之雙拉桿器一具,如圖(八)所示.吊翠之速度,僅為絞車速度二十八分之一,因絞車速度經過七輪複滑車後,已被減少至七倍,復以 $1\frac{1}{4}$ 吋之繩經過一單滑車,再被減去二倍故也.穿於七輪複滑車內者,為直徑 $\frac{7}{8}$ 吋之特質鋼絲繩,可任重 5 噸,故以此吊重,可達 140 噸。

八字形高架上另有滑車一具,專為拖吊 100 呎長木椿而設。此外為傳運零星材料及小件工具而用者,尚有單滑車一具。

主要絞車如圖(九)所示,有三絞軸,各個功用如下述:

第一號絞軸 —— 專為椿錘之用,

第二號絞軸 —— 專為導椿架之用.所用鋼絲繩直徑為 $1\frac{1}{4}$ 吋。

第三號絞軸 —— 專為吊翠重物之雙拉桿器而設。

打椿施工步驟,約如下述:

圖（七）　高架上之梯　　　　圖（八）　吊舉重物器

圖（九）　主要絞車　　　　圖（十）　鐵椿枷

（一）將椿吊至導椿架頂部。

（二）放於導椿架內，置椿錘下。

（三）將椿帽及椿錘輕置椿頭上。

（四）用鐵枷一具，如圖（十）所示，將椿枷於導椿架內，使不能擺動。

（五）將機船各部份錨鏈放鬆或拉緊，以移動機船，使各椿位置確定。

（六）椿位既定，椿錘與椿徐徐降下，椿未插入泥土以前，椿位當覆測一次，然後將椿錘及椿再行鬆下，直至其不能下沉為止。

（七）當椿不能再沉下時，乃將吊椿錘之繩及掛椿帽之鐵鏈環，均行除去,樁錘與樁帽,止於樁頭上。

（八）將蒸汽主管之活瓣開放,使樁錘徐徐變熱。

（九）樁錘之上昇與擊下,全賴樁錘上蒸汽活瓣之開關,當活瓣
　　　開放之始,蒸汽僅能使樁錘內冷凝之水洩出,其時樁錘落
　　　下高度,雖僅 6—12吋,每次打入深度,仍極顯著,樁尖入於
　　　較深地層時,其每擊打入深度,當隨其所遇地層之堅柔而
　　　變。

（十）用鐵鏈環將樁錘與樁帽連結,然後將樁錘昇高至導樁架
　　　頂。

（十一）將懸於前面之送樁放入導樁架內,先將下端套入樁頭,繼
　　　　將上端之一耳塞入導引之兩豎直槽鐵間,而後使樁帽與
　　　　樁錘置此送樁上。

（十二）打樁工作繼續進行,惟樁頭尚在河底以上約三十呎,送樁
　　　　與樁頭相接處,頗易變折,當其未入泥土以前,每擊打入深
　　　　度甚小,一入泥土,立見增加,每擊打入深度,頗稱均勻,惟遇
　　　　砂層時（在岩石層以上者）,則減小甚速。

（十三）所需要之深度既達,乃將樁錘與樁帽同時昇高至導樁架
　　　　頂,

（十四）將吊舉重物之雙拉桿器放下,掛入送樁頂部之兩耳絆內。

（十五）用主要絞車之第三號絞軸,將送樁提起,當其始也,約需牽
　　　　力六十噸,離出泥土後,則換用另一絞車吊拉之,使離開導
　　　　樁架至於原位,

　　　　於民國二十三年中,第七號墩河底受沖刷影響,曾達深度一
38呎,其後雖復因淤積增高,然於－10呎以下,仍未固結,頗利於打
樁及拔取送樁,而河底地層之未經沖刷變遷者,僅將送樁打入 2
呎,已足令拔取時感極大困難,故將來他墩打樁時,若須將送樁送
入老泥層者,應用何法使送樁易於拔出,尚屬問題,或可利用B.S.
P.樁錘以作吊拔器解決之。

　　爲免除施工困難計,乃將近於中部之數行先行打下,惟打完
數行後,其周圍之泥土已被擠緊,呈相當堅實狀態,致其鄰椿打下
時,每易向較頓泥土中傾斜,欲用送椿再打,已不可能。因打椿不正
而須拔出者,計有七根之多。

　　拔出不正木椿,其進行方法如下:

（一）用絞車由高架上吊拉,未有效果。

（二）於 B.S.P. 椿錘上,另加裝置,作一吊拔器,如圖（十一）所
　　　示。其法將椿錘軸置於一木墊塊上,且用鋼連結物繫牢之,
　　　椿錘頂蓋處裝有方形肩狀塊二,將蒸汽引入錘內,吊擧重
　　　物之雙拉桿器卽受此肩狀物之重擊,於雙拉桿器上亦裝
　　　有木墊塊,於椿錘上之蒸汽活瓣上,另裝有一自動放汽彈
　　　簧器,蓋爲免除錘下落而生重擊也。利用此器,錘降下至相
　　　當距離時,立卽使汽門再開,因此錘復上昇而生第二擊。用
　　　此法之結果,未稱完滿。

（三）用水射機,卽於機船上裝一 Worthington 式蒸汽水機,如圖
　　　（十二）所示,抽水量每分鐘 500 加崙,水壓力每平方時
　　　可達 300磅,蒸汽管水管皆備焉。並另裝一射水管,其設備
　　　與作用如下述:

　　　以直徑 6 吋之圓鋼管一道,接於冲水機上,他端另接以直徑

圖（十一）利用B.S.P.椿錘作吊拔器

圖（十二）　冲水機

6吋,長60呎之橡皮管一道,於橡皮管他端,則接有直徑 3 吋半圓形之鑄銅管一段,其下則接射水管。

射水管之長度,隨所欲達之深度而異,約爲24－43公尺。每段管長 6 公尺,係以雌雄螺絲套接法接成,不宜用鼻曰節接法,以其入泥土後,周圍有較大之阻力也。射水管下端用一斷面直徑漸小之短管嘴,其出水口直徑爲1¼吋。人字形高架上另有滑車一具,專爲繫掛此射水管之用(繫繩於鑄管上),其昇降由另一絞車司之。

將此射水管沿木椿放下,當尖端達椿尖以下時,此椿卽能輕擧而起,有時因管身傾斜,射水管頗不易達椿尖高度,則須冲水二次。

用射水法,毫無困難,可將椿打至所欲達之高度,故後來各墩打椿,均兼用射水法。用單管射水,已頗足適合需要。

用射水法於第八號墩中,在繼續不斷之 120 小時工作內,計共打下 102 椿,其最高記錄,爲24小時打下30椿。

使用射水法,手續如下述:

(一)機船移於定位。

(二)將射水管頭降下,觸於河底,開始射水,射水時須將水管徐徐放下,如管頭抵觸硬層時,應卽停止下降,有時尚須將水管提高少許,使管頭下部得有充分地位,容水冲洗之。

(三)射水管未使用以前,椿須吊置於其應在之位置,射水管卽沿此椿而下。

(四)當射水管全部冲下後,卽行吊起,速將椿錘壓於椿頭上,使之沉下,若椿頭未能沉下與水平時,可用錘輕緊數下,(此時吊擧椿錘之繩不用解除)若椿頭已沉至近水面處,則須用一繩條將其扣鎖於導椿架下端,蓋防其因水浮力而上衝也。

(五)將掛於錘上繫椿之銅絲繩解下,椿錘與椿帽復昇高至導

　　椿架頂。

（六）送椿置於椿上。

（七）錘與椿帽置於送椿上。

（八）將吊椿錘之繩解去。

（九）蒸汽活門開放，使椿錘動作。

（十）椿尖抵觸硬層時，椿錘輙易彈跳，此時應計算其所達高度
　　　及最後每擊打入深度，與鑽探記載對照，且計其已有之載
　　　重量，若已合需要，應即停擊。

（十一）將吊椿錘之繩及掛椿帽之鐵鏈環結於錘上。

（十二）椿錘與椿帽昇至導椿架頂。

（十三）將吊拔器掛於送椿剛耳絆上。

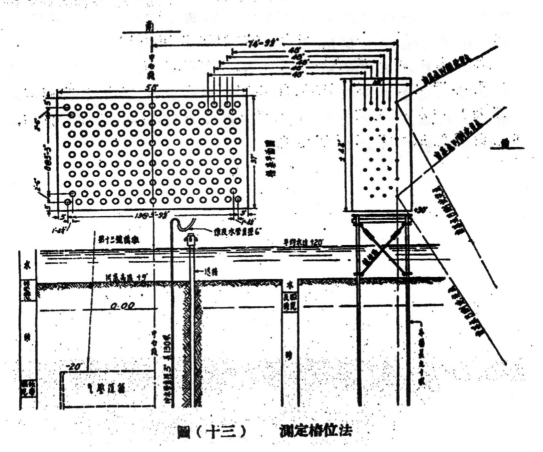

圖（十三）　　測定椿位法

（十四）轉動主要絞軸,將送樁拔出。

（十五）當送樁拔出少許後,將另一繩結於有眼之耳柈上,由另一
　　　　絞車直接將其吊出,置於原位,而可進行第二樁矣,以此法
　　　　打樁,成效顏著,惟使用各種器械,亦須有良好之工人。

　　測定樁位,應用標點平台法,其法如下述（圖十三）：

　　　於橋中心線西面,用長90呎之木樁 6 根,打入江底,造一臨時
平台於其上,樁頭彼此間,皆用縱橫及斜木支撐連接之,垂直方面
亦用鋼拉條繫牢,其鬆緊可由一活旋螺絲扣（turning buckle）以
校正之,務使平台十分牢固,平台係以 2 吋木板作成,於其上用經
緯儀測定一直線（距離中心線74′－9¼″,且與之平行）,自三角
網中之二基點,以角度關係,於此直線上測定二點,距離31呎（墩
基縱向兩外行樁間之總距離）。此二點確定後,將樁與樁間應有
之距離,於此直線上劃出,則各樁位置,即可以距離關係,直接量定。

　　　每墩打樁工作,約需半月,平台上之標點,必須覆測數次,且須
將四周外圍之樁最後施打。於此外圍各樁施打之始,須再將標點
覆測,如是則所有之樁,皆將在氣箱基腳範圍以內,因氣箱之位置,
亦係由同樣三角基點所測定也。

錢塘江橋沉奠基礎井箱工程

孫 鹿 宜

北岸引橋，ＡＢ二墩，地臨江渚，水流甚急。爲節省經費及安全起見，採用沉奠井箱爲基礎。每墩二井，四井峙立。井爲橢圓式，全以鋼筋混凝土製成，高約 16 公尺(52 呎)，闊約 4.3 公尺 (14 呎)，長約 5.9 公尺 (19 呎)，中空，井厚 4 尺。鋼筋環立外圍 72 根，內圍 18 根，皆採用 4 吋圓鐵，環鐵亦同，每高一尺一根，內外又用鉤鐵鉤住。井脚以 1:20 坡度向外傾斜，高凡 8 尺，闊 1 尺，一切設計，皆合箱脚承載及尖度之需要。井分四節灌注。第一節高 14 尺，二三節各 13 尺，末節 12 尺。每節下沉，約差二旬。下沉時，第一二三節所遇地層，皆爲澱泥少水，如用挖泥機，反難收效，故全用人工開挖法，法以鏈鋤掘土，以木斗盛之，吊曳而出。下沉速度，每天平均約在一尺左右。箱身傾斜，各不相同。下沉極驟，竟有一次在二三尺左右者。凡遇傾斜，先用普通方法，在內開挖高方，以便糾正；無如井箱不大，收效甚微，乃即用徑尺硬木數根撐住。此項撐木，上端扣入混凝土內數寸，下端斜支平地上。箱身稍一下沉，則硬木完全壓緊。沉箱賴此校正傾斜，得獲垂直者，諸法之中，此法爲最便。各箱下沉至第四節時，箱脚已達沙石層。泥內即有水湧出。故在箱內半腰處，各置 28 馬力之抽水機一具。抽水管下達泥面，上引出箱。機身懸于滑車上，升降極爲自由。井箱挖土，始終用人工開挖至石層。各箱之中，Ａ墩西井，先達石層，下爲綠色岩石（按即鑽探所驗之蛇紋岩），即將石層全部挖平，故箱脚得能平置石層上。四圍漏水處，皆以麻袋，內貯混凝土堵實；間亦有用

7563

混凝土堵實者,則全視箱脚四圍之乾濕而定當時之處置。厥後又開鑿中部石層,面積約百方尺,深二尺,作一窪穴,以爲將來混凝土及石層接筍之用。

封底時,全用混凝土夯實,惟中留一穴,深約五六尺,徑二尺,內以鉛皮套筒圍住,作爲抽水之用。然後不時抽水使乾,故四圍混凝土得能避水澆築。混凝土層,築至筒頂稍止,候其凝固二三小時,再將此穴以成份較富之混凝土封固,以後再築上層混凝土。其餘各井,開挖封底等工作,皆如上述。惟A墩東井,甫挖至沙石層,時值春雨,雨井間污泥下陷,直逼墩脚邊,漏入井內,以致沙泥內灌。井內之沙泥上湧,致驟漲十五尺。後以挖泥機逐日挖盡,始得竣事,然已費不少周折矣。

在校正箱身傾斜時,A墩東井及B墩西井,曾用偏重法。以24吋工字樑六根,長19呎,平舖箱頂,挑出一端,約有四五尺。上製木櫃,貯石,可得偏重量約70噸。工樑他端,以1吋方鐵二根,作環形套住。該項環鐵,預製入混凝土內,卽爲各工樑之拉點。此項偏重法,大概在地面斜撑不能收効時,最見裨益。

在校正傾斜度時,又有用錘擊法。其目的,在使四周泥土震動,助其下沉。同時遇箱身向北傾斜時,則北端脚下,填以混凝土小樑;南端脚下挖空,以冀一受震動,得獲垂直。

錢塘江橋混凝土施工概況

李學海　　王同熙

(甲) 原料

(一) 水泥: 本橋橋址,離海口不遠,潮水高漲時,江中所含海水量甚多,極易侵蝕水泥而使鋼筋易於銹蝕。正橋墩牆之禦水部份,曾擬採用啓新公司之特種水泥,防止海水侵蝕作用,而其他部份,則用該公司之普通馬牌水泥,引橋部份,全用中國水泥公司之泰山牌水泥。

(二) 砂: 砂之良否,關係混凝土之應力至鉅,故宜力求良好,以策安全,但工地附近,均爲澱泥細砂,絕無可供混凝土之用者,故經多方探集,嚴密試驗後,始決定用錢塘江上游富陽諸暨等處之產物,大小銳度,尚屬合格,惟少軟弱雜質,而清潔則不足,故於拌和之前,先經洗滌,方始應用。

(三) 石子: 石子大小,除 1:4:8 混凝土所用者爲二英寸外,其餘各種混凝土,均爲一英寸以下,一英分以上,質體均勻之石子。引橋橋墩所用爲富陽饅頭山所產之青色石子,壓力每平方英寸一萬三千磅以上,框架護牆橋面等所用,大都爲麈山青石子,均由機器軋成,其初用里山之紅石及麈山之青石,現只採用饅頭山之青色石,軋石機凡二架,一架安裝於沉箱工場內,一架安裝於橋址北岸工場。

(四) 水: 江水含有鹽質,尤以高潮時爲甚,不堪應用。工地附近,向無水供設備,若專爲本工程裝置自來水,則其費用殊大,故北岸用虎跑山谷之山水,南岸則取之於池中。江中正橋橋墩則將北岸清水用水管引至江邊,再用躉船載往工地應用。

（五）鋼筋: 所有鋼筋,均為用馬丁 (Open Hearth) 方法鍊製者,對於鋼筋式樣,不加限制,故光鋼與竹節鋼並用,對於鋼筋之性質,應力,彈力,極限等,則須經試驗及格後,方可應用。

正橋所用鋼筋之一部,因應拉力稍弱,故令包商於用是項鋼筋時,加放百分之十五,以資補救。

正橋鋼筋多數來自波蘭,引橋則大部來自德國。

（乙）木模型

（一）安裝木模型: 引橋均用洋松做成,正橋則兼用鋼模。

（子）正橋沉箱模壳因施工關係,外面不做支撐,而在裏面加放橫木斜撐等物,以資牽繫,箱牆因厚度較小,故在外邊做活動,模板每隔兩塊,留一塊空檔,以便灌注及搗夯,四周箱脚,載於若干短木柱上,以便於沉箱懸吊時,可以分批拆除。

（丑）引橋開口沉箱箱牆及正橋墩牆模壳,均用自支式 (Self-Supporting) 分段接做,如圖（一）所示。此項牆厚較大,鋼筋較稀,可以使用輸送槽將混凝土輸入模壳內,至適當高度,再行下注,搗夯工人亦可在模壳內工作,故將每段高約 12 英尺模壳,全部做成,不用活動模板。

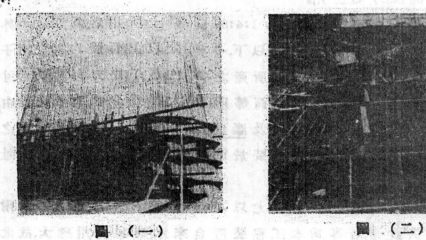

圖（一）　　　　　　圖（二）

（寅）引橋橋墩底腳,則爲極簡單之木模型,如圖（二）,而前厚G及H兩墩底腳,則利用鋼板圍堰爲外部模型。

（卯）引橋墩膇模売,概用塔架支撑,兩端用固定直板,兩旁用活動橫板,橫板每兩塊一放,混凝土卽由此處傾入。

（辰）上部建築,因離地甚高,頂撑長度不足,故分兩層接做,並在墩頂安放捆柵,力求堅固。鋼梁上面橋板模型,則支承於鋼梁桿件上。

（二）拆卸木模型最短日期,悉照表（一）之規定。

（表 一）

建築物名稱	拆卸木模型最少天數	備　　　　考
沉箱上部	7—14	
沉箱下部	14—21	
正橋墩墻第一節	5—7	$2\frac{1}{2}$天僅限於正箱下降期此通每日二呎尺時,否則至少須7天
正橋墩墻	$2\frac{1}{2}$—7	
引橋橋墩	7—14	
路面平板	14	
路面縱梁	14	
路面主梁	21	

（丙）混凝土

（一）混合比: 混凝土之混合比,本橋所用者,計分下列六種:

1:1:2　全橋鋼梁梁座下用之。

1:2:3　引橋上部剛架証橋,以及開口沉箱箱頂用之。

1:2:4　正橋沉箱墩墻,以及全橋路面,欄杆,翼墻等用之。

1:2$\frac{1}{2}$:5　引橋墩礎以及開口沉箱箱墻用之。

1:3:6　引橋橋墩底面,氣閘及開口沉箱等填塞,以及正橋墩基內大凡混凝土均用之。

1:4:8　僅用於引橋基礎下墊平石岩，以代礐石。

（二）拌和方法：　本橋所有混凝土，均用拌和機拌合之，以混凝土拌和至顏色均勻為準，平常於原料放入後，乾拌半分鐘，加水後，溼拌一二分鐘，而轉動稍慢之拌和機，則需時較久，混凝土拌勻後，須待全部傾出後，方作第二次之拌和，故拌和混凝土一次，連同放入傾出等時間，至快亦需五分鐘，而工人較少，運輸較遠，拌合較多時，延長至十餘分鐘者亦有之。

拌和時用水多寡？亦為一大問題，蓋少則灌注不易，多則應力減小，本橋為露天水上建築，須防空氣及潮水侵蝕作用，尤應少用水分，俾混凝土於硬化後，比重較高，空隙較少，易於防蝕，但天氣之陰晴，砂及石子內含水之多寡，均為無法權衡之事，而對於用水均有密切關係，故須由監工人員，時用堆積試驗（Slump Test）以定水與水泥之百分比數，務使所用水量，於相當搗夯後，僅足使混凝土流入鋼筋間，成為乾濕合度，質地均勻之黏性物體。

本橋所用拌和機，計分下列數種：

（子）裝置於北岸引橋工場者三具，正橋北岸工場者一具，容量均為半立方碼，為國內　　　　　　之號式機（Drum），由電氣馬達發動，每分鐘轉動約 16 次。

（丑）裝置於南岸引橋工場者二具，一為半立方碼之容量，一為一立方碼之容量，均為上海大生鐵廠出品，前者每分鐘轉動 22 次，後者每分鐘轉動 16 次，均由柴油引擎發動。

（寅）裝置於正橋沉箱工場者一具，為 Ransome 第五十六號，由燃汽機發動，每分鐘轉動 7 次。

（卯）裝置於江中躉船上者一具，為 Lake Wood 第四十二號，由電氣馬達發動。

（三）拌和場所之佈置：　因建築物之高低不同，水陸異趨，故其式樣隨須變易，就目前而言，可分下列三種：

圖（三）

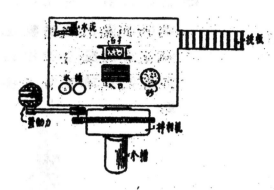

圖（四）

（子）裝置於陸地上,以備灌注較低建築物之用者,計有北岸
　　引橋工場兩處及南岸引橋工場兩處。圖（三）及圖（四）,卽
　　爲其佈置之大槪情形。所有原料,均由人力搬運,經挑板
　　而安放於平台之上。

（丑）裝置於陸地上,以備灌注較高建築物之用者。

（1）北岸引橋上部建築所用者,與圖（四）所示相同,但於拌
　　　和機前,裝置80英呎高之木質起重塔及高架橋,起重
　　　塔內裝吊屉一具,高架橋上,在木塔旁裝木槽一座,如
　　　圖（五）。

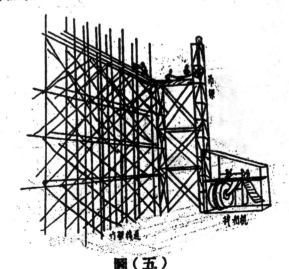

圖（五）

(2)北岸正橋工場及南岸沉箱工場所裝置者,則因拌和
場所距灌注地點較遠,故在平地或便橋上安置輕便
鐵道,將混凝土從拌和機運輸至澆灌地,然後應用起
重塔運送桶等向上移運,圖(六)爲裝碟工場之設備情
形。

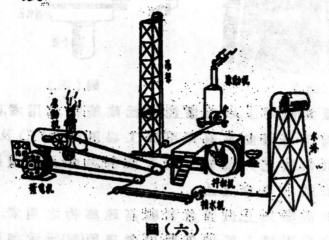

圖（六）

(寅) 裝置於駁船上,浮於江心,以備隨時遷移,灌注江中建築

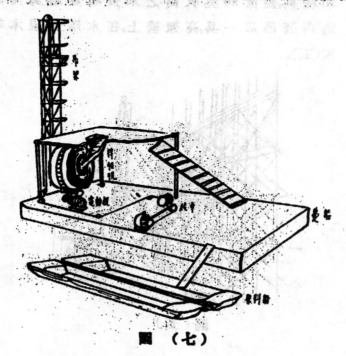

圖　（七）

物之用,其設備計有平台,挑板,拌和機,起重塔,吊屜,運送槽,漏斗,活門等物,如圖(七)。

(四)運輸設備:

(1)起重塔及吊屜:　起重塔及吊屜,均爲吊起混凝土之用,塔爲木製或鐵製,屜爲鐵製,引橋所用者,約7立方呎,正橋所用者則倍之,吊屜達所需高度時,將混凝土傾出,經漏斗及輸送槽而下,運駛吊屜,在北岸利用電力,南岸則使用蒸汽力,圖(八)示鐵製起重塔,圖(九)示木製起重塔。

圖(八)

圖(九)

(2) 鴛鴦水車： 由人力推行於木板上每次約可搬運混凝土1¼至2立方呎,載重之車,每分鐘約可行駛30英尺。

(3) 斗車： 由人力推行於輕便軌道上,至灌注地時將混凝土向旁傾出,沉箱工場內及正橋北岸第一號橋墩處均用之。

(4) 吊桶： 使用於填築沉箱氣室時,為鐵製,由電力運送,容量為3立方英尺。

(5) 輸送槽(Chute)： 式樣不一,係鐵製或洋鉛皮所製,長短視用處而異,有短至3英尺者,有長至40英尺者,有時並用長短不同之槽,疊接而成所需之長度。圖(三),(八),(九) 均示輸送槽之式樣,及其安裝之坡度。

(6) 漏斗,畚箕,煤鏟等零星用具。

(五) 灌注方法： 混凝土運達所灌建築物附近後,瀉於拌板上,若中途發生初步凝固,或砂灰與石子散離情形,則須在該拌板上復拌一次,拌板為木製或鐵製,長6—8英尺,闊4—5英尺。

混凝土之安放方法,如下：

(1) 引橋橋墩底腳,以及沉箱氣室內填築,均為大量平舖混凝土,不能一批澆高,故將稠度增大,以6英寸為一批,連續向上澆築,以便易於搗實,並將每部緊要建築物,一次灌完,日夜連續,換班工作,最長有連至120小時以上者。

(2) 墩牆部份因直鋼筋甚多,而所受直力,又與牆斷面垂直,故不必限定整個墩牆一次澆好。引橋因用畚箕將較稠之混凝土,從墩旁拌板上傾入模內,自下而上,進行甚緩,故以6英寸為一批,連續灌築,每至兩塊板高時,將上面約略做平,然後繼續上進。正橋因用起重塔運送槽等,將較稀之大量混凝土吊起,由上下傾,進行甚速,故連續向上澆灌,每日收工時,將上面做平。

(3) 鋼架建築,因與路面牽連,故與路面同時灌注,卽每日日終之臨時接頭,亦祗限每座一個,置於剪力最小之處。

(4) 橋面建築,橋面平板一批澆足,臨時接頭,置於上下兩面俱有與接縫垂直之鋼筋處,大梁接頭置於跨度中間剪力最小之處,橋面灌注,恆從最低及最遠之一邊,沿最長方向,向最高及最近之一邊推進,以防踐踏甫經澆好之混凝土,並將臨時接頭之長度縮短。

搗夯及搗堅均用人力為之。

(六) 低溫度時之灌注: 依據規範書所載,溫度在華氏38°以下,卽不許灌注混凝土,但有時因工作至半途不能停止時,至溫度在華氏表34°度,仍行灌注,不過將砂與石子用蒸汽管烘熱,或將拌和之水預先燒沸。至於灌注方面,則將新澆混凝土於日間收工後,用極厚稻草遮護,並將夜工全停,日工時間縮短,日出始做,日沒卽止。惟溫度在華氏表34°度以下,則絕對不許灌澆混凝土。

(七) 表面修飾: 拆除模型後,凡混凝土外露面上,均用 1∶2 水泥黃砂粉光,並做線腳,以增美觀。浮運沉箱四周,則用水泥槍注射,或用防水劑塗抹,以增不滲水能力。

錢塘江橋浮運沉箱設計大綱

李 學 海

正橋橋墩因施工之安全與便利起見,採用壓氣沉箱(下文簡稱氣箱)法。因本橋完成期限甚為短促,而夯打基樁與澆做氣箱所需時間較他事為久,故必須使此兩項工作同時進行,庶幾基樁打好後,即可接沉氣箱。欲達到此目的,惟有將全部氣箱,依照各期工作之需要,分批建造。先在沿江附近作場上,預先就地做好第一期建築之懸掛及浮運氣箱。此項氣箱重量,愈輕愈好,以便減少懸吊時之重量,與夫浮駛時之吃水深度及水壓力量。故先做緊要部份,使僅足承受懸吊時之靜掛力,與夫浮駛時之水壓力。氣箱頂上四周,加做臨時圍堰,其高度視所在橋墩之地位而異,務使箱腳尖沉入江底箱底承托於浮泥時,堰頂仍得高出普通高水位上。為減輕重量及造價起見,圍堰及大部同鈴撐梁等物,均用洋松木料,支承於四座鋼筋混凝土框架上。至圍堰之功用,則為減低鋼筋混凝土浮運氣箱之高度及造價,使箱高膣僅與墩基高度相同,而所有墩基底板及挑梁等新加之混凝土,與夫墩牆之下部,均得在氣箱就位後逐期灌注。促進氣箱下沉。

浮運氣箱,本擬仿照躉船下水方法,開築滑道,牽引入江。惟當開挖之際,發現流沙甚深,滑道不易興築,故臨時變更計劃,改做水平軌道及木質架橋,將整個氣箱,連同圍堰及第二期建築之鋼筋模殼等,與夫氣箱之氣筒,重約七百噸之物,每端用工字鋼梁四條,題於鋼吊架及掛機上,然後沿兩旁軌道逐漸旋進,遠至水深地點,

7574

卽運用螺旋機下降入水。

　　氣箱浮運至橋墩地點後,卽進行第二期建築,將氣箱頂板之上半層澆足,並將各個桁梁及支架之斜橫撐間空隙,用混凝土填塞,而完成整個氣箱之底板及墩基之大梁,俾氣箱遞藉本重徐徐下沉。最後在臨時圍堰內進行第三期工作,填注墩基大塊混凝土,以及砌築墩墻下部,約達8.2公尺高度,高出普通高水位(假定水平

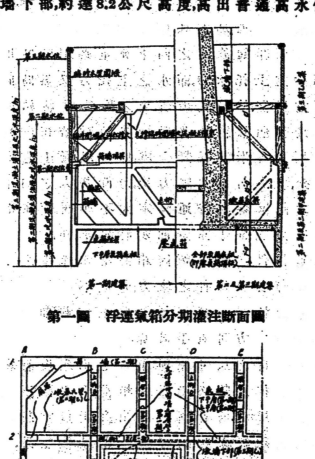

第一圖　浮運氣箱分期澆注斷面圖

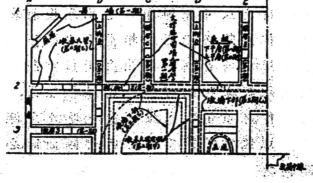

第一期————
第二期————
第三期————　　　　**第二圖　浮運氣箱分期澆注平面圖**

高度爲＋8.5公尺)爲止,同時氣箱沉至江底。然後將臨時圍堰拆除,並加用壓氣繼續下降入土（參看第一圖）。

　　浮運氣箱安抵橋墩地點後,必須先在水內下沉,此時所用沉降方法,則以憑藉箱上逐期所增混凝土之體重爲最經濟。當氣箱浮游水上時,箱上所負重載,適與箱底所受上托水力相等。若驟然增加新重,則氣箱開始下沉,惟此時水之向上托力,又因箱之吃水深度增高,逐漸加大,迨加至與箱重相等時,若不將向下死重庚續加大,則氣箱即又浮起。故箱之向下死重,必須時時增大,俾常超過與此相因而生之上托水力,而水之上托力又欲時時加高,以期與箱上向下死重平衡,俾箱底板所受之均佈重載始終不變。惟此項假定,祇適合於整個氣箱及普通局部地點。若在 (A)(B) 兩主桁間,第三期（甲）項大塊墩基混凝土處,則因混凝土之向下本重遠過於板其他部分,減去向上水壓力後,仍餘甚大之向下重載,以致底下所受勻載方向反易,與普通假定大不相同,而主桁(B)中,多數桿件,亦因承受甚大之向下重量而須特別加固。

　　氣箱各個桿件之應力,恆因箱身吃水深度之不同而時時變易,若欲逐次計算各該桿件之應力,非徒不勝繁冗,且亦勢所不能。故先假定箱底板恆受一種不變之向上勻載(卽底板向下本重與向上水壓力之差）,方可着手計算。

　　氣箱各個桿件之尺寸,恆與箱身吃水深度有密切關係,故計算每期氣箱各部桿件時,必先假定相當吃水深度,然後修正照此求得各個桿件之尺寸,使各該期中,箱身所負重載,適與所假定之吃水深度相合。故須經多次試算後,方得最後結果。

　　氣箱各部桿件之重量愈大,則氣箱之吃水愈深,而所需各該桿件之斷面亦因以愈大。故計算各該桿件斷面時,必須採用特殊方法,將各該斷面之尺寸以及桿件之重量特別減輕。

　　氣箱內混凝土工程,按照下列程序,分期灌注（參看第一,二兩圖）,以符上述計劃。

第一期　僅做氣箱內四周箱牆與箱底板之下半層,以及箱內桁樑支架等基本構造,此期氣箱吃水深度為 h_1 英尺。

第二期　（甲）在原有下半層底板上做上半層底板,以完成氣室之頂板,以及最後墩基之底板。

（乙）將原有桁樑及支架之斜橫撐間空隙全部填注,並將桁樑兩邊放寬,以完成橋墩之底樑。

此期混凝土澆完後,氣箱吃水深度,由 h_1 增至 h_2 英尺。

第三期　（甲）將氣箱兩端底樑間空隙最大之處填實,並完成整個橋墩基礎。

（乙）將墩牆下部澆注,高出普通高水位（＋28）以及臨時圍堰上端,俾(一)是項圍堰可以拆除,(二)墩牆上部可以不用圍堰在水上接砌,(三)氣箱荷重足敷將箱身沉至江底。

此期混凝土澆完後,氣箱吃水深度,由 h_2 增至 h_3 英尺。

氣箱之各部設計情形,因限於篇幅,故從略。

錢塘江橋鋼鈑椿圍堰工程

羅　元　謙

引言

在水面下,建築橋墩基礎,其最簡易之主要方法,厥爲圍堰。圍堰築成,乃得從事進行抽水挖土打椿及其他工作。近世鋼鈑椿,以其接縫緊密,抗力强大,與乎打拔兩便,用以環繞橋墩地點,築成圍堰,堅固妥善。本橋施工伊始,採用鋼鈑椿圍堰,共有五座,計正橋三座,南岸引橋二座。

本橋圍堰,槪用圓形,以其支撑可用圓環式,中間空曠而易工作之故。椿料選用 **德國剋蘇** 式。用於正橋者,俱爲暫時性質,卽至相當時期,拔去鈑椿,而用於南岸引橋者俱爲永久性質,卽鈑椿成爲橋墩之一部分,不再拔去,此其異也。

正橋橋墩鋼鈑椿圍堰

正橋橋墩之於近兩岸者,水深不過二丈,而低水時,可見江底,故用鋼鈑椿圍堰,就地澆築氣箱,計從北之第一號橋墩,及從南之十四十五橋墩,凡三座。前者爲環撑式,而後者則爲填土式。河床深淺有別,墩基支承各異,故鈑椿式樣及長度因而不同。

（一）**建堰用意**　堰築成後,積水抽乾。將鈑椿間接縫,用油灰麻絲嵌密,無使漏隙,然後挖掘浮泥,將土夯實,再鋪塡石塊。次就地安裝木料模板,澆築墩脚氣箱,俟混凝土堅實後,拆去模板,工人入內挖土,隨築上部墩墻,至相當高度,然後引入江水,與堰外水面齊平時,即將鈑樁全部拔去,然後用氣壓法,將氣箱沉至石層為止。

（二）鈑樁及支撐支計　堰之直徑至少須為23公尺,鈑樁頂高度為＋9.5公尺,江底高度＋3公尺,鈑樁腳高度必須為－7公尺,故決採用17公尺之顆森三號鈑樁,每堰計需184根,於高度＋6.5公尺處,設環撐一道,即可支持全堰,因堰內水抽乾時所承受之堰外水壓力。

計算結果,須用三層 6″×9″×10′—6″ 橫木,連結平鋪鈑樁裏線,再用4″螺栓貫夾之（第一圖）。

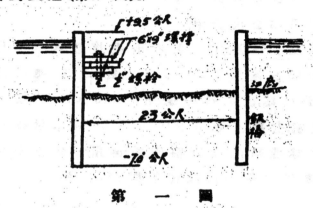

第　一　圖

（三）打鈑樁工作

（甲）機件及工具　80呎吊桿,15噸起重之鐵壳浮船一艘,2½噸 Mck. Terry 七號雙衝式氣鎚一只,荔汽絞車一具。

（乙）鈑樁　每堰計需鈑樁184根。

（丙）圍堰中心點　用大三角法,測定所在中心點,即於其處擊下長樁三根,於三樁頂連合後,釘一小釘做定中心。

（丁）導架　為求鈑樁下擊垂直,及吻合所需直徑起見,故有一圓弧導架之必要。架為木製,高約7公尺,其外緣製成圍堰裏緣弧形,安設木排上,浮置水面。

（戊）打鈑樁步驟　用鋼尺從中心樁精確量出圍堰半徑,安設導架後,浮船吊桿,將鈑樁吊起,緊靠導架外緣,順流插下,用氣鎚略事衝擊,使入土數呎,能不被水沖搖即可。鈑樁須絕對準直而及全部合口後,再用氣鎚逐一將每對鈑樁鎚下,至所需高度齊平為止。氣鎚與鈑樁間,加以蓋頂(Cap, Piece)。一頂有單式雙式兩種,備一根或一對鈑樁鎚擊之用。

南岸引橋橋墩鋼鈑樁圍堰

本橋橋址南岸,原係錢江冲積地層,其組合,全係泥土沙礫堆疊而成,且挖掘數呎,即有積水,故採用鈑樁圍堰法,堰為圓形,有14公尺之直徑,鈑樁採用賴森三號甲,每堰需 108 根。H墩用14公尺長鈑樁,G墩則用15公尺長者。

(一) 鈑樁及支撐設計　鈑樁頂高度應為+6公尺,地面高度+15½公尺,鈑樁脚高度於G為 −9公尺,於 H 為 −8公尺。計算結果,須於高度 +1公尺處,設環撐一道,用5″×10″×7′−6″硬木六層,再於高度 +4½ 公尺處,安置三層 6″×10″×7′−6″ 硬木環撐一道,始足維持堰之安全。環撐連結橫置鈑樁內緣,再用⅝′螺栓貫穿之。此外再加12″×12″穿撐交成井字形,抵住環撐(第二圖)。

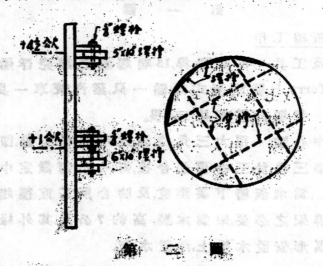

第　二　圖

(二) 打鈑樁工作

(甲) 機件及工具　直立蒸汽爐一具, Zenith 絞車一架, 25公尺木架一只, 6,760磅 Mck. Terry 9F₂雙衝式蒸汽鎚一只,單式雙式蓋頂（Cap piece）各一只。

（乙）導架　爲欲使鈑椿下沉保持垂直,故有設導架（第三圖）之必要架爲木製,以兩導弧（長度權等於圍堰六分之一）上下連結,成一堅架。導弧外緣,緊靠鈑椿裏緣,其高度至少須合鈑椿長度四分之一,始克保持垂直。乾地上打鈑椿,較水中爲難,雖有導架,仍須用經緯儀校正鈑椿之內外及兩側之偏側,以免差異。

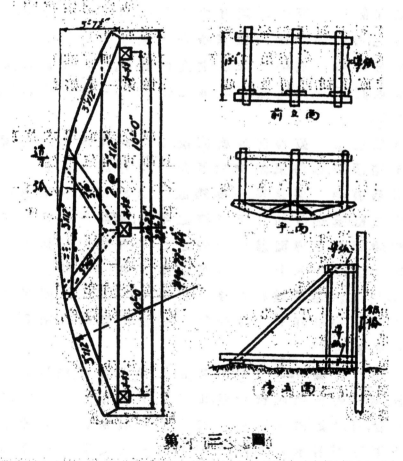

第 三 圖

（三）打鈑椿前之準備　鋼鈑椿因運轉周折椿結（Lock）積塞,或致充塞泥土,其阻礙打下甚鉅,故事先必將椿結內括洗乾淨,再塗以滑油,以減少磨阻力,椿身有偏凸處,更宜整理平直,導架之偏斜,及打樁技能之不熟練,皆足使樁傾斜。防止之法,除隨時注意樁身插下垂直外,更須於樁之頂端,頂以繩索四向繫結,一有傾斜,即可用人工拉正。他如隨時丈量導架外緣距圍堰中心之半徑,或用長弦法校準鈑樁與鈑樁間之距離,亦一良法也。

(四) **打鈑樁步驟**

(甲) 安置導架　從圍堰中心概,量出半徑,安放導架,務使導弧外緣,與鈑樁裏緣,適合而成一準確之圓弧。

(乙) 吊起鈑樁　鈑樁頂端,有預鑽圓孔,則將鋼索穿繫孔內吊起之,否則即用鋼索,緊繫樁身上端亦可。

(丙) 插放鈑樁　鈑樁吊起在垂直位置後,即將其裏緣,緊靠導架,垂直下插,再同機吊起第二根,從第一根樁結套入,順緣而下。

(丁) 安放蓋頂　鈑樁插放就位後,即以雙式或單式蓋頂,安置鈑樁頂端,再將氣錘加於蓋頂上,即可開氣擊錘。

(戊) 分級打樁　為求得一極垂直之鈑樁位置,先將第一組(每組二樁)極垂直的打下至樁之半長,再將三組或四組鈑樁,絡續安插。如地面鬆軟,稍樁之已身重量,即可插入,否則稍擊一二錘,使入土二三呎,將末組與第一組同樣極垂直打下,用此法連續進行,直至全部鈑樁,安插完竣,圍堰合口,再將其餘各組打下。此種分級打樁法,樁架搬移,稍費時日,然結果甚可靠。

(五) **用水射機(water jet)打鈑樁**　鑲江沙泥,堅韌異常,俗稱為鐵板沙。鋼鈑樁經過此種地層,頗不易下,爰用水射機輔助氣錘。法將射水管,到達鈑樁底高度時,即用錘擊鈑樁,因水力沖散底部泥沙,錘擊下降,而射水管亦隨之而下,直至鈑樁擊至所需高度為止。

水射機為 Worthington Vc 臥式雙桿水泵尺寸為 10″×6″×10″,即氣缸直徑10吋,水筒直徑6吋,衝程10吋。最高氣壓可達每平方時250磅,出水量爲每秒170加崙,衝桿速度爲每分58呎,即等於每分35轉。

結　論

每座圍堰完竣實需日期,計一號橋墩25日,十四號墩8日,十五號墩8日,G墩50日,H墩65日。工作效率視入土深度,及地質情形而定,而工人手技之熟練與否及機件之效率,亦有影響。

單衝式較雙衝式氣鎚效果爲佳,最好圍堰合口前之插椿,用雙衝鎚,迨合口後之送下工作,則以單衝式爲之。但此就本橋圍堰得結所果而言,不能一概而論。

錢塘江橋鋼板椿圍堰被冲毀後之打撈

卜如默　　　　　孫植三

（一）第十五號橋墩鋼飯椿圍堰工作

　　圍堰圓形，用賴森第二號鋼飯椿，長 10 公尺者築成，直徑 20 公尺，共計 184 根，用浮船吊桿將鋼飯椿插入木製弧引導架，以鋼尺自中心椿量出半徑，核對準確位置後，即以雙衝式汽錘（麥肯納第七號，5600 磅）擊下，打至椿頂高度＋9 公尺爲止，入土約 5 公尺（河底高度＋4 公尺）。自二十四年三月八日打起，至十五日全部打竣，爲時僅八日，每日最速打 44 根，最少 2 根。參閱圖（一）。

　　鋼飯椿圍堰既成，乃開始墳土。墳畢即裝設抽水機二具，日夜抽水，併一面在堰內敷　鐵軌，將四十公尺高之鋼架打椿機裝置　上，以備打椿。

（二）鋼飯椿圍堰被大水冲毀情形

　　二十四年五月底大雨，水位驟增，江流湍急，其勢至猛，河底雖

圖（一）打鋼飯椿圍堰之情形

圖（二）水流湍急圍堰危險之情形

經冲刷,圍堰仍屹然未動。爲求安全計,更投多量石塊於圍堰外邊四周,以防冲刷,而鞏固堰基。六月十九日至二十三日,第二次霈雨連綿,歷時五日不止,於是山洪暴發,洶湧而來,又值潮汛未退,水位激增,至+8.70公尺,創是年最高之紀錄,而江流湍急,尤爲稀有。圍堰面積偌大,實足障礙流路。雖於冲刷江底之時竭力救護,卒歸無效。六月二十四日,圍堰西部鈑樁陷落數尺,時打樁機高立堰內,卽有傾斜之勢,甚爲危險。經用鋼絲繩將其上部繫緊於鋼鈑樁上,暫時得告無恙。二十五日起,忽又大雨傾盆,歷二日未止,於是水位再增,水流更激。二十七日圍堰東部鈑樁亦告陷落,此時以江底被冲鬆動,上部土方崩裂下沉。二十八日晨五時,此屹立江中之打樁機遂突然傾倒（參閱圖二及三）。

圖（三）打樁機傾倒江中　　　圖（四）露出水面之鋼鈑樁

（三）鋼鈑樁沉陷江底之探測

鋼鈑樁圍堰沉陷江底,除少數樁頂露出水面外,其大部份均已傾倒泥中（圖四）。欲知其傾倒情形如何,以備起拔之參考,必須探悉其沉陷江底狀況。爰遣潛水夫入水探摸,測量鈑樁倒斜狀船上紀錄（參閱圖五）。

（四）鋼鈑樁打撈之經過

二十四年八月初,始以浮船起重機拔樁。然鋼鈑樁傾斜殊甚,根根縈聯,起重機不易拔出,致無結果。乃以<u>麥肯納</u>第九號雙衝式

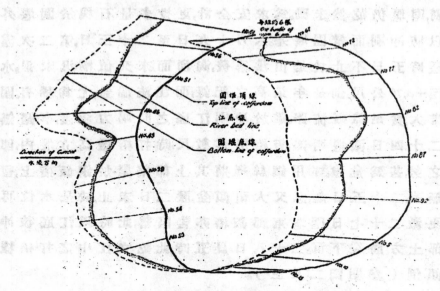

圖（五）鋼鈑椿沉陷江底平面圖

蒸氣錘倒垂，仍用浮船起重機吊桿將其吊起，一端以螺桙插入鈑
椿椿頂孔內（圖六），錘擊時務使汽錘與鈑椿保持直綫方向，否
則椿結間摩擦力橫生，不易拔出，因此工作困難，又甚費時。自八月
十三日起，始用汽錘，歷時二日，將第一根鈑椿拔出。其次數根，以入

圖（六）汽錘擊拔鈑椿　　　　圖（七）鈑椿左右聯繫拔時聯成一串

土不深，底部殊爲鬆動，用汽錘打擊，反使前後擺動，不易拔起，故祇
用起重機將其慢慢拖出。其在水中較深者，須派潛水夫入水工作，
探測鈑椿傾斜之方向。大部鈑椿，或橫臥泥中，或灣扭不堪，即用汽

錘極力打擊,卒以泥土黏著力太大,或汽錘與鈑椿方向不能一致,
有時工具損壞,有時鈑椿因左右聯緊,拉起聯成一串（圖七）,而

圖（八）鈑椿吊出時情形　　　　　圖（九）鋼鈑椿拔出後堆置岸上

機船起重機又不能勝任。後以大機船加入助拔,該船起重力達140
噸之譜,故同時能舉鋼鈑椿數十根,是以剩餘之九十五根鈑椿於
六日內,即悉數拔出（圖八及九）。

錢塘江橋橋基之開挖

熊 正 琥

　　本橋橋基土層頗深,且多淤泥細沙。石層則南向傾斜,最淺處在北岸,位於地面下約十呎,最深處在南岸,位於地面下百數十呎。故北岸引橋之北端六墩,F_{1E},F_{2E},F_{1W},F_{2W},D,E 等,石層既高,乃採用開挖方法,過此而南 C_1,C_2 兩墩,以石層漸深,遂先行打樁繼以開挖。南岸引橋五墩皆同之。

　　北端六墩,進行尚稱順利,F_{1E},F_{2E},F_{1W},F_{2W} 四墩,以通常開挖之坡度進行,深約十呎,即抵石層。惟石層不平,會就其傾斜之勢,以人工鑿成階形,填以1:4:8之混凝土,使其高度相若,再行澆築橋墩。D,E 兩墩略深,掘至 20 呎始抵石層。掘土既深,坡度稍大。惟石層亦極不平,西北淺而東南深。淺處施用轟炸,深處護以單層合口之木板樁,繼續挖掘石層全露,然後鑿成階形。時地下泉水流沙,滲透殊甚,於是一面抽水,一面填封混凝土。

　　C_1 C_2 兩墩下有永樁,入土十餘呎,挖掘工作,僅須到達樁頂下一二呎而已。惟以地土鬆濕,亦多泉水流沙,四旁泥土,自下內湧,於是塌陷隨之。遂仍用木板樁圍築一匝以護之,且為使基地堅實起見,樁頂之間,會先壘碎石一層,厚約一二呎許夯實之後,接築墩牌。

　　南岸情形稍異,緣南岸各墩處多為江潮淤積而成,泥沙固深,流沙又所在皆是。靠南端之三墩,掘時均甚困難,極南之 J_1,J_2 兩墩,下有永樁,所需挖掘之工作亦僅十餘呎而已。但掘至近樁頂處,即多流沙滲湧,不易深入。於是圍打板樁,單層合口,長十呎,入土八九呎,乃四周泥土之粘着力極微,一若毫無靜休角者然,故塌陷時有,開挖之面積增大甚速。板樁因外受土壓,向內傾倒。板樁既傾,遂多隙縫,流沙復自板底及四角滲透。日夜抽水與挖掘工作兼施,效果仍少。板樁內加裝支撐,反向外傾,終於全部拔去,依內傾之斜度重打合口板樁,密加支撐,始得繼續抽挖至樁頂下兩呎處。斯時急以1:2:4之混凝土搶快封填,方告完成。I 礅處挖掘工作亦與上述情形相似。

錢塘江橋之護墩蓆

李　洙

（一）護墩蓆之重要　據四年來錢塘江水文測量之結果，江底變遷甚大。六七月梅汛之期，江斷面刷深。自九十月以後，漸漸淤漲。民國二十四年之內，大汛不過四五次，總共不過二十日，而江底變遷竟達四十呎之深度，江底土質之鬆散及江流冲刷之威力，誠不能忽視之。其與大橋之關係，尤重要者：

（一）橋墩築成之後，江流斷面變窄，流速增高，冲刷力增大，則江底變遷更甚。

（二）水流正急，忽冲擊橋墩，致成旋流，橋墩附近所受冲刷更顯。

（三）氣壓沉箱下沉之際，應將壓氣由沉箱四週溢出，鬆動泥土，如適遇大汛之期，沉箱甚為危險。

為求興工時安全，與橋墩範圍，用柴枝製蓆，沉𡧃於江底，蓆上壓以大塊石，成護墩蓆。蓆長 100 呎，寬 120 呎，厚約 3 呎。

（二）材料及設備

（一）山柴樹枝，為主要材料，採自錢塘江上游七里瀧一帶。柴枝大小約一吋，長約五六呎，採來時已捆成束，每束約六七吋，重約十斤。

（二）毛竹作竹龍，置於全蓆之下層，利用其浮力，並強固全蓆。

（三）蘆葦用於竹龍之上。

（四）鉛絲及草繩，捆紮竹龍及柴龍等。

（五）大塊石亦為主要材料，用量甚多，視地勢情形而定。

（六）小木椿爲臨時工具,大小約 3 吋,長約 5 呎,

（七）90 呎長圓同木椿,用作木排漂浮全薥之臨時支撑。

（三）製薥　（甲）預備工作

（一）竹籠　合三四支毛竹,每隔 10 吋紮以鉛絲,連綴至120呎或需用之長度。

（二）柴籠　合山柴順序,用鉛絲捆緊成 6 吋徑之柴把,連續至100呎及 120 呎之長度,其形如龍,故名柴龍。

（三）木排　擇近江岸水深適宜之處,將漂浮之圓同木椿排列成行,兩椿顛倒,間隔 3 尺,用繩索連成與墩薥略大之木排,爲薥之浮座。

（乙）柴薥之製造　於預備工作完成之後,卽可開始製薥,木排之上第一層舖竹籠,縱橫兩層,間隔約 3 尺,空間填以蘆葦。

竹籠之上爲第二層,列柴龍,間隔亦 3 尺,縱橫亦兩層,於每十字交接之處串以小木椿,繫以草繩,繩之一端留出 4 尺,預備連繫

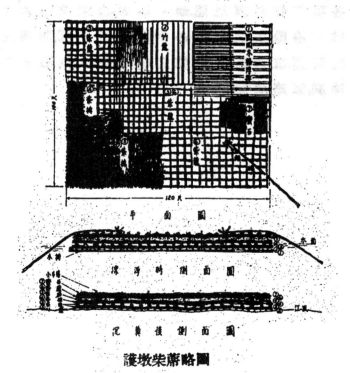

護墩柴薥略圖

最上一層之柴龍。

　　柴龍之上鋪柴把,為第三層,柴把橫列,每把靠緊,用腳力壓實,枝向上,根壓下。每縱列之柴把搭接約 3 尺,須注意緊密及厚度一致。全牀之中間,須留與沉箱底廓之空間,不必滿鋪柴把。

　　第三層之上,照樣縱鋪柴把一層,此為第四層,合此二層,為全牀之主要部份。

　　柴把之上列柴龍,間隔 3 尺,縱橫二層,交接之處用第一層預留之草繩繫接。如此上下成為一體,小木樁可以取下。擇五六支小木樁訂入牀之四角內,成四小組之梅花樁,用以連結錨繩。

　　(四)沉牀　墩牀完成之後,即須用汽船拖至橋墩位置,下錨程定。再經測量俾就準確之地位。隨由潛水夫入水,解除木排之繩索,用汽船將木樁一一由牀下拉出。此時墩牀只藉毛竹及蘆葦之浮力,然已入水漸漸湮沒。當由備妥之石船投石下壓,同時解散錨繩,更投大量之塊石,使全牀漸漸沉冀於江底。施工時宜擇潮汛較小之時期,且各項工作必須迅速,如一延遲,山柴吃水,本身失去浮力,而適於木排半邊除去之際,勢必半牀先行下沉,而難完整矣。

　　墩牀既沉冀,復於沉箱就位之後,再投大塊石於箱之四週,則可免江底沖刷,氣箱傾側之虞。

錢塘江橋橋工測量

李 文 驥

(一) 橋 址 選 擇

錢塘江橋接連鐵路及公路,其建築地點,自應以接近城區為宜。南星橋距杭州市區較近,且為渡江碼頭,苟可建橋,自屬便利,惜該處江面遼闊,江流無定,潮水影響亦較大,建橋經費恐嫌過鉅,故選定閘口滬杭甬鐵路終點為建橋地址。其地江面較狹,河身穩定,且正對虎跑山谷,於聯絡鐵路公路路線比較便利,從形勢及經濟兩方面觀察,均最適宜,是以工程處卽在此地開始測量,選定最適當之位置,樹立標幟,為橋址中線(圖二)。

(二) 三 角 測 量

(一)選點及設標 大橋中心線勘定後,卽在江之兩岸選N.S兩點,作為中心線之根據(圖一)。N點在北岸山上,地位甚高,俯視全橋最為清晰。S點在南岸土堤上,亦係最適宜之位置。又為便利測量起見,於N.S線上增設M,A,C,三點,然後在江之南岸選一基線E-W,長約1250公尺,略與中線成直角,再在北岸選一基線AB,長約450公尺。又在橋址上游約二公里處,徐村附近江邊山上,選H點。由此點之視線與大橋中線大致成直角,計所選三角點共9點,成三角網,包涵面積約2平方公里。

各基點均用混凝土築成二呎半方三呎高之石標,中設標心,

7593

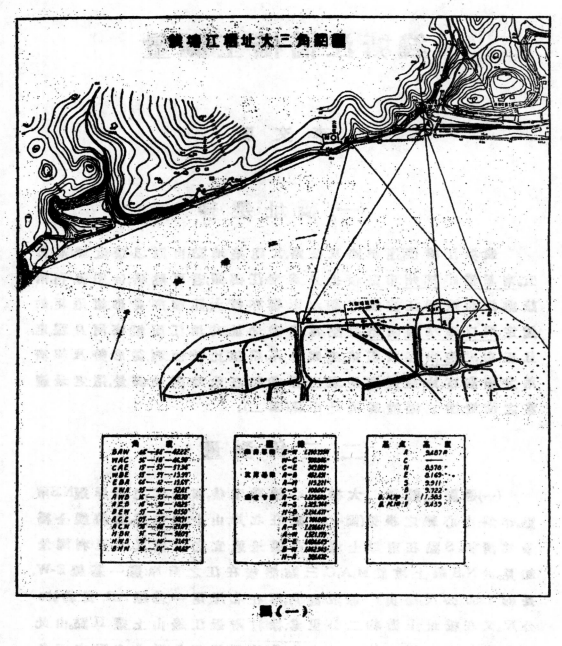

圖（一）

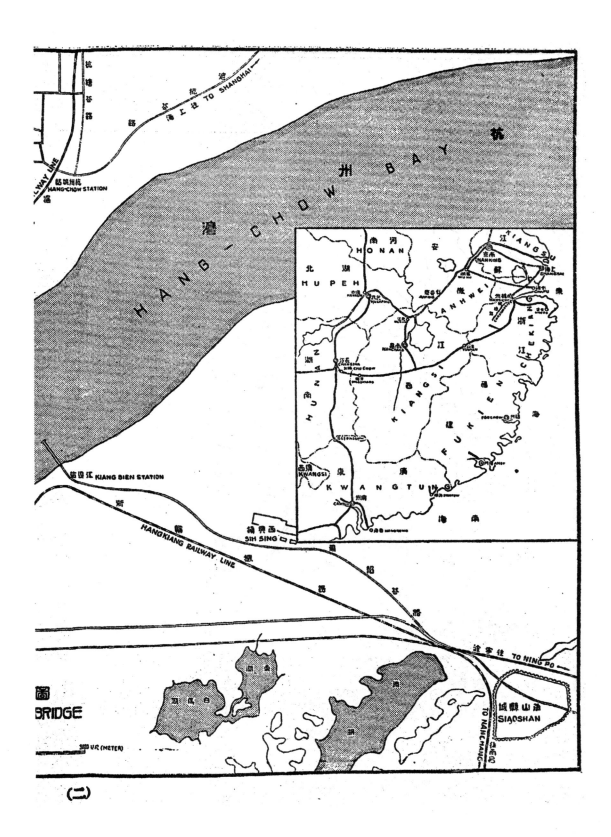

杭塘谷路

杭州湾 TO SHANGHAI 海上往 在谷杭路

RAILWAY LINE 杭州站 HANG-CHOW STATION

HANG-CHOW BAY 湾

江边站 KIANG BIEN STATION

HANGKIANG RAILWAY LINE

西兴镇 SIM SING

BRIDGE 圖

500 米 (METER)

白鳳湖

魚湖

湖

TO NING PO 往宁波

SIAOSHAN 萧山縣城

TO NANG-HANG

（二）

河南 HONAN 安

湖北 HUPEH

江蘇 TIANGSU HANKING 汉口 京市

上海 SHANGHAI

ANHWEI 微

浙 CHEKIANG

HANGCHOW 杭市

CHANGSHA 長沙 SIN-CHU-CHOW

HUNAN 南

KIANGSI 西 江

FUKIEN 建 福

FOOCHOW 福州

AMOY 廈門

KWANGSI 西廣

KWANGTUNG 東 廣

CANTON 州廣

SWATOW 汕頭

HONGKONG 香港

南海

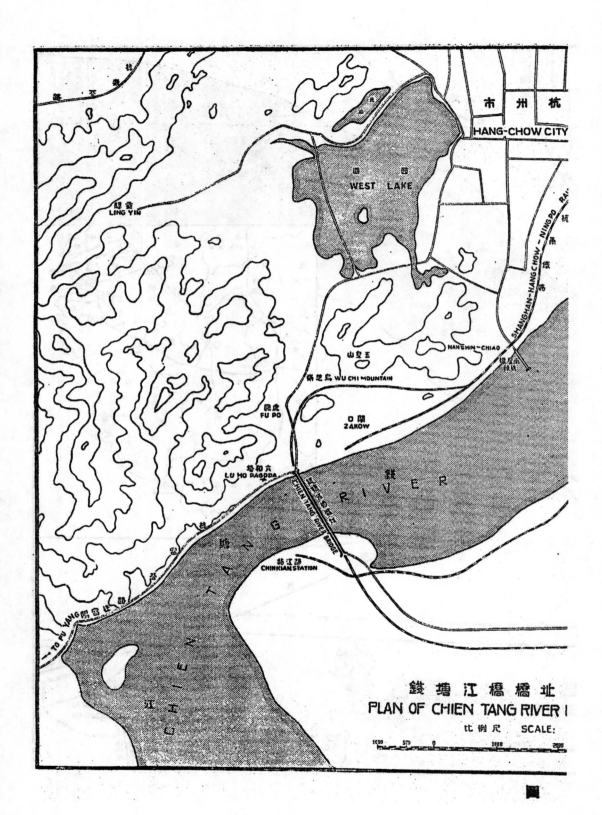

PLAN OF CHIEN TANG RIVER I

錢塘江橋橋北

比例尺 SCALE:

7596

上竪杉木三足架,高出地面約一丈餘,中樹標杆,其頂尖高出地面約二丈。木架塗白油標杆塗紅白油。標杆與石標之中點用經緯儀測勘,使其相合。

(二)基線量度　在基線上每距離25公尺,釘木橋一枚,各橋頂高度用水準測量,使其等高,或成均微之坡度,用標準鋼尺以9公斤拉力分段量度,附寒暑表紀錄,以備校正長度。南岸基線計量四次,北岸基線計量六次。經斜度及溫度之校正,其結果均以各次量得之平均數為其最近值(Most Probale Valve)。三角網內其他直線之便於量度者,均用直接量度及校正之法,其地面障礙物較多,直接量度不能準確之處,則由角度觀測用三角法計算,其結果如圖(二)中所列。

(三)角度觀測　三角網內主要角度均經直接觀測,其程序如次:

第一組　經緯儀度盤對零,望遠鏡正向,觀測內角六次,讀度數一次。

第二組　經緯儀度盤不動,望遠鏡反向,觀測外角六次,讀度數一次。

第三組　經緯儀度盤不動,望遠鏡仍反向觀測內角六次,讀度數一次。

第四組　經緯儀度盤不動,望遠鏡轉正,觀測外角六次,讀度數一次。

每組讀數用六除,取其平均數,作為該組觀測之結果,然後綜合各組之結果,用最小二乘法校正之,作為所測角之度數,然後再校正各個三角形之角度。

(四)橋址中線計算　因南岸基線之長度及其位置最為適宜,故用為計算橋址中線長度之根據,依照南岸基線及校正三角形AWE之角度計算,求得中線AC之長度為1225.683公尺,又根據北岸基線及其他三角形計算中線之長度,作為比較,相差17公厘,(約七萬分之一)。三角網內其他各直線之長度,均根據基線用三角法計算。

(三) 水 準 測 量

（1）水平標準係依照水利局所用之吳淞潮面平均高度爲零點，由橋址附近水利局所立水準石標 L_4 及 L_5 測至本處白塔壋下水準點第一號，高度爲 11.383 公尺，作爲標準。

（2）第二步卽根據第一號水準點施行水準渡江測量，兩轉點相距約一公里，用兩岸對測法，往復測量八次，經校正地球弧度及折光影響後，各次之結果相較差數自 1 公厘至 11 公厘，取其平均數 9.439 公尺爲南岸提頂上第二號水準點之高度。依此與水利局南岸水準點校對，相差不多。

（3）南北兩岸水準標點既\定，卽根據此兩點測定南北岸各三角點之高度，其結果列於圖（二）內。

（四）地 形 測 量

地形測量，用經緯儀視距法施測，當地繪圖，以便詳註地文，及校對地形。南北兩岸分別施測情形如次：

（一）北岸　以三角網爲根據，自 A 點起測東延 600 公尺，西延 800 公尺，北至山脊，南達江濱，所測面積約計六十萬平方公尺。因北岸多山，地形復雜，建築物亦較多，故繪圖縮尺用五百分之一之比例，俾圖輻較大，地形地物表示明瞭。

（二）南岸　自三角點 S 起測，東至大江之凹處，西延 1500 公尺，南延四百餘公尺，北至江邊，所測面積約計五十萬平方公尺，因南岸地勢平坦，地物簡單，故縮尺用千分之一比例，已足應用。

（五）施 工 測 量

（一）正橋橋墩　十五座橋墩均在河內，其位置之測定，以用經緯儀視線交會法爲最便。其法擇適宜之三角點三點按預先算出之角度，用經緯儀視線互相交會，倘測址絕對準確，則三視線必相交於一點，若不十分準確，而三線成一小三角形，則取此小三角形之中點爲所求點之位置。如互差太多，則須由第四點校對。

　　打基樁時測量樁之位置,先在橋墩地位之旁,適當距離之間,打木樁數根,上築臨時平台一座,在平台上用視線交會法測定兩標點之位置,根據此兩標點,及每行基樁之距離,在平台上設標點兩排,打樁時各樁之地點,即由此平台上之標點直接量度(圖三)。

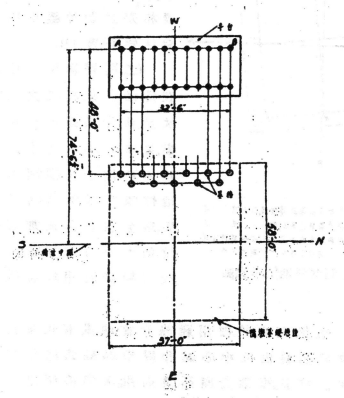

A及B為測定之兩標点,其他乃據假設各行樁中心距離在平台上
豎立之兩行樣式標明基樁之位置,即由兩標点之延長線量定

圖(三)　打樁標點平台示意圖

　　氣箱就位測量,先在氣箱木圍堰上立標杆四根,以定氣箱縱橫兩軸線,然後在三角點用經緯儀測得兩軸之位置,以知氣箱之平面位置,再用水準儀,測箱四角之高度,則其全部傾斜位置可計算而知。氣箱用氣壓挖土下沉及灌築墩臺時,其地位每致傾斜,且有全應移動位置之虞,工程進行中須隨時施測,以校正橋墩位置。在氣箱上部木圍堰未拆除以前,其測量方法與就位測量時

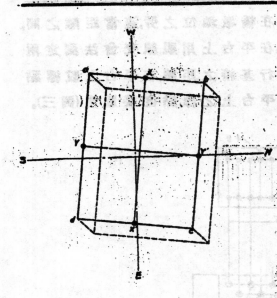

X X, X′ Y Y′為直櫃行圓枝以表示沉箱斜橫軸線，S N 及 E W 為
地面橫位置軸線此過址中線及其他三角式測線 X X 及 Y Y′ 之
地斜地位角與 a b c d 因斯之高處斜混箱空部傾斜地位可
以計算沉箱位置平則 X X 與 W E 相合，Y Y′ 與 S N 相合。

圖(四)　沉箱傾斜地位示意圖

位置準確。

(三)橋梁　橋墩完成後,卽用視線交會法,或直接量度法,定其中心之準確位置,然後由此中心點作縱橫軸線為標準,以量度橋梁支座及鋼框之位置。橋梁支座高度則用水準儀測定。

同。在木圍堰拆除以後,則須測量巳築墩牆上節斷面之位置,及墩身傾斜度,然後根據墩牆傾斜位置,推算氣箱底腳位置與適當位置相差之數,俾繼續挖土下沉時設法矯正(圖四)。

(二)引橋橋墩　南北引橋均在陸地上,故橋墩之位置可直接丈量,法先根據兩岸中線上之基點,量至各橋墩之中點,然後打木樁四枚,作十字縱橫軸線。十字樁地位須距橋墩稍遠,且須入地稍深,以免被移動,或加打標識樁數枚,則十字樁被移動時,易於重設。施工期間時用經緯儀觀察,務求位置準確。

(六) 水 文 測 量

(一)水位記載　自橋工開始以來,卽在橋址附近豎立水尺,每日記錄水位。查二十四年份一月至六月之間,水流尚屬穩定,水位高出 7 公尺之時甚少。六月二十日以後,連日大雨,水位陡漲,高出 8 公尺約十四日,最高時在七月三日達 8.97 公尺,連續七,八,九月之汛訊,均高出 8 公尺,然每日漲落有定時,為時甚暫,與歷年記載比較無特異之處。二十五年春間雨水頗多,故春汛水勢亦盛,積至六月為止,高出 7 公尺之水位,共約五十日。

　　(二)江底斷面　測量江底斷面,係在橋址中線,及浮駛氣箱碼頭之延長線兩處,每於測汛後施測,於船上用墜錘測水深,同時用經緯儀視距法測各測點之位置,然後拼合紀錄,繪斷面圖。二十四年份橋址中線處江底中流刷深至最深零點下三十八呎,與開工前最淺時相差柏計十呎。二十五年份截至七月底止刷深至零點下三十呎,與開工後最淺時相差柏計二十呎。

　　(三)流速及流量　施測流速及流量,係在橋址上下游各設一測站,分別施測。上游測站在沉箱作場之下游約五百公尺處,下游測站距橋址中心三百五十公尺。兩測站均在南岸標立兩標杆,所成直線與該處江流約成直角,以為施測之根據。施測流速及計算流量分洪水與潮水兩種,其方法略述如次:

　　　(A)洪水時施測用船一隻,流速計一具,六分儀一具,計秒時表一個,墜錘一個。其法將船沿測站划行,每距約五十公尺拋錨停止,卽用六分儀觀測岸上兩基點所成角度,以定船之位置,同時錘測水深。再將流速計放入水中,至 6/10 水深處,記錄一定之迴轉數,及經過之時間,卽可由表式查得流速。記錄畢,卽將船起錨前進,至第二測點,如法施測,將全河斷面測竣為止。洪水流量之計算,先將在各點所測水深,畫在方格紙上,成江底斷面圖,再以相連二測點之水深平均值乘二測點0.6水深處流速之平均值,再乘二測點距,卽得二測點間斷面積之流量。各部份面積之流量均如法計算,其總數卽係全河流量。

　　　(B)潮水時施測,每月二次,係按陰曆初二及十七,或初三及十八兩日,因潮水漲落之時間甚暫,故,測量方法與測洪水稍有不同。其法於測潮之前一日,先錘測江底斷面,繪於方格紙上,預計次日之中水位,亦畫於斷面上。然後將全河斷面分為三等分或四等分(視斷面之情形而定)。次日測潮,卽用船三隻或四隻(按所分斷面之數)拋錨安定於所分三部分為四部分之中心點,每十五分鐘體測水深,及0.6水深處流速一次,分別紀錄,其手續與施測洪水相同。施測時水位高度亦須同時紀錄。潮水量之計算,係將測得之流速即作為該部份之平均流速,按照相當時間之水位由面積表中查出該部份之面積,與每分鐘流速相乘,再乘以15,即為此十五分鐘內之總測量。依法將每十五分鐘之紀錄各自算出,相加,即為該部份之全測流量,各部份之流量相加,即為全河潮水之總流量。

　　據水利局紀載二十四年份錢江橋址一帶最大流量在六月二十四日,為每秒鐘8,626立方公尺,其時平均流速為每秒1.10公尺,在江中心最大流速為每秒 1.57 公尺,潮汛最猛時在陰曆八九兩月,在橋址北岸尚不甚洶湧,南岸則約有二呎餘高之潮頭。潮流最速時在陰曆八月十八日,在江中心速度達每秒2.25公尺。

錢塘江橋橋基鑽探工程

朱 紀 良

(一) 引言

錢塘江橋址附近於民國二十一年十二月間,由水利局鑽探五穴,江中三穴,兩岸各一穴,最深之穴達吳淞零點下48公尺,最淺之穴亦至27公尺。所有各層地質樣子,均備藏封存,以備查考。

追本處成立,確定正式橋址地點,與原來所鑽探之斷面地點相隔約百呎,為設計及施工上,須有確切之根據計,乃重組鑽探隊,就新址每墩各鑽一孔,俾獲準確之真象。

(二) 鑽探之經過

二十三年三月開始籌備鑽探工作,並向建設廳鑛產調查所借用鑽探機件,於四月十七日開始,計先後在正橋橋墩第一,二,三,四,五,六,七,八,十,十二,十四,十五墩,及引橋A, C_1, C_2, G, H橋墩各鑽一孔,嗣因引橋橋墩,急待計劃完成,為求鑽探迅速起見,乃又向浙贛路局商借手鑽機件一付,鑽探引橋B, D, E橋墩各孔。鑽探工作於二十四年三月九日告竣,計費時約十閱月,共鑽探深度為二千一百餘呎。

(三) 鑽探之方法

(甲)人力鑽探機 人力鑽探機適用於陸地或淺水處,而尤以石層不深之地點最為相宜。北岸引橋石層較淺,曾用此法鑽有三穴。在未豎立鑽架之前,先測量鑽穴位置,並在該地點略將泥土取平,或除去地面草枝碎磚等。次以20呎長杉木桿三根,及短支木數

7603

根,用繩縛成木架(圖一)。木架頂上安雙輪滑車A一具,輪中穿有六分徑呂宋繩二根,繩之一端各繫於管形鐵錘B(重約七十磅)之上,其另一端各以二三人拉之,乃以 5 呎長之二吋半徑套管(Casing Pipe)置於欲鑽探之地點。該套管之下端螺紋與管靴C相接。其上端置有管帽D,管帽之中心有一吋半徑螺紋圓孔,可以一吋半徑銅管E旋入,將以繩繫就之管形鐵錘套入壓於管帽之上,使銅管垂直,即用人力拉放錘繩,錘即依一吋半徑導管(Guiding Pipe)下擊,約俟管深入地面之下四呎餘,即停止錘擊。將管帽D及錘B取去,另以一吋徑鑽管(Drilling Pipe)插入套管之內,鑽管之下端與鑽頭相接,其上端與一吋徑膠皮管相連,通至抽水機,抽水機之水用人力壓入膠皮管,經鑽管而至鑽頭,各種鑽頭均爲空心,下端及附近壁部有二分或三分徑小孔,水自孔出,速度激增,故冲洗力亦強,於是泥沙及碎卵石等均得鬆散隨水向上流動,同時工人拉動繫於鑽管上端之兩繩,將鑽管上下提放,使

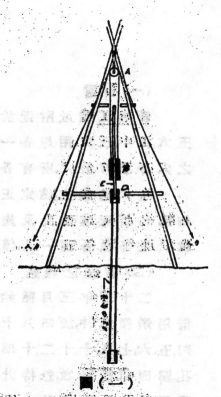

圖(一)

鑽頭向河床搗擊。凡經水冲擊之處,漸成深穴,鑽管鑽頭及套管管靴等均得繼續深入河床,或用管形鐵錘如前法並隨時加接套管打擊之,助其下沉。自鑽管底部向上冲出之水,隨帶泥沙或沙卵石,自鑽管及套管間溢出於套管上口之外,即於該處用圓形洋鐵水槽或洋鐵水桶,將冲出之混合物接貯,隨時將沉澱物加以檢查並記載之。

　　鑽探至石層或沙卵石,可用十字鑽頭或石鑽頭搗擊成碎小之顆粒,再以水冲出,將沉澱物驗視,即可判定爲何種地質。

鑽探抵石層後,如無鑽深之必要,即先將鑽管提出,再將套管起出。若鑽探深度僅二三十呎,可以管子鉗 (Wrench) 向上旋轉,或用絞車(Winch)絞之,即可起出。如深度在三四十呎以上,或擊起之處,則以管夾將套管夾緊,下置螺旋頂(Screw Jack),即可漸漸起出。

(乙)機器鑽探機　機器鑽探機施用於陸地上,如橋座或引橋部分等處,亦如人力鑽探機,將地點測量準確後,地面取平,墊以枕木,安置機器。如施用於江中水深處,將機器置於長約65呎,闊約50呎之平底帆船上。鑽盤D(如圖二所示)裝於船舷之一邊,船上備大

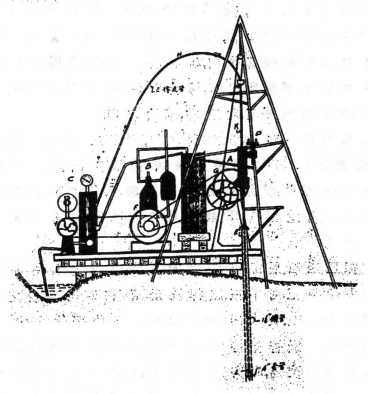

圖(二)

號鐵錨八只,俟測量準確後,船之首尾各拋錨四只,用鉛絲繩緊繫之,待錨拋妥,船位固定,即將套管(Casing Pipe)放置於欲鑽之地點。機器鑽探機計分鑽機A,柴油機B,抽水機C三部份,其動力由柴油機B發出,柴油機之飛輪F,一面轉動鑽盤之飛輪G,一面轉動

抽水機之飛輪 H。此項鑽探機之套管有兩種,一為四吋徑銅管,一
為三吋徑銅管。先用四吋徑銅管 E 壓入江底泥沙之內。復以一吋
二分徑鑽管 K (Drilling Pipe),下端裝魚尾鑽頭 L (Fish Tail Drill),
插入套管之內。鑽管之上端與旋轉器 M 連接,自膠皮管 N 通至抽
水機 C,並夾入鑽盤 D 內,使鑽盤旋轉,同時抽水機內之水亦壓入
鑽管 K 內,而至底部自魚尾鑽 L 之小孔內衝激而出,使套管內之
沙鬆散,立即隨水自鑽管套管之間溢出套管之外,用器接貯,如前
法查驗記載而貯藏之。套管底部既經水之衝激,及鑽頭之攪動,漸
成深穴,同時套管即可用管子鉗轉動,向下墜落,繼續進行。

　　四吋徑套管抵達沙層,或粗沙小卵石層,不易深入時,可以三
吋徑套管放入四吋徑套管內,如前法工作;因三吋銅管面積較小,
在水冲激及魚尾鑽攪動之時,易於穿過。惟四吋套管須在管頂繫
住,以防有時下面鬆動而致下墜,無法取出。

　　有時為取樣子準確或便利起見,可以取樣鑽頭連於鑽管之
上,放於套管之內,在抵達沙泥層時,用力墜下,鑽頭下面之舌門
(Valve) 開啓後,泥沙即侵入,並再旋轉向下,使侵入之泥沙較多,乃
用絞機絞起鑽管,迨鑽管升起,舌門自動關閉,泥沙不易下落,可自
鑽頭內取上矣。

　　如鑽探已至石層或堅硬之卵石層,魚尾鑽已失其効用,乃將
魚尾鑽卸去,改裝三吋半徑鑽桿及鑽頭 (在四吋套管之內),於一
吋二分徑鑽管之上,放入四吋徑套管內,乃藉飛輪之力,帶動連接
鑽管之齒輪,而使鑽管保持相當速度,向下旋轉,同時以水壓入,自
鑽頭冲出,使鑽磨較易,而磨下之石粉,不與鑽頭黏住,並由水帶出
溢於套管之外。在鑽磨岩石之時,如套管不易鑽下,但使其稍鑽下
數吋,使套管與岩石層密接,並使套管外部之泥沙不致漏入,即可
止於岩石之上,為幫助鑽磨岩石起見,每隔相當時間,投以約一分
徑之鐵沙於套管及鑽管之間,而沈於孔底,以鑽頭之轉動,而落於
鑽頭之底部無數小半球形孔內,鐵沙在鑽頭底部與岩石相磨擦,

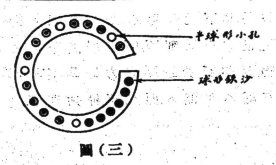

圖（三）

下降自易(如圖三所示乃鑽頭底部之鐵沙在半球形孔內之形狀)俟鑽頭鑽下深約二三呎,取樣子一次,其法在未將鑽管提起之前,須先將鑽管頂部與旋轉器拆開,在鑽管內投入碎石子,仍如前將鑽管與旋轉器連好,繼用小錘將鑽管輕輕數下,使鑽頭內之岩石圓柱體因受震而斷裂,同時以水壓入,使投入之石子緊擠於鑽頭內壁及岩石圓柱體間,俾鑽頭起上時,石柱不致下墜,鑽管取上後,將石柱取出,即爲該石層之準確樣子(圖四)。

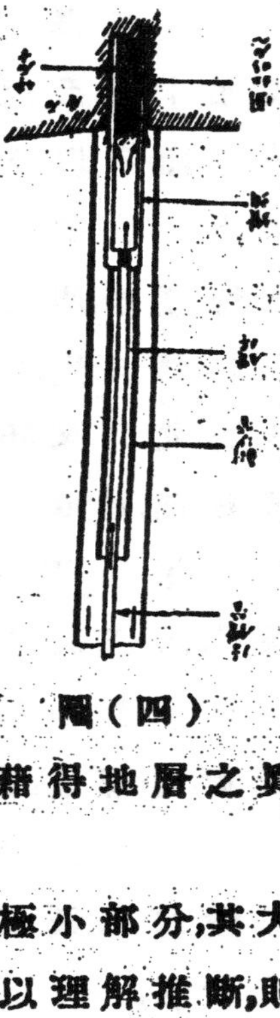

鑽探完竣後,將管子拔起,在陸地或江中鑽度不深之處,均無困難,倘鑽度巳至七八十呎以上,須用螺旋頂(Screw Jack)方能起出。

(四) 鑒定地質

鑽探時所取之地質樣子須妥加識別或分析,凡其形狀,顏色,硬度,性質,成分均須注意或研究,藉得地層之真確狀況。

水射鑽探法取得之泥沙樣子,僅爲該地層之極小部分,其大小,顏色,成分,經水冲洗或不無變易,故在識別時,應以理解推斷,則與地質之原來形狀,不難符合。

人力鑽探欲如機器鑽探時取得相同之石樣較難,惟鑽探石屑或卵石層時,可以十字鑽頭或石鑽頭搗鑿成碎小之顆粒,再以水壓入鑽管內,由水帶出積貯之,此碎小之顆粒,如有圓角,極堅硬,顏色不甚相同,則屬卵石。若此項石粒,均爲尖銳之角,復與附近岸上之山石顏色組織相同,又在鑽頭下鑿之時,有金石之聲可聞,則可假定石層。

圖（四）

在機器鑽探時取得石樣甚易,其下設爲卵石,鑽探較難,所得之樣子每不能得整齊之圓柱體,正式石層則否。卵石層之下如非正式石層,而爲泥沙等之混合物,則卵石受鑽壓之力,極易擠於套管之外,而散於四周者,鑽磨卵石極不易深入,似又可推知卵石層之下,已爲正式石層矣。

(五) 江底地質概述

依鑽探之結果,可知北岸山脚至江岸一帶,均屬西湖砂岩,約廣九十餘公尺。自北岸起則發現闊近二百餘公尺之蛇紋岩。自蛇紋岩而南,以訖南岸,則爲紅沙岩。南岸附近河床,停積有鵝卵石甚多,大致底部仍爲紅沙岩。錢江河底形勢,亦南北不同,中流而南,則形勢迂緩,所起坡度每百公尺俗不及兩公尺。在第六第七橋墩之間,形勢突變,六十公尺距離之內,起坡逾二十公尺,成爲三與一之比。再北則又和緩,過蛇紋岩至江北岸,則爲下拔,與西湖沙岩之南坡相向,而成一小河槽形,玆將各項地質分別詳述於後:

(甲) 西湖沙岩 (West Lake Send Stone) 自北面山脚起,至引橋橋墩 C_2 河床底部均爲硬沙石,與北岸諸山岩石性質相同。此類岩石在浙省公佈甚廣,統名千里崗沙岩,含石英粒較粗,性質特硬,色澤灰黃;因鄰近西湖,又名曰西湖沙岩,此爲橋基最堅之石層。

(乙) 蛇紋岩 (Serpentine) 自 C_1 橋墩而 B,A 各墩,以至正橋第三橋墩,河床底部均爲蛇紋岩,以其色澤光滑,紅綠雜陳,有如蛇腹斑紋故名。

蛇紋岩性質極軟,可以指甲括之,且極疏鬆,浸水可碎,尤以上部漸變爲紅色者較甚,大致此種岩石,上層較軟,下層漸硬,此爲錢江橋基最軟之石層。

(丙) 紅沙岩 (Red Sand Stone) 自第四橋墩至第十四橋墩,河床底部均爲紅沙岩,質極細密,含石英細沙約65%,含炭酸鈣約22%,浸於淡鹽酸或淡硫酸中,則炭氣逸出,而粉碎之,細沙可全篩過一百篩眼,此項岩石易受雨水侵蝕,惟在錢江底部者,以水係鹼性,絕無受侵蝕之虞,且質極細密,有不透水性,耐力亦高,此為錢江橋基之中等岩層。

(丁)鵝卵石(Boulders or Gravels) 自第十五橋墩至南岸引橋,河床底部均為鵝卵石,性質堅硬,大部屬花崗石,間有一二為石英石,此項卵石係在上古時代沖積而成,推測其下層,當為紅沙岩,故亦為極穩固之橋基。

(戊)泥沙(Clay, Silt, Sand, etc.) 覆於各種岩層之上者,非淤泥即沙粒,其粗細之分層,物質之區別,成分之釐定,胥視水流之緩急,及來源之何自而定,在此沖積土層之間,挖掘,打樁或沉箱均無不可,其工作之難易,當視各層間含水量之多寡,及土質之鬆緊,而定方法之取捨。

(六)鑽探地質記載

各鑽孔地質鑽探結果,除將各層地質樣子分貯玻瓶之內,標明鑽孔號數樣子號數,地質名稱,鑽探深度外,另繪就橋基地質探驗圖,表示鑽孔之地位及距離,各層之地質名稱及深度等。

(七)結論

此次鑽探工程,約亘一年之久,鑽孔既多,復對地質研究尤詳。於基礎設計及施工,裨益匪淺。關於鑽探工程單價及速度,如表(一)及(二)。

表(一)　鑽探單價(每呎)表

鑽探方法 地質種類	沙泥等	粗沙	卵石	蛇紋岩	紅沙岩或西湖沙岩	硬土
日工人力鑽探	$0.43	$2.48		$2.60	$6.25	
日工機器鑽探	0.89	4.50	$14.50	9.48	6.58	
包工機器鑽探	2.50	2.50	7.00	6.00	6.00	$4.00

表（二）　鑽探速度（每小時）表

鑽探方法 \ 項目種類	沙泥等	粗沙	卵石	砧紋岩	紅沙岩或 西湖沙岩	硬　土
日工人力鑽探	$1'-10\frac{3}{8}''$	$4''$		$2\frac{7}{8}''$	$1\frac{1}{8}''$	
日工機器鑽探	$2'-3\frac{11}{16}''$	$5\frac{3}{8}''$	$1\frac{11}{16}''$	$2\frac{1}{8}''$	$3''$	
夜工機器鑽探	$1'-11\frac{3}{8}''$	$5''$	$2\frac{5}{16}''$	$4\frac{3}{8}''$	$2\frac{5}{8}''$	$4\frac{3}{4}''$

錢塘江橋工程中之試樁

余　橿

引　言

　　錢塘江江底澱泥極厚，最深達一百八十餘呎，又多流沙，故非採用樁基不可。爲慎重起見，每打十樁作一試樁，藉以研究其承量，而於各種打樁公式中得一概念。

各種打樁公式

　　(一) 德查希 (Tarzaghi) 氏公式

令 W 爲錘落下體之重量 (Falling Weight of Hammer)，

Wp 爲樁之重量，

H 爲錘落下之高度，

S 爲錘擊後樁之下沉量 (Set)，

U 爲樁之最大承量，

L 爲樁長，

A 爲樁之平均橫斷面積，

E 爲樁之彈率 (Modulus of Elasticity)，

e 爲打樁時錘與樁之間之複形系數, (Coefficient of restitution) 其值約如下表

　　　鋼樁(接樁有時用鋼樁)　　　　　　　0.6,

　　　混凝土樁　　　　　　　　　　　　0.4,

　　　木樁　　　　　　　　　　　　　　0.2,

$\eta = \dfrac{w + e^2 Wp}{w + Wp}$ 爲打樁時錘擊之效率 (Efficiency)，則依德查希氏:

7611

$$U = \frac{AE}{L}\left\{ -S + \sqrt{\left(S^2 + 2\eta\frac{WHL}{AE}\right)} \right\}$$

(二) 荷蘭 (Dutch) 公式

$$U = \frac{W^2H}{(W+Wp)S}$$

(三) 闌金 (Rankine) 氏公式

$$U = \sqrt{4K^2S^2 + 4K\eta WH} - 2KS, \text{ 內 } K = \frac{AE}{L}$$

(四) 布理克斯 (Brix) 氏公式

$$U = \frac{4W \cdot Wp}{(W+Wp)^2} \cdot \frac{H}{S}$$

(五) 威靈吞 (Willington) 氏公式卽「工程新聞」公式

$$U = \frac{WH}{S+C}$$

普通應用此式時，C之值如下：

落下錘　　　　　　　　　　C＝1

單擊汽錘　　　　　　　　　C＝·1

(六) 海萊 (Hiley) 氏公式

$$U = \frac{\eta WH}{S+\frac{1}{2}C} + (W+Wp)$$

式中η與C為二常數 (Coefficient)，其值如下二表。

表(一)　η之值價表

Wp/W 之值	雙擊汽錘		單擊汽錘或落擊汽錘	
	鋼板樁式混疑土樁	木　樁	樁頂有襯圈之木樁或混疑土樁	樁頂已呈不良現像之木樁或混疑土樁
½	0.75	0.72	0.69	0.67
1	0.63	0.58	0.53	0.50
1½	0.55	0.50	0.44	0.40
2	0.50	0.44	0.37	0.33
2½	0.45	0.40	0.33	0.28
3	0.42	0.36	0.30	0.25
4	0.36	0.31	0.25	0.20
5	0.31	0.27	0.21	0.16
6	0.27	0.24	0.19	0.14

表 (二) C 之值價表

樁長 (以呎計)	鈑 樁		有頂篐之混凝土樁		無頂篐之混凝土樁		木 樁	
	較易打	極難打	較易打	極難打	較易打	極難打	較易打	極難打
20	0.04	0.08	0.27	0.39	0.47	0.79	0.36	0.57
30	0.06	0.12	0.33	0.51	0.53	0.91	0.44	0.73
40	0.08	0.16	0.39	0.63	0.59	1.03	0.52	0.89
50	0.10	0.20	0.45	0.75	0.65	1.15	0.60	1.05
60	0.12	0.24	0.51	0.87	0.71	1.27	0.68	1.21

第二表中所謂較易打,極難打者,係以樁所受之壓力為標準。鈑樁受壓力至每方吋四千磅,木樁及混凝土樁受壓力至每方吋一千磅,即列為較易打;鈑樁受壓力至每方吋八千磅,木樁及混凝土樁受壓力至二千磅,即列為極難打。如所受壓力在此二者之間,可用率比法(Interpolation)以求其值。

綜觀以上諸公式,各式之假設不同,故結果極為懸殊。惟一之補救方法,厥在應用不同之安全率。原發明人所提出之值,約如下:

德查若氏 (Terzaghi) 公式未有規定

荷蘭 (Dutch) 氏公式　　　　5 至 6

蘭金 (Rankine) 氏公式　　　3 至 5

布立克斯 (Brix) 氏公式　　　2 至 3

威里吞 (Willington) 氏公式　　6

海利 (Hiley) 氏公式　　　　3 至 4

錢塘江橋之試樁

(A) 南岸　　南岸泥沙最厚,木樁不能打至石層。其承量所恃,大半在表皮摩擦 (Skin Friction),故若研究其承量問題意義較為重大。茲特於每號橋墩各擇一試樁,其選擇標準為 (1) $\frac{H}{S}$ 最低;(2) 打樁時無意外發生;(3) 打樁經須為蒸氣式或單擊汽鎚。

7613

表 （三）

收?	樁號	L	A	W	Wp	H	S	下沉量	錘別
J	17	66'-9"	87.0	2.25	0.58	42	.545	56'-11"	車擊式
H	1	60'-10"	82.0	2.25	0.51	24	.293	61'-9"	汽錘
G	4	101'-5"	99.5	4.50	1.00	60	.858	95'-0"	落擊式
I	22	101'-3"	93.0	2.25	0.74	48	.464	96'-11"	S.A.S.H

〔附註〕H有接樁長15呎10吋,A之單位為平方吋,H及S之單位為吋, W及Wp之單位為噸。

表 （四）

試 樁 號 數		J No.17	H No.1	G No.1	I No.22
最 大 承 量	1. 德直蘭氏公式	68.	58	108	63
	2. 荷蘭公式	139.	155	260	167
	3. 國金公式	84.	74	137	81
	4. 布理克斯公式	112.	111	188	194
	5. 威靈登公式	147.	138	146	191
	6. 溶格公式	68.	55		

〔附註〕表中數目均以噸為單位

木樁之彈率 (Modulus of elasticity) 1,200,000 磅/方吋

表（四）所列之結果,為打樁時之動力承量。至靜力承量與動力承量之關係,據一般工程家之經驗,不外下列數點:

(1)樁之承量來源有二,一為頂點擔抗力,一為表皮壓阻力。如土質為粗砂礫等無粘性者,則頂點擔抗力大而表皮壓阻力小。如土壤為軟泥細砂等不透水土質則反是。

(2)打樁時樁之下沉必將下端土壤壓緊。如土質無粘性則所含水分極易排開,則其頂點擔抗力與靜載時相差不遠。如土質富於粘性,則頂點之水分一時難於排洩,頗形成打樁時甚大之頂點擔抗力,迨一俟水分漸漸排開後,此種擔抗力亦即漸漸消失,故知在粘性土質打樁時之樁頂點值

力，並較靜載時為大。

（3）打樁時以樁之震動，致使周圍土壤不能粘附於樁之表皮。如土質富於粘性者，甚至下端擠出之泥水循樁表上升，造成潤滑作用，表皮阻擦因之大減。及打樁停止數日之後，此水分卽漸為近旁土壤吸去，同時被震動鬆開之土壤亦漸漸復原，而粘附於樁之表皮。故知在粘性土壤，樁之表皮限阻力在靜載時必較打樁時為大。如土壤無粘性，則此表皮限阻根本甚小，無足關係也。

　　今南岸土質甚重打樁期中間因機械損壞輙停，隔數日之後，再往下打，必待數十百擊後，樁始下沉。可知樁之表皮摩阻力必遠大於頂點抵抗，是其安全問題可無疑慮。

　　附圖示地質鑽深結果與打樁阻力之對照：

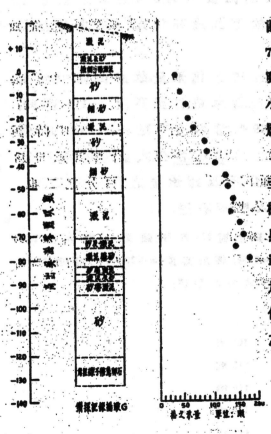

圖中曲線係用感藍吞公式計算之結果。當樁之頂端打至一70呎時，樁頭稍向東南傾斜，乃移動樁架以就樁頭其承量檢形減小。可見如樁鎚落下不正，亦足以影響於打樁公式之準確也。

　　（B）正橋　正橋自七號墩至十五號墩均採用深基其樁大概均可打至堅硬石屑或堅硬鵝卵石層。此種樁屬於承樁（Bearing Pile），性質比較安全可靠。玆於數十根試樁之中，採其H/S之值平均適中者，用各種公式計算之如下。

　　第七號墩之第八十六號樁永樁長75'—0"；接樁長（鋼銀）64'—0"；永樁之橫斷面108方吋；接樁之橫斷面54.2方吋；鎚重5噸；木樁蓋0.8噸；接樁

重 6 噸；錘落高度 60 吋；樁之下沉量 0.6 吋；河底高度 =—14 呎；樁頂點高度 =—114 呎；入土深度 =—100 呎；木樁之彈率 1,200,000 磅/方吋；接樁之彈率 30,000,000 磅/方吋；錘式為單進汽錘。

最大承量算得如下：

維查希公式	169
荷閣公式	307 噸
剛金公式	207 噸
布運克斯公式	478 噸
威靈吞公式	429 噸

〔附註〕接樁為鋼鈑樁 $e=0.5$。

查所打一百呎木樁之報告，其平均下沉量為 .564 吋；七十五呎木樁之平均下沉量為 .575 吋，錘落高度均為 5 呎。蓋以木樁之上，衛有接樁，其總共入土深度相等，故下沉量亦相差無幾。由是推知其承量亦不致有何差異。

以上所列之數目為木樁與接樁之總承量，故必由此中減去接樁之承量，始為木樁本身之承量。當木樁打至高度 —114 呎時，接樁之下端高度為 —114+75=—39 呎。當木樁頂點在 —39 呎時，錘落高度為12吋，下沉量為 7.4 吋。如以威靈吞公式計算，其承量為8噸。由此知接樁之承量亦為8噸，尚不及總承量之百分之二也。

(C) 北岸　北岸之樁曾打入堅硬石層。

數據：C1樁號 30；樁長 92'—5"；樁之橫斷面 122 方吋；錘重 4½ 噸；樁重 1.06 噸；錘落高度 78 吋；樁之下承量 =2 吋；河底高度 =+23'—10"；樁頂點高度 =—67'—5"；入土深度 =91'—3"；錘式為落型錘。

算得最大承量如下：

維查希公式	101 噸
荷閣公式	143 噸
剛金公式	116 噸
布運克斯公式	108 噸
威靈吞公式	117 噸

錢塘江橋工程中之材料檢驗

陳祖濤　　丘勤寶

(一) 材料檢驗之實施

　　本處試驗材料，除自有器械能在工地試驗，即派人直接辦運外，其他須用精細儀器試驗者，則分別送請國內外各著名大學及技術機關代為試驗。代本處檢驗材料各大學及各機關之名稱與其所試材料之品名，如表（一）。

表　（一）

機　關	材　料
交通大學唐山工學院	水泥
國立北洋工學院	鋼筋（化學分析）
交通大學研究所	鋼筋（物理試驗）
國立浙江大學工學院	鋼筋,水泥,沙,石子,混凝土,水（化學分析及物理試驗）
上海工部局試驗室	水
杭州自來水廠	水
倫敦Robert W. Hunt Company	鋼樑各部份

　　上記各機關及學校中，以國立浙江大學工學院及倫敦 Robert W. Hunt Company所作試驗為最多。計全橋所有鋼樑各部份,均由後者檢驗,全橋所用鋼筋,水泥混凝土,沙石水等,由前者檢驗。如本處認為有再送他處檢驗之必要時,方送往上述各處試驗。

　　關於製取試品本處有最低限度規定如次：

7617

混凝土圓柱　　每大澆澆混凝土時,作五個。

沙　　　　每批貨到時,檢驗十磅,以便作篩析試驗(Sieve Analysis)。

石子　　(甲)每批貨到時,作方塊五枚,作壓力試驗。

　　　　(乙)每批貨到時,作配合試驗(Grading Test)。

　　　　(丙)工場內所軋石子須隨時檢查。

鋼筋　　(甲)每批貨到時,每種尺寸取一呎六吋長者三根,作拉力試驗。

　　　　(乙)每批貨到時,每種尺寸取三根,作冷彎試驗(Cold Bend Test)。

水泥　　(甲)每月貨到時,澄若干(須附帶沙若干),作灰沙漿拉力及壓力試驗
　　　　(Tension & Compression Test of Cement Mortar)。

　　　　(乙)庫房內所存水泥,須隨時檢查。如有受潮之疑,須作篩析試驗,

水　　　每大澆澆水泥用水,澄一瓶作化學分析。

油漆　　每批貨到時,取若干作凝結及化學試驗。

(二) 檢驗之結果

　　本處各項材料檢驗之次數極多,茲僅將數種材料檢驗之平均結果,列表如次,雖非全豹,但全橋所用材料之大概情形,可推知矣,

(一) 鋼料各部份檢驗之結果

　　鋼料物理性之檢驗,包括:彈性限度,拉力,延長百分數,面積縮小之百分數,破裂情形,冷熱曲彎試驗等。而化學性之檢驗,則係分析鋼料內所含各種元素之量數。檢驗之結果如表(二)及(三)。

表(二)　炭鋼檢驗結果一班

驗數或摻收	採取或摻收	所驗材料之種類	鋼號	彈性限度每千方吋	拉力每千方吋	入吋內延長之長百分率	面積縮小之百分率	破裂情形	冷熱彎曲試驗	製造之方法	製造者之化學分析				
											炭	磷	錳	硫	銘	鋼
(1-11)	接收	鋼板 7"×⅜"	R 4236	17.8	19.5	28.0	53.3	絲光	良好	B. G. H	0.215	0.021	.480	0.027		
,,	,,	角鋼 L7"×3½"×⅜"	E 908	17.4	31.2	26.0	49.3	,,	,,		0.215	0.034	0.630	0.032		
,,	,,	角鋼 L4"×4"×⅜"	Rs3857	16.3	29.5	29.0	54.8	,,	,,		0.200	0.031	0.530	0.011		

表（三）　鋼檢驗結果一斑

數量	接收或拒收	所驗材料之種類	鋼數	彈性度度 噸/平方吋	拉力 噸/平方吋	八吋內之延長百分率	直徑縮小之百分率	破裂情形	冷熱彎曲試驗	製造之方法	炭	錳	鐵	磷	硅	酸	銅
	接收	鋼版 2½"×5/16"	K730	26.4	42.5	19.0	46.1	銳光	良好	B.O.H.	0.245	0.034	0.820	0.036	6.093	0.8°	0.278
	,,	4"×3/8"	K742	24.1	39.3	22.0	54.0	,,	,,		0.225	0.038	0.920	0.032	0.121	0.88	0.92
	,,	角鋼 L6"×6"×3/4"	J317	23.8	37.1	20.0	41.5	,,	,,		0.230	0.036	0.780	0.036	0.093	0.70	0.250
	,,	L4"×4"×1/2"	J351	24.0	27.3	23.0	57.8	,,	,,		0.225	0.034	0.880	0.030	0.112	0.70	0.288
	,,	鉚釘桿 55/64"直徑	K586	20.4	31.4	32.5	68.4	,,	,,		0.180	0.026	0.760	0.038	0.065	0.62	0.304

（二）　鋼筋檢驗之結果（表四及五）

表（四）　四種鋼筋化學分析之結果

元素　　驗數	1	2	3	4
炭 Carbon	0.202%	0.202%	0.204%	0.204%
矽 Silicon	0.023%	0.032%	0.020%	0.030%
錳 Manganese	0.301%	0.302%	0.354%	0.356%
磷 Phosphorus	0.001%	0.001%	0.002%	0.001%
硫 Sulphur	0.052%	0.053%	0.040%	0.055%
鐵 Iron	99.420%	99.400%	99.370%	99.350%
雜質 Impurities	0.001%	0.010%	0.010%	0.004%
共計	100.000%	100.000%	100.000%	100.000%

表（五）　數種鋼筋物理性檢驗之結果

結果　　尺寸	7/8"□	3/4"□	3/4"φ	5/8"φ	1/2"φ	5/8"φ	1/4"φ
彈性限 磅/平方吋	39,600	36,500	41,800	46,100	42,500	44,830	43,650
最大拉力 磅/平方吋	55,500	56,800	63,570	62,810	62,660	63,910	66,540
延長百分率	33.5 (八吋內)	24.7 (八吋內)	27.3 (八吋內)	22.7 (八吋內)	31.2 (十二吋內)	28.9 (十二吋內)	31.6 (十二吋內)
冷彎		均		良			好

(三) 水泥檢驗之結果(表六至九)

表(六)　兩種水泥之化學分析

分析項目　　　各項之百分數	甲　種	乙　種
燃燒損失量	4.44	1.76
不溶解物體	0.50	0.41
三氧化硫	2.00	2.00
氧化鎂	2.22	0.96

表(七)　兩種水泥之物理性質試驗

試　　驗　　項　　目		甲　種	乙　種
比重(灼熱後)		3.115	3.150
細度	存於 No.100 篩篩上殘料	2.0%	0.5%
	存於 No.200 篩篩上殘料	12.5%	6.0%
健全性		良好	良好
凝結時間	始凝結	2點20分	1點51分
	終凝結	3點25分	2點45分
備註	凝結時之溫度為84°F		

表(八)　淨水泥漿抗拉耐力(每平方吋以磅計)

試驗時之年齡	試品製成壓實空氣內一日其後放於清水中者		試品製成壓溫空氣內一日其後放於清水中者	
	甲　種	乙　種	甲　種	乙　種
一　週	611	763		
四　週	659	795		
三　月	750	780	480	691

表(九) 灰泥 (Cement mortor) 之抗拉及抗壓耐力
（每平方吋以磅計）

分類		試驗時之年齡	試品製成配溫空氣內一日其後抗次清水中者		試品製成配溫空氣內一日其後抗次海水中者	
			甲　種	乙　種	甲　種	乙　種
抗拉力	1:1	一週	507	593		
		四週	30	672		
		三月	667	682	623	689
	1:2	一週	376	483		
		四週	501	590		
		三月	695	643	696	560
抗壓力	1:1	一週	5,770	6,300		
		四週	4,400	6,950		
		三月	5,860	8,070	6,540	8,300
	1:2	一週	2,900	4,175		
		四週	3,700	4,900		
		三月	6,180	6,280	5,970	5,710
	1:3	一週	1,570	2,950		
		四週	2,220	3,740		
		三月	2,400	4,150	2,560	3,990

（四）混凝土抗壓試驗之結果(表十)

表 （十）

分　期	一週之耐力 （每平方吋以磅計）		四週之耐力 （每平方吋以磅計）	
	甲種	乙種	甲種	乙種
1:1:2	2600以上		2600以上	
1:2:3	2340		2600以上	
1:2:4	1966	1340	2600以上	2443
1:2.5:5		1686		2421
1:3:6	1040	1263	1452	2212
備　註	2600#「口"以上之耐力爲試驗機能力所限未能試出			

（五）石子檢驗之結果（表十一及十二）

表（十一）　石子方塊之抗壓耐力（每平方吋以磅計）

石塊類別	第一,四工區用	第二,三工區用
青色石塊	35,000	37,200
紅色石塊		24,700

表（十二）　石子之篩析試驗

篩孔尺寸	經過各篩之百分數	
	第一,四工區用	第二,三工區用
1 1/4"	91.5	90.0
1"	85.0	83.5
3/4"	67.5	65.5
1/2"	45.0	46.0
1/4"	17.5	15.5
1/8'	3.0	2.5

（六）沙之檢驗結果（表十三）

表 (十三)

篩之號數	留存各篩上之百分數			
	第一工區用	第二工區用	第三工區用	第四工區用
100	98.5	99.0	99.0	99.0
50	91.5	92.0	85.5	78.0
30	26.0	39.0	18.5	25.0
16	3.0	9.0	3.5	5.0
8	0.5	2.5	1.0	1.5
4	0.0	0.5	0.0	0.5
$3/8''$	0.0	0.0	0.0	0.0
粗細率	2.195	2.42	2.075	2.095

(七) 水之檢驗結果(表十四至十六)

表(十四)　杭州自來水廠檢驗之結果

結果　　水樣	第 一 號	第 二 號
水色	微藍綠	全前
濁度	小於五	全前
不溶物	不多	全前
氯化物中之氯	百萬分之二百九十	百萬分之三百五十
需要養量	小於百萬分之十	全前
總硬度	百萬分之一百三十八	百萬分之一百二十
氫離子濃度	8.1	全前
石蕊紙試驗	無顯著反應	全前
備　　註	以上列結果視之第一號水樣在工業上可應用無恙第二號則較次	

表(十五)　浙江大學工學院檢驗之結果

水樣 ＼ 結果(百萬分數)	鹼性物	鎂	氯化鈉	硫酸鹽
雨餘貯水池水	71.10	0.90	9.12	極微
錢塘江水	33.89	0.43	6.78	極微
備註	兩種水樣之雜質成分均極低可充拌和混凝土之用			

表(十六)　上海工部局試驗室檢驗之結果

結果 ＼ 來源	錢塘江水	雨餘貯水池水	沉箱作場第三池水	沉箱作場第四池水
物理性質	微濁	清	清	難有帶氧化鐵之淡黃色沉澱
化學分析	百萬分數			
溶解物總數	64.0	100.0	750.0	620.0
有機物	4.0	8.0	60.0	90.0
無機物	60.0	92.0	690.0	530.0
氯化氯物中之氯	8.0	8.0	308.0	190.0
絕硬度	40.0	65.0	340.0	310.0
暫時硬度	40.0	65.0	210.0	260.0
永久硬度	0.0	0.0	130.0	50.0
鈣	0.0	0.0	86.8	81.0
鎂	0.0	0.0	28.9	26.2
硫酸鹽併洪	無	無	有	有
備註	上列四種水樣前兩種具江水性質後兩種含礦質較多但均可作拌混凝土之用			

7627

瓷電公司出品

釉面牆磚

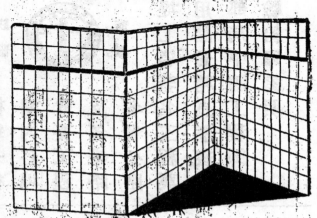

事務所

上海福州路八十九號

電話

一四〇八 ● 一六七〇六

瑪賽克瓷磚

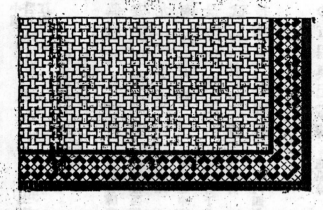

製廠造

第一廠　電必蘭路

第二廠　浦東洋涇

益中福記機器

出品項目

國貨變壓器

電

各種變壓器

直流交流配電砑

變壓器油濾清機

高低壓瓷瓶 3″×6″ 顏色釉面牆磚

各種瑪賽克瓷磚

各種瑪賽克瓷磚 白色釉面牆磚

機

高低壓隔離開關磚 羅馬式美術瓷磚

高低壓油開關 4″×6″ 銅精梯口磚

各種電氣用瓷瓶 6″×6″ 白色釉面牆磚

類

高壓保險鉛絲類 6″×6″ 顏色釉面牆磚

電流限制表

7630

7631

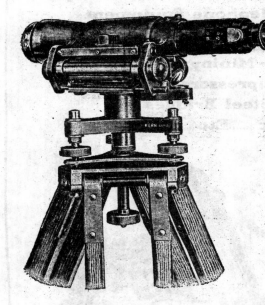
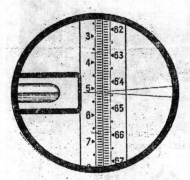

英國「茂偉」連座透平發電機已裝置者

數逾壹百五拾！曷故？

因→

↓價廉

可省廠房建築及底腳費

用汽少而經久耐用

附件不用馬達拖動不受外電應響

開車簡便可省工人

可供給低壓汽爲烘熱之用藉以省煤

及其他種種利益

欲知此種透平發電機之詳細情形請駕臨

安利洋行機器部

總行　上海沙遜房子三樓（電話一一四三〇）

分行　漢口　天津　重慶　香港

7633

滬吳嘉三角週覽旅行

是欣賞滬嘉鐵路沿綫風景最精妙的計劃
是遊覽蘇州壹嘉與名勝古跡最經濟的方法

週遊票：上北　吳縣　壹嘉興　均有出售

頭等：柒圓叁角伍分
二等：肆圓玖角伍分
三等：叁圓

密票有效期間七日

京滬滬杭甬鐵路管理局啓

隴海鐵路簡明行車時刻表

民國二十四年十一月三日實行

上行車

站名	特別快車			混合列車	
	1	3	5	71	73
連雲			10.00		
大浦				8.20	
新浦			11.46	9.01	
徐州	12.40		19.47	18.25	19.05
碭山	17.18				1.36
開封	21.36	14.20			7.04
鄭州南站	23.47	16.17			9.44
洛陽東站	3.51	20.23			16.33
陝州	9.20				0.09
靈寶	10.06				1.10
潼關	12.53				5.21
渭南	15.37				8.59
西安	17.55				12.15

下行車

站名	特別快車			混合列車	
	2	4	6	72	74
西安	0.30				8.10
渭南	3.15				11.47
潼關	6.36				15.33
靈寶	9.09				18.56
陝州	10.30				20.27
洛陽東站	16.30	7.36			4.11
鄭州南站	20.50	11.51			10.27
開封	22.59	13.40			13.12
碭山	3.02				18.50
徐州	7.10		8.53	10.30	0.15
新浦			16.48	20.04	
大浦			↓	20.30	
連雲			18.25		

本路73次與平漢62、72次又本路73、74次與平漢61次在鄭州聯接

本路一次特快與平漢21次又本路二次特快與滬平通車301、302次在徐州聯接

本路一次及二次特快與滬平通車301、302次在鄭州相聯接

膠濟鐵路行車時刻表　民國二十五年六月一日改訂實行

下行列車						上行列車					

全國經濟委員會公路處編輯「中國公路建設攝影」徵求照片啓事

（一）徵求照片種類

（１）工程照片 如路基路面橋梁涵洞護牆輪渡碼頭及測勘施工情形等

（２）交通運輸照片 如車輛車站油站修車廠及其他交通運輸設備等

（３）風景照片 與公路有關兼風景優美之照片

（二）照片說明 每種照片之後面請註明詳細地點及名稱（如係橋梁須說明跨徑式樣路面須說明寬度厚度及建築材料等）工程較大者並說明建築費及開工完工日期

（三）照片尺寸 照片大小以四吋左右爲宜勿貼在硬紙上並須清晰以便製版

（四）限期 務於二十五年十二月三十一日前寄南京鐵湯池經委會公路處

（五）報酬 應徵人須詳細書明通訊處凡經選登之照片當時載攝影者姓名並贈送彙覽一本

其聲明「不錄仍退」者當將原物寄還

請聲明由中國工程師學會「工程」作紹

工　THE JOURNAL　程
OF
THE CHINESE INSTITUTE OF ENGINEERS
FOUNDED MARCH 1925—PUBLISHED BI-MONTHLY
OFFICE: Continental Emporium, Room No. 542. Nanking Road, Shanghai.

中華民國二十五年十二月一日出版　工程第十一卷第六號

編輯人　沈怡

發行人　裘燮鈞

發行所　中國工程師學會　上海南京路大陸商場五四二號　電話九二二八一號　上海郵箱照六四九號

印刷者　中國科學公司　電話七四五七七號

分售處

發行所
南昌　南昌書店
廣州分店
廣州永漢老路上海什誌公司
電慶今日出版合作社
南京正中書局南京發行所
上海四馬路上海雜誌公司
上海四馬路作者書社
上海徐家匯路新書社
澳門美華衛教育圖書館
南昌民德路科學儀器館南昌

定報處　上海南京路大陸商場五四二號
成都開明書店

收稿處　中國工程師學會會刊經理處
上海本會編輯部

會員及定戶通訊　定戶更改地址或有寄報遺失等情請即函知上海本會

交換書報　海本會圖書室收
先請向上海本會交換書報處接洽並請逕寄上海
凡欲與本刊交換者　凡會員或

廣告價目表

ADVERTISING RATES PER ISSUE

地　位 POSITION	全面每期 Full Page	半面每期 Half Page
底　封　面　外　面 Outside back cover	六十元 $60.00	
封面及底面之裏面 Inside front & back covers	四十元 $40.00	
普　通　地　位 Ordinary Page	三十元 $30.00	二十元 $20.00

廣告槪用白紙。繪圖刻圖工價另議。連登
多期價目從廉。欲知詳細情形。請逕函本
會接洽。

本刊價目表

本期特價　每册八角　郵費另加五分

預定 册數	會 價 連 郵 費　本埠	國內	國外
半年　三册	一元一角	一元二角	二元三角
全年　六册	二元一角	二元二角	四元二角

新疆蒙古及日本照國內　香港澳門照國外

7642

請發明由中國工程師學會『工程』介紹

7643

上圖示銼鋼虎柏銼

銼身大部份係鑄鋼。其化學成分爲 C 0.35%, Mn 0.60%, Si 0.30%, P 0.05%, S 0.03%。銼口係本所自製之高炭素工具鋼，含炭 1.10%；且經相當之熱處理，使其能耐久用。

國立中央研究院工程研究所
鋼 鐵 試 驗 場
上海白利南路愚園路底　　電話二○九○三

7644